山西庞泉沟国家级自然保护区
综合科考报告

山西庞泉沟国家级自然保护区管理局 ◎ 编

中国林業出版社
China Forestry Publishing House

图书在版编目(CIP)数据

山西庞泉沟国家级自然保护区综合科考报告 / 山西庞泉沟国家级自然保护区管理局编. -- 北京 : 中国林业出版社, 2025. 5. -- ISBN 978-7-5219-3197-6

Ⅰ. S759.992.25

中国国家版本馆 CIP 数据核字第 2025KT6714 号

责任编辑:于晓文

出版发行 中国林业出版社(100009,北京市西城区刘海胡同 7 号,电话 010-83143549)
网　　址 https://www.cfph.net
印　　刷 北京盛通印刷股份有限公司
版　　次 2025 年 5 月第 1 版
印　　次 2025 年 5 月第 1 次印刷
开　　本 889mm×1194mm 1/16
印　　张 21　彩插 16 面
字　　数 500 千字
定　　价 120.00 元

山西庞泉沟国家级自然保护区综合科考报告

编 委 会

主　　任：武保平
副 主 任：白继光　郭建荣
委　　员：杨向明　赵占合　程新生
编 写 组：杨向明　张　峰　王剑玲

庞泉沟自然保护区参加调查技术人员（按姓氏笔画排序）：

王建平[1]　王剑玲[2]　白利宾　白潇扬[3]　杨向明
苏翠花　张聪丽　武志钢　赵占合　郝映红[4]
程新生[5]

[1] 山西省关帝山国有林管理局双家寨林场
[2] 山西省关帝山国有林管理局二道川林场
[3] 山西省吕梁市规划和自然资源局
[4] 山西省关帝山国有林管理局文峪河国家级湿地公园
[5] 山西省黑茶山国有林管理局

前言

生物多样性是人类赖以生存的基础，在保持水土、调节气候、维持生态平衡等方面起着关键性的作用。自然保护区人类生产活动相对较少，最接近地球的自然状态，是地球生物圈上的“本底”地区。随着我国自然保护区事业的发展，生物多样性的研究和监测被国家定为自然保护区工作的一项主要内容。

山西庞泉沟国家级自然保护区是以保护世界珍禽褐马鸡及华北落叶松、云杉天然林为主的森林和野生动物类型自然保护区。其始建于1980年，1986年晋升为国家级，是山西省第一个国家级自然保护区。保护区内森林植被保持完好的自然状态，森林覆盖率88%，被誉为黄土高原上的“绿色明珠”，华北落叶松天然林在保护区内集中分布，素有“华北落叶松故乡”之称。保护区内野生动物资源丰富，是我国特有鸟类、国家一级保护野生动物褐马鸡的主要繁衍栖息地。保护区及其周边的关帝山林区是汾河一级支流文峪河和黄河支流三川河的主要水源地，是山西省黄河流域生态保护关键地区。

保护区建区40多年来，通过不断的调查和积累，先后编撰出版了《山西庞泉沟国家级自然保护区(1980—1999)》《山西庞泉沟国家级自然保护区生物多样性及其管理》《庞泉沟陆生野生动物资源监测研究》3部反映保护区资源本底的专著，特别是在野生动物研究方面取得了突出成绩。但由于管理机制和经费不足等方面的原因，保护区一直未系统开展过综合性的本底资源调查工作，如自然地理情况、昆虫、植物等资源状况，至今一直沿用相对陈旧的文献资料。同时，保护区通过40多年的有效保护，野生动物资源状况等也发生了较大的变化。根据国家自然资源统一调查监测体系要求，自然保护区应该在统一标准、统一规范之下，全面清查各类资源的分布状况，形成一套全面、完善、权威的自然资源管理基础数据。鉴于此，开展庞泉沟国家级自然保护区综合性资源本底调查——综合科考工作势在必行且刻不容缓。

2022年，山西庞泉沟国家级自然保护区管理局在山西省林业和草原局自然保护地管理处的组织与统筹规划下，以《中央财政林业草原项目储备库入库指南》为依据，根据中央财政林业草原生态保护恢复资金对国家级自然保护区的重点支持方向：保护主要对象及栖息地现状、对受损的栖息地开展生态修复与治理、开展特种救护及保护设施设备购置维护、开展专项调查和监测、开展必要的生态保护宣传教育、提高自然保护区及周边社区民众保护意识，编制了《2023年中央财政林业草原生态保护恢复资金——山西庞泉沟国家级自然保护区补助项目实施方案》，并顺利完成项目入库，其中“综合科考”项目被列入计划。2023年项目获批后，保护区全面启动了调查工作。

保护区综合科考是一项汇聚多学科的科研调查任务。基于保护区的实际，本次科考共规划了自然地理概况、社会经济状况、植物多样性、古树资源、昆虫多样性、陆生野生动物资源、亚高山草甸动植物7个调查内容。各调查内容分别由不同的专业团队独立组织开展调查，较好地完成任务并提交了各自的分项调查报告。为了进一步完善保护区本底资源数据，使得调查成果及时公布并更好地服务于社会，庞泉沟国家级自然保护区管理局组织专家团队组建综合科考报告编写小组，认真审阅各个分项报告，精心筛选报告内容，正式编辑出版本书。

由于时间原因，书中难免存在不足之外，恳请同行专家和读者提出宝贵意见和建议。

本书编委会

2023年12月

目录

前　言

第一章　自然地理概况 ……………………………………………… (1)

1.1　调查工作 ……………………………………………… (1)

1.2　调查方法 ……………………………………………… (2)

1.3　自然地理 ……………………………………………… (2)

参考文献 ……………………………………………… (20)

第二章　社会经济状况 ……………………………………………… (21)

2.1　社会经济条件 ……………………………………………… (21)

2.2　保护区管理机构情况 ……………………………………………… (24)

2.3　保护区现状评价 ……………………………………………… (27)

2.4　大事记(1980—2023) ……………………………………………… (36)

参考文献 ……………………………………………… (45)

第三章　植物多样性 ……………………………………………… (46)

3.1　调查和评估方法 ……………………………………………… (46)

3.2　高等植物多样性概况 ……………………………………………… (49)

3.3　苔藓植物 ……………………………………………… (49)

3.4　蕨类植物 ……………………………………………… (53)

3.5　种子植物 ……………………………………………… (55)

3.6　植　被 ……………………………………………… (59)

3.7　资源植物 ……………………………………………… (71)

3.8　珍稀濒危植物 ……………………………………………… (74)

3.9　云顶山亚高山植物多样性 ……………………………………………… (84)

参考文献 ……………………………………………… (88)

第四章　古树资源 ……………………………………………… (91)

4.1　调查区域 ……………………………………………… (91)

4.2　调查工作组织 ……………………………………………… (91)

4.3　调查内容和方法 ……………………………………………… (93)

4.4　古树多样性 ……………………………………………………………………………… (95)
4.5　古树生长状态及问题 ………………………………………………………………………… (99)
4.6　古树保护对策 ………………………………………………………………………………… (101)
参考文献 ……………………………………………………………………………………………… (103)
第五章　昆虫多样性 …………………………………………………………………………… (104)
5.1　调查方案 ……………………………………………………………………………………… (104)
5.2　物种鉴定结果 ………………………………………………………………………………… (108)
5.3　DNA 宏条形码分析结果 ……………………………………………………………………… (151)
5.4　分析与讨论 …………………………………………………………………………………… (157)
参考文献 ……………………………………………………………………………………………… (158)
第六章　陆生野生动物资源 …………………………………………………………………… (161)
6.1　调查工作组织 ………………………………………………………………………………… (161)
6.2　技术方法 ……………………………………………………………………………………… (163)
6.3　两栖类 ………………………………………………………………………………………… (167)
6.4　爬行类 ………………………………………………………………………………………… (170)
6.5　鸟　类 ………………………………………………………………………………………… (173)
6.6　哺乳类 ………………………………………………………………………………………… (209)
6.7　亚高山草甸专项调查 ………………………………………………………………………… (223)
6.8　野生动物资源评估 …………………………………………………………………………… (232)
参考文献 ……………………………………………………………………………………………… (251)
附　表 …………………………………………………………………………………………… (255)

第一章

自然地理概况

自然地理环境是地球生命系统的重要组成部分，是人类生存和发展的物质基础，是动植物分布、生存、繁衍和演化的生态环境基础，是山西庞泉沟国家级自然保护区主要保护对象——褐马鸡的栖息地及生态系统结构和功能可持续发展须臾不可分割的基础条件。

1.1 调查工作

1.1.1 调查区域

庞泉沟国家级自然保护区地处吕梁山脉中段，总面积 10443.5 公顷，拥有着丰富的生物多样性。保护区内有我国特有的珍禽褐马鸡以及国家一级保护野生动物金雕、黑鹳、金钱豹、原麝等。区内华北落叶松、云杉次生林等森林植被资源丰富。保护区山峰层叠、巍峨壮观，区内海拔 2000 米以上的山峰有 10 座，主峰孝文山海拔 2831 米，为吕梁山脉最高峰。

1.1.2 调查目标及任务

本次调查旨在全面查清庞泉沟国家级自然保护区地质、地貌、气候、水文、土壤等自然地理基本信息，包括地质构造类型及其分布特点、海拔、地貌类型、气候、土壤类型及其分布、水文与水质等，以期为保护区生态环境保护提供基础信息，全面提高保护区有效保护和科学管理水平，确保区域生态系统安全，实现庞泉沟国家级自然保护区高质量发展。

1.1.3 调查时间

外业调查时间 2023 年 5~11 月。其中，5 月主要为准备阶段，包括收集保护区的基础资料、制定详细的实施方案及组建调查队伍等。6~9 月主要为外业调查阶段，包括地质地貌调查、土壤调查、气候调查及水文水质调查等。10 月为数据内业整理分析阶段，包括数据校订、融合、统计、分析等。11 月为报告编制阶段，报告内容包括区域概况、调查目标及任务、调查工作组织、调查方法、调查结果以及总结建议等内容。

1.2 调查方法

参照国家环境保护部《自然保护区综合科学考察规程》，结合保护区自然环境、基础资料现状，本着科学性、定量定位与定性定向相结合、重点与全面相结合、保护优先的原则进行实地调查。具体调查方法详见表 1-1。

表 1-1 自然地理调查方法

调查内容	调查指标		调查方法
地质地貌	地层		野外观测和资料检索法
	岩浆岩		野外观测和资料检索法
	地质构造		专家咨询和资料检索法
	地质演化		野外观测和资料检索法
气候	气温		卫星遥感法
	湿度		卫星遥感法
	降水量		气象站资料收集法
	风速		卫星遥感法
	无霜期		卫星遥感法
	太阳辐射及日照		卫星遥感法
水文水质	河流水系		资料收集法
	水库		资料收集法
	水质	地表水水质	实验室检测法
		地下水水质	实验室检测法
土壤	土壤类型		实地调查和资料检索法
	土壤质地		实地调查和资料检索法
	土壤理化性质		实验室检测法

1.3 自然地理

1.3.1 地质地貌

1.3.1.1 地 层

山西庞泉沟国家级自然保护区区内地层出露相对简单，出露新太古界界河口岩群园子坪岩组(Ar_3y)、新太古界吕梁群裴家庄组(Ar_3Pj)、新生界第四系马兰组和沱阳组。

1.3.1.1.1 新太古界界河口岩群

园子坪岩组(Ar_3y)分布于保护区大沙沟北部，呈零星脉状分布，是斜长角闪岩夹石英岩的岩石组合，其下因片麻岩侵入而未见底。

1.3.1.1.2　新太古界吕梁群

裴家庄组（Ar_3Pj）分布于保护区东北部大背沟一带，由巨厚的条带状千枚岩夹石英岩、板岩、变质粉砂岩等构成。千枚岩条带构造发育，由粉砂—泥质组成，呈 0.5~2 厘米宽的小韵律，其上常见小冲刷面。顶部有厚层石英岩产出，常见有 3~4 层，每层厚 4~10 米的石英岩，常因褶皱而加厚到 15~25 米，底部石英岩厚 20 米，向上渐变为含砾石英岩—变长石石英砂岩。该组以顶、底和中间发育等三层石英岩为特征，具冲洗层理、波痕及粒序层理等原生沉积构造。

1.3.1.1.3　新生界

主要包括：

（1）马兰组（Qp^3m）

分布于保护区东南部神尾沟、黄鸡塔一带，沿沟谷两侧分布，是组成黄土丘陵及黄土梁、峁的表层土，角度不整合于下伏基岩或平行不整合于离石组之上，为土黄、灰黄色亚砂土、粉砂土。结构疏松，孔隙度大，垂直节理发育，属风积相。在山前倾斜地带，其底部夹有薄层砂砾石层或砂砾石透镜体，砂砾石层最厚可达 3.0 米，一般小于 1.0 米，砾石大小混杂，分选性、磨圆度差，成分以石灰岩为主，为坡积或洪积物。该组厚度 5~10 米，最厚达 15 米，横向受地形地貌制约，厚度各地不一，变化较大。

（2）沱阳组（Qht）

分布于保护区中南部庞泉沟、八道沟、神尾沟一带。沱阳组为现代河床砂、砂砾石松散堆积物，局部夹黄色亚砂土，厚度 0~5 米。冲积—洪积成因，为现代河流相堆积，包括河漫滩相砂砾石层、细砂、粉砂和河床相砾石、粗砂、细砂堆积。岩性以灰、灰黄、灰黑色砂土、砂砾石、卵石为主夹少量粉质砂土及亚砂土。河床及河漫滩的岩性颗粒较粗，为砂、砾石、卵石、漂石及少量粉质亚砂土、亚黏土，砾石大小混杂，磨圆度不一，粉质亚砂土及呈透镜状亚黏土层。该组在横向上分布不稳定。厚度大于 3 米，为冲洪积相。

1.3.1.2　岩浆岩

侵入岩主要发育新太古代至中元古代侵入岩。新太古代主要为西湾黑云角闪斜长片麻岩。古元古代主要为黑云母花岗岩、花岗伟晶岩脉等出露。中元古代主要有辉绿岩脉、近东西向正长斑岩脉。

1.3.1.2.1　新太古代西湾片麻岩

（1）地质特征

西湾片麻岩主要分布于保护区冯家庄、神尾沟一带，被古元古代侵入体及中元古代脉岩所侵入，其中常见早期斜长角闪岩、黑云变粒岩、大理岩包体。岩体片麻理与区域片理方向一致，局部可见强变形带和弱变形域呈交织网状分布。由于普遍经受了角闪岩相的区域变质作用，其变形变质程度相对较高，致使岩石类型复杂，多呈大面积的灰色片麻岩，受后期混合岩化作用影响，向黑云二长片麻岩过渡。主要岩石类型有黑云斜长片麻岩、角闪黑云斜长片麻岩。

（2）岩石学特征

岩性主要以角闪黑云斜长片麻岩、黑云斜长片麻岩为主，角闪黑云斜长片麻岩石呈灰色，中粒鳞片粒状变晶结构，片麻状构造。岩石主要由斜长石、石英、钾长石、黑云母、角闪石和副矿物等组成。黑云斜长片麻岩岩石呈褐灰色，中细粒鳞片粒状变晶结构，片麻状构造。岩石主要由斜长石、黑云母、白云母、石英和副矿物等组成。

1.3.1.2.2 古元古代黑云母花岗岩

(1)马家坪黑云母花岗岩

马家坪黑云母花岗岩主要分布于保护区南部八道沟一带，其中早期斜长角闪岩、黑云斜长片麻岩包体，被后期的后沟花岗岩、山水村花岗岩侵入，发育大量晚期辉绿岩脉、正长斑岩脉，局部发育伟晶岩。

岩性主要以灰白色中粗粒变质黑云母花岗岩为主，岩石呈灰白色，风化面呈褐色，主要由中粗粒钾长石、斜长石、石英及少量鳞片状黑云母等组成，微量矿物有锆石、磷灰石及金属矿物等。受应力作用，各矿物不规则裂纹较发育。中粗粒花岗结构，块状构造。

(2)山水村黑云母花岗岩

山水村黑云母花岗岩出露于保护区大沙沟北、神尾沟一带。分布面呈较大规模的岩基产出，岩体侵入新太古代西湾片麻岩，与早期的马家坪黑云母花岗岩呈侵入接触关系，其中可见西湾片麻岩、斜长角闪岩、变粒岩包体，并被后期的辉绿岩脉、正长斑岩脉、花岗伟晶岩脉所穿切。岩性为灰白色细粒黑云母花岗岩。

岩性主要以灰白色细粒黑云母花岗岩为主，少数为黑云母二长花岗岩，岩石多呈灰白色，粒状变晶结构(变余花岗结构)，块状构造。岩石主要由钾长石、斜长石、石英、黑云母和副矿物等组成。

(3)草沟黑云母花岗岩

草沟黑云母花岗岩主要分布于老蛮沟、关帝山、神尾沟一带，侵入太古代西湾片麻岩，与早期的马家坪黑云母花岗岩、山水村花岗岩、后沟花岗岩呈侵入接触关系，被后期辉绿岩脉、正长斑岩脉、伟晶岩脉穿插。

岩性主要以肉红色、浅肉红色中细粒黑云母花岗岩为主，岩石多呈肉红色、灰红色，主要由中细粒钾长石、斜长石、石英及鳞片状黑云母等矿物组成。中细粒花岗结构，块状构造，局部发育片麻状构造。交代作用较明显，使矿物边缘呈港湾状，并产生交代蠕虫结构、交代净边结构等。受应力作用，各矿物不规则裂纹较发育，使长石双晶断裂，石英晶体波状消光。

(4)后沟黑云母花岗岩

后沟黑云母花岗岩主要分布于黄鸡塔、杨坪沟一带，多呈小岩株产出，侵入太古代西湾片麻岩和早期的马家坪黑云母花岗岩、山水村花岗岩，被后期辉绿岩脉、花岗斑岩脉穿插。

岩性主要以灰红色中粗粒黑云母花岗岩、黑云母二长花岗岩为主，岩石多呈肉红色、褐红色，岩石由中粗粒钾长石、斜长石、石英及白云母化黑云母等矿物组成，受应力作用，各矿物不规则裂纹较发育，局部有碎粒现象。中粗粒花岗结构，似斑状结构，块状构造，局部受后期构造作用形成片麻状构造。

(5)花岗伟晶岩脉

花岗伟晶岩脉在保护区东部零星出露，呈脉状、团块状分布于古元古代变质深成岩中，多为肉红色、灰白色，伟晶结构，块状构造，由长石、石英组成。

1.3.1.2.3 中元古代侵入岩

(1)辉绿岩脉

中元古代辉绿岩墙在保护区较为发育。主要呈岩脉(墙)状产出，走向以近东西向为主，少数为北西向。岩脉沿走向延伸一般几百米至数千米不等，最长见于孝文山一带，达 7 千米以上；宽一般 3~50 米，最宽可达百余米。脉壁一般较为平直、产状多陡立，脉体倾角多大于 60°，岩墙与围岩接触处有烘烤边、冷凝边，围岩蚀变现象不明显，仅局部可见褐铁矿化、碳酸盐化等，这些特征记录了华北古元古代早期一次重要的陆壳伸展裂解事件。岩性主要以辉绿岩为主，岩石呈深褐灰色，辉绿结构，块状构造。岩石主要由斜长石、辉石、金属矿物和极少量石英、副矿物等组成。主要矿物成分包括基性斜长石 60%~70%，具黝帘石化、绢云母化；辉石 25%~30%，具黑云母化、绿泥石化。副矿物有磁铁矿、黄铁矿、磷灰石等。岗纹辉绿岩呈灰黑—灰红色，岗纹辉绿结构，块状构造。主要矿物成分包括斜长石 45%、辉石 40%，以及石英与正长石组成文象结构，含量 15%。

中元古代辉绿岩墙是在地壳处于刚性状态下，基性岩浆沿东西向剪切破裂面上侵形成，记录了华北中元古代早期一次重要的陆壳伸展裂解事件，显示了古元古代吕梁造山运动之后，以伸展构造体制为特征的非造山岩浆活动。

(2)正长斑岩脉

正长斑岩脉主要分布于保护区中部，呈近东西向展布，多呈较大规模的脉状产出，侵入古元古代马家坪、后沟黑云母花岗岩体中，延伸数百米至数千米不等，最长可达 5 千米，出露宽度高达 80 米。其中，一条正长斑岩脉南侧亦见紧密伴生的辉绿岩脉，宽约 8m，延伸数十米。

主要岩性为褐红色石英正长斑岩，呈灰褐色、褐红色，斑状结构，基质为细粒半自形粒状结构。与花岗岩接触带上常发育球粒结构，块状构造。主要矿物成分为斑晶，包括斜长石 5%、钾长石 10%、石英 5%左右，以及基质石英 15%、钾长石 40%、斜长石 10%~20%、黑云母 5%。

1.3.1.3　地质构造

保护区主要构造为韧性剪切带，在空间上呈线形带状分布，发育于不同时代的强应变域内。剪切带内的岩石发生碎裂化、条纹—条带化、糜棱岩化和超糜棱岩化。

受地壳减薄伸展应力的影响，吕梁运动早期形成一系列较浅层次的韧性或脆—韧性剪切断层。保护区西北部关帝山韧性剪切带发生在西湾片麻岩及西湾片麻岩与变质花岗岩接触面处，剪切带区内长 4 千米，宽 200~300 米。

1.3.1.4　地质演化

保护区地处华北陆块区吕梁山脉中段，其前寒武纪地壳的发展演化过程，是一部自新太古代—元古代建造与改造的演化历史，保留了多阶段建造和复杂的变形变质踪迹，不同的构造层出现的地质事件反映了不同时代的地质构造发展史。结合华北地区的地壳演化史，区内地质构造发展史可概括为陆块形成、稳定发展及强烈活动三大时期多个活动阶段。

1.3.1.4.1　陆块形成时期

保护区早前寒武纪变质岩区的岩石组合经历了不同阶段变形、变质、岩浆作用的演化，分别划分为五台期、吕梁期(表 1-2)。

(1)五台运动阶段(28 亿年至 25 亿年)

在大陆克拉通形成之后，由于地幔热羽产生的强大作用，致使克拉通基底地壳断裂，地幔隆升，地壳减薄，开始形成大陆裂谷(裂陷槽)的雏形。在盆地强烈扩张期，沿盆地边缘形成伸展型近水平

表 1-2　早前寒武纪地质事件

<table>
<tr><th colspan="2">时代</th><th>体制</th><th>层次</th><th>沉积事件</th><th>侵入岩事件</th><th>构造事件</th><th>变质事件</th><th>时限（亿年）</th></tr>
<tr><td colspan="2">中元古代</td><td>伸</td><td>浅</td><td></td><td>辉绿岩墙
正长斑岩脉</td><td>早期近东西向，晚期北西、北东向两组张扭裂隙</td><td>未变质</td><td>18</td></tr>
<tr><td rowspan="2">古元古代吕梁期</td><td>晚期</td><td>缩</td><td>中浅</td><td></td><td>草沟黑云母花岗岩
后沟黑云母花岗岩
山水村黑云母花岗岩
马家坪黑云母花岗岩</td><td>北东向褶皱逆冲推覆韧性剪切带</td><td rowspan="2">绿片岩相</td><td>20.5</td></tr>
<tr><td>早期</td><td>伸</td><td>中浅</td><td>野鸡山群陆源碎屑岩—碳酸盐岩建造</td><td>野鸡山群基性、中基性火山岩建造</td><td>北东向同斜倒转褶皱及肉红色钾长条带</td><td>25</td></tr>
<tr><td>新太古代五台期</td><td>晚期</td><td>缩</td><td>深</td><td>新太古界界河口岩群陆源碎屑岩建造</td><td>石板梁变质花岗岩
西湾英云闪长质—奥长花岗质片麻岩</td><td>近东西向紧闭同斜褶皱</td><td>角闪岩相—高角闪岩相</td><td></td></tr>
</table>

韧性剪切带，导致片麻岩从地壳深部隆升，部分物质熔融，造成了大面积的中酸性岩浆侵位，形成了灰色片麻岩。同时，盆地进一步裂解，伴随基性岩席扩张侵位。裂谷伸展作用使地壳大大变薄，通过原始地幔的熔融而产生镁铁质板底垫托作用，这些熔融体随后呈分异岩浆发生上升，并产生地壳和壳下拆离作用。五台晚期造山作用发生在25亿年前左右，在北北西—南南东向的区域水平侧向挤压应力作用下，盆地发生了剧烈收缩，随着挤压作用的持续，发生了大规模的同斜—平卧褶皱和推覆型韧性剪切带，壳下岩石圈发生A型俯冲，形成横切地层走向的递增变质带。五台运动封闭了吕梁构造盆地，形成了华北克拉通统一大陆。

(2)吕梁运动阶段(25亿年至18亿年)

五台运动之后，构造体制发生了明显转折，华北太古宙克拉通化已基本形成。古元古代伊始，构造体制发生了明显分异，呈现活动带与刚性地块并存的构造格局。活动带体现了已具刚性地壳的再破裂及其后的闭合，使活动带两侧成为统一的地质体。

吕梁运动早期已具刚性程度的华北大陆，在北西—南东向拉张应力作用下形成盆缘断裂。在海槽早期张裂阶段，盆地边缘由一系列冲积扇体系的砾岩和砂岩充填，盆地中心则沉积了滨浅海相以碎屑岩为主的青杨树湾组。之后盆地开始逐渐萎缩，水体逐渐变浅，陆源碎屑物的含量逐渐增多。

吕梁晚期，造山作用挤压使盆地发生了剧烈收缩。随着挤压作用的持续，使得海盆逐渐隆起，在北西西—南东东向近水平的挤压应力作用下，发生深层次韧性变形，形成了一系列北东向同斜紧闭褶皱及脆—韧性冲断构造，形成顺层片理。伴随有花岗岩的侵入，区域发生绿片岩相低温动力变质作用。古元古代阶段是从太古宙塑性地壳向中元古代刚性地壳转化的地质历史时期，反映了早期克拉通的裂陷解体和再次克拉通化的历史过程。吕梁运动结束于18亿年前左右，使破裂的太古宙克拉通化拼接在一起，导致地壳垂向加厚和刚性增强。区内发育的大规模辉绿岩墙侵位，从另一方面证实了地壳由挤压向伸展的转变。至此，陆块进入稳定发展时期。

1.3.1.4.2　陆块稳定发展时期

进入中、新元古代，早前寒武纪基底完全固结，陆块进入了相对稳定的发展时期，区内直到中生代燕山运动之前，未见广泛和强烈的造山作用，呈现以刚性地块整体升降为主。

吕梁运动之后，中、新元古代地壳由于较薄和不均一而具有相当的活动性。基性岩墙群是大规模伸展构造中地壳深层次的指示物，也是拉张裂隙过程中从深部到浅部的调节物之一，其产出状况严格受构造应力场的控制，是构造—岩浆—热三者联合作用的共同产物。加里东运动之后，本区与华北地区整体抬升为陆块。

1.3.1.4.3 陆块强烈活动时期

中生代以来，华北陆块进入了强烈活动时期，本区亦进入了新的发展阶段。中生代燕山运动和新生代喜马拉雅运动是区内地壳的重要活动期，其频繁的活动，尤其是大型断裂的活动，将区内中—新生代地壳分割成不同的断块山和构造盆地，奠定了现今的盆岭构造体系。

(1)燕山运动阶段(2.5 亿年至 0.65 亿年)

燕山运动早期：在北西—南东向挤压应力作用下，中三叠世鄂尔多斯盆地开始发育演化，盆地的东部边缘保护区西部形成一系列左行雁行式排列的压扭性断裂组合。

燕山运动中期：处于地壳收缩阶段，进入强烈的构造活动期，在北西—南东向水平挤压下，区内形成了区域性近南北向背向斜构造。

燕山运动晚期：构造应力场处于强烈挤压收缩后应力松弛期的不均衡调整阶段，总体处于地壳隆升阶段。早白垩世末，盆地总体抬升，大型盆地的发育历史结束。此后，盆地进入受多种形式改造的后期改造时期，诱发先存的北东向压性断裂重新复活而形成张性正断层，构成燕山运动最晚一期的构造形迹。

(2)喜马拉雅运动阶段(0.65 亿年至今)

区内新生代喜马拉雅期构造运动，总体是地壳在强烈拉伸的构造环境下，以继承性断裂活动和地壳间歇性抬升为主导的运动形式，造就了山体整体抬升，以及山体遭受剥蚀、盆地接受沉积完整的山麓冲洪积体系，构成了现今盆岭构造景观和河流网络格局。同时，山西地堑系为典型而又特征的大陆裂谷，自形成以来，经历了始新世—晚更新世全盛期，尽管至今仍在活动，但已开始走向衰亡。

1.3.1.5 地　貌

山西庞泉沟国家级自然保护区地处吕梁山脉中段，位于山西省交城县西北部和方山县东北部交界处，地理坐标：东经 111°22′33″~111°32′22″、北纬 37°47′45″~37°55′50″。山脉总体呈北东—南西走向，山峰一般海拔 1800~2400 米，最高山峰孝文山(南阳山)，海拔 2831.7 米，位于北部；最低海拔 1580 米，位于方山阳圪台河谷。

地貌属剥蚀强烈的大起伏山，自中生代燕山运动隆起后，经长期侵蚀形成当前山势陡峭、沟壑纵横、地形变化复杂的穹窿中山地貌(李世广等，2014)；在岭脊顶部形成古老的夷平面和壮年期山地的地貌组合，整个山脉由西北向东南倾斜，在总体上表现为东南坡陡峭而西北坡相对平缓。由赫赫岩山(海拔 2659 米)、孝文山、关帝山(2585 米)、大路峁(2240 米)和黑镇则石山(2556 米)等组成的山脊线所包围。山区多属构造上升侵蚀地貌，沟谷切割呈“V”字形，谷岭比高一般为 300~800 米，最大可达 1000 米。地貌类型有中山、亚高山、山顶夷平面及沟谷。亚高山及中山山地侵蚀强烈，山地切割较深，古老沟谷纵横，有庞泉沟、八道沟、神尾沟等若干大小沟谷。

本区是黄土高原保存完整的绿色宝库，特有的花岗岩地貌与自然人文景观融为一体，形成的特色景点有“云顶日出”“龙泉飞瀑”“笔架生辉”“文源晚翠”“古树宝塔”“天门瑞气”“雄狮夕照”“凤凰观塔”“石猪受难”“风动石”“仙人洞”等自然景观(李世广等，2014)。

1.3.2 气 候

1.3.2.1 气 温

庞泉沟国家级自然保护区年平均气温5.44℃，1月平均气温-8.90℃、7月平均气温18.28℃。不低于10℃的年均积温2321.02℃。高温天气集中在6~8月，月平均最高气温20.32℃；低温天气集中在1月、2月、12月，月平均最低气温-12.96℃。极端最低气温-28.65℃(1998年1月18日)，极端最高气温32℃(2010年7月30日)，如图1-1、图1-2、表1-3、表1-4所示。

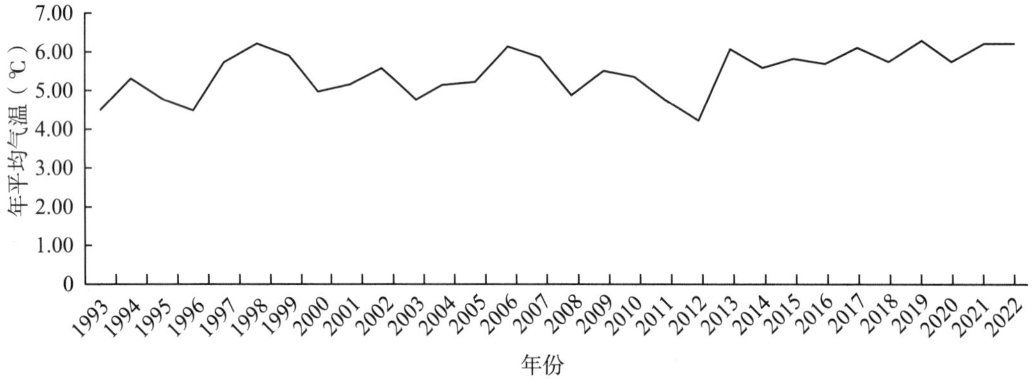

图1-1 1993—2022年庞泉沟国家级自然保护区平均气温

[数据源于美国国家航空航天局(NASA)全球0.1°逐日分辨率的卫星数据]

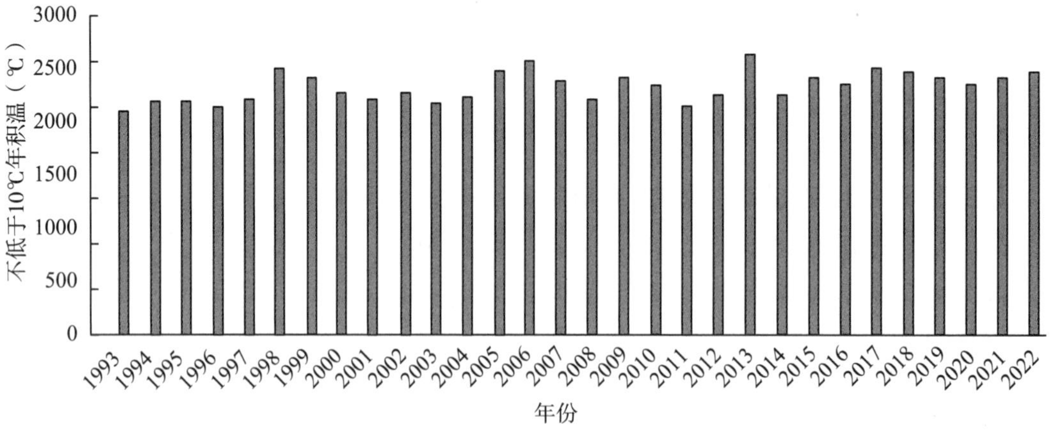

图1-2 庞泉沟国家级自然保护区不低于10℃的年积温

[数据源于美国国家航空航天局(NASA)全球0.1°逐日分辨率的卫星数据]

表 1-3　2018—2022 年庞泉沟国家级自然保护区最高气温　单位:℃

时间	2018 年	2019 年	2020 年	2021 年	2022 年
1 月	1.27	4.75	4.68	4.55	3.41
2 月	8.18	5.15	10.04	10.63	7.00
3 月	19.37	11.86	15.35	13.82	16.66
4 月	22.42	23.53	23.19	17.38	22.15
5 月	25.18	24.82	26.25	25.27	24.57
6 月	26.81	25.89	28.41	27.02	28.34
7 月	26.24	27.66	26.01	28.77	27.62
8 月	26.85	25.26	26.11	26.12	26.75
9 月	20.94	24.75	20.65	24.38	21.06
10 月	15.69	19.09	14.45	21.48	18.37
11 月	11.49	9.67	11.27	10.14	10.53
12 月	4.41	3.08	2.45	4.72	2.75

注：数据源于美国国家航空航天局(NASA)全球 0.1°逐日分辨率的卫星数据。

表 1-4　2018—2022 年庞泉沟国家级自然保护区最低气温　单位:℃

时间	2018 年	2019 年	2020 年	2021 年	2022 年
1 月	-23.5	-17.32	-21.36	-27.23	-17.14
2 月	-21.62	-16.73	-17.55	-15.79	-17.41
3 月	-6.46	-7.65	-9.17	-15.3	-9.02
4 月	-9.28	-4.9	-5.21	-5.91	-5.46
5 月	-0.32	-0.96	1.02	-1.27	0.44
6 月	5.74	7.92	9.1	5.87	9.09
7 月	12.36	9.56	10.78	10.29	10.38
8 月	12.03	8.57	9.36	6.65	7.71
9 月	-0.61	5.36	3.24	5.7	0.58
10 月	-4.96	-3.85	-4.43	-3.24	-6.35
11 月	-8.54	-11.82	-15.07	-16.01	-18.93
12 月	-20.57	-18.49	-24.28	-19.59	-22.6

注：数据源于美国国家航空航天局(NASA)全球 0.1°逐日分辨率的卫星数据。

1.3.2.2　湿　度

保护区年平均相对湿度 54.47%。7~9 月湿度较高，最高达 79.40%(2020 年 8 月)，1 月、2 月、12 月湿度较低，最低为 26.96%(图 1-3)。

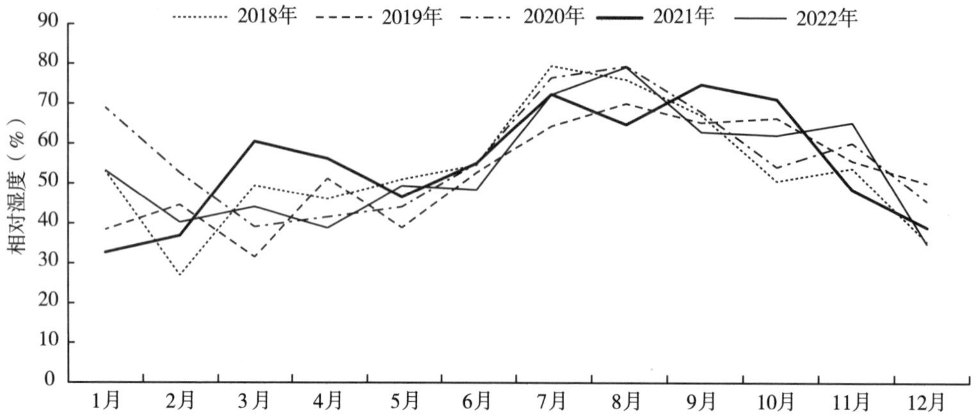

图 1-3　2018—2022 年庞泉沟国家级自然保护区相对湿度统计

［数据来源于美国国家航空航天局(NASA)全球 0.1°逐日分辨率的卫星数据］

1.3.2.3　降水量

2018—2022 年年平均降水量 804.5 毫米，最高年降水量 1001.8 毫米(2022 年)，最低年降水量 668.1 毫米(2019 年)。年平均降水 78 天，多集中在每年的 7～8 月，最大降水量为 665.20 毫米(2022 年 7 月、8 月)，占全年降水总量的 66%。月降水最多为 18 天(2018 年 7 月、8 月)。日最大降水量为 147.4 毫米(2022 年 7 月 11 日)，3 日最大降水量为 180.6 毫米(2022 年 7 月 9 日开始)，7 日最大降水量为 284.6 毫米(2022 年 7 月 9 日开始)，15 日最大降水量为 329.4 毫米(2022 年 7 月 1 日开始)，30 日最大降水量为 413.8 毫米(2022 年 7 月 11 日开始)，见表 1-5。

表 1-5　2018—2022 年庞泉沟国家级自然保护区中西河神尾沟站降水量　　单位：毫米、天

时间	2018 年	2019 年	2020 年	2021 年	2022 年
1 月	6.1	0	13.7	0	8.2
2 月	0	4.8	19.5	14.3	10.9
3 月	10	7	20.3	49	11.8
4 月	65.5	75.9	21.5	20.4	25.5
5 月	78	23.2	46.8	82.4	58.2
6 月	84.2	44	49.4	110.8	67.2
7 月	230.8	125.6	220.6	93.8	390.4
8 月	154	200.6	319.4	66.4	274.8
9 月	119.6	149.6	87.8	85.8	31
10 月	18.8	37.4	9	250.8	59.4
11 月	2.9	0	0	0.8	63.3
12 月	0	0	0	0	1.1
年降水量	769.9	668.1	808	774.5	1001.8
年降水日数	77	78	72	83	80

1.3.2.4 风 速

2018—2022 年年平均风速为 1.68 米/秒。月平均最大风速为 2.18 米/秒(2018 年 4 月)，最小为 0.98 米/秒(2020 年 1 月)。春季多风，平均风速为 1.92 米/秒；夏季偏少，平均风速为 1.48 米/秒。全年多为东南风和西北风。春季多为西南风，夏季多东南风，秋冬季多西北风(表 1-6、表 1-7)。

表 1-6 2018—2022 年庞泉沟国家级自然保护区平均风速 单位：米/秒

时间	2018 年	2019 年	2020 年	2021 年	2022 年
1 月	1.68	1.26	0.98	2.29	1.33
2 月	2.06	1.48	1.69	1.93	1.53
3 月	1.90	2.12	2.02	1.67	2.03
4 月	2.18	1.90	1.88	2.02	1.92
5 月	1.85	1.97	2.17	2.34	1.80
6 月	1.57	1.59	1.67	1.69	1.91
7 月	1.68	1.48	1.30	1.66	1.30
8 月	1.37	1.44	1.42	1.61	1.52
9 月	1.76	1.38	1.49	1.52	1.30
10 月	1.80	1.49	1.39	1.51	1.54
11 月	1.40	1.80	1.54	2.03	1.59
12 月	1.58	1.72	1.58	1.58	1.87
年平均风速	1.74	1.64	1.59	1.82	1.63
5 年年平均风速	1.68				

表 1-7 2018—2022 年庞泉沟国家级自然保护区风向天数 单位：天

时间季节		西南风	东南风	西北风	东北风	南风	西风	东风
2018 年	春季	35	26	24	7			
	夏季	15	53	8	15	1		
	秋季	20	21	44	5	1		
	冬季	20	13	56	1			
2019 年	春季	30	22	35	5			
	夏季	19	41	19	13			
	秋季	22	37	27	5			
	冬季	33	13	40	3			1
2020 年	春季	31	10	41	10			
	夏季	32	36	17	7			
	秋季	24	22	37	7		1	
	冬季	30	9	49	3			

续表

时间季节		西南风	东南风	西北风	东北风	南风	西风	东风
2021 年	春季	29	27	28	7	1		
	夏季	23	33	23	13			
	秋季	26	25	29	11			
	冬季	19	15	55	1			
2022 年	春季	37	22	31	2			
	夏季	18	41	23	10			
	秋季	26	29	29	5	2		
	冬季	18	9	61		1	1	

1.3.2.5 无霜期

霜冻出现的时间较早，一般出现在 10 月中上旬。2018—2022 年年平均无霜期为 190 天，最大 202 天(2022 年)，最小为 180 天(2021 年)，如图 1-4 所示。

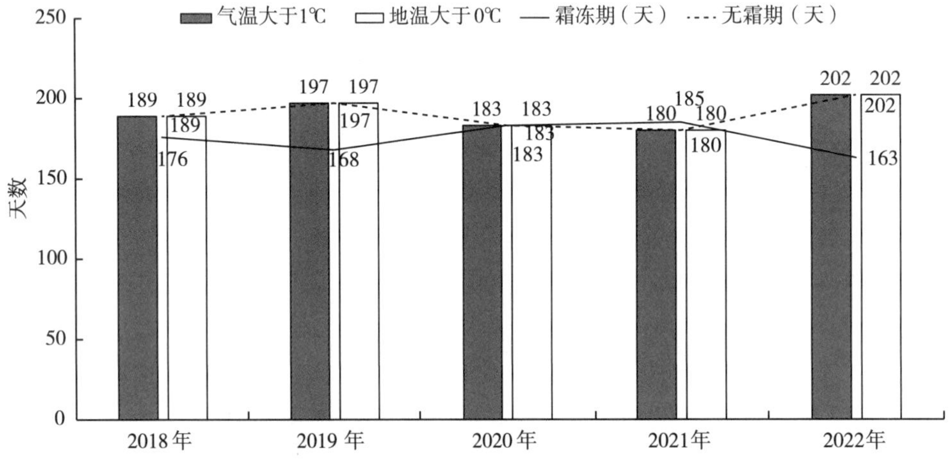

图 1-4 2018—2022 年庞泉沟国家级自然保护区无霜期

[数据源于美国国家航空航天局(NASA)全球 0.1°逐日分辨率的卫星数据]

1.3.2.6 太阳辐射及日照

2018—2022 年年日照总时数为 1604.71~1644.51 小时，年太阳辐射总强度为 58.33 亿~59.74 亿焦耳/平方米(表 1-8)。

表 1-8 2018—2022 年庞泉沟国家级自然保护区日照时数和太阳辐射总强度

时间	日照时数(小时)	太阳辐射总强度(焦耳/平方米)
2018 年	1612.6	5839167491
2019 年	1644.51	5972965586
2020 年	1637.79	5974222615
2021 年	1604.71	5833302900
2022 年	1615.87	5882302038

1.3.3　水文水质

庞泉沟国家级自然保护区是山西省降水量较高地区之一。由于植被覆盖率高达95%，森林、灌丛和草本植物群落有着显著的水源涵养作用，地表水源充足，河流径流相对稳定。

1.3.3.1　河流水系

1.3.3.1.1　文峪河

文峪河属于汾河一级支流，发源于庞泉沟，在保护区境内径流长6千米，东西两侧有神尾沟、大沙沟、八道沟、八水沟等山涧溪流，四季长流，水质清澈，水质无污染，所含矿物质为碳酸钙镁型，氟离子含量为8毫克/升，还含有钠、钙、钾、镁、铁、硫等元素，碘离子含量偏少，pH值7.8。汇入文峪河主流。文峪河在保护区内平均径流量0.7~3.2立方米/秒，侵蚀模数100~200吨/平方千米(山西省水文资源勘测局，2015)。

西葫芦河是文峪河的一级支流，发源于庞泉沟国家级自然保护区内大路山脊以东的大塔村，与东葫芦河在东坡底南合流，行5千米于岔口汇入文峪河。东葫芦河长8.2千米，径流量0.8~3.8立方米/秒。

据庞泉沟国家级自然保护区南约20千米的双家寨水文站(2019—2021年)记录，文峪河2019年、2020年和2021年委员会(双家寨段)年径流量随着降水量的增加而增加，2019年产流主要发生在4月至5月中旬、7月底至9月底；2020年的产流主要发生在7月中旬至9月中旬；2021年的产流主要发生在10月。

2019年、2020年和2021年文峪河河道年径流量分别为5118万立方米、6519万立方米和6884万立方米，3年平均值为6174万立方米；清水流量分别为1.23立方米/秒、0.96立方米/秒和1.18立方米/秒左右。

1.3.3.1.2　冯家庄河

根据山西省水文资源勘测局资料显示，大路峁山脊以西的冯家庄河属三川河一级支流，发源于庞泉沟国家级自然保护区方山县麻地会乡麻地会村内，河流长19千米，控制流域面积76.6平方千米，河流比降2.693%，平均年降水量为545.5毫米，平均年径流深为75.8毫米。大路山脊以西的冯家庄河由东向西注入北川河，经三川河汇入黄河，境内长6千米，径流量0.5~2.4立方米/秒。

1.3.3.2　水　库

庞泉沟国家级自然保护区外自北向南有柏叶口水库和文峪河水库。

1.3.3.2.1　柏叶口水库

柏叶口水库位于文峪河干流，在庞泉沟国家级自然保护区东南方约50千米，距下游文峪河水库30.7千米。水库以上除东葫芦河流域左侧及以下区间出露部分灰岩漏水林区外，其余基本为变质岩石山林区。流域上游为关帝山林区，森林覆盖率95%以上。流域内有三道川、二道川，最大的为东西葫芦河，其控制面积366平方千米。山势西北高、东南低，至柏叶口海拔1065米。柏叶口水库2015年投入使用，是一座以城市生活、工业供水、防洪为主，兼顾农业灌溉、发电、水生态修复等综合利用的大(2)型水库。控制流域面积875平方千米，库容1.0137亿立方米。

1.3.3.2.2 文峪河水库

文峪河水库位于吕梁市文水县开栅镇北峪口村，距庞泉沟国家级自然保护区实验区边界约 80 千米。1965 年投入使用，是一座以防洪为主，结合灌溉、供水、发电、水产养殖等综合利用的大(2)型水库。控制流域面积 1876 平方千米。水库设计防洪标准为 100 年一遇，校核防洪标准为 2000 年一遇。水库总库容 1.17 亿立方米。

1.3.3.3 水　质

1.3.3.3.1 文峪河(庞泉沟镇市庄村河段)水质

(1)评价标准

根据《山西省地表水环境功能区划》(DB 14/ 67—2019)，庞泉沟国家级自然保护区所在水功能区为黄河流域一级功能区：从文峪河源头至长立村，属国家级自然保护区水源保护区，水质保护目标为Ⅰ类。

依据太原碧蓝检验检测有限公司 2023 年 7 月 20 日对交城县庞泉沟镇市庄村(位于庞泉沟国家级自然保护区内的长立村以南约 5 千米处)文峪河段的水质检测报告，采用国家标准《地表水环境质量标准》(GB 3838—2002)对文峪河水质量进行评价。

(2)评价方法

采用单因子指数法(畅建霞等，2010)对本区域的北川河地表水质量进行现状评价。单因子指数公式如下：

$$N_i = \frac{C_i}{C_{io}} \tag{1-1}$$

式中：N_i 为单项指标，若 $N_i \leq 1$ 该单项符合标准，若 $N_i > 1$ 该单项指标超标；C_i 为第 i 组分的实测值；C_{io} 为第 i 组的评价标准。

对于 pH 值单因子指数公式如下：

$$P_{\mathrm{pH}} = \frac{\mathrm{pH}}{\mathrm{pH}_{su}} \qquad (\mathrm{pH} > 7.0) \tag{1-2}$$

$$P_{\mathrm{pH}} = \frac{\mathrm{pH}}{\mathrm{pH}_{sd}} \qquad (\mathrm{pH} \leq 7.0) \tag{1-3}$$

式中：pH 为实测值；pH_{su} 为水质标准 pH 值上限；pH_{sd} 为水质标准 pH 值下限。

文峪河(庞泉沟镇市庄村段)水质评价结果见表 1-9。

表 1-9　文峪河(庞泉沟镇市庄村段)水质评价结果　　　单位：毫克/升、个/升

项目	结果	水质级别
pH 值	7.9	合格
溶解氧	6.78	Ⅱ
高锰酸盐指数	1.58	Ⅰ
化学需氧量(COD)	8	Ⅰ
生化需氧量(BOD5)	0.6	Ⅰ
氨氮	0.025	Ⅰ

续表

项目	结果	水质级别
总磷	0.02	Ⅰ
总氮	0.61	Ⅲ
氟化物(以 F^- 计)	0.42	Ⅰ
铬(六价)	0.0004	Ⅰ
氰化物	0.004	Ⅰ
挥发酚	0.0018	Ⅰ
阴离子表面活性剂	0.05	Ⅰ
硫化物	0.01	Ⅰ
硒	0.0004	Ⅰ
砷	0.0006	Ⅰ
汞	0.00004	Ⅰ
铜	0.012	Ⅱ
锌	0.012	Ⅰ
铅	0.0025	Ⅰ
镉	0.0005	Ⅰ
石油类	0.012	Ⅰ
粪大肠菌群	20	Ⅰ

按照《地表水环境质量标准》(GB 3838—2002)，文峪河(庞泉沟国家级自然保护区之外河段)除了溶解氧、总氮和铜的检测超出Ⅰ类水水质标准，其他指标均符合Ⅰ类水水质标准。

1.3.3.3.2 庞泉沟集镇地下水质量

(1)评价标准

根据国家标准将地下水质量可分为5类：Ⅰ、Ⅱ类主要反映地下水化学组分的天然背景含量，适用于各种用途；Ⅲ类以人类健康基准(生活饮用水水质标准)为依据，主要适用于集中式生活饮用水水源及工业、农业生产用水；Ⅳ类以农业和工业用水要求为依据，除适用于农业和部分工业用水外，适当处理后可作为生活饮用水；Ⅴ类不宜作生活饮用水，其他用水可根据使用目的选用。

庞泉沟镇驻地位于庞泉沟国家级自然保护区以南大约5千米的横尖村。依据庞泉沟镇集供水源地下水的水质监测结果，采用国家标准《地下水质量标准》(GB/T 14848—2017)中的Ⅲ类水标准对庞泉沟集镇地下水质量进行评价。

(2)评价方法

同地表水评价方法，具体计算方法见公式(1-1)至公式(1-3)，不再赘述。

(3)地下水质量评价结果

庞泉沟镇集供水源地下水94项检测指标均符合国家标准《地下水质量标准》(GB/T 14848—2017)中的Ⅲ类水标准。

1.3.4 土　壤

1.3.4.1 土壤类型

庞泉沟国家级自然保护区土壤呈明显的垂直分布带(刘耀宗等，1991)。在同一垂直带内，其随不同坡向、坡度和植被类型的不同，而随之发生有规律的更替。按照《中国土壤分类与代码》(GB/T 17296—2009)土壤分类系统和张维理等(2014)关于中国土壤分类系统修编的研究结果，保护区土壤类型可以划分为 4 个土类，即栗褐土、褐土(包括褐土性土和淋溶褐土两个亚类)、棕壤、山地草甸土。

1.3.4.1.1 栗褐土

栗褐土仅分布于保护区西北部方山阳圪台海拔 1600 米以下的低山地带，分布面积较小，土层厚度 30~100 厘米，腐殖质含量较低，pH 值 8.24。

主要植被类型为一年一熟的栽培植被，包括马铃薯、胡麻、谷子和豆类等，自然植被类型有黄刺玫(*Rosa xanthina*)灌丛、三裂绣线菊(*Spiraea trilobata*)灌丛等。

1.3.4.1.2 褐　土

庞泉沟国家级自然保护区土类包括 2 个亚类。

(1)褐土性土

褐土性土主要分布于海拔 1760 米以下的低山地带，如保护区中部沟谷内、山前洪积扇等，土层厚度 80~120 厘米，土壤腐殖质含量偏低，pH 值 8.34，黏性，质地为砂质土壤。

主要植被类型为辽东栎(*Quercus wutaishanica*)林、山杨(*Populus davidiana*)林、油松(*Pinus tabuliformis*)林、沙棘(*Hippophae rhamnoides*)灌丛、黄刺玫灌丛。文峪河河流两岸有片状的青杨(*Populus cathayana*)林分布。

(2)淋溶褐土

淋溶褐土分布海拔 1760~1900 米，土壤腐殖质含量高，pH 值 7.35，土层厚 40~70 厘米，地形较平缓的地段可达 80 厘米，由于强度淋溶结果，具有明显的淀积层，剖面中石灰淋溶强烈。植被覆盖度高达 80%。

主要植被类型包括华北落叶松(*Larix principis-rupprechtii*)、白杄(*Picea meyeri*)林、青杄(*Picea wilsonii*)林、辽东栎林、山杨林等，其中片状的白桦(*Betula platyphylla*)林与华北落叶松林等呈镶嵌分布。

1.3.4.1.3 棕　壤

棕壤是主要森林土壤类型之一。本区见于海拔 2000~2400 米的山地，土壤腐殖质含量较高，pH 值 6.2~7.0，土层厚度 40~60 厘米，无石灰反应，地表枯枝落叶层 3~10 厘米，成土母质以花岗岩、片麻岩风化为主。此外，成土母质还有残坡积物。常见未分解和半分解的植被落叶层，呈棕褐色，厚度 1~20 厘米。

主要植被类型包括华北落叶松林、白桦林、红桦(*Betula albosinensis*)林、山杨林、白杄林、青杄林、沙棘灌丛等。

1.3.4.1.4 山地草甸土

山地草甸土分布于海拔 2100 米以上山地，包括孝文山、云顶山等地。土壤腐殖质含量较高，pH

值 7.81，土层厚度 40~100 厘米，无石灰反应，质地砂壤居多。

主要植被类型包括鬼箭锦鸡儿(*Caragana jubata*)灌丛、银露梅(*Potentilla glabra*)灌丛、金露梅(*Potentilla fruticosa*)灌丛，其中草本植物群落占优势，包括以地榆(*Sanguisorba officinalis*)、珠芽蓼(*Polygonum viviparum*)为主的杂草类草甸、嵩草草甸(*Kobresia bellardii*，*Kobresia pygmaea*)和鹅绒委陵菜(*Potentilla anserina*)草甸等。

1.3.4.2 土壤质地

土壤质地是土壤最重要的物理性质之一，影响土壤的水、肥、气、热等各个肥力因子及土壤的耕性。土壤质地状况决定于成土母质(岩)、气候、地形、植被、人为活动等因素，保护区主要成土母质为花岗岩、片麻岩类。表层土壤质地多以砂质壤土为主。

1.3.4.3 土壤理化性质

庞泉沟国家级自然保护区 9 个土壤理化参数见表 1-10。从表 1-10 可以看出，碳酸钙含量变化较大，变异系数 1.21。碳酸钙含量与土壤类型相关性较强，典型褐土性土、栗褐土中存在明显钙积层，石灰反应较强，其变异系数小于 0.5，说明含量分布相对均匀。

表 1-10 庞泉沟国家级自然保护区土壤理化参数($n=9$)

参数	最大值	最小值	平均值	标准差	中位数	变异系数
pH 值	8.34	6.86	7.87	0.43	7.81	0.06
全氮(克/千克)	3.01	1.05	2.10	0.60	2.44	0.27
全钾(克/千克)	23.30	16.10	19.06	2.20	18.30	0.12
全磷(克/千克)	0.84	0.45	0.66	0.10	0.70	0.14
容重(克/立方厘米)	1.35	0.73	0.98	0.22	0.93	0.23
水解性氮(毫克/千克)	309.00	79.50	200.60	74.50	254.00	0.33
速效钾(毫克/千克)	194.00	75.00	146.00	38.86	131.00	0.29
碳酸钙(克/千克)	35.90	1.31	20.40	11.27	5.26	1.21
有机质(克/千克)	65.60	15.90	43.63	15.65	59.80	0.30
有效磷(毫克/千克)	7.20	3.58	5.78	0.77	6.60	0.12

庞泉沟国家级自然保护区不同土壤类型中各理化参数平均含量见表 1-11。

表 1-11 庞泉沟国家级自然保护区不同土壤理化指标($n=9$)

参数	栗褐土	褐土性土	淋溶褐土	棕壤	山地草甸土
全氮(克/千克)	1.47	1.05	2.45	2.50	3.01
全磷(克/千克)	0.45	0.84	0.63	0.63	0.77
全钾(克/千克)	20.60	19.60	20.80	18.20	16.10
有机质(克/千克)	28.10	15.90	56.15	58.20	59.80
碳酸钙(克/千克)	50.20	35.90	6.55	5.44	3.93
速效钾(毫克/千克)	148.00	180.00	160.00	111.00	131.00
有效磷(毫克/千克)	3.58	6.00	6.40	6.10	6.80

续表

参数	栗褐土	褐土性土	淋溶褐土	棕壤	山地草甸土
水解性氮(毫克/千克)	139.00	79.50	234.00	241.50	309.00
pH 值	8.24	8.34	7.35	7.61	7.81
容重(克/立方厘米)	0.94	1.35	0.73	0.96	0.93

1.3.4.3.1 土壤容重特征

土壤容重反映了土壤的密实程度，是土壤物理性质的重要指标之一。土壤容重的大小取决于土壤成分、结构和含水量等因素。一般来说，土壤含水量越大，其容重越小。土壤中有机质含量较高时也会降低土壤的容重。土壤容重对于农业生产和土地利用有很大的影响，土壤容重过高或过低都不利于作物的生长和发育。

庞泉沟国家级自然保护区土壤容重值 0.73~1.35 克/立方厘米，平均 0.98 克/立方厘米。参照全国土壤养分含量分级标准，整体上看，保护区土壤容重以过松等级为主，表明土壤比较疏松，有利于水分下渗和保存，与保护区内植被、地形地貌等有关。

表 1-11 显示，庞泉沟国家级自然保护区褐土性土中土壤容重较高，其次为棕壤、栗褐土、草甸土、淋溶褐土，主要与地形地貌及植被等有关。褐土性土调查点为荒地，植被覆盖度相对低，同时为退耕还林区域，有机质含量低，故容重值相对较大。随着地势增高，地形地貌发生变化，土壤类型发生变化，植被覆盖度及植被根系等变化导致有机质含量也发生变化。同时，容重在不同区域地带受侵蚀程度不同，容重值也会随之发生一定变化。

1.3.4.3.2 土壤酸碱性

土壤酸碱性是土壤重要的化学性质，对营养元素的分解释放、植物的养分吸收、土壤肥力、微生物活动、土源病虫害的发生及植物的分布与生长有重要影响。庞泉沟国家级自然保护区土壤 pH 值 6.86~8.34，平均 7.87。参照全国土壤养分含量分级标准，保护区内土壤呈碱性反应。

表 1-11 显示，庞泉沟国家级自然保护区各土壤类型中褐土性土 pH 值最高(pH 值 8.34)，其次是栗褐土(pH 值 8.24)，与其所处地理位置、成土母质、植被等有关，处于低山平缓过渡带，剖面底部可见粉末状石灰矿物，石灰反应较强；其他土壤类型中 pH 值则相对偏低，但整体呈碱性。

1.3.4.3.3 土壤有机质

土壤有机质是土壤的重要组成物质，影响土壤的物理、化学和生物学性质。保护区土壤有机质主要来源于乔木、灌木植被及草本植物凋落物的分解。有机质是土壤中最活跃的成分，对水、肥、气、热等肥力因子影响明显，是土壤肥力的重要物质基础。

庞泉沟国家级自然保护区土壤有机质值 15.9~65.6 克/千克，平均为 43.63 克/千克。参照全国土壤养分含量分级标准，保护区内土壤养分含量以极高(一级：≥40 克/千克)等级为主。

表 1-11 显示，庞泉沟国家级自然保护区山地草甸土有机质含量最高(59.80%)，接下来依次为棕壤(58.20%)>淋溶褐土(56.15%)>栗褐土(28.10%)>褐土性土(15.90%)，这种规律呈现出明显的垂直分布带谱。这是由于山顶(云顶山赫赫岩山，海拔 2659 米)植被以草本为主组成的草甸植被占优势，土壤腐殖质累积明显，淋溶作用强烈所致。随着地形地貌、植被类型、成土母质等变化，淋溶作用程度也会有所差异，有机质含量也随之发生变化。

1.3.4.3.4 土壤氮元素

全氮：土壤中的氮主要来源于生物残体的分解。有机质是自然土壤氮素的主要来源，凋落物的分解可使土壤氮素含量明显增加。氮素是蛋白质的基本成分，影响植物的光合作用和根系生长。土壤含氮量一定程度上影响植物对磷和其他元素的吸收。庞泉沟国家级自然保护区土壤全氮含量 1.05~3.01 克/千克，平均 2.1 克/千克。参照全国土壤养分含量分级标准，保护区土壤全氮以极高(一级：≥2 克/千克)等级为主，能够满足植物生长需要。

碱解氮：包括土壤中铵态氮、硝态氮、氨基酸、酰胺和易水解的蛋白质中的氮素，其数量可以反映可被植物吸收利用的有效氮的含量。庞泉沟国家级自然保护区土壤水解性氮含量 79.50~309.00 毫克/千克，平均 200.6 毫克/千克。参照全国土壤养分含量分级标准，保护区内碱解氮极高(一级：≥150 毫克/千克)等级为主，能够满足植物生长需要。

表 1-11 显示，庞泉沟国家级自然保护区中各土类中氮元素含量变化特征与有机质含量变化特征一致，主要原因是有机质是土壤氮素的主要来源，其中草甸土、棕壤、淋溶褐土中全氮含量较高，为极高(一级：≥2 克/千克)等级；栗褐土、褐土性土中全氮含量为中上(三级：1~1.5 克/千克)等级。

1.3.4.3.5　土壤磷元素

全磷：磷是构成植物体内许多重要化合物的组成元素。核酸、核蛋白、磷脂和高能磷酸化合物等组成都含有磷。

庞泉沟国家级自然保护区土壤全磷含量 0.45~0.84 克/千克，平均 0.66 克/千克。参照全国土壤养分含量分级标准，保护区全磷含量以极高(一级：≥2 克/千克)等级为主，对植物生长所需磷元素有一定限制作用。

有效磷：土壤中可被植物吸收利用的磷的总称，包括全部水溶性磷、部分吸附态磷、一部分微溶性的无机磷和易矿化的有机磷等。保护区土壤有效磷 3.58~7.20 毫克/千克，平均 5.78 毫克/千克。参照全国土壤养分含量分级标准，保护区内全磷含量以中(四级：5~10 毫克/千克)等级为主，基本可以满足植物生长需要。

表 1-11 显示，庞泉沟国家级自然保护区不同土壤类型全磷含量等级不同。参照全国土壤养分含量分级标准，褐土性土、草甸土中全磷含量为中(四级：0.75~1 克/千克)等级，淋溶褐土、棕壤全磷含量为低(五级：0.5~0.75 克/千克)等级，栗褐土中全磷含量为极低(六级：≤0.5 克/千克)等级。

1.3.4.3.6　土壤钾元素

全钾：土壤中的钾是植物的主要营养元素之一。与氮、磷不同，钾不是植物体内有机化合物的成分。钾主要功能是参与植物的新陈代谢，如促进光合作用及光合作用产物的转移、调节离子与水分平衡、促进蛋白质代谢、增强植物抗逆性、调节植物体内酶及气孔、促进蛋白质合成及运输等。

表 1-11 显示，庞泉沟国家级自然保护区土壤全钾含量 16.10~23.30 克/千克，平均 19.06 克/千克。参照全国土壤养分含量分级标准，保护区内全钾以二级(15~20 克/千克)等级为主，满足植物生长需要。

速效钾：土壤中水溶性钾及交换性钾的总称，容易为植物直接吸收利用。保护区土壤速效钾 75.00~194.00 毫克/千克，平均 146 毫克/千克。参照全国土壤养分含量分级标准，保护区内速效钾含量以中上(三级：100~150 毫克/千克)等级为主，基本满足植物生长需要。

表 1-11 显示，不同土壤类型全钾含量等级分化明显。参照全国土壤养分含量分级标准，淋溶褐

土、栗褐土中全钾含量为极高(一级：≥20 克/千克)等级，其他土壤类型中全钾含量为高(二级：15~20 克/千克)等级。

1.3.4.3.7 土壤碳酸钙特征

碳酸钙可以增加土壤的质地和结构，使其更加透气、透水、保持湿度，改善土壤条件，为植物提供更好的生长环境。

表 1-11 显示，庞泉沟国家级自然保护区土壤碳酸钙含量 1.31~35.9 克/千克，平均 20.4 克/千克。冯家庄西、黄鸡塔西南一带碳酸钙含量最高，土壤类型包括栗褐土、褐土性土等，分布面积较小，与成土母质和人类耕种活动有关。

表 1-11 显示，庞泉沟国家级自然保护区栗褐土、褐土性土中碳酸钙含量较高，与其母质、地形地貌及土地利用类型相关，其他土类中碳酸钙含量较低，与成土母质主要为花岗岩、片麻岩有关，整体无石灰反应。

参考文献

畅建霞，王丽学，2010. 水资源规划及利用[M]. 郑州：黄河水利出版社.

李世广，张峰，2014. 山西庞泉沟国家级自然保护区生物多样性与保护管理[M]. 北京：中国林业出版社.

刘耀宗，张经元，等，1991. 山西省土壤图集[M]. 西安：西安地图出版社.

全国土壤普查办公室，1998. 中国土壤[M]. 北京：中国农业出版社.

张维理，徐爱国，张认连，等，2014. 土壤分类研究回顾与中国土壤分类系统的修编[J]. 中国农业科学，47(16)：3214-3230.

第二章

社会经济状况

2.1 社会经济条件

2.1.1 行政区域

山西庞泉沟国家级自然保护区行政区域在山西省吕梁市的交城、方山两县交界处，保护区中东部属交城县庞泉沟镇范围，面积占保护区总面积的71.3%；西部属方山县麻地会乡范围，面积占保护区总面积的28.7%。

保护区管理局驻址在交城县庞泉沟镇二合庄村，不在保护区辖区内，距保护区东部边界1千米。

2.1.2 人口数量与分布

保护区内原有交城县庞泉沟镇长立、黄鸡塔、神尾沟、后坪、王氏沟、大草坪6个自然村，以及方山县麻地会乡阳圪台1个自然村。2016年，神尾沟、后坪2个自然村集体移民到交城县城。目前，保护区内共有5个自然村，现有户籍人口1058人，冬季人口最少时，常住人口204人。此外，在庞泉沟国家级自然保护区周边地区，有二合庄、杨庄、张沟、阳题塔4个自然村，现有户籍人口1365人，见表2-1。

表2-1 2023年庞泉沟国家级自然保护区及周边自然村情况调查

范围	自然村	户数(户)	户籍人口(人)	冬季常住人口(人)
保护区内	长立	—	406	70
	黄鸡塔	—	160	18
	王氏沟	50	140	30
	大草坪	57	154	40
	阳圪台	—	198	46
	小计	—	1058	204

续表

范围	自然村	户数(户)	户籍人口(人)	冬季常住人口(人)
保护区周边	二合庄	60	168	—
	杨庄	—	60	—
	张沟	40	97	—
	阳题塔	56	155	—
	小计	—	480	—

保护区内的自然村受当地交城县庞泉沟镇和方山县麻地会乡政府管理，居民均为汉族。

根据庞泉沟国家级自然保护区功能区划分，保护区范围内核心区和缓冲区无人口居住，保护区内5个自然村所有居民均在实验区内。

2.1.3 交通电力通信基础设施

2.1.3.1 交　通

庞泉沟国家级自然保护区地处吕梁山脉的深山腹地，有S320省道祁(祁县)方(方山县)公路贯穿保护区全境，距平川的交城县城100千米、方山县城37千米、省城太原148千米。1996年前为沙石路面，路面颠簸，从交城县城到保护区管理局乘车要3个多小时之久，且每天仅有一次客用公共汽车往返。1996年后逐步建设成柏油公路，交通条件逐渐改善。目前为二级公路，有多班客车往返于交城县城和保护区，交通较为便利。

2023年，大草坪至方山县北武当山旅游公路在保护区东南边界扩建通车，这是保护区对外的主要交通道路之一。

2.1.3.2 电力通信基础设施

庞泉沟国家级自然保护区辖区各自然村均通电，在保护区管理局所在地的二合庄村，交城县电力部门建设有庞泉沟变电所一处。

1992年前，保护区林区尚用电报作为主要通信工具，专线电话需人工转接，设立在庞泉沟镇(原横尖镇)的邮电所是对外联络的重要手段。1995年后有了程控电话，1999年后保护区管理局开始覆盖移动通信网，2014年后，移动通信网逐步覆盖到保护区S320公路主要地段。2015年后，管理局和各个自然村均相继接通互联网。然而，由于保护区内沟深林密、人迹罕至，且受修筑设施等限制，电力和通信线路未能布设，致使目前自然保护区大部分沟道无网络信号。

2.1.4 经济产业

庞泉沟国家级自然保护区地处吕梁山脉深处的偏远山区，山高林茂，人口密度相对较低。当地居民依沟谷而居，耕地沿河谷呈翼状、片状不连续分布，其中坡地占耕地总面积的4/5，不适于机械化耕作，农业处在自然经济状态下的传统农业发展阶段，以耕牛、锄头、镢头、镰刀等为主要农具，生产力水平低下。20世纪，庞泉沟镇以种植马铃薯、蚕豆、莜麦、麻籽等高寒农作物为主，产量较低。21世纪以来，相当一部分耕地退耕还林。近年来，大部分耕地已不再种植传统的高寒农作物，主要种植玉米，用作家畜养殖的青贮饲料。当地村民的副业主要有季节性采集野山菌、挖中药材、家禽养殖等。此外，部分村民还在林场、保护区等从事造林育苗、森林抚育等劳务工程。

庞泉沟地区有石棉、铁等矿产。20 世纪 80 年代，保护区外的庞泉沟镇尚有石棉矿、铁矿等小型工矿企业，之后停产关闭。目前，庞泉沟镇内有大型企业 2 家，分别为以酿酒为主的山西华鑫庞泉酒庄有限公司和繁育饲养林麝为主的山西巨鹏鑫麝业科技有限责任公司。

随着保护区生态旅游业的发展，有条件的社区居民纷纷投身生态旅游产业，开设农家乐、销售纪念品、从事导游服务的人数不断增加，以旅游服务为主的副业逐步成为当地居民的主导产业。庞泉沟镇建有庞泉沟水上乐园、华北第一漂、薰衣草庄园、苏家湾欢乐谷，辐射带动周围村建成 57 家宾馆、36 家饭店、12 家农家乐，现已成为山西省内比较知名的景点之一。2020 年，新建设房车营地，建设哆咪休卡通小屋 10 个，精准满足游客乡村旅游吃住需求。

近 10 年来，庞泉沟地区牧业发展很快，主要是养殖肉牛、少量马。据本次实地调查，保护区内 5 个自然村养牛 2363 头、养马 50 匹，人均养殖 2.25 头牛、马等大牲畜。保护区周边 4 个自然村 480 人，养牛 1365 头，人均养殖 2.84 头，大部分农户均开展了家畜养殖。牧业对社区居民脱贫奔小康起到积极的作用，但也给当地生态造成一定影响，地方政府已不断出台和落实休牧和轮牧的管理办法。

自然保护区属于交城县、方山县经济欠发达的山区。据 2020 年的交城县庞泉沟镇社会经济情况统计资料，全镇 7 个行政村，总人口 3524 人，总户数 1235 户，农民人均收入 7500 元。

2.1.5 文化教育

庞泉沟国家级自然保护区地处偏僻边远山区，文化教育资源落后。20 世纪 90 年代，各自然村均设有小学，庞泉沟镇还设立初级中学。然而，21 世纪以来，随着城镇化的发展，目前仅庞泉沟镇保留一所小学，且就读学生寥寥无几。目前，保护区和当地村庄已无任何学校，适龄儿童一般在就近的交城和方山等县城入学就读。外出到城市打工的青壮年占社区人口的 70%以上。

20 世纪，保护区设有医务室，配备一名医务人员。21 世纪以来，仅当地庞泉沟镇设有卫生院，整体医疗条件较差。

2.1.6 土地利用情况

2.1.6.1 土地利用现状

庞泉沟国家级自然保护区辖区总面积 10443.5 公顷。依据 2019 年山西省林地变更调查成果统计，辖区土地包括林地和非林地。林地包括乔木林地 8427.12 公顷、疏林地 472.4 公顷、灌木林地 1030.21 公顷、未成林造林地 18.71 公顷、宜林地 31.75 公顷、无立木林地 367.75 公顷，总面积 10347.94 公顷，占辖区总面积的 99.08%；非林地面积 95.56 公顷，占辖区总面积的 0.92%，见附表 1 山西庞泉沟国家级自然保护区土地资源及利用统计。

保护区 8427.12 公顷乔木林地中，面积由多到少依次是华北落叶松 3888.08 公顷，占乔木林地总面积的 46.14%；白桦 1328.88 公顷，占乔木林地总面积的 15.77%；山杨 1177.75 公顷，占乔木林地总面积的 13.98%；油松 975.58 公顷，占乔木林地总面积的 11.58%；云杉 911.26 公顷，占乔木林地总面积的10.81%；青杨等杨类111.09公顷，占乔木林地总面积的1.32%；辽东栎34.48公顷，占乔木林地总面积的0.41%。灌木林地1030.21公顷，主要有沙棘、绣线菊、黄刺玫、山杏、胡枝子、山桃、虎榛子等灌木林。

依据森林覆盖率(乔木林和灌木林面积/总面积)计算标准，庞泉沟国家级自然保护区目前森林覆盖率可达90.6%。表2-2列出不同时期庞泉沟保护区出版物中公布的森林覆盖率。

表2-2 庞泉沟国家级自然保护区森林覆盖率

公布时间	森林覆盖率(%)	保护区总面积(公顷)	乔木林面积(公顷)	灌木林面积(公顷)	森林面积(公顷)	数据来源及出版物
1999年	85.0	10445.5	7709.7	1165.9	885.6	1996年森林资源新的统计结果，《山西庞泉沟国家级自然保护区(1980—1999年)》专著(庞泉沟保护区，1990)
2018年	87.8	10444.5	8163.48	1004.79	9168.27	2015年森林资源新的统计结果，《庞泉沟陆生野生动物资源监测研究》专著(杨向明等，2018)
2023年	90.6	10443.5	8427.12	1030.21	9457.33	2019年山西省林地变更调查成果

2.1.6.2 土地权属

庞泉沟国家级自然保护区辖区总面积10443.5公顷，国有土地总面积9745.47公顷，占总面积的93.32%；集体土地总面积698.03公顷，占总面积的6.68%。

10347.94公顷的林地中，9745.06公顷土地权属为国有，占林地总面积的94.17%。自然村有少量集体林，零星分布于国有林边缘，界线明确，权属基本清楚，主要为王氏沟村的大沙沟、黄鸡塔村前西坡、黄鸡塔村后大车沟、长立村八水沟谷地渠背坡、神尾沟村后水沟子背5处集体林。通过2004—2012年新一轮的确权换证，核实总面积602.88公顷，占林地总面积的5.83%。

95.56公顷非林地中，95.15公顷为集体土地，占非林地总面积的99.57%，包括未利用地29.17公顷、耕地42.37公顷、村庄建设设施等用地13.58公顷。

2.2 保护区管理机构情况

2.2.1 历史沿革及法律地位

2.2.1.1 历史沿革

庞泉沟自然保护区始建于1980年，是山西省人民政府批准的山西省首批建立的两个自然保护区之一。保护区是原山西省关帝山森林经营局孝文山林场和阳圪台林场中各划出一部分区域建立的，批建时建制为正科(场)级，管理机构名称为“山西省庞泉沟自然保护区管理所”。

1986年，庞泉沟自然保护区被国务院批准为国家级自然保护区，全称变更为“山西庞泉沟国家级自然保护区”，是山西省最早的国家级自然保护区。

1993年，庞泉沟国家级自然保护区首批加入中国“人与生物圈”保护区网络。

2003年，庞泉沟国家级自然保护区升格为副处级建制单位，管理机构名称确定为“山西庞泉沟国家级自然保护区管理局”。

2006 年，庞泉沟国家级自然保护区被国家林业局列入全国 51 个“全国林业示范自然保护区”(简称示范保护区)建设单位之一，为山西省唯一一个。

2020 年，山西省事业单位改革，庞泉沟国家级自然保护区升格为正处级建制。

2.2.1.2 法律地位

1979 年 2 月 23 日，第五届全国人民代表大会常务委员会原则通过了《中华人民共和国森林法(试行)》。根据该法第二十条，国家和各省、自治区、直辖市革命委员会，应当在珍贵、稀有动物和植物的生长繁殖地区，划定自然保护区，建立机构，加强保护管理，开展科学研究。1980 年，根据山西省人民政府政发〔1980〕297 号文《关于建立芦芽山、庞泉沟自然保护区的批复》，确定建立山西省庞泉沟自然保护区，主要保护对象是世界珍禽褐马鸡及其栖息环境。

1985 年 6 月 21 日国务院批准，同年 7 月 6 日林业部发布施行《森林和野生动物类型自然保护区管理办法》，其中第四条自然保护区分为国家自然保护区和地方自然保护区。国家自然保护区，由林业部或所在省、自治区、直辖市林业主管部门管理；地方自然保护区，由县级以上林业主管部门管理。1986 年 7 月 17 日，国务院以国发〔1986〕75 号文《国务院批转林业部关于审定森林和野生动物类型自然保护区请示的通知》，批准山西庞泉沟自然保护区为国家级自然保护区。

《中华人民共和国自然保护区条例》旨在加强自然保护区的建设和管理，保护自然环境和自然资源，自 1994 年 12 月 1 日起实施。2017 年 10 月 7 日，国务院对其进行了修改。该条例第十八条规定，自然保护区可以分为核心区、缓冲区和实验区。自然保护区内保存完好的天然状态的生态系统以及珍稀、濒危动植物的集中分布地，应当划为核心区，禁止任何单位和个人进入；除依照本条例第二十七条的规定经批准外，也不允许进入从事科学研究活动。核心区外围可以划定一定面积的缓冲区，只准进入从事科学研究观测活动。缓冲区外围划为实验区，可以进入从事科学试验、教学实习、参观考察、旅游以及驯化、繁殖珍稀、濒危野生动植物等活动。

根据国家林业局林计发〔2001〕123 号文《国家林业局关于山西庞泉沟国家级自然保护区总体规划的批复》，庞泉沟保护区是以保护世界珍禽褐马鸡及华北落叶松、云杉天然林为主的森林及野生动物为主的国家级自然保护区。保护区总面积为 10443. 5 公顷，其中核心区 3542. 6 公顷，占总面积的 33. 9%；缓冲区 1307. 6 公顷，占总面积的 12. 5%；实验区 5593. 3 公顷，占总面积的 53. 6%。

2.2.2 机构设置

1980 年，庞泉沟自然保护区建立后，根据山西省编制委员会晋便字〔1981〕6 号文《关于建立芦芽山、庞泉沟自然保护区人员编制的通知》，庞泉沟自然保护区为省级财政全额预算事业单位，人员编制 22 人。机构代码为 121400007410631800。

2020 年，山西省事业单位改革后，依据晋林人发〔2020〕44 号文，保护区管理局设局长 1 人(正处长级)，副局长 2 人(副处长级)。内设综合科、资源保护科、科研宣教科 3 个科室。下设黄鸡塔站、阳圪台站、大草坪站 3 个基层保护站。

2.2.3 人员配置

依据晋林人发〔2020〕44 号文，2020 年山西省事业单位改革后，庞泉沟国家级自然保护区按当时在职职工人数保留编制 16 人。截至 2023 年 10 月，保护区职工在岗 16 人，职工年龄主要集中在 45~60 岁，45 岁以下人员有 3 人，占比 18.75%。管理岗位有 8 人，专业技术岗位 7 人，工勤技能岗位 1 人。大专及以上学历的专业技术人员占总人数比例为 43.75%。

2.2.4 管理体制

庞泉沟国家级自然保护区是山西省林业和草原局直属公益一类事业单位，由山西省关帝山国有林管理局代管。山西省林业和草原局负责确定自然保护区的方针、政策和任务；审批自然保护区总体规划、安排部署年度事业费和基本建设经费的预算、决算；核定人员编制，下达专项工作任务。山西省关帝山国有林管理局负责自然保护区领导干部的考核任免、党务、劳动人事、资源保护、森林经营、对外合作交流、科学研究等方面的工作，研究解决自然保护区管理中的重大问题。

2.2.5 管理职责及执法权限

2.2.5.1 管理职责

依据《中华人民共和国自然保护区条例》，结合保护区实际，在《山西庞泉沟国家级自然保护区总体规划(2021—2030 年)》中，明确山西庞泉沟国家级自然保护区的管理职责。

①宣传、贯彻执行国家有关林业和林业自然保护的法律、法规和方针政策。

②保护和发展国家级自然保护区自然环境和自然资源，做好护林防火工作，依法查处破坏区内生物资源和自然环境的违法行为及其责任人。

③编制国家级自然保护区的总体规划，抓好自然保护区各项建设；制定管理规则和岗位责任制度，统一管理自然环境和自然资源，统一管理和监督区内各项经营活动。

④定期组织自然环境和自然资源调查，建立自然资源档案制度；开展国家级自然保护区的科学研究、科普宣传教育，扩大对外科技交流，探索自然演变规律及合理利用，开发生物资源的科学途径。

⑤依法开展自然保护区生态旅游和社区共管项目，增强保护区自我发展能力；扶持区内群众发展经济，正确处理保护与发展的关系，逐步建立自然保护区社区共管体系。

⑥做好区内林地管理，完善界桩、界碑，稳定林地权属。

⑦承办有关法律法规规定的职责及国家和地方交办的其他事项。

2.2.5.2 执法权限

庞泉沟国家级自然保护区一直设有林区公安派出所，配备公安民警 4 人，对林业行政案件具有执法权，隶属山西省关帝山国有林管理局公安分局和庞泉沟国家级自然保护区管理。2020 年，山西省事业单位改革后，保留庞泉沟林区公安派出所，由公安厅管理。

2.3 保护区现状评价

2.3.1 基础保障

2.3.1.1 经费保障

庞泉沟国家级自然保护区为财政补助类事业单位，资金来源稳定，每年财政补助资金来源主要有四个方面，分别是山西省财政按人员编制全额拨款、国家二期天然林资源保护工程管护经费、国家级公益林经费、中央财政国家级自然保护区补助资金。此外，因内部资金不足，需向代管单位山西省关帝山国有林管理局申请项目补助，主要包括开展野生动物疫源疫病监测、森林病虫害防治、造林等工作。

以2016—2020年为例，年资金总量为578.11万~836.72万元。其中，山西省财政按人员编制全额拨款是最基本的经费来源，以2021年预算基数为例，全年经费212.58万元，主要用于人员基本工资143.24万元、社会保险费31.59万元、职工福利费4.36万元、住房公积金16.94万元、公共经费16.4万元等支出。国家二期天然林资源保护工程管护经费、国家级公益林经费每年按管理的森林面积下达管护经费。中央财政国家级自然保护区补助资金用于主要保护对象及栖息地现状、对受损的栖息地开展生态修复与治理、开展特种救护及保护设施设备购置维护、开展专项调查和监测、开展必要的生态保护宣传教育、提高自然保护区及周边社区民众保护意识等资金重点支持方向。

2.3.1.2 规章制度

按照示范保护区建设完善内部管理制度的要求，考察学习山西省内外先进自然保护区的经验，以人性化、科学化、规范化、系统化为目标，总结保护区30多年来的建设经验和成就，制定出台了《内部管理办法》，包括权责划分、资源保护、科研监测、科普宣教、生态旅游、财务管理、行政后勤等规章制度。近年来，结合天然林资源保护、公益林的新要求，逐步完善相关天然林管护制度，并装订成册或制度上墙。各项保护和管理工作有规可依，且严格按照规定执行。

2.3.1.3 人员现状

2020年，山西省事业单位改革后，保护区编制内人员仅保留16人。由于历史沿革等原因，有10名编外人员，从山西省关帝山国有林管理局各林场借用。近年来，聘用16名当地临时管护人员。

保护区高度重视干部职工的学习培训工作，积极采取措施，在培养高水平、高层次、高素质人才上下功夫，不断提升干部业务能力和综合素质，打造学习型自然保护区。积极参加国家的“全国自然保护区培训交流会”；重视野生动植物科研调查及自然保护区管理，积极参加山西省林业和草原局组织的“全省野生动植物保护管理培训”“全省自然保护地建设管理培训”等；为进一步提高保护区野生动物保护宣传能力，积极参加“爱鸟周”“山西省野生动物保护”“护鸟飞”等宣传活动；同时，加强职工专业培训，提高其业务能力，积极参加山西省林业和草原局及关帝山国有林管理局组织的“财务决算”“政府采购”“社保知识”“OA系统”“内部控制”等各类专业培训；春、秋季聘请专业森林灭火队员，对全体职工进行“森林火灾扑救应急处置”培训，进一步提升森林防火应急队员、护林员的防火素养和实战能力。

2.3.1.4 总体规划

2001年，保护区首个《山西庞泉国家级自然保护区总体规划(2001—2015年)》(简称总体规划)获国家林业局批准。保护区管理局将总体规划作为保护区实施管理的根本大纲，重点依托山西庞泉沟国家级自然保护区基础设施二、三期工程以及自然保护区专项资金等项目，因地制宜地推进建设内容，基本上实现了总体规划的目标。

2006年，国家林业局确立了我国自然保护区建设从“数量型”到“质量型”转变的发展方针，启动了“示范保护区”建设。庞泉沟国家级自然保护区为山西省唯一一个示范保护区，编制并向国家林业和草原局上报《山西庞泉沟国家级示范自然保护区实施方案》。之后，按照“示范保护区”建设要求，积极填平补缺22个基准目标，努力在14个关键目标方面力求突破，充分发挥保护区管理机构的职能，全面加强在组织管理、土地管理、行政执法、保护管理、宣传教育、基础设施、社区发展、资源利用8个领域的工作。

自2016年起，庞泉沟保护区依据国家林业局确定的示范保护区建设要求，组织专人编写新一轮的《山西庞泉沟国家级自然保护区总体规划》，但由于在庞泉沟自然保护区辖区内国家“829工程”落地，影响了总体规划的进度。目前，《山西庞泉沟国家级自然保护区总体规划(2021—2030年)》已于2021年报请国家林业和草原局批准。

2.3.1.5 基础设施建设

庞泉沟保护区管理局机关大院是关帝山国有林管理局原机关所在地，有85亩(1亩≈0.667公顷)土地和部分旧房屋，基础设施建设和发展的空间大。从1992年起开始中央财政国家级自然保护区基础设施工程项目建设，到2011年，全部完成了庞泉沟国家级自然保护区三期基础设施建设工程项目。一期工程项目1992年获批，建设期为1993—1997年，总投资234.9万元，其中国家投资120万元。二期工程项目2002年获批，建设期为2003—2007年，项目总投资879万元，其中国家投资439万元，省级配套部分到位。三期工程项目2002年获批，建设期为2009—2011年，总投资910万，其中国家投资728万元，省级配套182万元全额到位。

一、二、三期基础设施工程项目建设，主要在保护区边界系统建设了界碑、界桩，在管理局建设了科研综合楼、访问者中心、视频防火监控系统等，建成了4个保护站及生态监测站、褐马鸡繁育救护中心等以及相关的软件配套。

此外，通过国家级保护区专项补助资金项目建设，对机关和3个保护站进行卫生间改造、外墙保温、屋顶防水、照明线路更新、场院建设、取暖设备更换等；在八道沟新建1000平方米褐马鸡饲养大棚一处；对访问者中心进行升级改造；初步建成信息中心；新建和维护了保护区文化宣传标牌80余块，设立永久性公益林界碑10块，大型标识标牌10块；维护作业道路；购置一批红外相机、电脑、数码相机、GPS等。总体上，保护区基础设施符合自然保护区工程项目建设的要求，也基本满足保护管理工作需求。

2.3.2 管理措施

2.3.2.1 日常巡护

庞泉沟国家级自然保护区以“精细化管护”活动为载体，以“一管两抓三严防”为抓手，围绕“实、细、严”的要求，强化责任落实，健全长效机制，重抓四项工作，确保了资源安全。

一是创新管护模式，推进规范化管理。按照上级强基提档的要求，以保护站为单位，进行日常管护。全区建有保护站3个，区划管护责任区9个，配置专职管护人员，明确了管护职责，落实了管护责任，坚持定点看护和网格化巡护，推进精细化管理。同时，实行局、站、员三级管理机制，层层签订管护协议，实行局领导包片，管护人员包区、公安民警包站，每月每个管护人员月出勤天数达22天以上，确保保护区内森林资源和野生动物的安全。

二是加强联防联治，实现智能化管护。每年参与当地政府组织召开的森林防火联席会议，积极与当地政府和兄弟单位开展联防联治，与关帝山国有林管理局消防专业队开展联合防火宣传，消防队靠前驻防，加大防火巡查巡护和宣传教育活动力度。联合开展封山禁牧宣传活动。在此基础上，专门制作了庞泉沟国家级自然保护区森林资源管控“一张图”，利用GPS巡护手段和无人机技术，开展了智能化管护，基本实现天、空、地、人四位一体的管护目标。

三是突出综合整治，强化林地管理。按照“细化到站，具体到事，落实到人”的管理思路，结合近年来生态环境部及国家林业和草原局对全国国家级保护区“绿盾行动”的开展，强化监管举措，积极开展森林资源专项督查等活动。组织管护人员深入一线开展调查摸底，严守生态红线，做到了情况明、底子清，无死角、无遗漏，基本实现了管住林、防住火、治住虫、守住地的目标。

四是完善档案管理，注重业务培训。根据《天然林资源保护工程档案管理办法》和《关帝山国有林管理局天然林资源保护工程档案管理办法》，明确天然林资源保护工程归档内容和要求，对天然林资源保护和公益林管护档案按期归档管理，安排专人统一归类、装订、保存。以保护站为单位，保护站每月召开例会，共同学习新修订的《中华人民共和国森林法》《天然林保护修复制度方案》《山西省永久性生态公益林保护条例》《中华人民共和国野生动物保护法》等管护基本常识。

2.3.2.2 生态修复

庞泉沟国家级自然保护区辖区内的自然村均在实验区内，由于土地权属清晰，保护工作一直受到上级部门和社会各界的关注，辖区内没有出现开矿、挖沙、采石等大的破坏活动和生态问题，保持完好的自然生态。在近年来开展的“绿盾行动”等专项中，保护区拆除了大路峁烂尾房、云顶山蒙古包、八道沟滑草道、老蛮沟褐马鸡野外监测点等违规设施。2019年11月底，联合当地县政府将保护区内方山县阳圪台村违法建筑三层楼房进行了拆除。对全国自然保护地监督检查管理平台任务管理中发布的32个核查问题点位，专门组织技术骨干，进行了研判分析，逐一进行了认真核查，进一步澄清了问题，辖区内少量违规修筑设施等问题得到彻底清理，生态问题逐一销号，保持完好的自然生态面貌。坚持自然恢复为主，人工干预相结合的原则对大草坪沟保护区建立以前残留的一处废旧采石场及阳圪台林场旧场部等进行了植树种草植被恢复。

2.3.2.3 本底调查

保护区自建立以来，始终坚持“请进来，走出去”的做法，长期聘请山西省生物研究所刘焕金、北京师范大学张正旺等动物专家作学术顾问，广泛同山西农业大学、山西大学等开展科研合作，鼓励和支持技术人员参加学术会议、培训学习，发表论文和出版论著，持续开展辖区野生动植物科学研究，特别是以山西省动物学前辈专家——山西省生物研究所刘焕金研究员为代表的团队，1982—1997年在庞泉沟坚持开展科研调查，以采集动物标本实体为依据，奠定了庞泉沟野生动物名录基础，之后，保护区自身科研工作者不断探索与积累，使得野生动物名录不断完善。植物资源本底在山西大学、山西农业大学等以庞泉沟国家级自然保护区为教学实习基地，通过长期持续科研工作的积累，也逐步公布和修正保护区植物名录。涉及庞泉沟国家级自然保护区野生动植物资源本底的研究成果主要包括以下8个具体过程。

(1)论文：《关帝山鸟类垂直分布》(刘焕金等，1986)

研究时间1980—1984年，首次报道庞泉沟保护区鸟类有143种。

(2)论文：庞泉沟自然保护区兽类垂直分布特征(刘焕金等，1987)

研究时间1982—1984年，首次报道庞泉沟兽类保护区30种，包括已获得标本的27种和未获得标本的猪獾(*Arctonyx collaris*)、青鼬(*Martes flavigula*)、果子狸(*Paguma larvata*)3种，排除了早期文献中记载的梅花鹿(*Cervus nippon*)、林麝(*Moschus berezovskii*)、石貂(*Martes foina*)3个种。

(3)专著：《中国雉类——褐马鸡》(刘焕金等，1991)

首次系统报道了庞泉沟保护区鸟类名录166种，其主要工作是1982—1989年开展的。

(4)专著：《庞泉沟猛禽研究》(安文山等，1993)

通过10年连续调查(1982—1991年)，新发现15种鸟类新记录，报道庞泉沟鸟类为181种，同时对每一种鸟类的居留类型、数量级、发现情况等做了记载。此名录成为之后保护区各相关著作鸟类名录的重要基础。此外，还报道了庞泉沟兽类名录，增加翼手目(蝙蝠类)2种新记录，使辖区兽类提升至32种。

(5)专著：《山西两栖爬行类》(樊龙锁等，1998)

研究时间1980—1994年，首次报道庞泉沟保护区两栖类名录5种、爬行类名录12种。此名录成为之后保护区各相关著作两栖爬名录的重要基础。

(6)专著：《山西庞泉沟国家级自然保护区(1980—1999)》(山西庞泉沟国家级自然保护区，1999)

结合山西农业大学生命科学系、山西大学林学系1982—1988年的植物实习调查资料，首次报道高等植物名录828种，其中23种为栽培种，包括蕨类植物12种、裸子植物7种、被子植物809种。在动物名录方面，两栖类名录5种、爬行类名录12种、兽类名录32种。通过1992—1998年对鸟类的补充调查及标本鉴定，发现8种新记录，并对3个种进行重命名，鸟类名录增加至189种。此外，结合1987—1989年山西农业大学教学实习采集10000余件标本，首次报道了鉴定清楚的昆虫名录510种。

(7)《山西庞泉沟国家级自然保护区生物多样性及其管理》(李世广等，2014)

新提出庞泉沟保护区低等植物名录，包括大型真菌18科54种、地衣植物17科64种、藻类植物

6门147种、苔藓植物23科101种。对高等植物名录进行修订，包括蕨类植物9科17种；裸子植物2科5种、被子植物78科903种。报道鉴定清楚的昆虫名录23目1351种。新提出庞泉沟保护区鱼类物种名录鱼类2科7种。对两栖、爬行类、鸟类和哺乳类动物名录进行了进一步修订，包括阿穆尔隼(*Falco amurebsis*)、理氏鹨(*Anthus richardi*)、戈氏岩鹀(*Emberiza godlewskii*)3种鸟类，以及西伯利亚狍(*Capreolus pygargus*)1种哺乳类。

(8)专著：《庞泉沟陆生野生动物资源监测研究》(杨向明等，2018)

2014—2015年，自然保护区在对区域内野生动物58条样线长期(每个季节1次)监测调查研究的基础上，结合基层一线科研人员40年科研调查的第一手资料，进一步明确了自然保护区两栖、爬行、鸟类和哺乳类动物名录。新发现赤峰锦蛇(*Elaphe anomala*)1种爬行类新记录，爬行动物增加为13种；新发现和收集报道5种鸟类新记录，说明阿穆尔隼、达乌里寒鸦(*Corvus dauurica*)、理氏鹨、戈氏岩鹀4种鸟类是对原名录的重命名，并排除了2种以往名录中记载的存疑物种，确定鸟类名录为192种。增加普通刺猬(*Erinaceus europaeus*)1种新记录，确定庞泉沟保护区的兽类为33种。对200余种庞泉沟陆生野生动物就物种发现、野外识别、生境分布、生态习性、数量特征、保护状况逐种进行了论述。

综上所述，庞泉沟保护区野生动植物资源本底相对清楚，截至本次2023年综合科考之前，保护区已经记录到低等植物中大型真菌18科54种、地衣植物17科64种、藻类植物6门147种、苔藓植物23科101种。高等植物中蕨类植物9科17种；裸子植物2科5种、被子植物78科903种。已经记录到昆虫23目1351种、鱼类2科7种。两栖动物1目3科5种；爬行动物3目5科13种；鸟类13目38科192种；哺乳类6目16科33种。

2.3.2.4　科研监测

庞泉沟保护区立足自身实际，积极与各大专院校和科研单位开展科研监测合作，持续开展野生动植物为主的科研监测工作，取得了显著的成果，先后参与了国家级和省级科研项目多个，培养了保护区自身技术队伍，提升了保护区管理职能，为野生动植物保护工作作出了贡献。

(1)野生动植物基础研究

庞泉沟保护区一直秉持“请进来，走出去”的科研开展模式，广泛与高校及科研单位合作开展科研工作，重点针对区内的野生动植物种类组成，重点围绕褐马鸡、猛禽等国家及省内重点保护动物，并兼顾常见野生动植物，系统开展了大量生态习性的观察的基础研究。科研人员通过公开发表和参加学术会议，乃至独立出版专著等方式，业务能力不断提升，对庞泉沟保护区野生动植物资源的状况有了比较全面的掌握。

(2)全国第二次陆生野生动物资源调查

2014—2019年，全国启动第二次陆生野生动物资源调查工作，庞泉沟保护区承担了山西省最大的“吕梁山地野生动物资源常规调查”和“山西省褐马鸡调查”两项工作任务。保护区管理局制定可行的技术方案，培训技术队伍，组织全体职工完成了41个10千米×10千米样区的1200多条5千米GPS调查样线，在全省起到示范和推广作用，较好地完成项目任务。此项工作全面提升了保护区全体科研人员业务能力，陆续推出了科研成果，得到上级部门的肯定。2017年，《山西省鸟类分布与名录的新发现》一文发表于中国动物学会第七届北方七省份动物学学术研讨会论文摘要及论文集，报道

10 种山西省鸟类新物种，科研人员的先进事迹被香港《大公报》进行了报道。2019 年，调查项目顺利通过了国家验收。2020 年，《山西省鸟类新记录 3 种》等研究论文发表。

(3)红外相机调查监测

2018 年以来，以红外相机技术为主要手段，与北京师范大学合作，在保护区内以 2 千米×2 千米为调查单元布设 27 个网格，每个网格安装两台红外相机，对区内金钱豹、原麝、褐马鸡等大型珍稀野生动物开展调查监测，已收集到金钱豹、原麝、褐马鸡、赤狐、狍等众多大型野生动物弥足珍贵的视频资料，工作成效显著。

在总结红外相机技术科研监测经验基础上，2020—2022 年把调查监测范围扩大到庞泉沟周边的关帝山林区，沿文峪河和北川河一线，连续区划 120 个 2 千米×2 千米的网格调查样区，调查区域东起西社镇西社村、西到方山县麻地会乡冯家庄村，东西 54 千米，南北 46 千米，海拔跨度 900～2400 米，覆盖了关帝山林区不同的植被类型。200 多台红外相机累计工作 4 万余天，共计拍摄到可辨识的有效动物视频 2 万多个，包括大中型兽类 13 种、鸟类 60 多种，发现红翅凤头鹃、灰头鸫、灰背鸫、宝兴歌鸫、沼泽山雀等庞泉沟鸟类新记录。项目全面澄清了庞泉沟保护区周边关帝山地区兽类资源的种类组成、分布、数量、栖息地特点等，对金钱豹、原麝、褐马鸡等珍稀野生动物的生存状况也有了初步的掌握。

(4)褐马鸡人工繁育

庞泉沟国家级自然保护区是世界珍禽褐马鸡良好的栖息地，多年来保护区建有亚洲最大的褐马鸡人工繁育大棚，开展了大量人工繁育研究工作。近年来，人工繁育褐马鸡数量一直稳定在 20 只左右。2016 年 10 月，在首都北京召开的国际雉类大会，英、美、德等 12 个国家和地区的 38 名鸟类学专家，将庞泉沟国家级自然保护区作为此次会议野外考察的第一站，专程来庞泉沟对褐马鸡栖息环境和人工繁育工作进行考察，扩大了庞泉沟国家级自然保护区的知名度。

(5)野生动物疫源疫病监测

山西庞泉沟国家级野生动物疫源疫病监测站建于 2005 年，是山西省十个国家级监测站之一。近年来，庞泉沟保护区不断完善监测方案、应急预案和相应的规章制度，分区域落实责任，全覆盖实施监测。同时，保护区积极组织职工参加野生动物疫源疫病监测专业技术培训，不断提升科研人员的业务技能；在此基础上管理制度上墙，实行日报告制度，报告流程明确，工作成效明显。近年来的监测中，发现了北极鸥(*Larus hyperboreus*)1 种山西省鸟类新记录和黑翅长脚鹬(*Himantopus himantopus*)等庞泉沟鸟类新记录。

2.3.2.5 科普宣教

一是建设生态宣传小径，扩大公众宣传教育。以生物多样性保护为主题，集中建设大沙沟、八道沟两处生态宣传小径，修建两处宣教广场，建设科普宣传牌 100 余块，并及时对宣传标牌进行维护更新；2022—2023 年新修筑八道沟游客木步道的生态宣传小径建设，改善访客体验，丰富宣传内容，建设宣传阵地，提升宣传效果。

二是突出基地建设，丰富自然教育载体。以访问者中心、褐马鸡人工饲养繁育基地为主要阵地，突出庞泉沟“全国科普教育基地”的职能，突出生态保护宣传，规范完善解说内容，提升科普宣传广度，扩大科普宣传力度。

三是制作图书、影像及微信公众号，扩大媒体宣传教育。通过摄制科普电视专题片《褐鸡王国——庞泉沟》《探秘庞泉沟》等，出版科普宣传《走进庞泉沟》《山野拾趣》等，设立庞泉沟自然保护区网站和微信公众号，编印内部工作通讯《庞泉沟》，每年出 4 期，印制宣传画册、个性化邮票等，积极利用现代媒体技术，扩大自然保护区的公众宣传教育。

四是加强教育基地建设，强化专题宣传活动。加强与高校等合作，积极做好各个教学基地、爱国主义教育基地、自然教育基地的建设与管理，扩大现场教学教育；充分利用"野生动植物日""爱鸟周""科普宣传周""保护野生动物宣传月"等重要时间节点，联合开展大型野生动植物保护宣传活动，扩大社会影响力，提高社会知名度，增强公众保护意识。

2.3.2.6　社区发展

庞泉沟国家级自然保护区地处吕梁山脉的深山腹地，当地居民依河谷而居，生产生活与保护区森林资源为主的管护工作界线分明，传统农业生产由以往种植农作物向家畜饲养转化。近年来，随着城镇化发展，社区人口大量流失，当地学校已撤除，年轻人口进城务工，少量老年人从事牧业、采摘蘑菇等副业。野猪、金钱豹等野生动物对农牧业偶有一定的肇事事件，保护区和当地政府尚未形成补偿制度。

庞泉沟国家级自然保护区从 1985 年起开始试办旅游，起步较早。根据国家对自然保护区建设的要求，按照"有条件的国家级自然保护区可以发展生态旅游"的政策导向，2007 年，《山西庞泉沟国家级自然保护区生态旅游总体规划》经国家林业局批准，在实验区中规划出云顶山、大沙沟、八道沟、笔架山 4 个生态旅游小区（景区），面积 1958.6 公顷。规划旅游道路全长 19.4 千米，全年从 4 月 15 日至 10 月 15 日为旅游期，采用陆地容量计算方法得出，庞泉沟日环境容量为 0.32 万人，年环境容量为 28.8 万人。

庞泉沟国家级自然保护区自然风光优美，是黄土高原上的"绿色明珠"，人文古迹历史悠久，神话传说美丽动人，其旅游资源在山西省内和周边省市有一定的知名度。

孝文古碑：吕梁山脉主峰关帝山矗立着一块石碑。据记载，北魏孝文帝在此居忧避政，以寄哀思其祖母冯太后之亡。孝文帝雄才大略，改革鲜卑旧俗，全面推行汉化，推进了民族大融合。现在古碑上的文字已风化无存，但孝文帝的雄图大略却如同这座山峰巍峨雄壮，永存世间。

九龙圣母庙：这是在庞泉沟一带至今还流传着的神话传说。一个纯洁美丽、勤劳善良的农家少女，因一时口馋吃下仙桃而怀孕，被其父赶出后，藏身在人迹罕至的笔架山上，生下 9 条小龙得道成仙。后人在此建庙为"九龙圣母庙"。至今每逢久旱无雨，附近山民到此求雨。美丽神话传说反映了淳朴善良的山民世代追求自由，向往美好生活的愿望。

保护区以生态旅游和生态康养为主，无旅游观光设施。景区景点主要包括四区一廊。

大沙沟景区：主要景点有龙泉飞瀑、古树宝塔、摩崖石刻、龙泉三叠瀑。

八道沟景区：主要景点有雄狮夕照、天门瑞气、石壁垂青、八道沟森林、石锅。

云顶山景区：主要景点有孝文古碑、天然草甸、云顶日出。

笔架山景区：主要景点有笔架生辉、文源晚翠、九龙圣母庙、睡美人、情人树。

庞泉沟长廊：主要以省道祁方公路为主线，横穿绿色长廊，观林海、听松涛、探文峪河源头。

目前，庞泉沟国家级自然保护区的旅游主要集中在八道沟景区，景区入口处建有标志门，设立了标牌等鲜明的旅游小区边界标志物，建有游客厕所3处，旅游路线硬化和建有木步道。

食宿设施主要集中自然村内，国有林地无相关的接待设施。保护区管理局有酒店一处，配备了相应的服务设施。自然保护区生态旅游产业发展，促进了当地群众农家乐的发展，二合庄、长立、黄鸡塔3个自然村的民宿旅游初具规模，从事住宿和餐饮的人员约有200人。

2.3.3 管理成效

2.3.3.1 自然资源

(1)森林生态保持安全

远山建站设卡，近山巡查巡护为模式的三级管护体制成效明显；以森林资源管控“一张图”为平台，坚持定点看护和网格化巡护，严格落实责任，加强联防联治，突出综合整治，推进精细化管理、智能化管护，做到了情况明、底子清，无死角、无遗漏，保护区实现建区40多年无森林火灾的管理目标；实现了管住林、防住火、治住虫、守住地的目标。

(2)森林资源稳步增长

自然保护区的森林为特种用途林。森林活立木蓄积量从建区时的785777立方米(1980年)增加到2050847.74立方米(2020年)，净增161%；每公顷林分平均蓄积量由最初的107立方米(1980年)增加到236.89立方米，净增121%，见附表2山西庞泉沟国家级自然保护区乔木林面积、蓄积量按起源、优势树种和龄组统计。

(3)生物多样性得到有效保护

大力开展生物多样性监测和研究，资源本底清晰；不断加强野生动物及其栖息地的保护；结合野生动物保护宣传月、爱鸟周、环境日等活动，扩大公众宣传教育；积极开展野生动物救护和人工繁育。重点保护对象种群褐马鸡数量有了大幅度增长，生存状况良好，生物多样性得到较好保护，周边群众的自然保护意识不断增强。

(4)自然资源资产管理规范

庞泉沟国家级自然保护区内国有和集体所有自然资源资产边界清晰，2007年以来林权证确权换证到位，保护区内林权管理明确，不存在争议地块。保护区对房屋土地等国有资产建立了规范的固定资产管理系统，实行了统一的资产管理。

2.3.3.2 保护对象

庞泉沟国家级自然保护区是森林和野生动物类型自然保护区，主要保护对象是褐马鸡及其栖息的华北落叶松、云杉林生态系统，为华北地区罕见的保存完好天然林，国家重点保护野生动植物种类和数量丰富。

褐马鸡为庞泉沟国家级自然保护区的主要保护对象，为褐马鸡最大野生种群分布的中心地区，保护区历经40年多年的建设，在褐马鸡保护、研究和人工饲养等方面取得了显著成绩。持续不断开展调查和监测，区域内褐马鸡种群数量保持稳定，环境容纳量和种群数量保持动态平衡，褐马鸡种群有明显向外扩散的现象。建有1500平方米的褐马鸡繁育救护大棚，成功开展人工就地饲养繁育褐马鸡30多年。通过与相关科研单位合作，在人工饲养、繁育、救护、再引入等方面取得一定成绩和经验，成为国内集珍稀物种种源保护、科学研究、影视拍摄、科普教育等为一体的重要基地。从2007年起，在保护区的倡导下，山西、河北、陕西、北京三省一市的10家褐马鸡保护区缔结为姊妹保护区。近年来，保护区间积极互动，共谋发展，不断扩大褐马鸡的知名度和研究领域，这一做法得到了国家林业和草原局领导的认同。

2.3.3.3 人类干扰

结合国家遥感影像对国家级自然保护区人类活动变化情况的动态监测，近年来经逐一核实排查疑似点位，无违建和非法占用林地情况。辖区内自然生态呈现恢复发展趋势，除当地居民正常生产、生活活动外，人类活动干扰强度较低，人类干扰威胁不大，主要保护对象稳定。通过多方协调，对过境320省道的大型车辆部分限行，极大地减少了对野生动物的影响和降低火险隐患。

近5年内，庞泉沟国家级自然保护区没有出现盗伐林木资源、非法猎捕野生动物事件和非法占用林地、开矿、挖沙等破坏自然资源事件。也没有发现新的违法违规建设项目。没有新的外来物种入侵及大型污染和洪涝等自然灾害。

2.3.3.4 公共服务

(1)科研基地成效显著

庞泉沟国家级自然保护区建区40多年来，采取“请进来，走出去”的办法，广开科技门路，发挥自然保护区科研基地作用，以生物多样性的保护监测和研究为核心，积极同有关科研单位、高等院校进行科研合作，建立项目共享与成果分享机制。科研活动的大力开展，培养了自然保护区科研技术队伍，单位科研人员独立、合作出版9部学术专著(表2-3)，发表论文260余篇，为自然保护区的高质量发展提供重要科学依据。

表2-3 庞泉沟国家级保护区出版的学术专著

序号	专著名称	作者	出版时间
1	庞泉沟猛禽研究	安文山，刘焕金，等	1993年
2	山西庞泉沟国家级自然保护区(1980—1999)	庞泉沟自然保护区	1999年
3	山西省重点保护陆栖脊椎动物调查报告	李世广，刘焕金	1999年
4	山西庞泉沟国家级自然保护区生物多样性保护与管理	李世广，张峰	2014年
5	庞泉沟常见高等植物图谱	李淑辉，王卫峰	2017年
6	庞泉沟陆生野生动物资源监测研究	杨向明，等	2018年
7	山西庞泉沟国家级自然保护区常见苔藓植物图册	武保平	2022年
8	文峪河流域常见鸟类图册	武保平	2022年
9	山西庞泉沟常见陆生脊椎动物图册	杨向明，等	2023年

(2)有效发挥社会功能

大力加强公众教育软硬件设施建设。1987年，建成动植物生态标本馆，收藏动植物标本1650余种3900余件。2011年，在生态标本馆的基础上建成庞泉沟保护区访问者中心。2023年，完成布展升级改造。结合访问者中心解说，编写和出版科普图书《走进庞泉沟》及《拾野山趣》(上下册)。

制作有关自然保护区生态地位、工作职能、褐马鸡、生物多样性等影视片15部(附表3山西庞泉沟国家级自然保护区拍摄的电视片一览)，印制保护区建区30年画册、褐马鸡明信片等，建立和完善保护区图片资料库、网站、内部工作刊物《庞泉沟》等，全面提高保护区的宣教能力。

积极同高校建立和发展教学实习基地，推进各类生态教育基地建设。保护区先后被山西省委、省政府命名为“山西省爱国主义教育基地”(1995年)，被中国科学技术协会命名为“全国科普教育基地”(1999年)，被确定为“山西省德育教育基地”、“绿色自然与人类活动观测站”、“国家级野生动物疫源疫病监测站”(2005年)，被山西农业大学、山西大学、山西医科大学中医学院等定为“教学实习基地”，被中国鸟类学会定为“鸟类研究基地”(2016年)、“全国林草科普基地”(2023年)等。截至目前，庞泉沟的各类基地发展到18个(附表4 山西庞泉沟国家级自然保护区各类基地统计)。

庞泉沟国家级自然保护区近年来的工作一直受到上级部门的肯定，2016年被评为“省直文明单位”，2017年荣获“山西省林业工作先进集体”称号等。

(3)积极推进信息化建设

庞泉沟国家级自然保护区在信息化建设上起步较早，早在2010年就建立起了庞泉沟保护区官网，网站一直运行良好。2012年，启动了地理信息系统建设，逐步建立起了庞泉沟保护区地理信息系统。2023年，保护区综合运用“3S”(地理信息系统技术、遥感技术、GPS/北斗技术)，重点开发建设具有综合指挥管理、资源及生态监测、森林防火监控、野生动植物监测、林业有害生物、数据展示等六方面内容的保护智慧化管理平台。

2.3.3.5 社区关系和谐发展

庞泉沟国家级自然保护区涉及2县2镇5个自然村，自然保护区积极协调当地政府，加强自然资源保护，每年召开工作例会，开展防火、禁牧和野生动物保护工作的联防联治，政府在各自然村均安排有兼职护林员，与自然保护区的专职管护员共同担负起维护辖区生态安全的重任。

本着提升国家级自然保护区形象的思路，自然保护区积极增进社区联系，携手共建美丽乡村，实施了林区道路维修，改善当地交通条件；共建了褐马鸡主题公园，改善当地人居环境，丰富群众精神生活。利用访问者中心、褐马鸡繁育基地等便利条件，主动对社区群众免费开放，增强群众的生态保护意识和科普宣教能力，共同营造自然教育文化氛围。

自然保护区管理局主动沟通，多方协调，采取搭台唱戏的办法，多措并举，稳步推进生态旅游产业发展，2008年起与山西金桃园集团公司开展生态旅游项目合作，逐步使自然保护区的生态旅游工作步入正轨。同时，自然保护区立足社区实际，积极协调当地政府，加强自然资源保护，引导民众合理经营，支持社区办学、修建道路、举办庙会等，促进社区发展经济和公益事业，探索社区共管的有效模式，促进乡村振兴，构建和谐社区。

2.4 大事记(1980—2023)

1980年

5月5日，保护区筹备小组在原关帝山森林经营局孝文山林场组建，开始工作。

12月18日，山西省人民政府晋政发〔1980〕297号文《关于成立芦芽山、庞泉沟自然保护区的批复》下发，山西省庞泉沟自然保护区批准建立。

1982 年

1 月，山西省庞泉沟自然保护区管理所成立。高国梁同志任所长。

1983 年

春天，保护区管理所由原孝文山林场迁址原关帝山森林经营局机关(二合庄村)。

10 月，褐马鸡就地人工饲养研究成功，填补了国内一项空白。

1984 年

3 月 21 日，山西省人民政府晋政办发〔1984〕26 号文下发，山西省决定将褐马鸡定为“省鸟”。

9 月 15 日，山西省庞泉沟自然保护区管理所所长高国梁同志借调到文水搞基建工作，所内工作由张兆海副所长全权负责。

11 月，省人大常委会副主任霍泛在方山县委书记刘泽民同志的陪同下来保护区视察工作。

11 月 29 日，张兆海同志被任命为保护区所长。

1985 年

5 月，保护区成立招待所，并在林局职工子弟中招收服务员，开始试办旅游。

6 月，修建古式大门、亭阁等景观。

7 月 14 日，山西省庞泉沟自然保护区管理所所长兼党支部书记张兆海同志调任西冶川林场场长兼党支部书记，所内工作暂由副所长兰玉田同志负责。

9 月 11 日，兰玉田同志被正式任命为所长兼党支部书记。

10 月，林业部副部长刘广运同志视察保护区。

上半年，修建古式大门、亭阁等景观。

1986 年

6 月 17~18 日，国务委员康世恩，原石油工业部副部长张文彬和山西省人民政府办公厅秘书长李玉明等同志到保护区视察参观。

7 月 16 日，交通部副部长彭德同志来保护区视察。

7 月 17 日，庞泉沟自然保护区被国务院批准为国家级自然保护区。

7 月 22~23 日，山西省副省长赵力同志、省委办公厅秘书长卜虹云同志来保护区视察。

7 月 31 日，《人民日报》总编辑、新华社副社长安岗等同志来保护区视察。

夏季，北京农业电影制片厂在保护区拍摄科普电影《褐马鸡》。

8 月 19 日，湖南省委原副书记赵处琪同志来保护区视察。

10 月 21 日，省长王森浩一行 7 人到保护区视察。

1987 年

8 月 5 日，省顾委主任贾俊一行 17 人在保护区视察。

7 月 31 日，省人大常委会主任霍泛一行人在保护区视察。

8 月 28 日，省人大常委会副主任魏文玉同志、副秘书长张景才同志、省工委副主席王野峰同志到保护区视察。

8 月 29 日，峨眉电影制片厂在庞泉沟国家级自然保护区辖区黄鸡塔村举行电影《山月儿》开机仪式。

11 月 17 日，山西省庞泉沟国家级自然保护区在全国林业系统自然保护区会议荣获“全国林业系统自然保护区先进单位”，并被奖励 BJ-213 型越野吉普车一辆。

1988 年

3 月 11 日，山西省公安厅、林业厅批准建立交城县公安局庞泉沟自然保护区派出所。

5 月 22 日，省委书记李立功在保护区视察，并题词“庞泉览胜”。

6 月 19 日，省委书记卢功勋在吕梁地委书记刘泽民的陪同下到保护区视察。

6 月 21 日，省纪委书记冯芝茂一行 23 人在地委书记刘泽民的陪同下视察保护区。

6 月 22 日，关帝山林业局任命盖强为山西庞泉沟国家级自然保护区管理所所长兼党支部书记。

8 月 8 日，省委原书记霍士廉在林业厅厅长刘清泉的陪同下到保护区视察，并题词“山清水秀 万象更新”。

1989 年

8 月 4 日，省顾问委员会副主任赵雨亭同志在刘清泉同志的陪同下到保护区参观指导工作。

8 月 27 日，王森浩省长在保护区视察指导工作。

10 月，第四届国际雉类会议在京召开，会后各国专家来庞泉沟考察。

1990 年

2 月 22 日，关帝山林业局任命韩团员同志为山西庞泉沟国家级自然保护区管理所党支部书记。

6 月 17 日，华北局书记李雪峰同志在林业厅厅长刘清泉等的陪同下，来保护区视察。

8 月 15 日，山西省副省长郭裕怀同志在保护区视察工作。

9 月 7 日，农业部副部长何康同志来保护区视察，并题词“保护自然环境 造福中华大地 吕梁山中庞泉沟 森林鸟兽同乐园”。

9 月 29 日，北京国际雉类会议美国朋友来保护区考察，省林业厅保护处等同志陪同。

11 月 13 日，省体工队 27 名中长跑运动员进驻保护区，进行为期 40 天的冬季训练。

1991 年

1 月 2 日，安文山同志被任命山西庞泉沟国家级自然保护区管理所党支部书记，韩团员同志调离。

4 月 25 日，联合国官员费尔南德先生在卫生部蒋峰同志及儿童基金会庞汝方同志的陪同下，来保护区采访。

6 月 5 日，九三学社山西大学委员会一行 50 余人来保护区观光旅游，鸟类专家刘作模先生协同夫人同行游览。

7 月 25 日，原航天部副部长马真携同夫人、原省总工会副主席闫钊、农林水工委副主任郑绵等一行 7 人来保护区参观。

8 月 9 日，原驻美国大使柴泽民、北京市原副市长、山西省原副省长张天乙一行 7 人来保护区参观。

8 月 25 日，李先念主席夫人林佳楣同志等一行 18 人来保护区参观。

9 月 4 日，原交通部部长彭德清一行 5 人到保护区参观。

9 月 15 日，中央首长华国锋偕夫人一行 8 人，在省顾委主任李立功等同志的陪同下，到保护区视察，并题词“保护自然资源 建设绿色宝库”。

1992 年

3 月 20 日，山西庞泉沟国家级自然保护区管理所所长盖强同志调往山西华林沙棘食品厂工作，党支部书记安文山同志兼任所长。

5 月 4 日，保护区郝映红同志被团省委命名为“优秀团员标兵”并参加了表彰会。5 月 5 日，《山西日报》以“深山乐安家”为题刊登了他的事迹。

5 月 21 日，台湾、深圳客商一行 3 人在省林管局局长王成祖等同志的陪同下，到保护区参观。

5 月 26 日，省委组织部部长郑社奎一行 5 人到保护区参观。

7 月 26 日，来自美国、日本、孟加拉国等 7 个国家 19 人组成的中外考察团来保护区考察。

10 月 27 日，保护区科研人员应邀赴巴基斯坦参加第五届国际雉类会议，论文公开发表。

11 月，《山西庞泉沟国家级自然保护区总体设计任务书》(一期工程)经林业部批准。

年底，林业部造林批字〔1992〕154 号和 200 号文件批复，同意建立关帝山国家森林公园，庞泉沟保护区辖区被划入其中。

1993 年

6 月 11 日，山西省委巡视组一行 8 人在省人大常委会财经工委主任、财政厅原厅长冯铁健带领下视察保护区。

7 月 12 日，保护区经中华人民共和国“人与生物圈”国家委员会批准首批加入“中国生物圈保护区网络”成员。

8 月，庞泉沟自然保护区大楼工程(庞泉沟宾馆)破土动工。

11 月，保护区出版专著《庞泉沟猛禽研究》。

1994 年

5 月 1 日，省委书记胡富国同志视察保护区。

5 月 16 日，中国野生动物保护协会副秘书长、中国动物学会理事长、我国著名鸟类学家钱燕文先生，来庞泉沟保护区进行了为期 5 天的考察与指导。

夏季，在区内大沙沟等处雕刻“摩崖石刻”。

1995 年

2 月 23 日，保护区管理所所长安文山同志调任关帝山林业局办公室主任，由李世广同志任庞泉沟保护区管理所副所长主持工作。

3 月，保护区被山西省委、省政府授予“山西省爱国主义教育基地”。

8 月 6~9 日，沿黄九省旅游会议在庞泉沟保护区召开，到会的有宁夏、青海、四川、河南、山西等省份的旅游局局长及《黄山》杂志总编等人。

年底，编写印刷旅游手册《庞泉沟》。

1996 年

1 月 5 日，李世广同志被正式任命为庞泉沟保护区管理所所长。

4 月 8 日，任建强同志任庞泉沟自然保护区管理所党支部书记。

6 月，防火瞭望塔工程开始动工修建。

11 月 24 日，省林业厅曹振生厅长在关帝山林业局副局长高建兴等同志的陪同下到保护区视察，并与保护区全体职工座谈。

1997 年

3 月 30 日至 4 月 1 日，山西省森林植物、野生动物保护工作汇报会在庞泉沟保护区召开，省林业厅王银娥副厅长到会并发表讲话。

4~7 月，标本馆内部改造工程实施。

6 月 8 日，庞泉沟国家级保护区召开“97 旅游年宣传活动”，参加活动的有省老领导霍泛、王庭栋、李里及省林业厅厅长曹振声等同志。

6 月 23 日，省委书记郑社奎等一行 6 人在关帝山林业局及交城县领导的陪同下到保护区视察。

8 月 20~23 日，省直林区半年经济工作会议在保护区召开，参加人员有省林业厅厅长曹振声等共 70 余人。

1998 年

3 月 31 日，召开全体职工大会，试行改革方案，将门票、客房、餐饮承包经营。

8 月 26 日，为期 3 天的“山西企业发展战略高级研讨会”在保护区召开，与会人员有省体改委的领导及各大型企业的厂长经理。

10 月，中央电视台一、二、四套节目播出《人与自然》栏目组拍摄的“珍禽褐马鸡”。

年内，黄河中上地区天然林全部禁伐，林区防木材盗伐形势好转，保护区科研抚育任务停止。

1999 年

春季，组织全体职工对红脂大小蠹进行防治。

9 月，保护区出版专著《山西庞泉沟国家级自然保护区》和《山西省重点保护陆栖脊椎动物调查报告》。

12 月 23 日，标本馆被中国科学技术协会定为“全国科普教育基地”。

2000 年

4 月，开始组织编撰《山西庞泉沟国家级自然保护区总体规划》。

夏，在旅游景点和线路上，修建 3 个停车场、10 个简易厕所，40 余块宣传牌和标志牌。

8 月，保护区被全国保护母亲河行动领导小组首批命名为“全国保护母亲河行动生态教育基地”。

2001 年

3 月，《山西庞泉沟国家级自然保护区总体规划》经国家林业局批准，这是保护区未来十五年建设的纲领性文件。

7~9 月，装饰瞭望塔和标志门，建设龙门架和旗杆台，设计了区旗。

2002 年

年初，更名“科研技术室”为“科研宣教室”，科室的职能逐步转变。

3 月，注册登记“庞泉沟旅游接待有限公司”，并正式运营。

3 月，《山西庞泉沟国家级自然保护区二期工程可行性研究报告》经国家林业局批准。

4 月 29 日，保护区管理机构“山西省庞泉沟自然保护区管理所”更名为“山西庞泉沟国家级自然保护区管理局”。

6 月 5 日，历时近 5 个月，完成 1500 平方米褐马鸡饲养棚的建设。

10 月，保护区 4 篇论文参加了在北京召开的第 23 届国际鸟类学大会，3 名作者参加了会议。

2003 年

5 月，在大沙沟修筑 26.2 米长吊桥一座。

5 月 28 日，山西省林业厅厅长杜创业等领导亲临保护区指导工作。

2004 年

3 月，山西省林业厅晋林人发〔2004〕22 号文通知，保护区管理局机构规格升格为副处级。李世广同志继续任局长。

5~7 月，餐厅和别墅(宾馆东楼)开工建设。

5 月 12 日，科研综合楼开工建设，标志着二期工程全面启动。

2005 年

8 月 26 日，科研综合楼建成，举行了规模较大的“二期工程竣工典礼”活动。

12 月，国家林业局确定保护区为首批“国家级野生动物疫源疫病监测站”。

12 月，保护区被省林业厅评为“2001—2005 年度自然保护区建设与管理工作”先进单位。

2006 年

6 月，神尾沟保护站启动，保护站增加到 4 个。

10 月，在交城设立办事处。

10 月，保护区班子两名副局长(正科级)杨向明、邹小根，4 名科室主任(副科级)经关帝山国有林管理局组织考察任命到位。

12 月，保护区被国家林业局确定为“全国自然保护区建设示范单位”，即示范保护区。

2007 年

6 月 20 日，中国科学技术协会对“全国科普教育基地”的生态标本馆进行了检查验收。

9 月 18 日，来自山西、河北、陕西的 6 个以褐马鸡为主要保护对象的自然保护区领导在庞泉沟召开了褐马鸡姊妹保护区建设座谈会，缔结中国褐马鸡姊妹保护区。

10 月，保护区《生态旅游总体规划》由国家林业局批准。

2008 年

5 月 12~15 日，在陕西省韩城黄龙山保护区召开姊妹保护区碰头会，会上吸收了山西黑茶山、北京百花山保护区两家新成员。

9 月 5~6 日，在中央电视台十套《百科探秘》栏目连续播出反映保护区工作的专题片《褐马鸡纪事之拯救》和《褐马鸡纪事之野放》。

11 月，《山西庞泉沟国家级自然保护区三期工程项目可行性研究报告》经国家林业局批准。

2009 年

5 月，李世广局长参加示范保护区领导赴美国学习考察培训班一个月。

5 月，山西省环境保护厅华北空气质量监测站项目新建于保护区内。

8 月 6 日，林业厅厅长耿怀英同志到保护区视察工作。

8 月 28 日，同山西省交城县金桃园煤焦化集团有限公司正式签订生态旅游合作开发和机关院租赁合同。

9 月 10 日，与北京师范大学签订“濒危雉类人工繁育技术与示范”科研项目合作合同，在五台林局宽滩林场异地再引入庞泉沟褐马鸡 15 只。

2010 年

3 月 26~27 日，中央电视台一套播出反映保护区工作的科普片《褐马鸡历险记》。

5 月 1 日，三期工程全面启动。

7 月 9 日，国家扩大内需工程卫生院项目(职工餐厅)竣工投入使用。

2011 年

3 月 30 日，学习《国务院办公厅关于做好自然保护区管理有关工作的通知》，研究阳圪台村集体土地出租建筑房子事件。

9 月，同北京师范大学合作的“濒危雉类人工繁育技术与示范”项目结束，在五台山地区开展“异地再引入”试验，还有 12 只存活。

10 月 28 日，山西省林业厅组织《生态旅游开发项目修建性详细规划设计》和《生态旅游开发项目控制性详细规划设计》专家评审会。

12 月 31 日，山西省林业厅在计资处的牵头下，由在业务主管部门的保护处、林管局等组成验收组，对保护区三期工程进行了验收。

2012 年

1 月，从当地自然村中聘用了 8 名临时工充实到 4 个保护站。

7 月 5~6 日，山西省人大“一法一办法”(《中华人民共和国野生动物保护法》和《山西省实施〈中华人民共和国野生动物保护法〉办法》)在庞泉沟保护区调研。

7 月 11~12 日，由国家环境保护部等 7 部委组成的专家组，在山西省环境保护厅和省林业厅的牵头下，对庞泉沟国家级保护区管理工作进行评估。

8 月 26 日，在完成景区建设征地、对机关大院进行改造、装修宾馆等基础上，“庞泉沟国际旅游公司”举行启动仪式。

12 月，全面收录建区以来公开发表的论文 260 多篇，编印出《山西庞泉沟国家级自然保护区生物多样性研究论文集(1980—2012)》。

2013 年

春季，保护站红外相机首次监测拍摄到褐马鸡、青鼬、赤狐等多种野生动物的照片资料。

5 月，根据省林业厅、卫生厅的要求，庞泉沟作为山西省 10 个国家级监测站之一，完成 100 份野鸟 H7N9 型禽流感病毒检测采样送检任务。

5 月 24 日，在关帝山国有林管理局人事科组织下，举行全体职工大会，对保护区 4 名科室主任(正科)和 4 名副科进行民主推荐。

6 月，新布展的访问者中心正式对外开放，展示出“大自然的剖面，庞泉沟的缩影”。

7 月，委托山西大学等 5 位专家团队牵头，在野外调查的基础上，编著出版一部野生动物植物本底资源调查专著。

年内，生态旅游完成大沙沟、八道沟两条主要旅游线路铺油硬化和停车场建设。八水沟开发新建 2 千米旅游干线公路。启动神尾沟口漂流上码头建设。

2014 年

2 月 14 日，武保平同志任保护区管理局局长。

4 月，以庞泉沟科普解说为主线的《走进庞泉沟》一书，由中国林业出版社出版。

5 月，启动编写的《山西庞泉沟国家级自然保护区生物多样性与保护管理》专著由中国林业出版社出版。

5~6 月，对机关进行大树移植，整治环境。

10月，启动承担山西省的第二次陆生野生动物资源调查“吕梁山地”地理单元调查任务。

2015年

1月8日，在神尾沟布设的红外相机首次拍摄到金钱豹影像资料。

3~11月，保护区全体职工分成4组，在业务骨干的带动下，完成山西省的第二次陆生野生动物资源调查——“吕梁山地”41个样区的调查。

5~7月，对机关大院进行了系统规划设计，有序推进绿化、硬化和亮化工作，完成管理局文化大院建设。

8月，国家“829工程”在保护区确定建设。

10月17日，九三学社的书法家、画家到保护区开展了一次文化下乡和写生创作活动。

12月16日，遵照山西省林业厅党组的决定，武保平从庞泉沟保护区调到关帝山国有林管理局工作，李淑辉任保护区局长。

2016年

4月，采用乔、灌、草结合的方法，对机关大院进行系统绿化。

7月，启动保护区新一轮的总体规划。

7~9月，在主要旅游线路八道沟新建一处1000平方米褐马鸡人工饲养大棚。

10月25日，在北京召开了国际雉类大会，英、美、德等12个国家和地区的38名鸟类学专家，来庞泉沟自然保护区考察褐马鸡。

年内，全体职工参与野外调查，在4个不同季节，完成120条5千米的GPS样线“褐马鸡数量调查”，取得显著成效。

2017年

2月18日，关帝山国有林管理局党委宣布郭玉永调任庞泉沟保护区局局长。

5月，《庞泉沟常见高等植物彩色图谱》出版。

7月，甘肃省祁连山自然保护区的生态保护问题被中央曝光后，保护区高度重视，积极向属地方山县人民政府报告阳圪台三层楼房等问题。

10月，签订“山西省第二次陆生野生动物资源调查”国家资金项目任务书，启动项目第二阶段——“黄河东岸黄土丘陵区”14个样区的调查工作。

11月27日，工作人员在朋友圈发现汽车司机现场拍到金钱豹在公路活动的视频，管理局高度重视，经多方核实证实该视频是在文峪河水库地区拍摄的。

2018年

1月，通过购买劳务服务的方式，聘用当地临时管护人员，充实一线保护站人员。

4月，同交城县林业局、义望小学等联合组织开展了以“保护鸟类资源，守护绿水青山”为主题的“爱鸟周”宣传活动。

5~7月，积极落实国家“2018绿盾专项行动”、国家林业局“双百双打”行动，森林资源督查行动、全省“自然保护地大检查”、吕梁市人民政府“森林资源保护百日行动”精神，对区内生态问题逐一排查。

6月，经保护区积极争取，吕梁市从6月1日起，对320省道穿行保护区部分路段的大型车辆实行为期半年的限行。

10月，保护区科研人员独立编著《庞泉沟陆生野生动物资源监测研究》专著由中国林业出版社出版。

年内，先后救助了褐马鸡、苍鹭、雀鹰等5只受伤野生动物，饲养后放归自然，并进行了宣传报道。

12月，首次系统采用红外相机技术开展的“庞泉沟保护区大型兽类资源调查”项目完成，收集到金钱豹、原麝、赤狐等众多大型野生动物弥足珍贵的视频资料。

2019年

5月29日，国家野生动物疫源疫病监测总站来保护区进行野生动物保护工作督查。

7月18~19日，山西省林业和草原局老干部在庞泉沟举办建国70年活动。

7月4日，山西省环境保护厅在太原召开环境保护部等六部委的“2019绿盾行动”电视电话会议，主要对自然保护区等违规违建清查。

11月1日，山西省林业和草原局于榆次组织开展全国第二次陆生野生动物资源山西省调查的国家验收，保护区承担的“吕梁山地野生动物资源调查”和“山西省褐马鸡专项调查”通过验收。

2020年

3月，启动“关帝山兽类垂直分布调查”项目，采用红外相机技术调查野生动物的范围扩大到庞泉沟周边120个2千米×2千米关帝山林区。

5~7月，开展“绿盾2020”行动，针对全国自然保护地监督检查管理平台任务管理中发布的18个点位逐一核查。

7月31日，山西监管局重点对2019年度林业改革发展资金绩效进行监督检查。

7~9月，在关帝山国有林管理局资金支持下，开展“褐马鸡主题公园”建设，对保护区管理局大门口的环境进行了系统改造和环境美化生态。

8~9月，在关帝山国有林管理局的统一安排下，利用山西省林业和草原局2020年基础设施建设资金项目，对管理局、派出所、3个保护站进行空气能取暖改造，极大地改善了职工居住条件。

10月27日，山西省林业和草原局在保护区管理局举行升格为正处级挂牌仪式。

12月，庞泉沟保护区勘界立标工作结束。

2021年

1月12日，山西省林业和草原局宣布武保平任保护区管理局局长（正处级），白继光、张乃祯任副局长。经关帝山国有林管理局党委安排，保护区日常工作由白继光同志具体负责，张乃祯副局长主要参与关帝山国有林管理局工作，郭玉永局长（副处）调任关帝山国有林管理局工作。

3月5日，在文水县开栅镇举行“野生动植物日”宣传活动。

4月，启动庞泉沟金钱豹栖息地保护与恢复工程项目建设。

8月28日，山西省林业和草原局组织专家对《山西庞泉沟国家级自然保护区总体规划（2021—2030年）》进行评审，之后上报国家林业和草原局。

10月，编报庞泉沟保护区“2021年华北豹调查”“2021年补助资金项目”“2022年补助资金项目储备”“2022年野保项目——文峪河候鸟、原麝调查”实施方案，并通过专家评审。

2022年

3月10日，国家林业和草原局保护地司组织专家对庞泉沟《山西庞泉沟国家级自然保护区总体规划（2021—2030 年）》进行评审。

7~8 月，与山西 NE 自然教育学校等多家单位组织开展了为期 2 个月的“走进庞泉沟、乐享研学游”主题夏令营活动。

9 月 2 日，在国家鸟类环志中心技术支持下，对人工救助的草原雕放飞并开展 GPS 追踪。

8 月，完成了场院硬化、楼顶外墙粉刷，文化长栏制等机关场院美化。

10 月，完成八道沟景区 1.5 千米的生态教育小径木步道建设。

11 月，在石楼县完成国家级人工造林 6000 亩、封山育林 6700 亩。

11~12 月，完成金钱豹、原麝、文峪河流域候鸟、生物多样性、大型兽类垂直分布、珍稀野生植物等专项调查和监测项目工作。

2023 年

4 月，2023 年中央财政林业草原生态保护恢复资金庞泉沟国家级自然保护区补助项目总投资 1560 万元项目启动建设。

10~11 月，年度国家级自然保护区补助项目科普宣传教育小径、访问者中心升级改造、综合科考、生物多样性调查与监测、保护管理智慧化管理平台等建设相继竣工。

10 月 27 日，山西省林业和草原局袁同锁局长到保护区视察工作。

11 月 24 日，环境保护部国家级自然保护区生态环境保护成效评估组专家在庞泉沟实地进行评估。

12 月 1 日，郭建荣副局长由芦芽山保护区提升到庞泉沟保护区工作。

参考文献

樊龙锁，郭萃文，刘焕金，1998. 山西两栖爬行类[M]. 北京：中国林业出版社.

郝映红，武建勇，等，1991. 庞泉沟自然保护区原麝的生态研究[J]. 生态学杂志，10(6)：16-19.

李世广，杨向明，2014. 走进庞泉沟[M]. 北京：中国林业出版社.

李世广，张峰，2014. 山西庞泉沟国家级自然保护区生物多样性与保护管理[M]. 北京：中国林业出版社.

刘焕金，苏化龙，等，1991. 中国雉类——褐马鸡[M]. 北京：中国林业出版社.

山西庞泉沟国家级自然保护区，1999. 山西庞泉沟国家级自然保护区(1980—1999)[M]. 北京：中国林业出版社.

山西省自然保护区管理站，1990. 珍禽褐马鸡[M]. 太原：山西教育出版社.

武建勇，张龙胜，刘焕金，1997. 庞泉沟保护区鸟类近十七年变化情况的研究[J]. 山西林业科技(2)：19-24.

杨向明，武保平，郭玉永，2018. 庞泉沟陆生野生动物资源监测研究[M]. 北京：中国林业出版社.

第三章

植物多样性

3.1 调查和评估方法

3.1.1 调查方法

3.1.1.1 植物多样性编目

3.1.1.1.1 维管植物调查

根据庞泉沟自然保护区维管植物的分布和生境特点，进行植物样线调查。样线基本涵盖了自然保护区所有生境类型和海拔梯度，具有代表性和典型性，主要调查区域有阳屹台、老蛮沟、分水岭、西塔沟、齐冲沟、八道沟、八水沟、大草坪等地，共布设 10 条样线，样线长度以调查组每天能够完成的长度为基础，每条样线长度 3~5 千米。样线调查过程中，记录起终点小地名、地理坐标、起止时间、生境类型、海拔，对每条样线调查中观测到的维管植物种名进行记录，对野外难以鉴定的物种进行拍照或标本采集，带回室内进行鉴定。维管植物多样性编目的野外调查工作以样线法为主，植被样方调查为辅。

3.1.1.1.2 苔藓植物调查

根据苔藓植物的附生基质将其分为土生、石生、木生、水生等不同类型，土生苔藓样方面积为 50 厘米×50 厘米，石生苔藓将每个岩石作为一个样方，树附生苔藓样方面积为 10 厘米×10 厘米。结合保护区地形、气候、植被、土壤类型等，在庞泉沟自然保护区八道沟、八水沟、庞泉沟、大草坪、西塔沟、犁牛沟、齐冲沟等地进行调查。

3.1.1.2 珍稀濒危和重点保护植物调查

样线调查及植被样方调查过程中在发现珍稀濒危或重点保护植物的地方设置样方进行每株(或丛)调查。记录其发现点位经纬度、生境(海拔、坡度、坡向和人类活动情况等)、所在群落类型(群系水平)、高度、数量、物候、长势、更新或繁殖情况等，对整个植株、器官(叶、花、果)、生境类型和所在群落结构等进行拍照留底，并填表记录。

3.1.1.3 植被调查

植被类型采用群落优势种直接观测、资料检索及样方相结合的方法。对自然保护区的不同植被类型，包括森林群落、灌丛群落和草本群落分别进行植被调查。对有代表性的群落选点，作群落样地与样方的详细调查。共布设植被调查样地40个，调查遵守典型取样、完整性和代表性的原则，依据不同群落类型设置乔木样方、灌木样方、草本样方进行调查，样地内设置乔木样方156个、灌木样方92个、草本样方216个，共设置样方464个。

3.1.1.3.1 森林群落调查

根据庞泉沟自然保护区森林群落的类型和分布，设置26个大小为20米×30米样方进行调查。需要记录的信息如下：

(1)群落特征

记录群落类型、群落总盖度和平均高度，乔木层、灌木层和草本层的平均高度、平均盖度和优势种等信息。

(2)乔木层

将森林样方划分为6个10米×10米的样格，对样方内胸径≥5厘米的乔木进行每木调查，记录乔木的种名，并测量其胸径、树高、枝下高、冠幅。

(3)灌木层

在样方对角线处选择2个10米×10米的样格，进行灌木层物种调查，记录样方内的灌木及胸径<5厘米的乔木，测量每种灌木的平均高度、盖度和株丛数。

(4)草本层

在6个10米×10米的样格中分别布设1个1米×1米的小样方，进行草本植物调查，记录样方内草本物种的多度、盖度和平均高度。

(5)层间植物

记录出现的全部寄生、附生植物和攀缘植物种类，并估计其多度和盖度。

3.1.1.3.2 灌丛群落调查

灌丛样方根据庞泉沟自然保护区灌丛群落的类型和分布，设置10个大小为10米×10米样方进行调查。需要记录的信息如下：

(1)灌木层

将灌丛样方划分为4个5米×5米的样格，进行灌木层物种调查，记录样格内出现的全部灌木及胸径<5厘米的乔木，记录每种灌木的平均高度、盖度和株丛数。

(2)草本层

在4个5米×5米的样格中分别布设1个1米×1米的小样方，进行草本植物调查，记录样方内草本物种的多度、盖度和平均高度。

3.1.1.3.3 草本群落调查

根据庞泉沟自然保护区草本群落的类型和分布，设置5个大小为10米×10米样方并进行调查。需要记录的信息如下。

草本层：在样方中央和四角分别布设1个1米×1米的小样方，记录样方内草本物种的多度、盖度和平均高度。

调查时拍摄群落外貌和内部结构照片，建群种、优势种及伴生种照片。

3.1.1.3.4 环境因子调查

记录植物群落样方经纬度、海拔、坡度、坡向、坡位、土壤类型、枯枝落叶层、地被层、人类活动干扰情况等信息。

3.1.1.4 调查时间

庞泉沟自然保护区植物多样性调查时间2023年5月下旬至8月中旬。

3.1.2 评估方法

外业调查结束后，结合文献资料，对庞泉沟自然保护区高等植物多样性进行编目，并分析种子植物区系组成和地理分布。

计算庞泉沟自然保护区植物多样性指数，包括物种丰富度指数、优势度指数和香农-维纳指数等，用以评价庞泉沟自然保护区植物群落的多样性。

3.1.2.1 物种重要值计算

重要值(IV)为某一物种在群落地位和优势程度的综合数值，计算公式如下：

$$乔木层重要值=(相对多度+相对频度+相对优势度)/3 \tag{3-1}$$

$$灌草层重要值=(相对多度+相对频度+相对盖度)/3 \tag{3-2}$$

$$灌草层重要值=(相对频度+相对盖度)/2 \tag{3-3}$$

式中：相对多度=某个种的株数/所有种的总株数×100%；相对频度=某个种在全部样方中出现的次数/所有样方中的总种数×100%；相对优势度=某个种的胸高断面积之和/所有种的胸高断面积之和×100%；相对盖度=某个种的盖度/所有种的总盖度×100%。

3.1.2.2 多样性指数计算

运用Margalef丰富度指数、Simpson指数、Shannon-Wiener多样性指数、Pielou均匀度指数4个多样性指数对庞泉沟自然保护区基于植被调查的样方数据计算多样性指数。根据物种多样性测度指数反映庞泉沟自然保护区森林群落物种多样性状况。

丰富度指数(Margalef指数)：

$$D_{Mg}=\frac{S-1}{\ln N} \tag{3-4}$$

生态优势度指数(Simpson指数)：

$$D=1-\sum_{i=1}^{S}\frac{N_i(N_i-1)}{N(N-1)} \tag{3-5}$$

多样性指数(Shannon-Wiener指数)：

$$H'=-\sum P_i \log P_i \tag{3-6}$$

均匀度指数(Pielou指数)：

$$J' = H' / \ln S \tag{3-7}$$

式中：S 表示样地中出现的植物物种数；P_i表示第 i 个种的个体数占全部种总个体数的比例，$P_i = N_i / N$；N_i为第 i 个种的个体数；N 为种 i 所在样方全部种的总个体数。

3.2 高等植物多样性概况

植物区系所涵盖的植物类群，是这一区域植物科、属、种的自然综合体，其组成与生态地理环境有着密切的关系，是植物在相应自然环境中长期发展演化的结果，其组成、发生和发展反映着当地生态地理环境变迁的印迹。

按照中国植物区系分区(吴征镒，1979)和华北植物区系分区(王荷生等，1995，1997)的研究结果，庞泉沟自然保护区属于泛北极植物区中国—日本森林植物亚区华北山地植物亚地区中太行—吕梁山植物小区。

本次科学考察新增苔藓植物 11 科 22 属 44 种，其中代表性的有叶苔(*Jungermannia atrovirens*)，山西新记录绿叶绢藓(*Entodon viridulus*)和荚果蕨(*Matteuccia struthiopteris*)等；新增蕨类植物 1 科 1 属 6 种；新增种子植物 3 科 20 属 44 种，包括墙草(*Parietaria micrantha*)、独丽花(*Moneses uniflora*)、新增山西新记录双果荠(*Parietaria micrantha*)和山西特有种大叶滨紫草(*Parietaria micrantha*)等。

参考庞泉沟自然保护区植物多样性研究成果和文献信息，基于本次科学考察结果，庞泉沟自然保护区共有高等植物 127 科 476 属 1119 种，其中苔藓植物 34 科 73 属 145 种，蕨类植物 10 科 14 属 23 种，种子植物 83 科 389 属 951 种(裸子植物 2 科 4 属 5 种、被子植物 81 科 385 属 946 种)(谢树莲等，1993；张峰等，1998；高润梅等，2006；王桂花等；2008；孔冬梅，2010；李世广等，2014)，见表 3-1。

表 3-1 山西庞泉沟国家级自然保护区高等植物科属种组成

项目	科	属	种
高等植物	127	476	1119
苔藓植物	34	73	145
蕨类植物	10	14	23
种子植物	83	389	951
裸子植物	2	4	5
被子植物	81	385	946

3.3 苔藓植物

苔藓植物结构简单，仅包含茎和叶两部分，有时只有扁平的叶状体，没有真正的根和维管束。苔藓植物多数喜欢阴暗潮湿的环境，也有耐旱种。河流边、水中岩面、林下腐殖质、林下、裸露的岩石、树干、树叶等均可见到苔藓植物的身影，其主要群落类型包括土生群落、石生群落、水生群落和木生群落等。

庞泉沟自然保护区苔藓植物共有34科73属145种(彩图1)，其中苔纲8科10属12种，藓纲26科63属133种，较2014年增加11科22属44种(附表5 山西庞泉沟国家级自然保护区苔藓植物名录)。发现山西新记录拳叶苔属(*Nowellia*)拳叶苔(*Nowellia curvifolia*)、绢藓属(*Entodon*)绿叶绢藓(*Entodon viridulu*)。庞泉沟自然保护区重要苔藓植物主要有：

3.3.1 冠瘤苔科 Grimaldiaceae

(1)石地钱 *Reboulia hemisphaerica* (L.) Raddi

叶状体扁平带状，叉状分枝，先端心形，背面深绿色，革质，边缘和腹面紫红色。雌雄同株。孢蒴球形，黑色，成熟后自顶部1/3处不规则开裂。孢子棕黄色。

分布与生境：东北、西南、华东以及陕西、新疆。世界广布种。本区见于大沙沟路边，干燥土坡。

3.3.2 牛毛藓科 Ditrichaceae

(2)细叶牛毛藓 *Ditrichum pusillum* (Hedw.) Hamp

植物体小，疏丛生，黄绿色或带褐色。茎直立，单一或稀分枝。叶片直立，干燥时紧贴，尖部稍弯曲，上部边缘内曲。叶上部细胞方形或短长方形，下部细胞长方形或狭长椭圆形。孢子体未见。

分布与生境：西南以及吉林、湖南、广东、海南。俄罗斯(远东及西伯利亚地区)、欧洲、北美洲、非洲亦有分布。本区见于文峪河边，湿地。

(3)角齿藓 *Ceratodon purpureus* (Hedw.) Brid

植物体密集垫状丛生，绿色或黄绿色，老时稍带红色。茎直立，常单生。叶干燥时旋扭，潮湿时伸展，披针形或卵状披针形。叶片细胞单层，上部细胞方形或圆方形，基部长方形，平滑，厚壁。孢子体未见。

分布与生境：世界广布。本区见于文峪河旁，较干燥地表。

3.3.3 曲尾藓科 Dicranaceae

(4)曲背藓 *Oncophorus wahlenbergii* Brid.

植物体密集丛生，绿色或黄绿色，无光泽。茎直立，单一或叉状分枝。叶密生于茎上部，干燥时卷曲，潮湿时直立展开。雌雄同株。蒴柄直立。孢子黄绿色。

分布与生境：我国部分省份。东亚、欧洲、北美洲亦有分布。本区见于八道沟林下，腐殖质地表。

3.3.4 凤尾藓科 Fissidentaceae

(5)小凤尾藓 *Fissidens bryoides* Hedw.

植物体细小，生叶后扁平，密集或疏丛生，深绿色或黄绿色。茎直立，通常不分枝。叶缘平滑或顶端具细齿。孢子体未见。

分布与生境：世界广布。本区见于大沙沟路边，阴湿石缝。

3.3.5　丛藓科 Pottiaceae

(6)铜绿净口藓 *Gymnostomum aeruginosum* Sm.

植物体细弱，密集丛生，鲜绿色。茎直立。叶密生，干燥时卷曲，潮湿时倾立，狭披针形，叶边平展。孢子体未见。

分布与生境：甘肃、云南、西藏。东亚、中亚、西亚、欧洲、非洲、北美洲、中美洲亦有分布。本区见于神尾沟林缘，较干燥土坡。

(7)缺齿小石藓 *Weissia edentula* Mitt.

植物体密集丛生，呈暗绿色。茎直立，常具叉状分枝。叶片干燥时呈波状皱曲，潮湿时直立倾伸。孢子体未见。

分布与生境：黑龙江、陕西、湖南、台湾。日本、印度、菲律宾亦有分布。本区见于八水沟，阴湿岩面生。

(8)弯叶墙藓 *Tortula reflex* Li.

植株粗壮，先端黄绿色，下部红棕色，疏丛生。茎长单一或具叉状分枝茎、枝及叶基均密被红棕色假根。叶长卵圆形，常内折，且背仰呈镰状弯曲，全缘，背卷。

分布与生境：陕西、新疆等地。蒙古、俄罗斯(高加索)、澳大利亚及中亚、西亚、欧洲、非洲、美洲亦有分布。本区见于神尾沟岩面薄土。

(9)齿肋墙藓 *Tortula caninervis* (Mitt.)Broth.

植物体密集丛生。茎短小，叶伸展，呈卵圆形，先端钝。雌苞叶直伸，边稍卷，孢蒴与蒴柄均呈黄色。

分布与生境：西藏。本区见于神尾沟，岩面薄土。

(10)薄齿藓 *Lepodontium viticulosoides* (P. Beauv.)Wijk et Marg.

植物体疏丛生。茎直立或倾立，具不规则分枝，有纵长的，且密被红棕色平滑的多分枝的地上茎。叶片湿时具弯曲的龙骨状纵折，呈卵状披针形。蒴柄直立呈黄红色；蒴盖具长斜喙尖。

分布与生境：贵州、云南。尼泊尔、斯里兰卡、不丹亦有分布。本区见于八道沟，水岩面。

3.3.6　真藓科 Bryaceae

(11)平蒴藓 *Plagiobryum zierii* (Hedw.)Lindb

植物体小型丛生，上部近白色，下部红色。叶多覆瓦状，卵形，边缘直，全缘。雌雄异株。蒴柄短，直或曲，孢蒴鹅颈状，棒状至梨形，弯曲，具长的苔部。

分布与生境：西南及陕西等地。东亚、印度、中亚、非洲、欧洲、北美洲亦有分布。本区见于大沙沟，较干燥岩面。

(12)双色真藓 *Bryum bicolor* Dicks.

植物体密集丛生，黄绿色。茎直立。叶干燥时不卷曲，紧密，呈覆瓦状排列，披针形或卵状披针形。孢子体未见。

分布与生境：云南、西藏、内蒙古。尼泊尔、斯里兰卡、印度及东亚、大洋洲、欧洲、北美洲、非洲亦有分布。本区见于神尾沟，岩面薄土。

(13)沼生真藓 *Bryum knowltonii* Barnes

植物体丛生，亮绿色。茎单一或具嫩枝条，基部具假根。茎叶多集中于茎顶端丛生。叶片卵圆形，先端钝或具短尖。孢子体未见。

分布与生境：西北及黑龙江、浙江、西藏。亚洲北部、欧洲、北美洲亦有分布。本区见于八道沟，林缘地表。

3.3.7 柳叶藓科 Amblystegiaceae

(14)镰刀藓直叶变种 *Drepanocladus aduncus* (Hedw.) Warst. var. *pseudofluitans* (San.) Glow.

固着浮生或完全沉底。茎单一或多少具分枝。枝直立。叶片不弯曲，茎叶从下延的基部向上呈宽披针形，先端渐成叶尖，叶缘平直。蒴柄长2~6m。孢子具细疣。

分布与生境：黑龙江等地。蒙古、俄罗斯(远东、西伯利亚)及欧洲、北美洲亦有分布。本区见于文峪河，流水浸泡石上。

(15)镰刀藓短叶变种 *Drepanocladus aduneus* (Hedw.) Warst. var. *kneifi* (B. S. G.) Moenk

藓丛柔弱，黄绿色或深绿色。茎长匍匐，倾立或在水中半淹无漂浮；不规则分枝或规则羽状分枝。叶片多数镰刀形弯曲，从宽卵形的基部向上很快变狭成披针形渐尖。

分布与生境：黑龙江等地。蒙古、俄罗斯(远东、西伯利亚)及欧洲、北美洲亦有分布。本区见于文峪河边，流水浸泡石上。

3.3.8 青藓科 Brachytheciaceae

(16)羽枝青藓狭叶变种 *Brachythecium plumosum* (Hedw.)B. S. G. var. *mimmayae* Besch. Card.

植物体密集丛生，具金黄色光泽。茎不规则分枝，叶呈覆瓦状着生。叶片长椭圆形披针形，中部宽；叶缘略内曲，具不明显齿突。孢子体未见。

分布与生境：东北。日本亦有分布。本区见于八道沟，林下岩面。

(17)圆枝青藓 *Brachythecium garovaglioides* C. Müll.

植物体形大，淡黄绿色。主茎匍匐，不规则分枝。叶在茎上或枝上排列疏松，枝略呈扁平状，单一或上部具少数小枝。茎叶长卵形至长椭圆形，先端常不规则褶皱。枝叶与茎叶同形。

分布与生境：陕西、浙江、福建、湖北、四川、云南。日本亦有分布。本区见于庞泉沟。

3.3.9 灰藓科 Hyonaceae

(18)北方金灰藓 *Pylaisiella selwynii* (Kindb.) Crum

体纤细，茎匍匐，基部密被假根，不规则或羽状分枝。叶卵状披针形，具长尖，内凹，缘平展，全缘。蒴柄平滑紫色。孢蒴直立。

分布与生境：东北、河北、安徽、浙江、云南等地。蒙古、朝鲜及欧洲、北美洲亦有分布。本区见于八水沟，树干下部。

(19)细叶毛灰藓 *Homomallium leptothallum* (C. Muell.) Chen.

植株多灰绿色，密集丛生。茎直立或倾立，单一或具分枝。叶干时多紧贴，呈三角状、卵状披针形。雌雄异株。蒴柄细长，黄色。

分布与生境：我国东北、华北。日本亦有分布。本区见于八道沟，树皮生。

(20)腐木藓 *Callicladium haldanianum* (Grev.) Crum

植物体呈垫状，近于羽状分枝至不规则分枝；枝条多少扁平。叶直立至倾立，宽披针形至卵状椭圆形。雌苞叶与营养叶同大，卵状披针形。孢蒴椭圆形至圆柱形。蒴盖圆锥形。

分布与生境：东北等地。日本、俄罗斯(远东、西伯利亚)及欧洲、北美洲亦有分布。本区见于八水沟，树枝表皮。

(21)尖叶灰藓 *Hypnum callichroum* Brid

植物体柔弱，密集丛生，略具光泽。茎匍匐，倾立或直立。叶片呈镰刀形或弧形向一侧弯曲，基部狭窄下延，向上呈卵披针形，渐成或很快成细长叶尖。

分布与生境：东北及陕西、新疆、西藏等地。日本、俄罗斯(远东、西伯利亚)及欧洲、北美洲亦有分布。本区见于八道沟、保护区大沙沟，林下岩面、地被层、树干。

3.4 蕨类植物

蕨类植物形态多样(彩图2)，植物体有根、茎、叶分化，具备真正的维管组织，以孢子繁殖。叶片从单叶到复杂分裂都有，绝大多数叶片下长有孢子囊，并聚集成各式各样的斑点或线条状的孢子囊群。它们生长环境多样，有水生、土生、石生、附生或缠绕树干生长的。庞泉沟自然保护区的蕨类植物以水生、土生、石生为主。

庞泉沟自然保护区共有野生蕨类植物10科14属23种(附表6 山西庞泉沟国家级自然保护区蕨类植物名录)，较2014年增加1科1属6种。较2014年新增草问荆(*Equisetum pratense*)、荚果蕨(*Matteuccia struthiopteris*)等。

3.4.1 蕨类植物区系组成

含种数超过5种的科仅有蹄盖蕨科(Athyriaceae，4属7种)和木贼科(Equisetaceae，1属6种)2科。含种数2~5种的科有水龙骨科(Polypodiaceae，2属2种)和卷柏科(Selaginellaceae，1属2种)2科。此外，蕨科(Pteridiaceae)、中国蕨科(Sinopteridaceae)、裸子蕨科(Hemionitidaceae)、铁角蕨科(Aspleniaceae)和岩蕨科(Woodsiaceae)5科均仅有1种。仅蹄盖蕨科和水龙骨科科内含属数超过1个，其余8科均仅有1属，超过半数科仅有1属1种。本区域蕨类植物科以单种科和少种科较多(表3-2)。含种数超过5种的属仅有木贼属(*Equisetum*)(6种)1个。含种数2~5种的属有卷柏属(*Selaginella*)、羽节蕨属(*Gymnocarpium*)、冷蕨属(*Cystopteris*)和蹄盖蕨属(*Athyrium*)4个属，均各含2种；蕨属(*Pteridium*)、粉背蕨属(*Aleuritopteris*)等9个属均仅含1种(表3-3)。本区域蕨类植物属以单种属较多。

整体看，庞泉沟自然保护区的蕨类植物科属种类较少。常见种有红枝卷柏(*Selaginella sanguinolenta*)、草问荆、木贼(*Equisetum hyemale*)、节节草(*Equisetum ramosissimum*)、蕨(*Pteridium aquilinum* var. *latiusculum*)和中华蹄盖蕨(*Athyrium sinense*)等。

表 3-2　山西庞泉沟国家级自然保护区蕨类植物科内属种组成

科内含种数	科	属	种
>5	蹄盖蕨科	4	7
2~5	木贼科	1	6
	卷柏科	1	2
	水龙骨科	2	2
1	蕨科	1	1
	中国蕨科	1	1
	裸子蕨科	1	1
	铁角蕨科	1	1
	球子蕨科	1	1
	岩蕨科	1	1
合计	10	14	23

表 3-3　山西庞泉沟国家级自然保护区蕨类植物属内种的组成

属内含种数	属	种
>5	1	6
2~5	4	8
1	9	9
合计	14	23

3.4.2　蕨类植物区系分析

庞泉沟自然保护区蕨类植物科的分布区类型可归为世界分布、泛热带分布和北温带分布 3 个类型(表 3-4)。其中，世界分布科有 4 科 6 种，包括卷柏科、蕨科、中国蕨科和水龙骨科；泛热带分布科有 3 科 9 种，包括裸子蕨科、蹄盖蕨科、铁角蕨科；北温带分布科有木贼科、岩蕨科和球子蕨科 3 科 8 种。

表 3-4　山西庞泉沟国家级自然保护区蕨类植物的科属分布区类型

分布区类型	科	占总科数的比例(%)	属	占总属数的比例(%)
世界分布	4	40.00	8	57.14
泛热带分布	3	30.00	1	7.14
热带亚洲至热带非洲分布	—	—	1	7.14
北温带分布	3	30.00	3	21.43
旧大陆温带分布	—	—	1	7.14
合计	10	100.00	14	100.00

本区蕨类植物属的分布类型可划分为世界分布、泛热带分布、热带亚洲至热带非洲分布、北温带分布和旧大陆温带分布 5 个类型(表 4-3)。其中，世界分布的属有 8 个，包括卷柏属、木贼属、粉背蕨属和蹄盖蕨属等。温带分布的属有 4 个，其中北温带分布的属有羽节蕨属、岩蕨属(*Woodsia*)、荚果蕨属(*Matteuccia*)3 属；旧大陆温带分布的属有金毛裸蕨属(*Gymnopteris*)1 属。热带分布的属有

2 属，包括泛热带分布属短肠蕨属(*Gymnopteris*)和热带亚洲至热带非洲分布属瓦韦属(*Lepisorus*)。综上所述，本区蕨类植物的分布以世界分布为主，蕨类植物区系具有一定的温带和亚热带性质。

3.5 种子植物

基于本次科考并参考保护区种子植物区系的研究结果(张峰等，1998；高润梅等，2006；孔冬梅，2010)，庞泉沟国家级自然保护区共有野生种子植物 83 科 389 属 952 种，其中裸子植物 2 科 4 属 5 种，被子植物 81 科 385 属 947 种(其中双子叶植物 75 科 314 属 791 种、单子叶植物 6 科 71 属 156 种)(附表 7 山西庞泉沟国家级自然保护区种子植物名录)。与 2014 年统计结果相比，增加了 3 科 20 属 44 种，如新增杜鹃花科(Ericaceae)、眼子菜科(Potamogetonaceae)以及双果荠、墙草、宽叶薹草(*Carex siderosticta*)和大叶滨紫草等(彩图 3)。

3.5.1 种子植物区系组成

3.5.1.1 种子植物科内属种组成

保护区野生种子植物各科所含属数和种数见表 3-5。其中，含 25 属以上的有菊科(Asteraceae，50 属 146 种)、禾本科(Poaceae，33 属 72 种)2 个科(表 3-5)。含 11~25 属的科有蔷薇科(Rosaceae，22 属 66 种)、唇形科(Lamiaceae，18 属 35 种)、伞形科(Apiaceae，17 属 23 种)、毛茛科(Ranunculaceae，15 属 53 种)、十字花科(Brassicaceae，14 属 23 种)、豆科(Fabaceae，14 属 46 种)、兰科(Orchidaceae，14 属 18 种)和百合科(Liliaceae，13 属 39 种)8 个科(表 5-1)。含 6~10 属的科有石竹科(Caryophyllaceae，10 属 23 种)、紫草科(Boraginaceae，10 属 13 种)、玄参科(Scrophulariaceae，10 属 22 种)、虎耳草科(Saxifragaceac，8 属 24 种)、龙胆科(Gentianaceae，8 属 22 种)、藜科(Chenopodiaceae，7 属 17 种)、莎草科(Cyperaceae，7 属 18 种)、蓼科(Polygonaceae，6 属 22 种)8 个科(表 3-5)。上述 18 个科共计 276 属 682 种，占总科数的 21.69%，占保护区野生种子植物属、种总数的 70.41%和 71.64%，具有明显的优势，是庞泉沟国家级自然保护区种子植物区系的主要区系地理成分。含 2~5 属的科有报春花科(Primulaceae，5 属 10 种)、罂粟科(Papaveraceae，4 属 9 种)、忍冬科(Caprifoliaceae，4 属 14 种)、柳叶菜科(Onagraceae，2 属 6 种)等 29 个科；仅含 1 属的科有柏科(Cupressaceae，1 属 1 种)、苋科(Amaranthaceae，1 属 4 种)、远志科(Polygalaceae，1 属 2 种)、花荵科(Polemoniaceae，1 属 1 种)等 36 个科(表 3-5)。

含属数 6 种以下的科共 65 科，占总科数的 78.31%；共 116 属，占总属数的 29.59%；共计 270 种，占总种数的 28.36%，在该区系组成中处于从属地位(表 3-5)。

表 3-5 山西庞泉沟国家级自然保护区种子植物科内属种组成

科内属数	科	占总科数的比例(%)	属	占总属数的比例(%)	种	占总种数的比例(%)
>25	2	2.41	83	21.34	218	22.90
11~25	8	9.64	127	32.65	303	31.83
6~10	8	9.64	66	16.97	161	16.91
2~5	29	34.94	80	20.57	202	20.90

续表

科内属数	科	占总科数的比例(%)	属	占总属数的比例(%)	种	占总种数的比例(%)
1	36	43.37	33	8.48	68	7.46
合计	83	100.00	389	100.00	952	100.00

3.5.1.2 种子植物属内种的组成

保护区野生种子植物属内种的组成情况，按各属所含种数的多少进行划分，见表3-6。含种数超过10种的属有蒿属(*Artemisia*, 33种)、柳属(*Salix*, 20种)、委陵菜属(*Potentilla*, 19种)、蓼属(*Polygonum*, 13种)、葱属(*Allium*, 13种)等8个属，占总属数的2.04%，共计132种，占总种数的13.87%(表3-6)。含种数6~10种的属有铁线莲属(*Clematis*, 10种)、薹草属(*Carex*, 10种)、马先蒿属(*Pedicularis*, 9种)、乌头属(*Aconitum*, 7种)等22属，占总属数的5.61%，共计170种，占总种数的17.86%(表3-6)。含种数2~5种的属有银莲花属(*Anemone*, 5种)、蔷薇属(*Rosa*, 5种)、栒子属(*Cotoneaster*, 4种)、云杉属(*Picea*, 2种)等153个属，占总属数的39.03%，共计441种，占总种数的46.32%(表3-6)。仅含1种的属有209属，占该区总属数的53.32%，计209种，占总种数的21.95%。含1~5种的属共有362属，占总属数的92.35%(表3-6)，它们在本区系属的组成中占有突出地位。

表3-6 山西庞泉沟国家级自然保护区种子植物属内种的组成

属内含种数	属	占总属数的比例(%)	种	占总种数的比例(%)
>10	8	2.06	132	13.87
6~10	22	5.66	170	17.86
2~5	154	39.59	441	46.32
1	205	52.69	209	21.95
合计	389	100.00	952	100.00

3.5.2 种子植物区系地理成分分析

3.5.2.1 种子植物科的分布区类型

根据《世界种子植物科的分布区类型系统》(吴征镒等，2003)，保护区种子植物科可归为7个分布区类型(表3-7)。世界分布最多，有37科，主要有菊科、禾本科、豆科、蔷薇科等，科内种大都为当地分布最为广泛的种。其次是泛热带分布科和北温带分布，各有20科，泛热带分布的有卫矛科(Celastraceae)、大戟科(Euphorbiaceae)、萝藦科(Asclepiadaceae)等；北温带分布的有松科(Pinaceae)、杨柳科(Salicaceae)、桦木科(Betulaceae)、忍冬科等，其中华北落叶松、青杄、白杄、青杨、白桦、红桦(*Betula albosinensis*)等构成了庞泉沟国家级自然保护区森林的建群种和优势种。种子植物科的分布区类型表明庞泉沟国家级自然保护区种子植物科的热带渊源和温带性质。

表 3-7　山西庞泉沟国家级自然保护区野生种子植物科属分布区类型

分布区类型	科	占总科数的比例(%)	属	占总属数的比例(%)
1. 世界分布	37	44.58	53	—
2. 泛热带分布	20	24.10	27	7.65
3. 热带亚洲和热带美洲间断分布	2	2.41	3	0.89
4. 旧世界热带分布	—	—	5	1.42
5. 热带亚洲至热带大洋洲分布	—	—	2	0.57
6. 热带亚洲至热带非洲分布	1	1.20	4	1.13
7. 热带亚洲分布			3	0.89
8. 北温带分布	20	24.10	155	43.91
9. 东亚至北美间断分布	1	1.20	17	4.82
10. 旧世界温带分布	2	2.41	74	20.96
11. 温带亚洲分布	—	—	19	5.38
12. 地中海区、西亚至中亚分布	—	—	6	1.70
13. 中亚分布	—	—	2	0.57
14. 东亚分布	—	—	12	3.40
15. 中国特有分布	—	—	7	1.98
合计	83	100.00	389	100.00

3.5.2.2　种子植物属的分布区类型

根据《中国种子植物属的分布区类型》(吴征镒，1991)，对保护区野生种子植物属进行划分，可分为 15 个类型(表 3-7)。

(1)世界分布

共有 53 属。其中，木本植物属有槐属(*Sophora*)、卫矛属(*Euonymus*)、鼠李属(*Rhamnus*)等，藤本植物属有铁线莲区系属、悬钩子属(*Rubus*)等。草本植物以中生草本为主，主要有蒿属、蓼属、毛茛属(*Ranunculus*)、薹草属等。

(2)热带分布

热带分布属(类型 2~7)共 44 属，占总属数的 11.22%，大部分以热带为分布中心，其中泛热带分布 27 属，在热带分布属中最为丰富。该地区常见的木本植物属主要有木蓝属(*Indigofera*)和枣属(*Zizyphus*)，藤本植物属有马兜铃属(*Aristolochia*)、薯蓣属(*Dioscorea*)等，草本植物属主要有凤仙花属(*Impatiens*)、芦苇属(*Phragmites*)、画眉草属(*Eragrostis*)、狗尾草属(*Setaria*)等。此外，东亚(热带、亚热带)及热带南美间断分布 3 属；旧世界热带分布 5 属；热带亚洲至热带大洋洲分布 2 属；热带亚洲至热带非洲分布 4 属；热带亚洲分布 3 属。热带分布属在庞泉沟自然保护区种子植物区系组成中处于从属地位。

(3)温带分布

温带分布属(类型8~11，14)共有277属，占总属数的78.47%(表3-7)，是庞泉沟自然保护区种子植物主要区系地理成分。

其中，北温带分布属最多，共有155属，占总属数的43.91%(表3-7)，是本区种子植物区系和植被的重要组成成分，如松属、柳属、杨属、桦木属、栎属等，它们是构成温带针叶林、落叶阔叶林和针阔叶混交林的建群植物或主要成分，具有重要的经济和生态价值。绣线菊属(*Spiraea*)、忍冬属(*Lonicera*)、荚蒾属(*Viburnum*)、榛属(*Corylus*)、小檗属(*Berberis*)、蔷薇属等是山地落叶灌丛的建群植物或主要组成成分。草本植物属常见的有委陵菜属、蒲公英属(*Taraxacum*)、茜草属(*Rubia*)、紫堇属(*Corydalis*)、乌头属、龙牙草属(*Agrimonia*)、紫菀属(*Aster*)、黄精属(*Polygonatum*)等。

东亚至北美间断分布有17属，占总属数的4.82%(表3-7)。胡枝子属(*Lespedeza*)、溲疏属(*Deutzia*)、珍珠梅属(*Sorbaria*)等是林下灌丛的优势成分或建群成分。藤本植物属有蝙蝠葛属(*Menispermum*)、五味子属(*Schisandra*)和蛇葡萄属(*Ampelopsis*)等。草本植物属中的地蔷薇属(*Chamaerhodos*)、和尚菜属(*Adenocaulon*)、鹿药属(*Smilacina*)等较为常见。

旧世界温带分布有74属，占总属数的20.96%(表3-7)。木本植物中栒子属(*Cotoneaster*)、桃属(*Prunus*)和沙棘属(*Hippophae*)等是灌丛的建群成分或优势成分。藤本属有鹅绒藤属(*Cynanchum*)。常见的草本植物有石竹属(*Dianthus*)、苜蓿属(*Medicago*)、败酱属(*Patrinia*)、百里香属(*Thymus*)、香薷属(*Elsholzia*)、糙苏属(*Phlomis*)、风毛菊属(*Saussurea*)、天名精属(*Carpesium*)和沙参属(*Adenophora*)等。

温带亚洲分布有19属，占总属数的5.38%(表3-7)。常见的木本植物属有杭子梢属(*Campylotropis*)、锦鸡儿属(*Caragana*)等。草本植物属有米口袋属(*Gueldenstaedtia*)、狗娃花属(*Heteropappus*)、马兰属(*Kalimeria*)等。

东亚分布有12属，占总属数的3.40%(表3-7)。木本植物属有侧柏属(*Platycladus*)、五加属(*Acabthopanax*)、刺榆属(*Hemiptelea*)。草本植物属有斑种草属(*Bothriospermum*)、地黄属(*Rehmannia*)、党参属(*Codonopsis*)、泥胡菜属(*Hemistepta*)等。

(4)地中海区、中亚分布

地中海区、中亚分布(类型12~13)共有8属，占总属数的2.04%。无木本属。草本属有离子芥属(*Chorispora*)、牻牛儿苗属(*Erodium*)、漏芦属(*Stemmacantha*)、角蒿属(*Incarvillea*)等。

(5)中国特有属

中国特有属有7属，占总属数的1.79%(表3-7)，多为单种属和寡种属。其中，蚂蚱腿子属(*Myripnois*)为华北特有，翼蓼属(*Pteroxygonum*)分布于秦岭及其东缘，虎榛子属呈现典型的西南与华北间断分布。此外，还有地构叶属(*Speranskia*)、羌活属(*Notopterygium*)、车前属(*Plantago*)、紫草属(*Sinojohnstonia*)和华蟹甲属(*Sinacalia*)。

种子植物属的分布区类型分析表明，庞泉沟自然保护区的种子植物区系表现出明显的温带性质，也具有一定的热带性质，分布区内中国特有成分比例较小，反映了该植物区系中国特有成分性质不明显。

3.6 植 被

3.6.1 植被类型组成

根据《中国植被》的植被区划结果，保护区隶属暖温带落叶阔叶林区域，处于暖温带北部落叶栎林地带，为黄土高原东部含草原的油松(*Pinus tabulaeformis*)、辽东栎、槲树林以及栽培植被区。森林植被以寒温性针叶林为主，主要植被类型包括华北落叶松林、白杄林、青杄林、油松林、辽东栎林等(彩图 4)，在华北地区具有代表性。

基于本次调查和保护区植被研究结果(席跃翔等，2004；张金屯，2004；张先平等，2006；刘明光等，2011；李世广等，2014；赵小娜等，2014；杜京旗等，2016)，依据《中国植被志》的植被分类系统、植被类型划分方法(方精云等，2020)，现将庞泉沟国家级自然保护区植被分类系统呈现表 3-8。与前人研究结果比，新增了红桦林、华北落叶松白桦混交林、山杏(*Prunus sibirica*)灌丛、黄芦木(*Berberis amurensis*)灌丛、黄瑞香(*Daphne giraldii*)灌丛、鹅绒委陵菜(*Potentilla anserina*)草甸 6 个群系。

表 3-8 庞泉沟国家级自然保护区主要植被类型

植被型组	植被型	植被亚型	序号	群系
针叶林	寒温性针叶林	寒温性落叶针叶林	1	华北落叶松林
		寒温性常绿针叶林	2	青杄林
			3	白杄林
		寒温性常绿、阔叶针叶混交林	4	华北落叶松、白杄林
	温性针叶林	温性常绿针叶林	5	油松林
			6	侧柏林
	寒温性针阔叶混交林		7	华北落叶松、白桦混交林
	温性针阔叶混交林		8	油松、辽东栎混交林
阔叶林	落叶阔叶林	典型落叶阔叶林	9	辽东栎林
		山地杨桦林	10	山杨林
			11	白桦林
			12	红桦林
			13	红桦、白桦林
			14	山杨、白桦林
			15	青杨林
灌丛和草原	落叶阔叶灌丛	高寒落叶阔叶灌丛	16	鬼箭锦鸡儿灌丛
			17	金露梅灌丛
			18	银露梅灌丛
			19	高山绣线菊、金露梅灌丛
		温性落叶阔叶灌丛	20	黄刺玫灌丛
			21	毛果绣线菊灌丛

续表

植被型组	植被型	植被亚型	序号	群系
灌丛和草原	落叶阔叶灌丛	温性落叶阔叶灌丛	22	山桃灌丛
			23	山杏灌丛
			24	栒子木灌丛
			25	黄芦木灌丛
			26	虎榛子灌丛
			27	刺果茶藨子
			28	黄瑞香灌丛
			29	黄栌灌丛
			30	沙棘灌丛
			31	胡枝子灌丛
			32	山蒿半灌丛
草原	草原	蒿类草原	33	白莲蒿草原
			34	华北米蒿草原
		禾草草原	35	赖草草原
草甸	草甸	典型草甸	36	薹草草甸
		高寒草甸	37	嵩草草甸
			38	等穗薹草—早春薹草草甸
			39	以地榆、珠芽蓼为主的杂草类草甸
		河漫滩草甸	40	蕨麻菜草甸

3.6.2 主要植被类型

3.6.2.1 针叶林

3.6.2.1.1 寒温性针叶林

(1)华北落叶松林

本群系是保护区的优势植被类型，分布范围最广，面积最大。华北落叶松林分布上线与亚高山草甸为邻，下限与杨桦林和栎林相接，群落外貌呈微密而浅绿色景观，在森林景观中显得很突出，见于庞泉沟、神尾沟、八水沟、云顶山顶、大背顶、小东沟、八道沟、麝香沟、南林背、小犁牛沟等地。海拔1723~2588米。坡向10°~351°，半阴坡、阴坡、半阳坡、阳坡均有分布，以阴坡分布为主，坡度2°~40°。土壤为山地棕色森林土，枯枝落叶层盖度0%~100%，厚度0~5厘米。

群落总盖度可达90%。乔木层郁闭度0.4~0.8。华北落叶松高4~28米，胸径6~54.8厘米。乔木层伴生种主要有青杆和白桦。此外，还有中国黄花柳(*Salix sinica*)、红桦、茶条槭(*Acer ginnala*)等。

灌木层盖度10%~20%，偶见无灌木层分布。高度0.5~1.2米。常见的有土庄绣线菊(*Spiraea pubescens*)、美蔷薇(*Rosa bella*)、金花忍冬(*Lonicera chrysantha*)等。

草本层盖度15%~50%。优势种多为薹草(*Carex* spp.)。常见种有东方草莓(*Fragaria orientalis*)、变豆菜(*Sanicula chinensis*)、五福花(*Adoxa moschatellina*)、小红菊(*Dendranthema chanetii*)、龙牙草(*Agrimonia pilosa*)、藓生马先蒿(*Pedicularis muscicola*)、路边青(*Geum aleppicum*)、黑柴胡(*Bupleu-*

rum smithii)、对叶兰(*Listera puberula*)等。

华北落叶松林生长发育好，适于在海拔 1600 米以上的山地生长，是褐马鸡的主要栖息地之一，具有较高的保护价值。

(2)青杆林

青杆林纯林主要分布于流水沟、八道沟、神尾沟等地阴坡、半阴坡。海拔 1600~2600 米。土壤多为山地棕色森林土，枯枝落叶层盖度 0%~100%，厚度 0~5 厘米。

群落总盖度 90%。乔木层郁闭度 0.7。青杆树高 3.5~22 米，胸径 5.2~46.5 厘米。乔木层伴生种有华北落叶松、白杆、红桦等。

灌木层盖度 5%~10%。常见种有八宝茶(*Euonymus semenovii*)、金银忍冬(*Lonicera maackii*)、美蔷薇、黄芦木、灰栒子(*Cotoneaster acutifolius*)、唐古特忍冬(*Lonicera tangutica*)、榛(*Corylus heterophylla*)、东北茶藨子(*Ribes mandshuricum*)、直穗小檗(*Berberis dasystachya*)、刺果茶藨子(*Ribes burejense*)、土庄绣线菊等。

草本层盖度 30%~80%。优势种多为大披针薹草。常见种有东方草莓、黄精(*Polygonatum sibiricum*)、糙苏(*Phlomis umbrosa*)、小红菊、瓣蕊唐松草(*Thalictrum petaloideum*)、穗花马先蒿(*Pedicularis spicata*)、山马兰(*Kalimeris lautureana*)、野韭(*Allium ramosum*)、草芍药(*Paeonia obovata*)、兔儿伞(*Syneilesis aconitifolia*)、歪头菜(*Vicia unijuga*)、舞鹤草(*Maianthemum bifolium*)、北方拉拉藤(*Galium boreale*)、变豆菜、种阜草(*Moehringia lateriflora*)、五福花、龙牙草、三脉紫菀(*Aster ageratoides*)、对叶兰等。

(3)白杆林

白杆林主要分布于八道沟、小犁牛沟和百草亭的山坡。海拔 1887~2143 米。土壤为棕色森林土或灰化棕壤，枯枝落叶层盖度可达 100%，厚度为 0.5~3 厘米。白杆林生长良好。

群落总盖度 85%~95%。乔木层郁闭度 0.6~0.7。白杆树高 5~25 米，胸径 5.2~60.5 厘米。乔木层伴生种主要有青杆、白桦、中国黄花柳、花楸等。

灌木层盖度 10%左右，优势种不明显。常见种有土庄绣线菊、金银忍冬、美蔷薇、陕西荚蒾(*Viburnum schensianum*)、灰栒子、八宝茶、蒙古荚蒾(*Viburnum mongolicum*)、沙棘等。

草本层盖度 40%~80%。优势种为大披针薹草、东方草莓等，常见种有糙苏、瓣蕊唐松草、穗花马先蒿、小花草玉梅(*Anemone rivularis* var. *flore-minore*)、北方拉拉藤、齿叶橐吾(*Ligularia dentata*)、藜芦(*Veratrum nigrum*)、山马兰、鸡腿堇菜(*Viola acuminata*)、山尖子(*Parasenecio hastatus*)、矮香豌豆(*Lathyrus humilis*)、三脉紫菀、中亚薹草、草地老鹳草(*Geranium pratense*)、唐松草(*Thalictrum aquilegifolium* var. *sibiricum*)、歪头菜、藓生马先蒿、紫斑风铃草(*Campanula punctata*)等。

白杆林是华北地区的主要针叶林建群种之一，也是褐马鸡的主要栖息地。

(4)华北落叶松、白杆林

华北落叶松、白杆林主要分布于八道沟、庞泉沟和神尾沟等地，海拔 1700~2600 米的半坡。土壤多为棕色森林土，枯枝落叶层厚。

群落总盖度 90%。乔木层郁闭度达 0.8。华北落叶松树高 10~20 米，胸径 20~60 厘米；白杆树高 10~20 米，胸径 20~50 厘米。伴生种有白桦、红桦、北京花楸等。

灌木层盖度 40%。优势种主要有榛和美蔷薇，伴生种有唐古特忍冬、沙梾(*Cornus bretschnei-*

deri)、刚毛忍冬(*Lonicera hispida*)、直穗小檗、花楸树、金银忍冬、土庄绣线菊、灰栒子等。

草本层盖度 30%。优势种为毛茛(*Ranunculus japonicus*)、中亚薹草等，伴生种有茜草(*Rubia cordifolia*)、北方拉拉藤、山马兰、山韭、糙苏、舞鹤草、小花草玉梅、蛇床(*Cnidium monnieri*)、矮香豌豆等。

华北落叶松、白杄林也是褐马鸡的主要栖息地之一。

3.6.2.1.2 温性针叶林

(1)油松林

油松林是华北地区温性针叶林的代表类型，在保护区主要分布于阳屹台、小麻地沟、八水沟、八道沟口等地。海拔 1738~1900 米。土壤为山地棕壤，枯枝落叶层厚 2~5 厘米。

群落总盖度 85%。乔木层郁闭度 0.3~0.75。油松树高 4.5~25 米，胸径 5.2~37.8 厘米。乔木层伴生种有辽东栎、茶条槭、华北落叶松、青杄等。

灌木层盖度 15%~40%。优势种主要有土庄绣线菊，伴生种有沙棘、陕西荚蒾、灰栒子、榛、山楂、黄刺玫、美蔷薇、黄芦木等。

草本层盖度 5%~40%。优势种为大披针薹草、白莲蒿等，伴生种有林地早熟禾(*Poa nemoralis*)、黑柴胡、苍术(*Atractylodes lancea*)、裂叶堇菜(*Viola dissecta*)、败酱(*Patrinia scabiosaefolia*)、玉竹(*Polygonatum odoratu*)、黄精、华北耧斗菜(*Aquilegia yabeana*)、茜草等。层间植物有穿龙薯蓣(*Dioscorea nipponica*)等。

油松林在本区域呈片状分布，也是褐马鸡的主要栖息地之一。

(2)侧柏林

侧柏林分布于保护区老蛮沟、大草坪等地。立地条件较差，坡度 10°~30°，土层较薄，为 20~50 厘米。在坡度较陡的地段，往往有大量的基岩——石灰岩和砂岩裸露。海拔 1600~1700 米。

群落总盖度 50%~70%。乔木层郁闭度 0.3~0.4。侧柏树高 2~4 米。除建群种侧柏外，偶有榆树等分布。

灌木层盖度 20%~40%。常见的有荆条、黄刺玫、少脉雀梅藤(*Sageretia paucicostata*)、小叶鼠李(*Rhamnus parvifolia*)、三裂绣线菊、河朔荛花(*Wikstroemia chamaedaphne*)、山桃、兴安胡枝子(*Lespedeza davurica*)、多花胡枝子(*Lespedeza floribunda*)、河北木蓝(*Indigofera bungeana*)等。

草本层盖度 10%~40%。主要有大披针薹草、委陵菜(*Potentilla chinensis*)、翻白草(*Potentilla discolor*)、远志(*Polygala tenuifolia*)、防风(*Saposhnikovia divaricata*)、白莲蒿、华北米蒿、茜草、阿尔泰狗娃花(*Heteropappus altaicus*)等。局部有中华卷柏(*Selaginella sinensis*)分布。

3.6.2.1.3 寒温性针阔叶混交林

华北落叶松、白桦混交林

华北落叶松、白桦混交林主要分布于保护区海拔 1700~2216 米的阳坡、半阳坡、阴坡，面积不大。土壤为棕色森林土，土层深厚，枯枝落叶层厚 5~8 厘米。

群落总盖度 85%~90%。乔木层郁闭度 0.7~0.8。共建种有华北落叶松和白桦，伴生成分有山杨、红桦、青杄、花楸等。华北落叶松树高 6~18 米，胸径 8.6~54.4 厘米。白桦树高 6~18 米，胸径 6.1~45.6 厘米。

灌木层盖度 5%~40%。常见的有土庄绣线菊、八宝茶、金花忍冬、虎榛子、美蔷薇、唐古特忍冬等。

草本层盖度 30%～50%。主要有大披针薹草、东方草莓、北方拉拉藤、变豆菜、支柱蓼(*Polygonum suffultum*)、蔓孩儿参(*Pseudostellaria davidii*)、种阜草、紫斑风铃草、小红菊、玉竹、黄精、五福花、舞鹤草等。

3.6.2.1.4 温性针阔叶混交林

油松、辽东栎混交林

油松、辽东栎混交林是华北地区温性针叶林的代表类型之一，在保护区主要分布于老虎圪洞、老蛮沟等地阳坡、半阳坡。

群落总盖度 80%～90%。乔木层郁闭度 0.6～0.7。油松树高 5～20 米，胸径 6.7～48.5 厘米；辽东栎树高 4～13 米，胸径 6～25.6 厘米。伴生种有山杨、山杏等。

灌木层盖度 20%～50%。常见种有黄刺玫、土庄绣线菊、灰栒子、蒙古荚蒾、油松和辽东栎幼苗等。

草本层盖度 10%～30%。优势种主要有大披针薹草，伴生种有小红菊、歪头菜、柴胡、茜草、败酱、苍术、山马兰、瓣蕊唐松草、鸡腿堇菜、穿龙薯蓣、中亚薹草等。

3.6.2.2 阔叶林

落叶阔叶林

(1)辽东栎林

辽东栎林是暖温带落叶阔叶林区域典型地带性植被类型之一，在保护区主要分布于老虎疙洞、小麻地沟、大构沟、阳圪台蛤蟆口、流水沟、八水沟和小庞泉沟等地海拔 1700～1900 米的阳坡。土壤多为褐色土和棕色森林土，枯枝落叶层厚 1～4 厘米。

群落总盖度 80%～95%。乔木层郁闭度可达 0.75。辽东栎树高 3～27 米，胸径 6～36.6 厘米。伴生种有油松、青杄、山杨、白桦、茶条槭等。

灌木层盖度 10%～65%。优势种为黄刺玫和金银忍冬，伴生种有胡枝子、灰栒子、陕西荚蒾、土庄绣线菊、美蔷薇、山楂、直穗小檗、沙棘、金花忍冬、蒙古荚蒾、虎榛子等。

草本层盖度 30%～70%。优势种为小红菊，伴生种有山马兰、蔓孩儿参、中亚薹草、华北耧斗菜、瓣蕊唐松草、黄精、铃兰、糙苏、鸡腿堇菜、高山露珠草(*Circaea alpina*)、野青茅(*Deyeuxia arundinacea*)等。层间植物有穿龙薯蓣、黄花铁线莲(*Clematis intricata*)等。

(2)山杨林

山杨林在保护区分布于八水沟、神尾沟、大沙沟、麝香沟和阳圪台等地，多为小片纯林。海拔 1800～2100 米。枯枝落叶层厚 1～2 厘米。

群落总盖度 60%～95%。乔木层郁闭度 0.7～0.9。山杨树高 6～18 米，胸径 5.5～40 厘米。伴生种有辽东栎、白桦和红桦等。

灌木层盖度 5%～20%。优势种为土庄绣线菊，伴生种有金银忍冬、刺果茶藨子、东北茶藨子、美蔷薇、直穗小檗、灰栒子等。

草本层盖度 5%～65%。优势种为大披针薹草，伴生种有穗花马先蒿、野青茅、鼠掌老鹳草(*Geranium sibiricum*)、糙苏、紫斑风铃草、北方拉拉藤、升麻(*Cimicifuga foetida*)、瓣蕊唐松草、歪头菜、玉竹、小红菊、牛尾蒿(*Artemisia dubia*)、北柴胡(*Bupleurum chinense*)、高山露珠草、山马兰、翠雀(*Delphinium grandiflorum*)、东方草莓、二叶舌唇兰(*Platanthera chlorantha*)、裂叶堇菜、龙牙草等。层间植物有穿龙薯蓣等。

(3)白桦林

白桦林在保护区分布于老蛮沟、小沙沟、神尾沟、大沙沟、大草坪等山地阴坡、半阴坡。海拔1700~2052米。枯枝落叶层厚度1~5厘米。

群落总盖度80%~95%。乔木层郁闭度0.6~0.75。白桦树高4~17米，胸径5.1~43.3厘米。伴生种有油松、红桦、辽东栎、山杨、青杨、中国黄花柳、花楸等。

灌木层盖度15%~35%。优势种为茶条槭幼苗、黄刺玫、直穗小檗、虎榛子、蒙古荚蒾等，伴生种有刺果茶藨子、银露梅、黄瑞香、唐古特忍冬、金银忍冬、葱皮忍冬(*Lonicera ferdinandii*)、美蔷薇、土庄绣线菊等。

草本层盖度30%~65%。优势种为大披针薹草、细叶薹草和东方草莓，伴生种有山野豌豆(*Vicia amoena*)、野青茅、小红菊、黄精、糙苏、北柴胡、山马兰、歪头菜、鸡腿堇菜、鳞叶龙胆(*Gentiana squarrosa*)、草地老鹳草、紫斑风铃草、种阜草、长瓣铁线莲(*Clematis macropetala*)、早开堇菜(*Viola prionantha*)、小花草玉梅、舞鹤草和藜芦、垂头蒲公英(*Taraxacum nutans*)、大火草(*Anemone tomentosa*)、问荆等。

(4)红桦林

红桦林分布于保护区八道沟、齐冲沟等地海拔2000米的山地阴坡、半阴坡，面积较小。枯枝落叶层厚度1~1.5厘米。

群落总盖度75%~80%。乔木层郁闭度0.6。红桦树高6~21米，胸径5.7~44.5厘米。伴生种有华北落叶松、青杄、白杄、中国黄花柳等。

灌木层盖度小于15%。常见种有八宝茶、刺果茶藨子、金银忍冬、土庄绣线菊等。

草本层盖度50%。优势种为高乌头，伴生种有种阜草、蔓孩儿参、唐松草、东方草莓、变豆菜、猪殃殃(*Galium spurium*)、五福花、大叶滨紫草、黄毛橐吾、大披针薹草、舞鹤草和北重楼(*Paris verticillata*)等。

(5)红桦、白桦林

红桦、白桦林分布于保护区老虎疙洞、八道沟、神尾沟、分水岭等地，面积较小。海拔1970~2187米。枯枝落叶层厚2厘米。

群落总盖度85%~95%。乔木层郁闭度0.4~0.7。白桦树高8~18米，胸径7.8~26.5厘米；红桦树高4~20米，胸径6.9~39.5厘米。伴生种有华北落叶松、青杄、白杄等。

灌木层盖度25%~30%。常见种有金银忍冬、榛、葱皮忍冬、刺果茶藨子、土庄绣线菊、牛叠肚、东北茶藨子、美蔷薇、蒙古荚蒾、黄芦木等。

草本层盖度55%~80%。优势种为大披针薹草、中亚薹草、东方草莓；伴生种有草芍药、莛子藨、鸡腿堇菜、瓣蕊唐松草、小花草玉梅、蛇床、茜草、山马兰、舞鹤草、铃兰、北方拉拉藤、紫斑风铃草、猪殃殃、舞鹤草等。

(6)山杨、白桦林

山杨、白桦林主要分布于保护区老虎疙洞、小西塔沟背、西塔沟、阳圪台和大沙沟等地半阴坡。

海拔 1800~2000 米。枯枝落叶层厚度 1~2 厘米。

群落总盖度 90%~95%。乔木层郁闭度 0.4~0.85。共建种白桦树高 6~21 米，胸径 7.3~32.9 厘米；山杨树高 6~21 米，胸径 7.3~28.4 厘米。伴生种有辽东栎、中国黄花柳等。

灌木层盖度 25%~75%。优势种有土庄绣线菊、榛、美蔷薇等，伴生种有黄瑞香、灰栒子、葱皮忍冬、东北茶藨子、刺果茶藨子、山楂等。

草本层盖度 20%~50%。优势种为中亚薹草，伴生种有玉竹、小红菊、高山露珠草、草芍药、翠雀、北柴胡、草地早熟禾等。

(7) 青杨林

青杨林分布于保护区庞泉沟(大沙沟至黄鸡塔村)、大草坪等地河流两岸，面积较小。海拔 1800 米左右。

群落总盖度 80%~90%。乔木层郁闭度 0.65~0.75。青杨树高 6~25 米，胸径 6.2~52.6 厘米。伴生种有白桦、青杄、油松、辽东栎、茶条槭、元宝槭(*Acer truncatum*)等。

灌木层盖度 15%~70%。优势种为银露梅和弓茎悬钩子(*Rubus flosculosus*)，伴生种有土庄绣线菊、直穗小檗、金银忍冬、美蔷薇、灰栒子等。

草本层盖度 20%~80%。优势种为大披针薹草、小花草玉梅、东方草莓，伴生种有老鹳草、北乌头(*Aconitum kusnezoffii*)、鸡腿堇菜、龙牙草、糙苏、茖葱(*Allium victorialis*)、藜芦、舞鹤草、玉竹、小红菊等。

3.6.2.3 灌丛和草原

落叶阔叶灌丛

本类型中鬼箭锦鸡儿灌丛、金露梅灌丛、银露梅灌丛 3 个群系主要分布于保护区的云顶山亚高山区域，将在本章 3.9 进行论述，本部分不再赘述。

(1) 黄刺玫灌丛

黄刺玫灌丛广泛分布于保护区阳屹台、大草坪、神尾沟、八水沟等地的阳坡和半阳坡。海拔 1600~1700 米。

群落总盖度可达 90%。黄刺玫高 1.5~2 米，盖度为 45%~70%。伴生灌木常见的有灰栒子、水栒子(*Cotoneaster multiflorus*)、三裂绣线菊、楼斗菜叶绣线菊(*Spiraea aquilegifolia*)、虎榛子、黄花柳、黄瑞香、美蔷薇、小叶鼠李等。

草本层盖度 20%~70%。常见的有蒿类、矮香豌豆、裂叶堇菜、多茎委陵菜(*Potentilla multicaulis*)、蒲公英、天蓝苜蓿(*Medicago lupulina*)、长芒草(*Stipa bungeana*)等。

(2) 毛果绣线菊灌丛

毛果绣线菊灌丛分布于保护区神尾沟的林线之上的半阴坡。海拔 2100~2300 米。

群落总盖度 90%~100%。毛果绣线菊高 1~2 米，盖度 80%~100%，而且密度极大，几乎为单优势种群落。灌木层偶有土庄绣线菊等。

草本层发育较差，盖度约为 10%，局部地段草本层盖度小于 5%。常见种有柳兰(*Epilobium angustifolium*)、高山露珠草、山蒿等。

(3)山桃灌丛

山桃灌丛在保护区仅见于老蛮沟的阳坡、半阳坡。海拔1600~1700米。土壤多为灰褐土。

群落总盖度70%左右。灌木层盖度30%~50%。山桃高1~3米,盖度20%~40%。伴生灌木有虎榛子、小叶锦鸡儿(*Caragana microphylla*)、三裂绣线菊等。

草本层盖度50%~75%。优势种主要有华北米蒿、白莲蒿等,伴生种有大披针薹草、漏芦(*Rhaponticum uniflorum*)、桃叶鸦葱(*Scorzonera sinensis*)、远志、北柴胡、早熟禾(*Poa annua*)、大丁草(*Gerbera anandria*)等。

(4)山杏灌丛

山杏灌丛分布范围较小,常呈斑块状分布,在保护区仅见于阳屹台,多生于海拔1570~1700米的阳坡、半阳坡,土壤为褐土,较干燥贫瘠。

群落总盖度50%~65%。灌木层盖度40%~55%。山杏盖度30%~40%,高1.8~4米。伴生种有山桃、黄刺玫、小叶鼠李、兴安胡枝子等。

草本层盖度20%~40%。主要有白莲蒿、多茎委陵菜、早熟禾、地锦(*Euphorbia humifusa*)、车前(*Plantago asiatica*)、糙隐子草(*Cleistogenes squarros*)等。

(5)栒子灌丛

栒子灌丛在保护区偶见于林缘或无林的山坡,呈丛生状态。

群落总盖度约50%。灌木层盖度约30%。优势种为灰栒子和水栒子,高度1.2~1.8米。伴生灌木有绣线菊、胡枝子、榛、小叶鼠李等。

草本层盖度20%~30%。常见的有委陵菜、翻白草、大火草等。

(6)黄芦木灌丛

黄芦木灌丛在保护区见于八水沟等地土壤瘠薄的阳坡,面积较小。

群落总盖度75%,灌木层盖度30%~45%。黄芦木高1~1.7米,盖度30%。伴生种有土庄绣线菊、美蔷薇、沙棘、刺果茶藨子、茶条槭幼树等。

草本层盖度20%~55%。常见种有蛇莓(*Duchesnea indica*)、小花草玉梅、路边青、蒲公英、车前、毛茛、多茎委陵菜、天蓝苜蓿等。

(7) 虎榛子灌丛

虎榛子灌丛在保护区分布较为广泛,见于大草坪、老蛮沟、神尾沟、八水沟等地林缘、山坡。海拔1600~1800米。

群落总盖度50%。虎榛子高0.5~1米,盖度40%~60%。伴生种有三裂绣线菊、黄刺玫、沙棘、胡枝子等。

草本层盖度20%~50%。常见种有大披针薹草、茵陈蒿(*Artemisia capillaris*)、猪毛蒿(*Artemisia scoparia*)、白莲蒿、百里香(*Thymus mongolicus*)、早熟禾等。

(8)胡枝子灌丛

胡枝子灌丛在保护区分布于八水沟、神尾沟、老蛮沟、大草坪等地的阳坡。海拔1650~1800米。

群落总盖度40%~70%。胡枝子高1~3米,盖度60%。伴生灌木有悬钩子、三裂绣线菊、虎榛子、美蔷薇等。

草本层盖度50%~70%。主要有白莲蒿、大火草、早熟禾、翻白草、防风、大披针薹草等。

(9)刺果茶藨子灌丛

刺果茶藨子灌丛在保护区分布于大草坪、神尾沟、大沙沟、八水沟等地沟谷，面积较小。海拔1700~2100米。

群落总盖度60%~90%。灌木层盖度50%~60%。刺果茶藨子高1米左右，盖度30%~50%。伴生种有黄瑞香、土庄绣线菊、美蔷薇、弓茎悬钩子、银露梅、悬钩子等，偶见金露梅。

草本层盖度为50%~70%。主要有大火草、林地早熟禾、翻白草、防风、大披针薹草、车前、鳞叶龙胆、委陵菜等。

(10)黄瑞香灌丛

黄瑞香灌丛分布于保护区大草坪、老蛮沟等地的阳向山坡，面积较小。海拔1600~1700米。

群落总盖度85%~95%。灌木层盖度35%~40%。黄瑞香高1~3米，盖度20%~30%。伴生种有土庄绣线菊、银露梅、刺果茶藨子、黄刺玫、黄芦木等。

草本层盖度50%~75%，主要有委陵菜、蛇莓、东方草莓、小花草玉梅、大披针薹草、平车前(*Plantago depressa*)、蒲公英等。

(11)黄栌灌丛

黄栌灌丛在保护区主要分布于老蛮沟和大草坪等地。

群落总盖度50%~70%。黄栌高1~5米，盖度30%~60%。伴生灌木有三裂绣线菊、陕西荚蒾、黄刺玫、胡枝子、灰栒子、虎榛子等。

草本层盖度30%~50%。主要有大披针薹草、翻白草、白莲蒿、柴胡、桃叶鸦葱、泥胡菜、沙参等。

(12)沙棘灌丛

沙棘灌丛在保护区分布广泛，多生于海拔1592~1989米的半阴坡、半阳坡，坡度小于15°的山坡及沟谷。对土壤要求不严，喜欢生长在土壤肥厚湿润的坡地及河漫滩。

群落总盖度70%~90%。灌木层盖度55%~80%。沙棘高2~3米，盖度30%~80%。在水分条件较好的沟谷，沙棘盖度可达100%，灌木层仅沙棘1种。在老蛮沟、大草坪部分区域沙棘呈乔木状，高可达7米，基径10~26厘米。伴生灌木较少，常见的有黄刺玫、土庄绣线菊、美蔷薇、刺果茶藨子、黄芦木等。

草本层盖度10%~60%。常见种有大披针薹草、白莲蒿、山蒿、委陵菜、风毛菊(*Saussurea japonica*)、细叶沙参(*Adenophora paniculata*)、败酱、蛇莓、鼠掌老鹳草、多茎委陵菜等。

(13)山蒿半灌丛

山蒿半灌丛在保护区主要分布于神尾沟树线以上。海拔2100~2400米。此外，在大草坪、老蛮沟等地海拔1600~1800米的半阴坡、半阳坡亦有分布。

群落总盖度70%~90%。灌木层盖度50%~70%。山蒿高0.6米，盖度40%~60%。草本层盖度30%~40%。主要有细叶薹草、委陵菜、地榆、大火草、车前、珠芽蓼、山西异蕊芥(*Dimorphostemon shanxiensis*)、双花堇菜(*Viola biflora*)、早熟禾、蓝花棘豆(*Oxytropis coerulea*)、多茎委陵菜等。

3.6.2.4 草　原

(1)白莲蒿草原

白莲蒿草原在保护区的低山阳坡分布广泛，包括神尾沟、老蛮沟、大草坪等地的山地阳坡。海拔1600～1800米。土壤为山地褐土。

群落总盖度45%～70%。白莲蒿高30～50厘米，盖度40%～60%。主要伴生种有华北米蒿、早熟禾、山野豌豆、大披针薹草、桃叶鸦葱、远志、柴胡、兴安胡枝子、唐松草等。

(2)华北米蒿草原

华北米蒿草原在保护区分布于大草坪、老蛮沟、神尾沟等地干旱阳坡、半阳坡，是环境退化的指示植被类型之一。海拔1600～1800米。土壤为山地褐土。

群落总盖度40%～60%。华北米蒿高20～60厘米，盖度20%～40%。优势种常见的有白莲蒿，伴生植物有茵陈蒿、草木樨状黄芪、阿尔泰狗娃花、赖草(*Leymus secalinus*)、远志、早开堇菜、茜草、远志、柴胡等。在水分条件较好的地带、常有少量的灌木铁线莲(*Clematis fruticosa*)、兴安胡枝子等。

3.6.2.5 草　甸

本类型中嵩草草甸、以地榆—珠芽蓼为主的杂草类草甸皆分布于云顶山亚高山区域，将在本章3.9进行论述，本部分不再赘述。

(1)薹草草甸

薹草草甸是保护区草甸群落的主要类型，分布范围广、面积大。主要分布于文峪河河漫滩、林间、林缘等地。海拔1650～2695米。土壤为草甸土。

群落总盖度一般在90%以上。建群种包括大披针薹草、细叶薹草等。草本层高度一般20～50厘米，伴生种主要有毛茛、绢毛匍匐委陵菜(*Potentilla reptans* var. *sericophylla*)、鹅绒委陵菜、委陵菜、山野豌豆、瓣蕊唐松草、歪头菜等。局部有密齿柳、沙棘等灌木分布。

(2)蕨麻草甸

蕨麻草甸主要分布于文峪河河漫滩和沟谷溪流两岸，是典型的湿生植被类型。海拔1600～2500米。土壤为草甸土。

群落总盖度高达90%。建群种蕨麻盖度50%～70%，伴生成分常见的有大披针薹草、细叶薹草、毛茛、绢毛匍匐委陵菜、金莲花(*Trollius chinensis*)、委陵菜、山野豌豆、瓣蕊唐松草、歪头菜等。偶有密齿柳等灌木分布。

3.6.3 群落物种多样性

3.6.3.1 物种丰富度

物种丰富度是在选定聚集内已知类群的种数，是生物多样性的较为简单的测度，其中Margalef指数物种丰富度是最常用的物种丰富度测度。庞泉沟国家级自然保护区主要森林群落中，Margalef指数最高的3个群落类型依次为华北落叶松林，华北落叶松、白桦混交林，山杨林，表示本区此3种群落内物种种类最多，物种最丰富；Margalef指数最低的2个群落类型为油松、辽东栎林和披针薹草草甸，表示此 2 种群落类型在本区域主要森林群落内物种种类较少，物种较匮乏(图 3-1)。

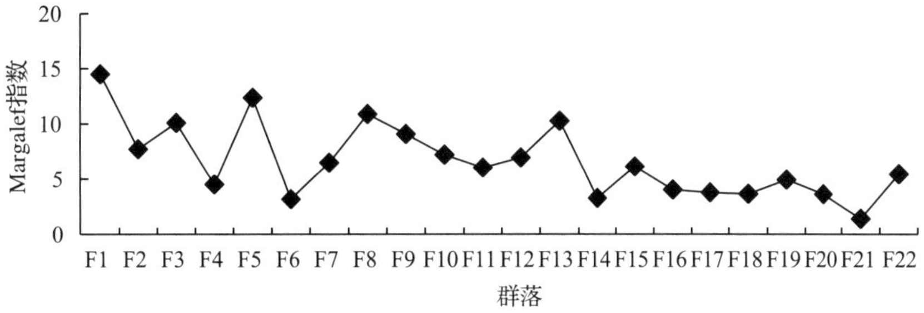

图 3-1　山西庞泉沟国家级自然保护区主要森林群落 Margalef 指数

注：F1 为华北落叶松林，F2 为青杄林，F3 为白杄林，F4 为油松林，F5 为华北落叶松、白桦混交林，F6 油松、辽东栎混交林，F7 为辽东栎林，F8 为山杨林，F9 为白桦林，F10 为红桦林，F11 为红桦、白桦林，F12 为山杨、白桦林，F13 为青杨林，F14 为银露梅灌丛，F15 为黄刺玫灌丛，F16 为山杏灌丛，F17 为黄芦木灌丛，F18、F19 为黄瑞香灌丛，F20 为沙棘灌丛，F21 为披针薹草草甸，F22 为蕨麻草甸；下同。

3.6.3.2　生态优势度

Simpson 指数又称生态优势度指数，反映优势种在群丛中地位和作用的大小。随着 Simpson 指数值增加，多样性降低。庞泉沟国家级自然保护区森林群落中，华北落叶松、白桦混交林，白桦林，青杨林的 Simpson 指数最高，此 3 种群落优势度较大，多样性较低；Simpson 指数最低的 2 个群落类型为银露梅灌丛和披针薹草草甸，表示此 2 种群落优势度较低(图 3-2)。

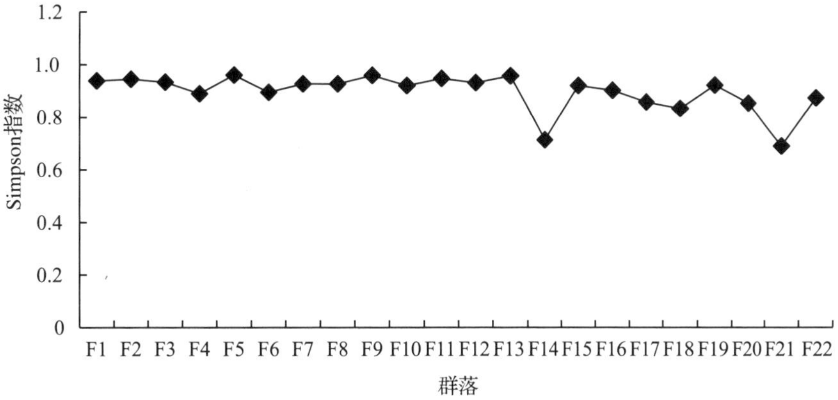

图 3-2　山西庞泉沟国家级自然保护区主要森林群落 Simpson 指数

3.6.3.3　物种多样性

Shannon-Wiener 指数是经典且应用广泛的多样性指数之一，其数值越高，优势种的优势度越小，多样性越高。运用 Shannon-Wiener 指数对物种多样性进行度量。庞泉沟国家级自然保护区主要森林群落中，Shannon-Wiener 指数最高的 3 个群落类型依次为华北落叶松、白桦混交林，青杨林，华北落叶松林，表示本区域此 3 种群落多样性较高；Shannon-Wiener 指数最低的 2 个群落类型为银露梅灌丛和披针薹草草甸，表示本区域此两种群落多样性较低(图 3-3)。

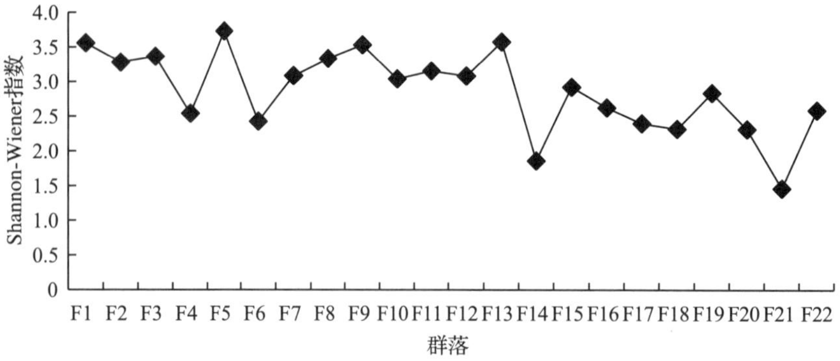

图 3-3　山西庞泉沟国家级自然保护区主要森林群落 Shannon-Wiener 指数

3.6.3.4　物种均匀度

物种均匀度是指群落中各个物种的多度或重要值的均匀程度(李旭华等，2013)。其中，Pielou 均匀度指数较为常用。Pielou 指数越高，群落的物种分布就越均匀。白桦林，红桦、白桦林，青杨林的 Pielou 指数较高，说明群落物种分布较均匀。华北落叶松林、山杨林 Pielou 指数较低，群落内各物种优势度差距较大，主要是它们的乔木层几乎皆为单一的建群种华北落叶松和山杨，并且它们的重要值明显高于其他种。Pielou 均匀度指数最低的 2 个群落类型为披针薹草草甸和银露梅灌丛，表示本区域此两种群落内各物种优势度差距较小(图 3-4)。

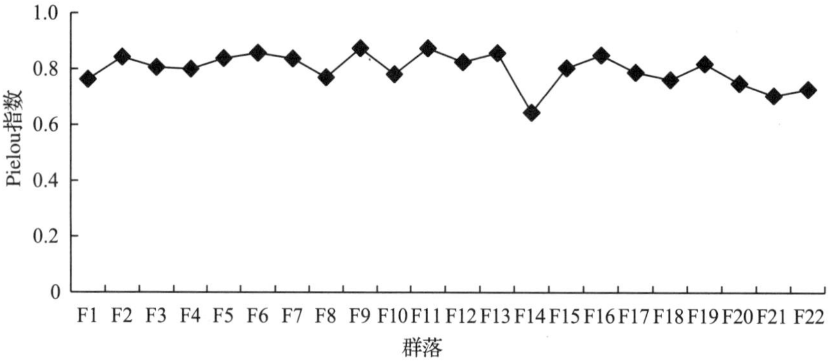

图 3-4　山西庞泉沟国家级自然保护区主要森林群落 Pielou 指数

3.6.4　植被垂直分布带谱

庞泉沟国家级自然保护区海拔 1600~2831 米。植被类型呈现明显的垂直带谱，由山麓到山顶植被类型依次为(彩图 5)：

(1)疏林灌丛及农田带(1600~1800 米)

分布于海拔低处的沟谷和村庄周围，主要植被类型包括沙棘灌丛、黄刺玫灌丛、黄芦木灌丛、刺果茶藨子灌丛等，分布有少量的华北落叶松林、青杨林。农作物有玉米、马铃薯、豆类等。

(2)低中山针叶林带(1740~1900 米)

植被类型以油松林为主，也有小面积的辽东栎林分布。灌丛植被常见的有黄刺玫灌丛、沙棘灌丛、胡枝子灌丛等。

(3)针阔叶混交林带(1700~2210 米)

植被类型以华北落叶松、白桦混交林为主。此外，还有油松林、山杨林。在沟谷常有沙棘灌丛分布。

(4)高中山针叶林带(1723~2700 米)

植被由寒温性针叶林组成，包括华北落叶松林、白杄林和青杄林等，其中华北落叶松林分布最高，在孝文山，华北落叶松林林线海拔 2700 米(崔海亭，1983)。在云顶山赫赫岩林线海拔为 2600 米。灌木层常见种有土庄绣线菊、美蔷薇、金花忍冬、八宝茶、刺果茶藨子等。本带是国家一级保护野生动物、山西省省鸟——褐马鸡的集中分布区。

(5)亚高山灌丛草甸带(2600~2831 米)

在孝文山海拔 2700 米以上区域有石海和石河分布等古冰缘地貌分布(崔海亭，1983)。本带下部可见小片的鬼箭锦鸡儿灌丛、金露梅灌丛、银露梅灌丛等分布，占优势的植被类型是亚高山草甸，主要植被类型包括以地榆、珠芽蓼为主的杂草类草甸(又称“五花草甸”)，薹草草甸，嵩草草甸等(崔海亭，1983；李世光等，2014)。

3.7 资源植物

资源植物是指某种或某一类具有较高经济价值且具有开发利用价值的植物。资源植物与人类生存、繁衍和发展息息相关，是人类赖以生存和发展的基础，在人类生产和生活的历史进程中起着十分重要的作用。资源植物具有持续自然更新的特点，并且人类通过驯化、栽培和繁殖使资源植物满足生产和生活的需要，具有可持续利用的特点(朱太平等，2007)。

3.7.1 资源植物类型

庞泉沟国家级自然保护区具有丰富的野生资源植物，包括药用、食用、材用、芳香、油料、观赏、蜜源等资源类型(张峰，1994；李卓玉等，1994；刘海强等，2013)。根据资源植物的经济价值，可将保护区资源植物分为 7 大类(表 3-9)。

按用途来分，药用植物种类最多，其次是观赏植物，再次是蜜源植物，其种数分别占保护区高等植物总数的 51.07%、30.45%、12.32%，是庞泉沟国家级自然保护区种类丰富的资源植物，具有较大开发利用价值。

表 3-9　山西庞泉沟国家级自然保护区野生资源植物类型和区系组成

类型	科数	占总科数比例(%)	属数	占总属数比例(%)	种数	占总种数比例(%)
材用植物	19	14.96	32	6.68	63	5.63
药用植物	70	55.12	317	66.18	572	51.07
油脂植物	26	20.47	56	11.69	79	7.05
观赏植物	46	36.22	164	34.24	341	30.45
食用植物	22	17.32	41	8.56	72	6.43
有毒植物	33	25.98	69	14.41	84	7.50
蜜源植物	35	27.56	96	20.04	138	12.32

3.7.2 资源植物概况

3.7.2.1 材用植物

庞泉沟国家级自然保护区有材用植物19科32属63种，分别占保护区野生资源植物科、属、种数的14.96%、6.68%、5.63%。优势科是杨柳科、蔷薇科、榆科、松科等。优势属有柳属、榆属、杨属、槭属、桦木属等。重要的材用植物包括华北落叶松、油松、青杆、白杆、侧柏、青杨、元宝槭等。

3.7.2.2 药用植物

庞泉沟国家级自然保护区有药用植物70科317属572种，分别占保护区野生资源植物科、属、种数的55.12%、66.18%、51.07%。其中，以菊科、蔷薇科、毛茛科、豆科、唇形科、百合科、伞形科、蓼科等野生药用植物较多。

按照药用植物的疗效可分成11类：

(1)解表药

解表药大多味辛，具有解表、发汗、透疹等功效。主治外感表证。一般分为：①辛温解表药有北柴胡、黑柴胡、白芷(*Angelica dahurica*)、防风、辽藁本(*Ligusticum jeholense*)；②辛凉解表药有薄荷(*Mentha haplocalyx*)、牛蒡(*Arctium lappa*)、桑(*Morus alba*)、兴安升麻(*Cimicifuga dahurica*)等。

(2)清热药

清热药多系寒凉的药物，具有清热作用。主要用于治疗热性病，但其中有泻火、解毒、凉血、清湿热等不同作用。常见的有黄花蒿(*Artemisia annua*)、并头黄芩(*Scutellaria scordifolia*)、苦参(*Sophora flavescens*)、北重楼、金莲花、秦艽(*Gentiana macrophylla*)等。此外，问荆等蕨类植物，蛇苔、小蛇苔、石地钱、大羽藓等苔藓植物也具有清热解毒之效。

(3)泻下药

泻下药能引起腹泻或润肠，促使排便。常见的有狭叶荨麻(*Urtica angustifolia*)、皱叶酸模(*Rumex crispus*)、葶苈(*Draba nemorosa*)、小叶鼠李、打碗花(*Calystegia hederacea*)等。

(4)祛湿药

祛湿药可祛除湿邪，可分为祛风湿药、化湿药和利湿药。祛风湿药有苍耳(*Xanthium sibiricum*)、腺梗豨莶(*Siegesbeckia pubescens*)、鹿蹄草(*Pyrola calliantha*)、侧柏、北桑寄生(*Loranthus tanakae*)等；化湿药有苍术、糙叶败酱(*Patrinia rupestris* subsp. *scabra*)、瓣蕊唐松草等；利湿药有地肤(*Kochia scoparia*)、车前等。

(5)理血药

理血药是调理血液疾病的药，有凉血、补血、止血、活血的作用。常见的有地榆、茜草、益母草(*Leonurus artemisia*)、阴行草(*Siphonostegia chinensis*)、车前、草芍药等。此外，葫芦藓、真藓、鳞叶藓等苔藓植物也有止血的功效。

(6)止咳化痰平喘药

止咳化痰平喘药能消除痰液或止咳，适用于治疗咳嗽、痰多、气喘。常见的有旋覆花(*Inula ja-*

ponica）、款冬（*Tussilago farfara*）、白屈菜（*Chelidonium majus*）、牛扁（*Aconitum barbatum* var. *puberulum*）等。

（7）安神、平肝息风药

主要有侧柏、蒺藜（*Tribulus terrester*）、猪毛菜（*Salsola collina*）、远志、酸枣、缬草（*Valeriana officinalis*）、兴安升麻、白屈菜、小丛红景天（*Rhodiola dumulosa*）、野罂粟（*Papaver nudicaule*）等。

（8）健胃舒气、降压药

常见的有华中山楂（*Crataegus wilsonii*）、刺五加（*Acanthopanax senticosus*）、腺梗豨莶、甘菊（*Dendranthema lavandulifolium*）、打碗花、北桑寄生、猪毛菜等。

（9）滋补肝肾、强筋壮骨药

常见的有列当（*Orobanche coerulescens*）、黄花列当（*Orobanche pycnostachya*）、百蕊草（*Thesium chinense*）、羊乳（*Codonopsis lanceolata*）等。

（10）止泻、治痢、收敛药

常见的有马齿苋（*Portulaca oleracea*）、野罂粟、地榆、鹅肠菜（*Myosoton aquaticum*）、反枝苋（*Amaranthus retroflexus*）、藜（*Chenopodium album*）等。

（11）杀虫、驱虫药

主要有山杨、苦参、蛇床、藜芦等。

3.7.2.3 油脂植物

庞泉沟国家级自然保护区油脂植物共 26 科 56 属 79 种，分别占保护区野生资源植物科、属、种数的 20.47%、11.69%、7.05%。如榛、虎榛子、榆、山桃、毛樱桃（*Cerasus tomentosa*）、山丹（*Lilium pumilum*）、白杜（*Euonymus maackii*）、暴马丁香（*Syringa reticulata* var. *amurensis*）等。

3.7.2.4 观赏植物

庞泉沟国家级自然保护区有观赏植物 46 科 164 属 341 种，分别占该区野生资源植物科、属、种数的 36.22%、34.24%、30.45%。其中，观赏植物较多的科有蔷薇科、菊科、毛茛科、伞形科、唇形科等，如美蔷薇、黄刺玫、山丹、金莲花、石竹（*Dianthus chinensis*）、紫斑风铃草、山桃、山杏、暴马丁香、北京花楸（*Sorbus discolor*）、花楸树（*Sorbus pohuashanensis*）、金露梅、茶条槭、草芍药、华北珍珠梅（*Sorbaria kirilowii*）、大花溲疏（*Deutzia grandiflora*）、太平花（*Philadelphus pekinensis*）、毛萼山梅花（*Philadelphus dasycalyx*）、水栒子、西北栒子等。蕨类植物具有观赏价值的有荚果蕨等。苔藓植物具有观赏价值的包括凤尾藓、真藓和灰藓等。

3.7.2.5 食用植物

庞泉沟国家级自然保护区食用植物共 22 科 41 属 72 种，分别占保护区野生资源植物科、属、种数的 17.32%、8.56%、6.43%。如榆、桑、荠菜（*Capsella bursa-pastoris*）、山荆子（*Malus baccata*）、杜梨（*Pyrus betulifolia*）、刺果茶藨子、牛叠肚（*Rubus crataegifolius*）、弓茎悬钩子、覆盆子（*Rubus idaeus*）、蕨等。

3.7.2.6 蜜源植物

庞泉沟国家级自然保护区蜜源植物共35科96属138种，分别占该区野生资源植物科、属、种数的27.56%、20.04%、12.32%。如瞿麦(*Dianthus superbus*)、草芍药、稠李(*Padus racemosa*)、大果榆(*Ulmus macrocarpa*)、白花草木樨(*Melilotus albus*)、酸枣、山野豌豆、柳叶菜(*Epilobium hirsutum*)等。

3.7.2.7 有毒植物

庞泉沟国家级自然保护区有毒植物共33科69属84种，分别占保护区野生资源植物科、属、种数的25.98%、14.41%、7.50%。如河朔荛花、蝎子草(*Girardinia suborbiculata*)、银莲花、酸模(*Rumex acetosa*)、皱叶酸模、牛扁、高乌头(*Aconitum sinomontanum*)、小花草玉梅、耧斗菜(*Aquilegia viridiflora*)、大火草等。

3.8 珍稀濒危植物

珍稀濒危植物是指在自然界分布范围狭窄、种群数量稀少、生境严重退化、过度利用等导致生存受到严重威胁，甚至濒临灭绝风险的植物类群。许多珍稀濒危植物具有重要的生态价值、遗传价值、文化价值、科研价值、经济价值，与人类生存息息相关。导致珍稀濒危植物面临灭绝风险的因素包括：①自然因素，包括泥石流、滑坡、地震、海啸、环境污染、全球变化导致的二氧化碳浓度上升、干旱、极端天气等；珍稀濒危植物本身生态生物学特性所限，包括适应能力较差、结实率较低、种子萌发困难、竞争力较差等。②人类活动因素，包括过度利用(过度放牧和过度捕捞)、生境丧失(包括毁林开荒、修筑铁路和公路、建设水利工程等、农业垦殖)，其中人类活动是导致珍稀濒危植物灭绝风险的主要驱动力。因此，加强对珍稀濒危植物的科学保护和管理，遏制其灭绝的潜在风险已成为全球的共识(上官铁梁，1998)。

庞泉沟国家级自然保护区复杂的地形地貌、多样的生态地理环境孕育了丰富的植物多样性，其中包括许多珍稀濒危植物，是保护区生物多样性的重要组成部分，在生物多样性保护中具有重要地位。

3.8.1 珍稀濒危植物区系组成

庞泉沟国家级自然保护区有国家二级保护野生植物6种，包括红景天(*Rhodiola rosea*)、甘草(*Glycyrrhiza uralensis*)、手参(*Gymnadenia conopsea*)、紫点杓兰(*Cypripedium guttatum*)、大花杓兰(*Cypripedium macranthum*)和山西杓兰(*Cypripedium shanxiense*)。

山西省重点保护野生植物有26种，分别是胡桃楸(*Juglans mandshurica*)、山西乌头(*Aconitum smithii*)、川甘美花草(*Callianthemum cuneilobum*)、五味子(*Schisandra chinensis*)、北京花楸、花楸树、刺五加、鹿蹄草、山西鹿蹄草(*Pyrola shanxiensis*)、岩生报春(*Primula saxatilis*)、大叶滨紫草(*Mertensia sibirica*)、羊乳、党参(*Codonopsis pilosula*)、绶草(*Spiranthes sinensis*)、裂瓣角盘兰(*Herminium alaschanicum*)、二叶兜被兰(*Neottianthe cucullata*)、细距舌唇兰(*Platanthera metabifolia*)、二叶舌唇兰、火烧兰(*Epipactis helleborine*)、对叶兰、原沼兰(*Malaxis monophyllos*)、尖唇鸟巢兰(*Neottia acumi-*

nata)、羊耳蒜(*Liparis japonica*)、珊瑚兰(*Corallorhiza trifida*)、凹舌兰(*Coeloglossum viride*)等。

列入《中国生物多样性红色名录》(2020)的濒危(EN)种有山西黄芩(*Scutellaria shansiensis*)、手参、紫点杓兰、大花杓兰4种；易危(VU)种有华北落叶松、小叶山毛柳(*Salix pseudopermollis*)、红景天、蒙古黄芪(*Astragalus membranaceus* var. *mongholicus*)、岩生报春、山西杓兰6种；近危(NT)种有白杆、光子房泰山柳(*Salix taishanensis* var. *glabra*)、齿叶黄花柳(*Salix sinica* var. *dentata*)、甘草、大苞黄精(*Polygonatum megaphyllum*)、轮叶黄精(*Polygonatum verticillatum*)、川贝母、角盘兰(*Herminium monorchis*)、裂瓣角盘兰、蜻蜓舌唇兰、二叶兜被兰和珊瑚兰12种。

列入《濒危野生动植物种国际贸易公约》(*CITES*)附录Ⅱ的植物有红景天、狭叶红景天(*Rhodiola kirilowii*)、小丛红景天、手参、紫点杓兰、大花杓兰、山西杓兰、角盘兰、裂瓣角盘兰、蜻蜓舌唇兰、二叶兜被兰、珊瑚兰、绶草、二叶舌唇兰、细距舌唇兰、火烧兰、对叶兰、原沼兰、尖唇鸟巢兰、羊耳蒜和凹舌兰21种。

3.8.2 国家重点保护野生植物

(1)红景天(*Rhodiola rosea*)

科属：景天科(Crassulaceae)红景天属(*Rhodiola*)。

形态特征：多年生草本。根粗壮，直立。根茎短，先端被鳞片。高20~30厘米。叶疏生，长圆形至椭圆状倒披针形或长圆状宽卵形，全缘或上部有少数齿。花序伞房状，密集多花。雌雄异株。花黄绿色。蓇葖果披针形或线状披针形。花期4~6月，果期7~9月。

分布与生境：见于神尾沟、八水沟、八道沟等地，生于海拔1680~2730米的山坡草地、山顶或林下。

濒危程度：《中国生物多样性红色名录》(2020)未评估。在山西分布范围较窄，植株数量少。

保护等级：国家二级保护野生植物。

保护价值：珍贵的药用植物，民间常用来煎水或泡酒，以消除劳累或抵抗山区寒冷。此外，还具有活血止血、清肺止咳、解热、止带下的功效。

保护对策：应进行红景天的人工栽培研究，解决保护与利用的矛盾。

(2)甘草(*Glycyrrhiza uralensis*)

科属：豆科(Fabaceae)甘草属(*Glycyrrhiza*)。

形态特征：多年生草本。根粗壮，外皮褐色，里面淡黄色，具甜味。茎直立，高30~120厘米。小叶卵形、长卵形或近圆形，两面均密被黄褐色腺点及短柔毛。总状花序腋生；花冠紫色、白色或黄色。荚果弯曲，呈镰刀状或环状，密集成球，密生瘤状突起和刺毛状腺体。花期6~8月，果期7~10月。

分布与生境：见于大沙沟、八道沟、八水沟、神尾沟、老蛮沟、大草坪等地，生于海拔1600~1900米的山坡、草地及路旁。

濒危程度：《中国生物多样性红色名录》(2020)评估等级为近危(NT)。过度利用。

保护等级：国家二级保护野生植物。

保护价值：根入药。生甘草具有清热解毒、润肺止咳、调和等功效；炙甘草能补脾益气。此外，甘草还是优良的固沙植物。

保护对策：建立相应的药材原料基地，扩大人工种植面积，替代野生甘草。

（3）手参（*Gymnadenia conopsea*）

科属：兰科（Orchidaceae）手参属（*Gymnadenia*）。

形态特征：多年生植物，高20~60厘米。块茎椭圆形，肉质，下部掌状分裂。茎直立，圆柱形。叶片线状披针形、狭长圆形或带形，先端渐尖或稍钝，基部收狭成抱茎的鞘。总状花序具多数密生的花，花粉红色，罕为粉白色。花期6~8月。

分布与生境：见于八道沟、八水沟、神尾沟等地，生于海拔1600~2200米的山坡草地及林间草地、灌丛。

濒危程度：《中国生物多样性红色名录》（2020）评估等级为濒危（EN）。手参种子没有胚乳，无法为自身提供营养和能量，导致本身自我进化系统存在压力，种群退化。作为珍贵药材，被大量挖掘。从而面临濒危。

保护价值：块茎药用，具有补肾益精、理气止痛的功效。

保护等级：国家二级保护野生植物。

保护对策：建立就地保护体系，保护其生境。加强宣传教育，严防乱挖滥采。

（4）紫点杓兰（*Cypripedium guttatum*）

科属：兰科（Orchidaceae）杓兰属（*Cypripedium*）。

形态特征：多年生草本，高15~25厘米。具细长而横走的根状茎。叶2枚，极罕3枚；叶片椭圆形、卵形或卵状披针形，干后常变黑色或浅黑色。花序顶生；花白色，具淡紫红色或淡褐红色斑。蒴果近狭椭圆形，下垂。花期5~7月，果期8~9月。

分布与生境：见于八水沟、八道沟、庞泉沟等地，生于海拔1700~2200米的林下、灌丛或草地中。

濒危程度：《中国生物多样性红色名录》（2020）评估等级为濒危（EN）。干旱、森林砍伐、火灾和以医药、园艺用途为目的的过度采集也导致其数量减少。

保护等级：国家二级保护野生植物。

保护价值：不可多得的耐寒兰花。其根茎及花可入药，地上茎的煎剂有扩张血管作用，亦能刺激食欲、治疗胃痛。具有较高的观赏价值和园艺价值。

保护对策：加大紫点杓兰生物性基础科学研究，进行有性或无性育苗试验，加快繁殖和增加个体数量，解决自然繁殖力弱的科研难题。

（5）大花杓兰（*Cypripedium macranthum*）

科属：兰科（Orchidaceae）杓兰属（*Cypripedium*）。

形态特征：多年生草本，高25~50厘米。具粗短的根状茎。叶片椭圆形或椭圆状卵形，长10~15厘米，宽6~8厘米，边缘有细缘毛。花序顶生，具1花，极罕2花；花大，紫色、红色或粉红色，通常有暗色脉纹。蒴果狭椭圆形，无毛。花期6~7月，果期8~9月。

分布与生境：见于八道沟、庞泉沟、八水沟等地，生于海拔1700~2300米的山坡林下及林缘草地半阴处。

濒危程度：《中国生物多样性红色名录》（2020）评估等级为濒危（EN）。栖息地丧失、旅游开发和人为采挖等原因。

保护等级：国家二级保护野生植物。

保护价值：根及根状茎有利尿消肿、活血祛瘀、祛风镇痛等功效，可用于治疗全身浮肿、风湿腰腿痛、跌打损伤等症状。花可用于治疗外伤出血。

保护对策：保护大花杓兰生境，对其生物学特性进行研究，加快人工繁育，扩大引种栽培。通过人工授粉来提高结实率，培养发育良好的种子，用栽培代替野生，减少对珍贵野生资源的依赖，实现这一珍稀濒危资源的可持续利用。加强管控和宣传，树立保护意识。

(6)山西杓兰(*Cypripedium shanxiense*)

科属：兰科(Orchidaceae)杓兰属(*Cypripedium*)。

形态特征：多年生草本，高4~55厘米。具稍粗壮而匍匐的根状茎。叶片椭圆形至卵状披针形，长7~15厘米，宽4~8厘米，边缘有缘毛茎直立，被短柔毛和腺毛。花序顶生，通常具2花；花褐色至紫褐色，具深色脉纹，唇瓣常有深色斑点。蒴果近梭形或狭椭圆形。花期5~7月，果期7~8月。

分布与生境：见于八道沟、庞泉沟、八水沟等地，生于海拔1700~2300米的山坡林下及林缘草地半阴处。

濒危程度：《中国生物多样性红色名录》(2020)评估等级为易危(VU)。生境片段化，种群数量少。

保护等级：国家二级保护野生植物。

保护价值：具有较高的园艺价值，可供观赏。

保护对策：保护山西杓兰现有种群及其生存环境，对其生物学特性进行研究，加快人工繁育，扩大引种栽培，加强管控和宣传，树立保护意识。

3.8.3　山西省重点保护野生植物

(1)胡桃楸(*Juglans mandshurica*)

科属：胡桃科(Juglandaceae)胡桃属(*Juglans*)。

形态特征：落叶乔木。树皮灰色，具浅纵裂。奇数羽状复叶；小叶椭圆形至长椭圆形或卵状椭圆形至长椭圆状披针形，边缘具细锯齿。雄性柔荑花序轴被短柔毛；雌性穗状花轴被有茸毛。果序序轴被短柔毛。果实球状、卵状或椭圆状，顶端尖。花期5月，果期8~9月。

分布与生境：见于八水沟、大草坪沟谷和靠近沟谷底部的阴坡。

濒危程度：《中国生物多样性红色名录》(2020)评估等级为无危(LC)。

保护等级：山西省重点保护野生植物。

保护价值：优良的材用植物。种子油供食用，种仁可食用。树皮、叶及外果皮含鞣质，可提取栲胶。枝、叶、皮可作农药。

(2)山西乌头(*Aconitum smithii*)

科属：毛茛科(Ranunculaceae)乌头属(*Aconitum*)。

形态特征：多年生草本，高38~80厘米。块根狭圆锥形或胡萝卜形。叶片圆五角形，三全裂，中央全裂片菱形或楔状菱形；叶柄与叶片近等长，无毛。顶生总状花序，蓝紫色，外面疏被短柔毛。花期8~9月。

分布与生境：见于云顶山、赫赫岩山等地，生于海拔 2100~2700 米的草坡地带。

濒危程度：《中国生物多样性红色名录》(2020)评估等级为无危(LC)。

保护等级：山西省重点保护野生植物。

保护价值：药用、工业用油。

(3) 川甘美花草(*Callianthemum farreri*)

科属：毛茛科(Ranunculaceae)美花草属(*Callianthemum*)。

形态特征：多年生草本，开花时高 4~5 厘米，结果时高达 8 厘米。植株无毛，根状茎短，下部密生须根。茎花、茎果期头部向下弯曲，不分枝或近基部少分枝。叶基生或近基生；叶片卵形，楔裂。花小，单生茎顶或分枝顶端，花瓣淡黄色或黄色。花期 4~5 月，果期 6 月。

分布与生境：分布于云顶山赫赫崖半阳坡灌丛。

濒危程度：《中国生物多样性红色名录》(2020)评估等级为无危(LC)。在山西分布区狭小，居群数量少，生态幅狭窄。

保护等级：山西省重点保护野生植物。

(4)岩生报春(*Primula saxatilis*)

科属：报春花科(Primulaceae)报春花属(*Primula*)。

形态特征：多年生草本。花莛高 10~25 厘米。叶片阔卵形至矩圆状卵形，边缘具缺刻状或羽状浅裂，被柔毛。伞形花序 1~2 轮，每轮 3~9(15)花；花冠淡紫红色。花期 5~6 月。

分布与生境：见于大沙沟、小沙沟、八道沟、八水沟、神尾沟等地，生于海拔 1700~2200 米的山坡、林下岩缝。

濒危程度：《中国生物多样性红色名录》(2020)评估等级为易危(VU)。生境破坏严重，种群分布面积小，且呈持续下降趋势，成熟个体数量稀少。

保护等级：山西省重点保护野生植物。

保护价值：观赏植物，可用来美化家居环境。

(5)五味子(*Schisandra chinensis*)

科属：木兰科(Magnoliaceae)五味子属(*Schisandra*)。

形态特征：落叶木质藤本。叶膜质，宽椭圆形、卵形、倒卵形、宽倒卵形或近圆形。雄花花被片粉白色或粉红色，雌花花被片和雄花相似。聚合果，小浆果红色，近球形或倒卵圆形。花期 5~7 月，果期 7~10 月。

分布与生境：见于八水沟、大草坪等地，生于林下、溪旁、山坡。

濒危程度：《中国生物多样性红色名录》(2020)评估等级为无危(LC)。

保护等级：山西省重点保护野生植物。

保护价值：著名中药材。果可食，具有敛肺止咳、滋补涩精、止泻止汗的功效。

(6)花楸树(*Sorbus pohuashanensis*)

科属：蔷薇科(Rosaceae)花楸属(*Sorbus*)。

形态特征：落叶乔木，高 5~8 米。奇数羽状复叶；小叶片卵状披针形或椭圆披针形。复伞房花序具多数密集花朵，花瓣宽卵形或近圆形，白色。果实近球形，红色或橘红色。花期 6 月，果期 9~10 月。

分布与生境：见于八道沟、老蛮沟、八水沟、大沙沟、神尾沟、大草坪等地，生于海拔1600~2000米的针叶林下、林缘。

濒危程度：《中国生物多样性红色名录》(2020)评估等级为无危(LC)。

保护等级：山西省重点保护野生植物。

保护价值：花叶美丽，入秋红果累累，有观赏价值。果可制酱、酿酒及入药，也是鸟类冬季的重要食物来源之一。

(7)北京花楸(*Sorbus discolor*)

科属：蔷薇科(Rosaceae)花楸属(*Sorbus*)。

形态特征：落叶乔木，高5~8米。奇数羽状复叶；小叶片先端急尖或短渐尖，基部通常圆形，边缘有细锐锯齿。复伞房花序较疏松具多数花朵，花瓣卵形或长圆卵形，白色。果实近卵形，白色或黄色。花期6月，果期8~9月。

分布与生境：见于八道沟、八水沟、大沙沟、神尾沟、大草坪等地，生于海拔1600~2000米的针叶林下、林缘。

濒危程度：《中国生物多样性红色名录》(2020)评估等级为无危(LC)。

保护等级：山西省重点保护野生植物。

保护价值：花叶美丽，有观赏价值。果实是鸟类冬季的重要食物来源之一。

(8)刺五加(*Eleutherococcus senticosus*)

科属：五加科(Araliaceae)五加属(*Eleutherococcus*)。

形态特征：落叶灌木，高1~2米。分枝多。叶有小叶5，叶柄常疏生细刺，小叶片纸质，椭圆状倒卵形或长圆形，先端渐尖，边缘有锐利重锯齿。伞形花序单个顶生；花紫黄色。果实球形或卵球形。花期6~7月，果期8~10月。

分布与生境：见于八水沟、八道沟、大沙沟、大草坪等地，生于海拔1600~2000米的阔叶林下、林缘草地、沟谷灌丛。

濒危程度：《中国生物多样性红色名录》(2020)评估等级为无危(LC)。

保护等级：山西省重点保护野生植物。

保护价值：根皮具有祛风湿、强筋骨的功效。

(9)鹿蹄草(*Pyrola calliantha*)

科属：鹿蹄草科(Pyrolaceae)鹿蹄草属(*Pyrola*)。

形态特征：常绿草本状小半灌木，高15~30厘米。根茎细长，横生，斜升，有分枝。叶椭圆形或圆卵形，稀近圆形。总状花序，花倾斜，稍下垂，白色，有时稍带淡红色。蒴果扁球形。花期6~8月，果期8~9月。

分布与生境：见于八水沟、八道沟、大沙沟、老蛮沟、大草坪等地，生于针叶林、针阔叶混交林或阔叶林下。

濒危程度：《中国生物多样性红色名录》(2020)评估等级为无危(LC)。

保护等级：山西省重点保护野生植物。

保护价值：全草供药用，作收敛剂。

（10）山西鹿蹄草（*Pyrola shanxiensis*）

科属：鹿蹄草科（Pyrolaceae）鹿蹄草属（*Pyrola*）。

形态特征：草本状小半灌木，高 16～21 厘米。根茎细长，横生，斜升，有分枝。叶椭圆形或卵状椭圆形，边缘近全缘或有疏齿。总状花序，花冠白色。蒴果扁球状。花期 7 月，果期 8 月。

分布与生境：见于八水沟、八道沟、大沙沟、大草坪等地，生于阴坡林下。

濒危程度：《中国生物多样性红色名录》（2020）评估等级为无危（LC）。

保护等级：山西省重点保护野生植物。

（11）大叶滨紫草（*Mertensia sibirica*）

科属：紫草科（Boraginaceae）紫草属（*Mertensia*）。

形态特征：多年生草本植物，高 30～60 厘米。具有横走的根状茎。茎具棱槽，仅上部花序分枝。叶片卵形或卵状长圆形，长可达 20 厘米，肉质。镰状聚伞花序；花冠蓝色。小坚果略呈肾形，白色。花期 6～7 月，果期 8～9 月。

分布与生境：见于八道沟、神尾沟、大草坪等地，生于海拔 1600～2000 米的林缘、路旁、沟谷草原。

濒危程度：《中国生物多样性红色名录》（2020）评估等级为无危（LC）。

保护等级：山西省重点保护野生植物。

保护价值：重要的观花植物。

保护对策：加强就地保护，杜绝乱挖大叶滨紫草的行为。

（12）党参（*Codonopsis pilosula* subsp. *pilosula*）

科属：桔梗科（Campanulaceae）党参属（*Codonopsis*）。

形态特征：多年生草质缠绕藤本植物，有白色乳汁。根胡萝卜状圆柱形。叶片卵形或狭卵形，边缘有波状钝齿，两面有密或疏的短伏毛。花淡黄绿色，宽钟状。蒴果。花果期 7～10 月。

分布与生境：见于老蛮沟、八水沟、大沙沟、神尾沟、大草坪等地，生于海拔 1600～2000 米的阔叶林下、林缘草地、沟谷草原，喜欢气候温暖和凉爽的地方。

濒危程度：《中国生物多样性红色名录》（2020）评估等级为无危（LC）。

保护等级：山西省重点保护野生植物。

保护价值：根入药，补中益气、健脾益肺。

（13）羊乳（*Codonopsis lanceolata*）

科属：桔梗科（Campanulaceae）党参属（*Codonopsis*）。

形态特征：多年生缠绕草质藤本植物。植株全体光滑无毛或茎叶偶疏生柔毛。茎基略近于圆锥状或圆柱状。根常肥大呈纺锤状。茎黄绿而微带紫色。叶披针形或菱状狭卵形。花冠阔钟状，黄绿色或乳白色内有紫色斑。蒴果。种子卵形，有翼，棕色。花果期 7～8 月。

分布与生境：见于老蛮沟、八水沟、八道沟、大沙沟、大草坪等地，生于海拔 1600～2000 米的阔叶林下、沟谷阴湿地，喜气候温暖和凉爽的地方。

濒危程度：《中国生物多样性红色名录》（2020）评估等级为无危（LC）。

保护等级：山西省重点保护野生植物。

保护价值：根入药，具有消肿、解毒、排脓、祛痰、催乳等功效。

(14)绶草(*Spiranthes sinensis*)

科属：兰科(Orchidaceae)绶草属(*Spiranthes*)。

形态特征：多年生草本植物，高13~30厘米。茎较短，近基部生2~5枚叶。叶片宽线形或宽线状披针形，极罕为狭长圆形，直立伸展。花茎直立，花小，紫红色、粉红色或白色，在花序轴上呈螺旋状排生。花期7~8月。

分布与生境：见于八水沟、八道沟、大沙沟、大草坪等地，生于海拔1600~2400米的林下、灌丛、草地、河漫滩。

濒危程度：《中国生物多样性红色名录》(2020)评估等级为无危(LC)。

保护等级：山西省重点保护野生植物。

保护价值：全草民间作药用。

(15)裂瓣角盘兰(*Herminium alaschanicum*)

科属：兰科(Orchidaceae)角盘兰属(*Herminium*)。

形态特征：多年生草本植物，高15~60厘米。块茎圆球形。叶片狭椭圆状披针形，先端急尖或渐尖，基部渐狭并抱茎。总状花序具多数花，圆柱状；花小，绿色，垂头钩曲。花期6~9月。

分布与生境：见于老蛮沟、八水沟、云顶山、大沙沟、神尾沟、大草坪等地，生于海拔1600~2400米的草地、林下或沟谷。

濒危程度：《中国生物多样性红色名录》(2020)评估等级为近危(NT)。

保护等级：山西省重点保护野生植物。

保护价值：块茎入药，补肾壮阳，用于肾虚、遗尿。

(16)二叶舌唇兰(*Platanthera chlorantha*)

科属：兰科(Orchidaceae)舌唇兰属(*Platanthera*)。

形态特征：多年生草本植物，高30~50厘米。块茎卵状纺锤形，肉质。茎直立，近基部具2枚彼此紧靠、近对生的大叶，叶片椭圆形或倒披针状椭圆形，先端钝或急尖，基部收狭成抱茎的鞘状柄。总状花序；花较大，绿白色或白色。花期6~8月。

分布与生境：见于老蛮沟、八水沟、八道沟大沙沟、大草坪等地，生于海拔1600~2400米的林下、草地。

濒危程度：《中国生物多样性红色名录》(2020)未评估。

保护等级：山西省重点保护野生植物。

保护价值：块茎入药，味苦，性平，具有解毒消肿、祛风除湿、补肺生肌、化瘀止血等功效。

(17)细距舌唇兰(*Platanthera metabifolia*)

科属：兰科(Orchidaceae)舌唇兰属(*Platanthera*)。

形态特征：多年生草本植物，高28~42厘米。块茎卵状纺锤形，肉质。茎直立，在基部具2枚彼此靠近、近对生的大叶，叶片匙状椭圆形、长圆形或椭圆形。总状花序，花较大，带绿白色或黄绿色。花期7~8月。

分布与生境：见于庞泉沟、八水沟、大沙沟、八道沟、大草坪等地，生于海拔1600~2400米的林下、灌丛、草地或河漫滩。

濒危程度：《中国生物多样性红色名录》(2020)评估等级为无危(LC)。种群数量较少，抗干扰能力较差。

保护等级：山西省重点保护野生植物。

(18)蜻蜓舌唇兰(*Platanthera souliei*)

科属：兰科(Orchidaceae)舌唇兰属(*Platanthera*)。

形态特征：多年生草本植物，高20~60厘米。根状茎指状，肉质，细长。茎粗壮，直立。茎部大叶片倒卵形或椭圆形，直立伸展，在大叶之上具1至几枚苞片状小叶。总状花序狭长，花小。花期6~8月，果期9~10月。

分布与生境：见于八道沟、八水沟、大沙沟、大草坪等地，生于海拔1600~2400米的林下、灌丛、草地或河漫滩。

濒危程度：《中国生物多样性红色名录》(2020)评估等级为近危(NT)。

保护等级：山西省重点保护野生植物。

保护价值：民间外用药，捣汁涂，治烧伤。

(19)二叶兜被兰(*Neottianthe cucullate*)

科属：兰科(Orchidaceae)兜被兰属(*Neottianthe*)。

形态特征：多年生草本植物，高4~24厘米。块茎圆球形或卵形。茎直立或近直立，其上具2枚近对生的叶。叶片卵形、卵状披针形或椭圆形，叶上面有时具少数或多而密的紫红色斑点。总状花序，花紫红色或粉红色。花期8~9月。

分布与生境：见于八水沟、大沙沟、八道沟、大草坪等地，生于海拔1600~2400米的林下、草地。

濒危程度：《中国生物多样性红色名录》(2020)评估等级为易危(VU)。

保护等级：山西省重点保护野生植物。

保护价值：全草入药，具有醒脑回阳、活血散瘀、接骨生肌等功效，用于治疗外伤疼痛性休克、跌打损伤及骨折。

(20)火烧兰(*Epipactis helleborine*)

科属：兰科(Orchidaceae)火烧兰属(*Epipactis*)。

形态特征：多年生草本植物，高20~70厘米。根状茎粗短。茎上部被短柔毛，下部无毛。叶卵圆形或卵圆状披针形，向上渐窄成披针形或线状披针形。总状花序，花绿色或淡紫色，下垂，较小。蒴果倒卵状椭圆形。花期7月，果期9月。

分布与生境：见于老蛮沟、八水沟、八道沟、大沙沟、大草坪等地，生于海拔1600~2400米的林下、灌丛、草地。

濒危程度：《中国生物多样性红色名录》(2020)评估等级为无危(LC)。

保护等级：山西省重点保护野生植物。

保护价值：观赏植物；根入药，具有理气行血、补肾强腰、散瘀止痛等功效。

(21)对叶兰(*Listera puberula*)

科属：兰科(Orchidaceae)对叶兰属(*Listera*)。

形态特征：多年生草本植物。高10~20厘米。具细长的根状茎。茎纤细。叶片心形、宽卵形或宽卵状三角形，宽通常稍超过长，先端急尖或钝，基部宽楔形或近心形，边缘常多少呈皱波状。总状花序，花绿色，很小。蒴果倒卵形。花期 7~9 月，果期 9~10 月。

分布与生境：见于八道沟、八水沟、大沙沟、大草坪等地，生于海拔 1600~2400 米的林下、灌丛、草地。

濒危程度：《中国生物多样性红色名录》(2020) 未评估。

保护等级：山西省重点保护野生植物。

(22) 原沼兰 (*Malaxis monophyllos*)

科属：兰科 (Orchidaceae) 沼兰属 (*Malaxis*)。

形态特征：多年生草本植物，高 15~40 厘米。假鳞茎卵形，较小。叶通常 1 枚，斜立，卵形、长圆形或近椭圆形。花莛直立，花小，较密集，淡黄绿色至淡绿色。蒴果倒卵形或倒卵状椭圆形。花果期 7~8 月。

分布与生境：见于八水沟、八道沟、大沙沟、大草坪等地，生于海拔 1600~2400 米的林下、灌丛、草地。

濒危程度：《中国生物多样性红色名录》(2020) 评估等级为无危 (LC)。

保护等级：山西省重点保护野生植物。

保护价值：全草可入药，具有清热解毒、调经活血、利尿、消肿等功效。

(23) 尖唇鸟巢兰 (*Neottia acuminata*)

科属：兰科 (Orchidaceae) 鸟巢兰属 (*Neottia*)。

形态特征：多年生草本植物，高 14~30 厘米。茎直立，无毛，无绿叶。总状花序顶生，花小，黄褐色。花果期 6~8 月。

分布与生境：见于八水沟、八道沟、大沙沟、大草坪等地，生于海拔 1600~2400 米的林下、灌丛。

濒危程度：《中国生物多样性红色名录》(2020) 评估等级为无危 (LC)。

保护等级：山西省重点保护野生植物。

(24) 羊耳蒜 (*Liparis japonica*)

科属：兰科 (Orchidaceae) 羊耳蒜属 (*Liparis*)。

形态特征：多年生草本植物。花莛 15~25 厘米。假鳞茎卵形。叶 2 枚，卵形、卵状长圆形或近椭圆形，膜质或草质。总状花序，花通常淡绿色，有时可变为粉红色或带紫红色。蒴果倒卵状长圆形。花期 6~8 月，果期 9~10 月。

分布与生境：见于八水沟、大沙沟、神尾沟、大草坪等地，生于海拔 1600~2400 米的针叶林下、灌丛。

濒危程度：《中国生物多样性红色名录》(2020) 未评估。

保护等级：山西省重点保护野生植物。

保护价值：假鳞茎入药，具有活血调经、止血、止痛、强心、镇静等功效。

(25) 珊瑚兰 (*Corallorhiza trifida*)

科属：兰科 (Orchidaceae) 珊瑚兰属 (*Corallorhiza*)。

形态特征：多年生草本植物，高 10~22 厘米。根状茎肉质，多分枝，珊瑚状。茎直立，圆柱形，红褐色，无绿叶。总状花，花淡黄色或白色。蒴果下垂，椭圆形。花果期 6~8 月。

分布与生境：见于老蛮沟、八水沟、大沙沟、大草坪等地，生于海拔 1600~2400 米的林下、灌丛。

濒危程度：《中国生物多样性红色名录》(2020)评估等级为近危(NT)。

保护等级：山西省重点保护野生植物。

(26)凹舌兰(*Dactylorhiza viridis*)

科属：兰科(Orchidaceae)凹舌兰属(*Dactylorhiza*)。

形态特征：多年生草本植物，高 14~45 厘米。块茎肉质，前部呈掌状分裂。茎直立。叶片狭倒卵状长圆形、椭圆形或椭圆状披针形。总状花序具多数花，花绿黄色或绿棕色。蒴果直立，椭圆形，无毛。花期 6~8 月，果期 9~10 月。

分布与生境：见于八水沟、大沙沟、大草坪等地，生于海拔 1600~2400 米的针叶林下、灌丛、沟谷林缘湿地。

濒危程度：《中国生物多样性红色名录》(2020)评估等级为无危(LC)。

保护等级：山西省重点保护野生植物。

3.9 云顶山亚高山植物多样性

云顶山位于庞泉沟国家级自然保护区东北部，与云顶山省级自然保护区为邻，行政区划涉及太原市娄烦县和吕梁市交城县和方山县，为关帝山主峰之一，地势较为平缓。最高峰赫赫岩海拔 2659 米。周围云雾常绕，多形成局部“地形雨”，每年约一半以上时间有降水，年降水量高达 900 毫米以上，冬季(9 月末)峰顶开始积雪至翌年 5 月下旬。土壤类型属亚高山草甸土，母岩为石英砂岩和砂页岩，母质为风积黄土，在当地高寒多风气候和山地草甸植被条件下发育成的半水成土壤，土层深厚，质地轻至中壤，腐殖质积累丰富，有机质含量大于 5%，土体下部有明显的锈纹锈斑。在气候和生物相互作用下，形成了亚高山草甸土，孕育了亚高山较为丰富的生物多样性及亚高山寒温性和草甸等指标类型(刘莹等，2012)。

历史上，由于过度放牧和不合理的开发利用，导致云顶山有 13 条侵蚀沟发育，包括：①南北向侵蚀沟有 10 条，其中 3 条侵蚀沟的水土流失较为严重，侵蚀沟起点为典型的“V”字形小侵蚀沟，片麻岩母质已经出露，随着侵蚀沟的延伸，侵蚀状况变得较为严重。另外，7 条南北向侵蚀沟源头区位于岭脊顶古老夷平面的下方(北坡)，土壤流失状况较上述 3 条侵蚀沟轻微一些，但由于位于平缓的古老夷平面之下，坡度陡峭程度也逐步增加，导致随着侵蚀沟的延伸，侵蚀状况也变得较为明显。②东西向的侵蚀沟有 3 条。源头位于岭脊古老夷平面西坡、较为陡峭的山坡，侵蚀较轻微，形成略微平行的侵蚀沟槽。该区域植被的盖度也较亚高山草甸区域的植被盖度偏低，草甸高度也偏低。

庞泉沟保护区海拔 2400 米林线以上的云顶山地区，有一定面积的亚高山草甸，具有较为丰富的野生植物资源，是庞泉沟保护区自然生态系统的重要组成部分，对于维系庞泉沟自然保护区生物多样性和生态环境具有重要的屏障和保护作用(刘莹等，2012)。本节论述庞泉沟自然保护区云顶山亚高山植物多样性，包括植物区系多样性、群落多样性和物种多样性等。

3.9.1 种子植物区系

3.9.1.1 种子植物区系的科属种组成

云顶山亚高山灌丛和草甸种子植物共包括37科115属180种，其中裸子植物1科2属3种，被子植物36科113属177种。被子植物中，双子叶植物31科100属161种，单子叶植物5科13属16种。

3.9.1.2 种子植物科的分布区类型

根据《中国植被》关于种子植物分布区类型划分结果，云顶山种子植物科可划分为5个分布区类型。

(1)世界分布

包括蓼科、藜科、石竹科、毛茛科、十字花科、景天科、虎耳草科、蔷薇科、豆科、远志科、堇菜科、柳叶菜科、伞形科、报春花科、龙胆科、紫草科、唇形科、玄参科、车前科、茜草科、败酱科、菊科、禾本科、莎草科、兰科等。

(2) 泛热带分布

包括荨麻科、卫矛科、瑞香科、鸢尾科。

(3) 北温带分布

包括松科、忍冬科、百合科、罂粟科、牻牛儿苗科、胡颓子科、花荵科等。

以上分析表明，云顶山植被种子植物科的分布区类型中，世界广布型26科，占总科数的70.27%，主要包括蓼科、藜科、十字花科、景天科、菊科、禾本科、莎草科等，它们在种子植物区系中起着重要作用。

3.9.1.3 种子植物属的分布区类型

根据《中国植被》(吴征镒，1980)种子植物分布区类型划分方案，云顶山种子植物115属可划分为12个分布区类型(刘莹等，2012)：

(1) 世界分布

包括酸模属、蓼属、藜属、猪毛菜属、繁缕属(*Stellaria*)、银莲花属、铁线莲属、毛茛属、碎米荠属(*Cardamine*)、焯菜属(*Rorippa*)、黄芪属(*Astragalus*)、老鹳草属、远志属、堇菜属、龙胆属、黄芩属、车前属、拉拉藤属、早熟禾属、剪股颖属(*Agrostis*)、薹草属等。

(2) 泛热带分布

包括卫矛属和狗尾草属。

(3) 热带亚洲 (印度—马来西亚)分布

仅蛇莓属。

(4) 北温带分布

包括云杉属、落叶松属、乌头属、翠雀属(*Delphinium*)、楼斗菜属、罂粟属、紫堇属、荠属、葶苈属、八宝属、虎耳草属(*Saxifraga*)、梅花草属、茶藨子属、绣线菊属、委陵菜属、草莓属、龙牙草属、地榆属、棘豆属、藁本属、葛缕子属(*Carum*)、报春花属、扁蕾属、肋柱花属(*Lomatogonium*)、花荵属(*Polemonium*)、琉璃草属(*Cynoglossum*)、薄荷属(*Mentha*)、马先蒿属、小米草属(*Euphrasia*)、忍冬属、风铃草属、香青属、紫菀属、蓍属(*Achillea*)、蒿属、蓟属(*Cirsium*)、风毛菊属、苦苣菜属(*Sonchus*)、蒲公英属、披碱草属、画眉草属(*Eragrostis*)、羊茅属、嵩草属、鸢尾属(*Iris*)、葱属、藜芦属、金莲花属、红景天属、荨麻属(*Urtica*)、卷耳属(*Cerastium*)、蝇子草属(*Silene*)、唐松草属、景天属、路边青属、野豌豆属、柳叶菜属、柴胡属、喉毛花属(*Comastoma*)、花锚属、勿忘草属(*Myosotis*)、婆婆纳属(*Veronica*)、接骨木属、火绒草属等。

(5) 旧世界带分布

包括鹅肠菜属、石竹属、美花草属、沙棘属、筋骨草属(*Ajuga*)、荆芥属(*Nepeta*)、百里香属、糙苏属、香薷属、旋覆花属(*Inula*)、菊属、毛连菜属(*Picris*)、鹅观草属、角盘兰属、苜蓿属等。

(6) 温带亚洲分布

包括大黄属(*Rheum*)、轴藜属(*Axyris*)、孩儿参属、异蕊芥属(*Dimorphostemon*)、瓦松属(*Orostachys*)、米口袋属、锦鸡儿属、狼毒属(*Stellera*)、附地菜属(*Trigonotis*)、马兰属等。

(7)地中海区、西亚至中亚分布

包括角茴香属(*Hypecoum*)和念珠芥属(*Neotorularia*)。

(8)东亚 (东喜马拉雅—日本)分布

仅败酱属 1 属。

3.9.2 植被类型

3.9.2.1 寒温性落叶阔叶灌丛

本带位于云顶山赫赫岩，海拔 2400~2659 米，土壤以山地草甸土为主，主要植被包括亚高山灌丛植被和亚高山草甸两个类型(上官铁梁等，1991；杜京旗等，2016)。

灌丛植被类型有鬼箭锦鸡儿灌丛、高山绣线菊灌丛、金露梅灌丛等，其中鬼箭锦鸡儿灌丛为优势植被类型，在云顶山顶东北部形成独特的植被景观(上官铁梁等，1991；刘明光等，2011)。

(1)鬼箭锦鸡儿灌丛

鬼箭锦鸡儿灌丛是山西亚高山灌丛优势植被类型，其中五台山、芦芽山分布面积较大。云顶山有小面积分布。海拔 2500~2700 米。土壤为山地草甸土。此外，在孝文山也有分布(海拔 2700 米以上)。

群落总盖度达 70%~75%。鬼箭锦鸡儿高 0.2~0.5 米。灌木层盖度 30%~50%，伴生种较少，偶有金露梅分布。

草本层盖度 40%~60%。植物种类组成丰富，优势种有小嵩草、中亚薹草、珠芽蓼、地榆、车前、垂头蒲公英等，伴生种有铃铃香青、繁缕、早熟禾、多茎委陵菜、老鹳草等。

(2)金露梅灌丛

金露梅灌丛在山西芦芽山等地分布面积较大。庞泉沟国家级自然保护区分布于海拔 1900~2700 米的区域，生境既有云顶山的亚高山地段，也有沟谷的溪流两岸，面积较小。土壤为山地草甸土或草甸土。

群落总盖度 50%~60%。金露梅高 0.3~0.5 米，盖度 30%~50%，常为单优势群落。

草本层盖度 40%~60%。植物组成较为丰富。亚高山地区主要优势种有垂头蒲公英、嵩草、中亚薹草、珠芽蓼、百里香等，伴生种有铃铃香青、火绒草、花锚、秦艽、繁缕、早熟禾、多茎委陵菜、地榆、老鹳草等；而溪流两岸常见的草本植物有细叶薹草、毛茛、金莲花、东方草莓、蛇莓、木贼、路边青等。

(3)银露梅灌丛

银露梅灌丛生境与金露梅类似，但分布范围比金露梅要大。庞泉沟国家级自然保护区多生于海拔1820~2550米的山坡、草地。土壤为山地草甸土。

群落总盖度60%~85%。灌木层盖度50%~70%。银露梅高0.3~0.5米，盖度30%~50%。主要伴生种有土庄绣线菊、金露梅、黄瑞香等。

草本层盖度45%~60%。主要有嵩草、中亚薹草、珠芽蓼、地榆、歪头菜、羊红膻、铃铃香青、秦艽、花锚、扁蕾、翠雀、垂头蒲公英、拳蓼等；在海拔较低的河漫滩，草本植物主要有细叶薹草、柴胡、毛茛、金莲花、木贼、地榆等。

(4)高山绣线菊金露梅灌丛

高山绣线菊金露梅灌丛位于亚高山草甸的西南方，位于林线上方，其分布面积较大。灌木层盖度一般大于60%。灌木层共建种包括高山绣线菊、金露梅，优势种有银露梅，伴生灌木沙棘、刺果茶藨子、刚毛忍冬等。

草本层盖度低于40%，优势种以白莲蒿、平车前、藜芦、北柴胡、柳兰等为主；伴生种主要包括小花草玉梅、钝萼附地菜、达乌里秦艽、狼毒、田葛缕子等，稀有种包括红景天、小丛红景天、华北八宝、北柴胡、北乌头等。

(5)美蔷薇沙棘灌丛

美蔷薇沙棘灌丛位于林线附近，偶见孤立散生木华北落叶松生长，面积较小。灌木层盖度50%~70%，局部可达80%以上。灌木层共建种包括美蔷薇、沙棘等，伴生成分包括刺果茶藨子、土庄绣线菊等，偶见高山绣线菊、东北茶藨子、黄刺玫等。

草本层盖度10%~20%。优势种包括藜芦、北乌头、北柴胡、狼毒等，伴生草本有唐松草、紫羊茅、魁蓟、小花草玉梅等。

3.9.2.2　亚高山草甸

以耐寒的嵩草、薹草、禾草、杂类草为建群种形成的草甸群落，广布于我国青藏高原，在山西主要分布于五台山、芦芽山等地，在庞泉沟国家级自然保护区分布于云顶山林线以上的区域。亚高山草甸在云顶山植被类型组成中占绝对优势，具有分布面积占比高、类型多样等特点。草甸由多年生中生草本植物组成，种类繁多，季相显著，以双子叶植物占优势，如毛茛科乌头属、飞燕草属、金莲花属、银莲花属等，菊科菊属、橐吾属等，伞形科柴胡属，蓼科、龙胆科、唇形科、石竹科、蔷薇科等植物。这些植物在春夏之间盛花期，花大色艳，形成美丽的草甸外貌。云顶山亚高山草甸植被类型包括：

(1)以地榆、珠芽蓼为主的杂类草草甸

以地榆、珠芽蓼为主的杂类草草甸在山西分布于五台山、管涔山、芦芽山等地海拔2000米以上的区域。土壤为山地草甸土为主。在保护区，以地榆、珠芽蓼为主的杂类草草甸分布于云顶山，海拔2400~2695米。

群落总盖度70%~90%。群落组成种类丰富，草本生长繁茂。除地榆、珠芽蓼外，主要伴生种有委陵菜、风毛菊、蒿草、扁蕾、花锚、大秦艽、瓣蕊唐松草、中华马先蒿、北柴胡、拳蓼、铃铃香青、老鹳草、火绒草、歪头菜等(刘明光等，2011)。

(2)薹草草甸

在山西，薹草草甸广泛分布于海拔1000~2875米的山地、沼泽、林下湿地、湖边和河漫滩。薹草草甸是庞泉沟国家级自然保护区草甸群落的主要类型，分布范围广、面积大，主要分布于云顶山和文峪河两岸，海拔1650~2695米。土壤为亚高山草甸土或草甸土。

群落总盖度一般在90%以上。在云顶山，薹草草甸共建种包括等穗薹草、早春薹草、中亚薹草，局部地区有宽叶薹草分布。高20~50厘米。伴生种有地榆、小红菊、羊茅、珠芽蓼、大叶龙胆、火绒草、委陵菜、黄芩、山野豌豆、瓣蕊唐松草、歪头菜、马先蒿等。

(3)嵩草草甸

嵩草草甸在我国主要分布于青藏高原，是青藏高原主要植被类型之一。在山西，嵩草草甸仅分布于五台山、管涔山、芦芽山和关帝山。在保护区嵩草草甸分布于云顶山海拔2600米以上的区域，面积较小(崔海亭，1983)。

群落总盖度80%~95%。共建种有嵩草、细叶嵩草等，伴生种有紫羊茅、垂穗披碱草、火绒草、莓叶委陵菜、蒲公英、野胡萝卜、珠芽蓼、大秦艽、蓝花棘豆等；伴生种有小红菊、火绒草、扁蕾、繁缕、草地老鹳草、紫羊茅、平车前、田葛缕子、勿忘草、鳞叶龙胆、野罂粟等(崔海亭，1983)。

嵩草草甸不仅是庞泉沟国家级自然保护区云顶山草甸的主要植被类型，也是山西亚高山地区稀有的植被类型，在华北山地也具有特殊的代表性，应严格加以保护，防止嵩草草甸的退化。

(4)委陵菜草甸

委陵菜草甸分布的区域是云顶山植被保存最为完整的植被类型之一，位于古夷平面下的缓坡地段的侵蚀沟的源区，坡度一般不超过10°。

群落总盖度60%~90%。群落共建种包括蕨麻、朝天委陵菜、绢毛匍匐委陵菜等委陵菜属植物，优势种包括平车前、小红菊、北柴胡、蒲公英、田葛缕子、垂头蒲公英等，伴生种包括秦艽、达乌里秦艽、笔龙胆、小花草玉梅、石生蝇子草、繁缕、鹅肠菜等，稀有种包括鳞叶龙胆、皱边喉毛花、花锚、华北八宝、北柴胡、高乌头、山西乌头、獐牙菜、梅花草等。

参考文献

崔海亭，1983. 关于华北山地高山带和亚高山带的划分问题[J]. 科学通报，28 (8)：494-497.

杜京旗，张巧仙，田晓东，等，2016. 云顶山亚高山草甸植被分布、物种多样性与土壤化学因子的相关性[J]. 植物研究，36(3)：444-451.

方精云，郭柯，王国宏，等，2020.《中国植被志》的植被分类系统、植被类型划分及编排体系[J]. 植物生态学报，44(2)：96-110.

高润梅，石晓东，郭晋平，2006. 山西庞泉沟国家自然保护区种子植物区系研究[J]. 武汉植物学研究，24(5)：418-423.

孔冬梅，2010. 山西庞泉沟自然保护区木本植物区系研究[J]. 山西大学学报(自然科学版)，33(1)：135-141.
孔冬梅，郭雨奇，2009. 庞泉沟自然保护区药用种子植物资源多样性研究[J]. 安徽农业科学，37(33)：16337-16340+16350.
李世广，张峰，2014. 山西庞泉沟国家级自然保护区生物多样性与保护管理[M]. 北京：中国林业出版社.
李淑辉，王卫锋，2017. 庞泉沟常见高等植物图谱[M]. 北京：中国农业科学技术出版社.
李旭华，邓永利，张峰，等，2013. 山西庞泉沟自然保护区森林群落物种多样性[J]. 生态学杂志，32(7)：1667-1673.
李跃霞，上官铁梁，2007. 山西种子植物区系地理研究[J]. 地理学科，27(5)：724-729.
李卓玉，张峰，李学凤，1994. 山西关帝山药用植物资源研究[J]. 山地研究，12(3)：187-190.
刘海强，刘莹，张峰，等，2013. 山西云顶山自然保护区野生资源植物研究[J]. 山西大学学报(自然科学版)，36(1)：133-138.
刘明光，刘莹，张峰，等，2011. 云顶山自然保护区植物群落的分类与排序[J]. 林业资源管理(4)：82-88.
刘莹，张峰，梁小明，等，2012. 山西云顶山自然保护区野生种子植物区系研究[J]. 植物科学学报，30(1)：31-39.
马子清，2001. 山西植被[M]. 北京：中国科学技术出版社.
上官铁梁，1998. 山西珍稀濒危保护植物[M]. 北京：中国科学技术出版社.
上官铁梁，张峰. 1991. 云顶山植被及其垂直分布研究[J]. 山地研究，9(1)：19-26.
王桂花，谢树莲，2008. 山西省苔藓植物区系及分布特点研究[J]. 武汉植物学研究，26(2)：153-157.
王荷生，1997. 华北植物区系地理[M]. 北京：科学出版社.
王荷生，1999. 华北植物区系的演变和来源[J]. 地理学报，54(3)：213-223.
吴征镒，1980. 中国植被[M]. 北京：科学出版社.
吴征镒，1991. 中国种子植物属的分布区类型[J]. 云南植物研究，增刊Ⅳ：1-139.
吴征镒，周浙昆，李德铢，等，2003. 世界种子植物科的分布区类型系统[J]. 云南植物研究，25(3)：245-257.
武保平，2022. 山西庞泉沟国家级自然保护区常见苔藓植物图册[M]. 太原：山西人民出版社.
席跃翔，张金屯，李军玲，2004. 关帝山亚高山灌丛草甸群落的数量分类与排序研究[J]. 草业学报，13(1)：15-20.
谢树莲，凌元洁，李绍清，1993. 山西蕨类植物区系及分布特点的初步研究[J]. 植物研究，13(1)：93-99.
张二芳，李琳，赵建成，2009. 庞泉沟国家级自然保护区苔藓植物区系分析[J]. 武汉植物学研究，27(1)：108-112.
张峰，1994. 山西关帝山野生植物资源研究[J]. 山地研究，12(3)：181-186.
张峰，上官铁梁，郑凤英，1998. 山西关帝山种子植物区系研究[J]. 植物研究，18 (1)：20-27.

张金屯，2004. 庞泉沟自然保护区植物群落的模糊数学分类与排序[J]. 北京师范大学学报(自然科学版)，40(2)：249-254.
张先平，王孟本，佘波，等，2006. 庞泉沟国家自然保护区森林群落的数量分类和排序[J]. 生态学报，26(3)：755-761.
赵占合，王慧媛，韩英，2023. 山西庞泉沟国家级自然保护区野生兰科植物调查[J]. 山西林业科技，52(S1)：39-40+69.
中国自然地理编辑委员会，1983. 中国自然地理——植物地理(上册)[M]. 北京：科学出版社.
朱太平，刘亮，朱明，2007. 中国资源植物[M]. 北京：科学出版社.

第四章

古树资源

古树名木是大自然和祖先留给我们的宝贵财富和文化遗产，是重要的物种资源、景观资源和生态资源，它承载着传统文化，记载着历史变迁，具有重要的生态、经济、科研、历史和文化价值。

《中共中央、国务院关于加快推进生态文明建设的意见》中明确提出：“加强自然保护区建设与管理，对重要生态群落物种资源实施强制性保护，切实保护珍稀濒危野生动植物、古树及自然生境”。因此，查清山西庞泉沟国家级自然保护区古树资源基本情况，建立保护区古树资源信息管理系统，健全古树动态监测体系，掌握保护区古树资源的保护现状及存在的问题，对保护区研究历史变迁、研究气候变化、维护生物多样性，弘扬传统文化、增强生态意识、普及科学知识，具有十分重要的意义。

山西庞泉沟国家级自然保护区分布着大量落叶松、白杄、青杄等古树，它们保存了弥足珍贵的物种资源，记录了大自然的历史变迁，传承了人类发展的历史文化，孕育了自然绝美的生态奇观。

4.1 调查区域

古树调查区域限于庞泉沟自然保护区范围内，涉及实验区、缓冲区和核心区，总面积10443.5公顷。

庞泉沟自然保护区植物资源丰富。森林保存完好，有林地面积7709.7公顷，占总面积的73.8%，活立木总蓄积量1272499立方米，森林覆盖率高达85.0%，被誉为黄土高原上的“绿色明珠”，素有“华北落叶松故乡”的美誉。

调查区域的自然地理环境、社会经济、功能分区和组织管理机构等见本书第一篇和第二篇，不再赘述。

4.2 调查工作组织

调查工作时间为2023年5~11月。调查专业技术人员分为5个调查组，分别负责外业调查和内业汇总。

外业调查前组织了1次自查，以了解保护区古树的数量和分布情况。

调查工作包括调查前期准备、外业调查、内业整理、数据录入、核查、资料存档等。

4.2.1 准备工作

4.2.1.1 人员组成与技术培训

外业调查人员由熟悉树木分类、测树和仪器操作的林业技术员担任。内业整理人员则安排熟悉计算机操作的林业技术员和计算机技术员。

调查前，对人员进行技术培训，培训内容包括相关技术规范、仪器和器材的使用、外业调查、内业整理、数据录入、核查及资料存档等。

4.2.1.2 调查工具

外业调查工具包括定位设备、测树器材和摄影摄像器材等。定位设备包括GPS、全站仪、坡度仪等；测树器材包括测高仪、测高杆、皮卷尺、生长锥、围尺等。

内业整理工具包括电脑、打印机、古树管理信息系统等。

4.2.1.3 文献资料

购置《中国树木志》等工具书。收集地方志、族谱、历史名人游记等历史文献资料。收集本地森林资源清查相关树种树干解析等技术资料。

4.2.2 外业调查

外业调查时间为2023年5~11月，以庞泉沟自然保护区所辖村、主沟为样线，对保护区范围内的单株古树进行现场观测，确定树种、树龄、位置、权属、生长势、保护价值、保护现状等，并填写《古树每木调查表》。

树种鉴定应观察鉴定对象的营养器官(茎、叶)和繁殖器官(花、果)形态、解剖特征和生长特性。根据《中国树木志》形态描述和检索表，鉴定树木的科、属、种。对于存疑古树和新增古树，由调查人员采集标本以及不同器官(花、果实、叶、树干)照片，由专家组根据标本进行鉴定。外业调查现场记录观测与调查存疑树种鉴定表。

4.2.3 内业整理

4.2.3.1 统计汇总

在完成外业调查的基础上，对调查数据进行整理汇总，并填写《古树清单》。

4.2.3.2 数据核查

外业调查、内业整理结束后，进行自检。自检内容包括各项调查因子、树种鉴定、漏查漏报情况等。

4.2.3.3 调查档案建立及管理

建立完整的调查档案，包括调查文字、影像和电子档案，并由专人管理。古树资料建档参照《森林资源档案管理办法》进行管理，严格执行档案借阅、保密等管理制度，杜绝档案资料丢失。

4.3 调查内容和方法

通过规范保护区古树调查、登记、鉴定、拍照、建档等工作，准确掌握保护区古树资源现状，为制订古树保护管理政策和实施科学保护提供科学依据。针对古树保护管理薄弱环节，开展挂牌公示、完善保护设施、制定保护制度，进一步落实保护管理措施，创造健康安全的古树生存环境。加强宣传教育，讲好古树故事，增强保护古树的意识和热情，引导全社会共同参与和监督，形成保护力，为自然保护区生态、科研、景观、文化、旅游等提供数据支撑。

4.3.1 调查内容

古树是指树龄在100年以上稀有、珍贵且具有重要历史价值、文化价值、景观价值与科学价值的树木。

庞泉沟自然保护区古树调查按照统一要求，对树高、胸径、冠幅、生长势、地形、地势、植被和保护情况进行了详查记录，并选择能反映古树生长状况的各个角度，对树木进行了全部或局部拍摄。通过查阅村志、县志等历史资料对树龄进行了查证和估测，确保调查资料翔实、准确。

4.3.2 调查样线

第1条样线：王寺沟村、大草坪村、抗洞子沟，长2.5千米。

第2条样线：八水沟，长5千米，走向西东折北东。

第3条样线：长立村、黄鸡塔、八道沟，长5千米，走向西东。

第4条样线：齐冲沟，长1千米，走向西东。

第5条样线：末后沟，长3千米，走向北东南西。

第6条样线：西塔沟，长1.5千米，走向南西北东。

第7条样线：阳圪台村、老蛮沟，长3.5千米，走向北向南。

第8条样线：老虎圪洞，长2.6千米。

第9条样线：分水岭，长1.6千米，走向南东北西。

第10条样线：庞泉沟，长1千米，走向北东南西。

第11条样线：大沙沟，长0.5千米，走向南西北东。

4.3.3 调查方法

4.3.3.1 访问座谈

向保护区的专业技术人员了解当地古树分布状况，访问当地农民，了解古树的树龄及历史文化。

4.3.3.2 查询资料

查阅地方志有关古树记载情况，收集民间传说等。

4.3.3.3 实地调查

参照《全国古树名木普查建档技术规定》对庞泉沟国家级自然保护区古树进行详查。对符合条件的古树，需测定树高、胸径、冠幅等指标，并记载古树的特征、生长状况、立地环境条件、病虫害危害状况、古树位置及保护措施等信息。同时，对古树进行拍照，凡现场有文字、匾额的，详细逐一记录。

4.3.4 树龄鉴定

树龄鉴定技术路线：采用文献追踪法（查阅地方志、族谱、历史名人游记和其他历史文献资料，获得相关的书面证据，推测树木年龄）；年轮与直径回归估测法（利用贮木场同树种原木进行树干解析，获得年轮和直径数据，建立年轮与直径回归模型，计算和推测古树的年龄）；年轮鉴定法（用生长锥钻取待测树木的木芯，将木芯样本晾干、固定和打磨，通过人工或树木年轮分析仪判读树木年轮，依据年轮数目来推测树龄）。

4.3.4.1 钻取树芯

①在生长锥上利用橡皮筋标记一个超过树干半径的合适位置，目的是保证生长锥钻取年轮时能够钻过树中心，获得完整的年轮树芯（彩图6）。

②将生长锥钻头对准树干1.3米胸径的中心部位，同时，观察水平水准仪使其保持水平。

③确定生长锥位置和角度后双手握把旋转钻取树芯。

④将带有生物胶的胶枪口对准钻孔，打入生物胶，封堵树洞，起到修复树洞的作用。

⑤为避免树芯在运输途中损坏，要将刚取出的树芯放在容器（塑料管、硬纸管等）中保管好，并贴上编号标签。

4.3.4.2 树芯处理

首先使用白乳胶将树芯固定在带有半圆形凹槽木条中（彩图6），并使用纸胶带将其绑紧，避免因白乳胶凝固和水分流失使得木头变形翘起，放在阴凉处阴干。然后拆除纸胶带，利用打磨机分别依次使用120目、180目、240目、400目砂纸进行打磨，打磨至表面平整且界线清晰。由于部分树种年轮早晚材在白炽灯或扫描仪光线下很难区分，需使用笔和直尺在树芯上年轮间附加黑色标记点，其标记均在一条直线上且该直线指向树心。

4.3.4.3 树芯年轮提取

使用年轮分析仪进行树芯年轮判读，将树芯放置在观测台上，置于电子显微镜正下方（放置方向是树皮侧在左，树芯侧在右，显微镜中心十字丝对准采集当年年轮处），在电脑中输入树芯编号、采集年份、树种等信息后，开始年轮判读，转动导轨，十字丝依次对准下一处年轮，即点击鼠标标记年龄，若树芯过长，可进行分段处理。

4.3.5　树种鉴定

树种鉴定基于古树的营养器官(茎、叶)和繁殖器官(花、果)形态、解剖特征和生长特性，根据《中国树木志》等工具书的形态描述和检索表，鉴定出树木的科、属、种。对于存疑古树和新增古树，由调查人员采集标本以及不同器官(花、果实、叶、树干)照片，由专业技术人员根据标本进行鉴定。

4.3.6　古树等级确认

根据年龄鉴定结果确定古树等级，树龄达到500年以上的树木定为一级古树，树龄在300~499年的树木定为二级古树，树龄在100~299年的树木定为三级古树。

4.4　古树多样性

4.4.1　区系组成与数量

经调查，庞泉沟国家级自然保护区共有古树365株(附表8 山西庞泉沟国家级自然保护区古树调查结果)，包括华北落叶松、青杄、白杄、油松、青杨、旱柳(*Salix matsudana*)、白桦、红桦和榆树(*Ulmus pumila*)，隶属4科7属9种(表4-1、图4-1)。

表4-1　山西庞泉沟国家级自然保护区古树区系组成和数量

种	科	属	数量(株)	占总株数比例(%)
青杄	松科	云杉属	94	25.75
白杄	松科	云杉属	133	36.44
华北落叶松	松科	落叶松属	51	13.97
油松	松科	松属	3	0.82
青杨	杨柳科	杨属	69	18.90
旱柳	杨柳科	柳属	7	1.92
白桦	桦木科	桦木属	6	1.64
红桦	桦木科	桦木属	1	0.27
榆树	榆科	榆属	1	0.27
合计			365	100

从表4-1可知，在保护区古树区系组成中裸子植物有1科3属4种，分别是白杄、青杄、华北落叶松和油松，共281株，占总株数的76.99%；被子植物有3科4属5种，分别是青杨、旱柳、白桦、榆树和红桦，共84株，占总株数的23.01%。由此可以看出，裸子植物在庞泉沟国家级自然保护区古树区系组成中占支配地位，而被子植物处于从属地位。

从种的数量看，白杄133株，占总株数的36.44%，在区系组成中占绝对优势；其次为青杄

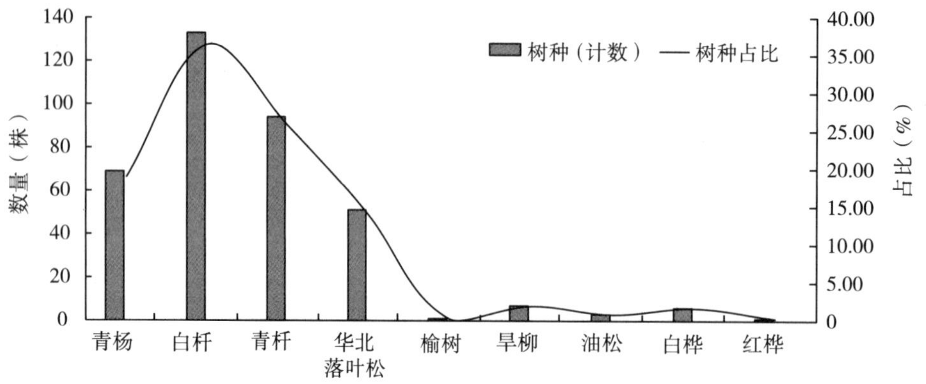

图 4-1　山西庞泉沟国家级自然保护区古树数量分布

94 株，占总株数的 25.75%；位列第三位的是青杨，有 69 株，占总株数的 18.90%，第四位的是华北落叶松，共 51 株，占总株数的 13.97%。这 4 种树木共 347 种，占总株数的 95.07%。其余的旱柳、白桦、红桦、油松、榆树 5 种植物，仅有 18 株，占总株数的 5%。

按照《中国植物属的分布区类型》(吴征镒，1991)，保护区古树所有属，包括落叶松属、松属、云杉属、榆属、柳属、杨属和桦属，从区系地理成分看均属于北温带分布类型。这一情况与保护区所处的暖温带气候相一致，反映了保护区古树区系地理成分具有典型的北温带性质(李世广和张峰，2014)。

从种的分布区看，华北落叶松、青杄、白杄和油松等集中分布于华北地区，属于典型的华北区系成分，其中白杄、青杄和华北落叶松是庞泉沟自然保护区寒温性针叶林建群种(李世广和张峰，2014)，是组成庞泉沟自然保护区优势植被类型的主要贡献者；而油松则是温性针叶林的建群种之一。青杨、旱柳、白桦、榆树则分布于东亚地区，红桦则分布于我国西南—西北—华北地区，其中白桦、红桦和青杨是庞泉沟自然保护区落叶阔叶林的建群成分(李世广和张峰，2014)。

4.4.2　树龄结构

庞泉沟国家级自然保护区古树年龄分布见表 4-2 和图 4-2。

表 4-2　山西庞泉沟国家级自然保护区古树树龄结构

树龄(年)	数量(株)	占总株数的比例(%)
100~199	349	95.62
200~299	14	3.84
300~399	1	0.27
400~499	1	0.27

从表 4-2 可知，保护区三级古树共 363 株，其中 100~199 年的共 349 株，占总株数的 95.62%；200~299 年的共 14 株，占总株数的 3.84%。这些古树基本处于生长健壮期。保护区二级古树共 2 株，占总数的 0.54%。

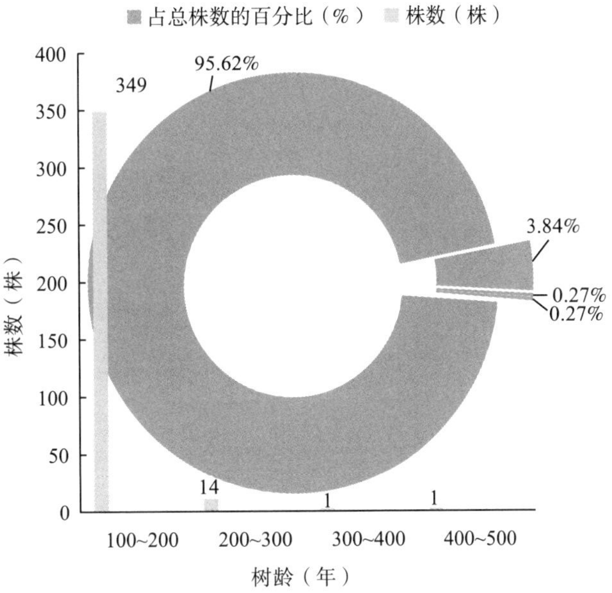

图 4-2　山西庞泉沟国家级自然保护区古树树龄组成

4.4.3　空间分布

从古树空间分布看，立地环境呈现多样性，多数古树处于保护区核心区，村庄里的古树相对数量较少。庞泉沟国家级自然保护区古树空间分布见表 4-3 和图 4-3。

表 4-3　山西庞泉沟国家级自然保护区古树空间分布

地点	数量(株)	占总株的比例(%)
王氏沟村	1	0.27
大草坪村	1	0.27
抗洞子沟	6	1.64
长立村	4	1.10
分水岭	5	1.37
八水沟	94	25.75
八道沟	46	12.60
齐冲沟	26	7.12
末后沟	65	17.81
西塔沟	47	12.88
阳圪台村	1	0.27
老蛮沟	6	1.64
老虎圪洞	16	4.38
庞泉沟	44	12.05
大沙沟	3	0.82
合计	365	100

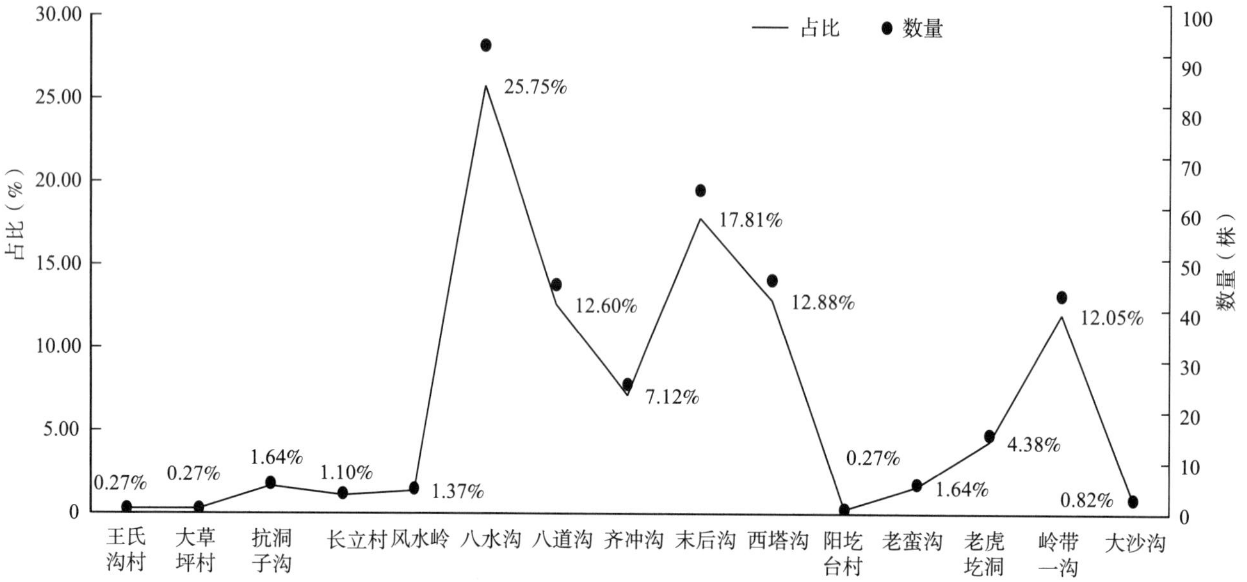

图 4-3　山西庞泉沟国家级自然保护区古树空间分布

庞泉沟自然保护区八水沟、西塔沟、末后沟、八道沟的古树数量居前四位，共 252 株，占总株数的 69. 04%，区域分布特征比较明显。其中，八水沟有古树 94 株，占总株数的 25. 75%；西塔沟有古树 47 株，占总株数的 12. 88%；末后沟有古树 65 株，占总株数的 17. 81%；八道沟有古树 46 株，占总株数的 12. 60%。西塔沟、末后沟、八道沟属于保护区的核心区，自然环境良好，人为干扰因素少，生物多样性丰富，森林资源丰富，森林生态系统完整，适于古树生存和繁衍。此外，八水沟末端生态环境良好，人类活动干扰相对较少，华北落叶松林、青杆林和白杆林面积大，为古树生存提供了良好生境，因而有较多的古树分布。

从古树分布的海拔梯度看，青杆、白杆和华北落叶松分布海拔较高，分别为 2213 米、2359 米和 2358 米，低于其树线的海拔，它们是庞泉沟自然保护区森林景观的主要组分，是庞泉沟自然保护区森林生态系统的优势类型，并且是国家一级保护野生动物、山西省省鸟——褐马鸡的主要栖息地，对于维系保护区的生态安全和可持续发展具有不可或缺的作用。油松是温性森林的主要建群种，油松古树分布最高海拔不超过 1790 米。在落叶阔叶树种中，白桦和红桦是落叶阔叶树种比较耐旱的植物，因而也是分布海拔较高的树种，海拔分别为 2055 米和 2201 米。青杨分布海拔最高可达 2213 米，原因可能是其分布于溪流和沟谷，气温相对温和所致。旱柳和榆树分布最高海拔分别是 2028 米和 1761 米，其中榆树分布于大草坪村，旱柳主要分布于长立村、王氏沟村和阳圪台村，仅有一株分布于八水沟最西端(海拔 2028 米)。

从古树分布的生境看，白杆、青杆、华北落叶松、白桦、红桦和青杨集中分布于八道沟、八水沟、末后沟、西塔沟、齐冲沟、老虎圪洞、分水岭、庞泉沟、大沙沟等庞泉沟自然保护区主要森林生态系统分布的集中分布区域，但青杨分布的生境与白杆、青杆、华北落叶松、白桦和红桦截然不同，仅分布于庞泉沟保护区的沟谷和溪流两岸。油松仅分布于老虎圪洞和老蛮沟。旱柳和榆树主要分布于聚落生境(村庄)。

4.4.4　主要古树维量指标

庞泉沟国家级自然保护区白杆、青杆和华北落叶松主要古树维量指标见表4-4。除所有树的百分数(表4-4最右侧一列)外，表4-4中的百分数分别代表每种古树维量指标占所有古树相关维量指标的百分数。

表4-4　山西庞泉沟国家级自然保护区主要古树维量指标

项目	指标	白杆(%)	青杆(%)	华北落叶松(%)	所有树的占比(%)
树高	<10米	0.00	0.00	0.00	0.27
	10~15米	0.27	0.00	0.55	1.92
	15~20米	2.47	0.27	0.55	11.23
	20~25米	14.52	10.68	5.48	44.38
	≥25米	19.18	14.79	7.40	42.19
胸径	<1米	36.44	25.75	12.60	92.33
	1.0~1.5米	0.00	0.00	0.82	6.85
	≥1.5米	0.00	0.00	0.55	0.82
冠幅	<10米	27.95	18.90	6.30	60.55
	10~15米	8.49	6.85	7.67	37.26
	≥15米	0.00	0.00	0.00	2.19

从表4-4可知，所有古树的树高主要集中分布在20米以上(占所有树树高的86.57%)，其中树高20~25米的古树占所有树高总数的44.38%；树高≥25米占所有树高总数的42.19%；胸径主要分布在1米以内，占所有古树胸径总数的92.33%；冠幅主要分布在10米以内，占60.55%，冠幅10~15米占37.26%。

从古树高度分布(表4-4)可以看出，最高华北落叶松古树比最高的白杆高1.2米。白杆树高20~25米的占总株数百分数比华北落叶松高9.04%；白杆胸径<1米的占株百分数比华北落叶松高23.84%；白杆冠幅<10米的占比比华北落叶松高21.65%。这主要是由于白杆具有树冠较小、相对耐阴、适应性较强等特征所致。在保护区海拔较高、气温较低、雨量及湿度较高的区域适宜白杆生长，常组成以白杆为共建种的针阔混交林。

4.5　古树生长状态及问题

4.5.1　古树生长状态

《古树名木鉴定技术规范》(LY/T 2737—2016)将古树名木生长势分为正常、衰弱、濒危和死亡4个等级。基于调查结果，参照《古树名木鉴定技术规范》(LY/T 2737—2016)对古树生长状态的分级标准，对庞泉沟国家级自然保护区古树的枝、叶、干、树冠、生长状况等进行综合分析，可将其生长状态分类如下。

一类：正常。树势一般生长良好，枝繁叶茂，树冠较完整，无空洞，病虫害少或无。庞泉沟自然保护区古树有352株生长状态属于一类，占总株数的96.44%。

二类：衰弱。生长势偏弱，某些树干局部有空洞，枝叶稀疏，有少量枯枝，树冠尚完整，病虫害较轻。庞泉沟自然保护区古树有10株生长状态属于二类，占总株数的2.74%。

三类：濒危。生长势很弱，树干大部分坏死，干朽或成空洞，枝叶较少，树冠不完整，病虫害最重。庞泉沟自然保护区古树有3株生长状态属于三类，占总株数0.82%，其中青杨(位于八水沟)1株，华北落叶松(位于八水沟)1株、白杄(位于分水岭)1株。

由上可见，庞泉沟国家级自然保护区绝大多数古树生长良好，占古树总数的96.44%，反映了保护区良好的生态环境，有利于古树生长和生存。

4.5.2 树龄测定

本次调查确定的庞泉沟自然保护区古树年龄精确度为整十年或整百年，没有精确到个位数，这其中肯定存在某些误差。目前，确定古树名木年龄采取的方法有：①根据《山西古树名木评价技术规范》分级标准；②根据树木的生长条件不同，查询资料进行评估；③通过走访调查。显然，这些方法都有一定的局限性，很难对古树年龄进行准确测定。

随着科技的进步，测龄的方式也越来越精确。比较科学的测定树龄的方法包括：①文献追踪法；②树轮(年轮)(彩图6)鉴定法；③年轮与直径回归估测法；④访谈估测法；⑤^{14}C同位素测定；⑥针测仪测定法。虽然这些方法各有优势，但由于受取样及技术条件的限制，难以准确测定古树的年龄，均有一定的局限性。目前，较为先进的是基于CT图像的树木测龄法，其原理是通过三维CT扫描，然后重建树干断面图像，在重建前后均可对图像进行处理以提高质量，最后通过年轮数目来判断树龄。缺点是测定成本较高，以后有条件时可对重点树种进行尝试，以提高树龄测定的准确性和可行性。

4.5.3 树牌问题

为了便于区分，庞泉沟自然保护区古树野外调查时，暂时在古树钉挂牌，后期需要更换为永久的固定树牌，树牌信息应该包括古树规范中文名、俗名、异名、学名及科属，生活型，分布和生境等。目前，大多采用弹簧将金属薄片系于树干上的方式，这样会减少对古树本身的伤害。此外，还可以选择在古树下树立信息牌。

通过实地考察发现，用弹簧固定树牌虽然降低了对古树树干的伤害，但由于树牌材质为铁质，长期的风吹雨淋后容易锈蚀，导致树牌字迹模糊难以辨认，甚至会导致树牌掉落，不利于古树的保护与管理工作。

从长远看，应考虑采用新材料、新技术制作树牌，使古树树牌达到耐久、新颖和实用的要求，包括但不限于：①选用不易生锈的金属材质(如不锈钢)制作树牌；②可选用尼龙绳等寿命较长的材质在树干或较粗的树枝固定树牌。

4.5.4 影响古树生存的环境因素

4.5.4.1 人类活动的影响

庞泉沟自然保护区分布于村庄的古树，如长立村旱柳古树就位于路旁，过往车辆的频繁碾压和人类活动的践踏，导致古树周围土壤板结、容重增加、透气透水不良，影响古树根系呼吸和营养吸收；过往车辆尾气的氮氧化物等也会污染古树。这些因素的叠加，会使古树立地条件逐年恶化，已经威胁到古树的生存和生长。此外，偶有砍伐、折枝等行为，也是影响古树生存的不利因素。

4.5.4.2 自然因素的影响

4.5.4.2.1 风雪等灾害天气的影响

庞泉沟自然保护区是山西省年降水量最大的区域之一。其中，冬季和早春的降雪量较大。特别是在早春古树出叶后，较大的降雪会在树冠积聚。如果古树树枝或树干被严重虫蛀等，或者位于沟谷土层较薄的地方，一遇较大降雪就可能发生树枝和树干被压弯，甚至折断或连根拔起，这些均是威胁古树生存安全的自然因素之一。此外，冬季至早春的大风天气，也会导致古树病害、虫害树枝和树干被刮折的潜在风险大大增加，严重影响古树的生存。

4.5.4.2.2 河水冲蚀的影响

在沟谷底部、文峪河和溪流两岸，原本土层就很薄，加之水流的持续冲刷，使得植物生长稀疏，植被覆盖度较低，往往有大量河卵石裸露。特别是强降水导致沟谷径流瞬时急剧增加，强烈冲蚀沟谷土层，甚至冲走河卵石，导致沟谷底部生长的古树树根裸露，甚至悬空；一旦遇到较强的大风可能会导致发生古树倒伏的风险增加，影响沟谷分布的青杨、华北落叶松、青杆、白杆等古树的生存。

4.5.4.2.3 病虫害的影响

在林木的整个生长过程中，极易受到各种环境的影响，其中包括各式各样的病虫害侵害，它们会导致树木患病，轻者影响树木生长，重者造成其死亡。保护区古树长期处于无人管理状态，部分古树叶部虫害尤为严重。由于古树一般树身高大且零散分布，给防治带来一定困难。所以为了更好地保护古树森林资源，应提高对森林病虫害防治的认识，采用科学的手段，全面开展防控工作。对已发现的害虫，注意观察，及早发现，采用综合防治。古树生长势弱，如果管理不落实，易遭病虫危害。对已死亡的古树，要及时进行清理。

4.6 古树保护对策

4.6.1 重视大树保护，确保古树后续资源

大树是指年龄在80~100年的树，接近国家规定的三级大树的树龄，是古树的后续资源。目前对庞泉沟自然保护区大树的保护并没有得到应有的重视，缺乏对大树全面的清查，对大树没有建档，没有赋予大树与古树同等的身份认同。这对于古树的可持续保护极为不利。长此以往，可能影响对古树的保护和科学管理。因此，应将大树与古树保护提到同等重要的程度，有计划地对大树进行清查，建立大树数据库，实现对大树的全方位保护，为古树保护提供源源不断的资源。

4.6.2 利用信息化技术，实现古树数智化管理

在庞泉沟自然保护区普查古树资源全面清查的基础上，确定古树的保护等级，建立古树档案台

账，完整记录每株古树的维量信息，包括树高、胸径、冠幅、长势、结实及生态环境等信息，包括人类活动干扰情况、风雪灾害、病虫害、水害等信息，以及古树长势与外貌、群落外貌与景观、群落结构与组成等照片。

在建立古树档案的基础上，对所有数据、图片和样本等进行扫描，建立电子档案。建立古树数据库，包括古树多样性编目数据、生态环境、生长状态、维量信息等，编制古树管理系统软件，实时更新相关数据，实现对古树的数字化和智能化管理。

4.6.3 严格管护责任，依法保护古树

2016年，全国绿化委员会发布了《关于进一步加强古树名木保护管理的意见》，明确了全国各地古树名木的保护责任、方法等管理措施，为庞泉沟自然保护区古树保护提供了法律依据和保障。保护区应根据古树分布、数量和生长现状制定相应的保护和管理制度，确定专门的管护技术人员，明确管护人员的职责和管护范围，将管护责任落实到人。建立古树日常巡护制度，做到定期巡护和检查。对于一级古树至少每3个月检查1次，二级保护的古树至少每半年检查1次，三级保护的古树至少每年检查1次。

加强对古树巡查和执法力度，依法严厉打击破坏、采挖、移植、买卖古树的违法犯罪行为。对巡护和检查中发现的问题，要立即采取有针对性的措施加以解决。将对古树生存的威胁因素消灭在萌芽状态之中，确保古树的生态安全。

4.6.4 提高科普和防治宣传力度，增强古树保护意识

依据古树的珍稀程度、历史文化价值高低、奇特古树等特点，通过各种媒体，包括报纸、电视、广播、微信、微博等，录制专题片、印制宣传材料，广泛宣传有关古树保护的法律、法规和政策，弘扬古树的文化价值、科学价值和遗传价值，普及古树保护的科学知识，激发社区民众自觉参与古树保护的共建和共管工作。

对已查明的古树要逐一挂牌，材质应选择耐腐蚀的玻璃钢/不锈钢材质，介绍古树的生物学、生态学、科学价值、文化价值和遗传价值等。在社区的小学和中学，开展古树保护的科普宣教活动，讲解古树的美丽传说、历史渊源和树种特性，培养学生热爱古树、保护古树、关注大自然的科学素养和对古树的保护意识。

4.6.5 加强科学管理，踔厉复壮古树

参照《古树名木复壮技术规程》(LY/T 2494—2016)和《古树保护技术规程》(DBJ04/T 265—2016)、《古树保护技术手册》关于古树保护的技术和方法，根据庞泉沟自然保护区不同古树的生长势及存在的问题，制定有针对性的古树保护措施，促进古树的健康生长。

对濒危的3棵古树(白扦、华北落叶松和青杨)，要聘请有关专家进行会诊，制定切实可行的保护和救助措施，遏制古树的衰亡趋势。对处于衰弱的10棵古树，也要根据每棵树的衰弱程度和问题，制定科学的保护和复壮措施，防止这些古树滑向濒危状态。

在日常管理上，对古树及时喷洒、涂抹防虫药剂防治病虫害的侵袭。对已倾斜的古树进行固定

支护，防止倾倒。对有空洞的树体在清除腐烂木质部的基础上，用聚氨酯等复合材料进行填充和修补。为大树设置避雷针等，避免雷击对古树的损害，防止雷击火的发生，保持古树茁壮成长。

根据日常巡护和监测发现的问题，及时组织专业技术人员会诊，对出现枝叶稀少、长势渐衰的古树，采取修建围栏、小型围堰、补洞、支护、通气透水、病腐防治、施肥等综合措施，实现古树的科学复壮。

参考文献

吴征镒，1991. 中国种子植物属的分布区类型[J]. 云南植物研究，增刊Ⅳ：1-139.

第五章

昆虫多样性

5.1 调查方案

5.1.1 前期调查基础

按照昆虫纲分类系统 32 个目计算(郑乐怡等，1999)，庞泉沟国家级自然保护区昆虫前期调查区系组成见表 5-1，共 23 个目 205 科 923 属 1351 种(李世广等，2014)。

表 5-1 庞泉沟国家级自然保护区昆虫前期调查区系组成

序号	目别	科数	科占比(%)	属数	属占比(%)	种数	种占比(%)
1	石蛃目	1	0.49	1	0.11	1	0.07
2	衣鱼目	1	0.49	1	0.11	1	0.07
3	蜉蝣目	1	0.49	1	0.11	1	0.07
4	蜻蜓目	5	2.44	8	0.87	10	0.74
5	襀翅目	1	0.49	1	0.11	1	0.07
6	蜚蠊目	1	0.49	1	0.11	1	0.07
7	螳螂目	1	0.49	3	0.33	3	0.22
8	革翅目	2	0.98	3	0.33	4	0.30
9	直翅目	11	5.37	36	3.90	59	4.37
10	啮虫目	3	1.46	4	0.43	4	0.30
11	食毛目	2	0.98	2	0.22	2	0.15
12	虱目	1	0.49	1	0.11	2	0.15
13	缨翅目	1	0.49	2	0.22	3	0.22
14	同翅目	16	7.80	59	6.39	80	5.92
15	半翅目	19	9.27	59	6.39	83	6.14
16	广翅目	1	0.49	1	0.11	1	0.07
17	脉翅目	5	2.44	9	0.98	13	0.96
18	鞘翅目	45	22.00	205	22.21	310	22.95

续表

序号	目别	科数	科占比(%)	属数	属占比(%)	种数	种占比(%)
19	双翅目	20	9.76	132	14.30	230	17.02
20	蚤目	1	0.49	1	0.11	1	0.07
21	毛翅目	3	1.46	4	0.43	4	0.30
22	鳞翅目	41	20.00	343	37.16	475	35.16
23	膜翅目	23	11.20	46	4.98	62	4.59
合计		205	100.00	923	100.00	1351	100.00

在这 23 个目中，有 7 个目所包含科数较多，分别是鞘翅目(COLEOPTERA)有 45 科 205 属 310 种，占已知科总数的 22.00%，占已知属总数的 22.21%，占已知种总数的 22.95%；鳞翅目(LEPIDOPTERA)有 41 科 343 属 475 种，占已知科总数的 20.00%，占已知属总数的 37.16%，占已知种总数的 35.16%；膜翅目(HYMENOPTERA)有 23 科 46 属 62 种，占已知科总数的 11.20%，占已知属总数的 4.98%，占已知种总数的 4.59%；双翅目(DIPTERA)有 20 科 132 属 230 种，占已知科总数的 9.76%，占已知属总数的 14.30%，占已知种总数的 17.02%；半翅目(HEMIPTERA)有 19 科 59 属 83 种，占已知科总数的 9.27%，占已知属总数的 6.39%，占已知种总数的 6.14%；同翅目(HOMOPTERA)有 16 科 59 属 80 种，占已知科总数的 7.80%，占已知属总数的 6.39%，占已知种总数的 5.92%；直翅目(ORTHOPTERA)有 11 科 36 属 59 种，占已知科总数的 5.37%，占已知属总数的 3.90%，占已知种总数的 4.37%。有 6 个目含有的科数较少，分别是蜻蜓目(ODONATA)、革翅目(DERMAPTERA)、啮虫目(PSOCOPTERA)、食毛目(MALLOPHAGA)、脉翅目(NEUROPTERA)和毛翅目(TRICHOPTERA)。这些目中的科、属、种加起来共有 20 科 30 属 37 种，占已知科总数的 9.76%，占已知属总数的 3.25%，占已知种总数的 2.74%。其余均为单科的类群，共有 10 个目，这 10 个目中已知的科、属、种加起来共有 10 科 13 属 15 种，占已知科总数的 4.88%，占已知属总数的 1.41%，占已知种总数的 1.11%。

5.1.2　调查时间及地点

本次调查于 2023 年 7~8 月开展，此阶段昆虫活跃且繁衍最为旺盛，有利于采样。通过查阅相关文献，结合保护区自然地理状况，采用分辨率 1 千米×1 千米选取 10 个代表性采样点(网格)进行采样，样点经纬度、海拔等详细信息见表 5-2。

表 5-2　采样位点信息

样点序号	地点	东经(°)	北纬(°)	海拔(米)
1	八道沟	111.463333	37.847222	1801.40
2	西塔沟	111.440000	37.876944	1976.93
3	八水沟	111.474167	37.832500	1730.40
4	大草坪	111.441389	37.799167	1806.50
5	黑渠	111.441027	37.897999	1926.91
6	洞沟	111.410000	37.905278	1699.50
7	抗洞子沟	111.430278	37.800833	1852.90

续表

样点序号	地点	东经(°)	北纬(°)	海拔(米)
8	大吉沟	111.426111	37.807222	1913.20
9	老蛮沟	111.387222	37.905000	1585.40
10	庞泉沟	111.460595	37.854278	1758.23

5.1.3 调查方法

本次调查邀请了来自全国高校10多个单位的30多位专家进行昆虫多样性考察，根据《县域昆虫多样性调查与评估技术规定》以及各类昆虫的特性和生活习性，分别采用了扫网法(善飞的昆虫)、灯诱法(趋光性昆虫)、马氏网法(向光性的飞行昆虫，如双翅目、膜翅目、半翅目等)、振落法(具假死性的昆虫)以及黄盘法(趋黄性昆虫)等进行全面采样。

(1)扫网法(sweep netting)

以全面性、代表性和可达性为原则布设扫网样线，尽量覆盖整个保护区。每个样点选取两条样线，每条样线长度不小于200米。并根据实际状况调整采样方案，确保样本数据具有可靠性。

(2)灯诱法(light trap)

在每个采样点找最合适的生境进行灯诱。诱虫灯采用高压汞灯，功率为500瓦，灯诱时间不少于2小时。

(3)马氏网法(malaise trap)

在调查区域内每个样点中合适的位置设置两个马氏网，用于诱捕昆虫。

(4)振落法(beating tray)和黄盘法(yellow pan trap)

作为辅助采集方法。

采样时，详细记录取样信息(采集地点、时间、经度、纬度、海拔、天气、湿度、温度、植被类型、干扰类型等)，并拍摄生境及物种的照片。采集到的昆虫除鳞翅目外浸入95%或75%无水乙醇中固定保存，鳞翅目昆虫经毒瓶处理后放入三角纸包内。样本带回实验室之后，更换酒精，放至-20℃冰箱保存备用。

5.1.4 样本鉴定及处理方式

5.1.4.1 形态学鉴定

借助鉴定工具(体式解剖镜、显微镜、放大镜等)、参考文献，对所采集昆虫进行鉴定。尽量鉴定到种或属，至少鉴定到科，并记录各物种的鉴别特征、标本照及分布地等。

5.1.4.2 DNA宏条形码测序鉴定

通过扫网法、马氏网法和灯诱法对10个样点进行采集，共30个样本，样本编号为S1~S10、M1~M10、L1~L10。

(1)样本预处理

将每个样本按虫体大小进行均质化处理，以此增加样本的代表性和覆盖率。

(2)DNA 提取与检测

利用 Mag-Bind Ⓡ Soil DNA Kit 基因组提取试剂盒进行 DNA 的提取，对提取的总 DNA 使用 Nanodrop NC2000 进行紫外分光光度检测。

(3)COI 条形码序列扩增

采用昆虫通用引物进行 COI 条形码序列扩增，扩增长度约为 313 个碱基对。PCR 扩增体系(25 微升)：5 微升的 5×reaction buffer，5 微升的 5×GC buffer，2 微升的 dNTP(2.5 毫摩尔/升)，正向引物(10 微摩尔/升)和反向引物(10 微摩尔/升)各 1 微升，2 微升的 DNA 模板，8.75 微升的 ddH_2O，0.25 微升的 Q5 DNA Polymerase。扩增循环程序：98℃ 预变性 2 分钟，25～30 个循环，98℃ 15 秒，55℃ 30 秒，72℃ 30 秒，72℃ 5 分钟，4℃保存。

(4)测　序

通过 Illumina MiSeqPE250 平台进行双端测序。

5.1.5 数据整理与分析

根据昆虫的外部形态和内部解剖特征，进行形态学鉴定。DNA 宏条形码的测序结果在 Rv4.3 中进行分析，具体分析步骤如下。

5.1.5.1 原始序列处理

(1)原始数据分析

测序得到的原始数据以 FASTQ 格式保存。使用软件 cutadapt V2.3 和 Vsearch V2.13.4 对序列进行去引物、质量控制、聚类、去除嵌合体、聚类，并分别输出代表序列和 OTU(operational taxonomic units)表用于后续分析。OTU 即操作分类单元，通过一定的距离度量方法计算两两不同序列之间的距离度量或相似性，继而设置特定的分类阈值，获得同一阈值下的距离矩阵，进行聚类操作，形成不同的分类单元。

(2)OTUs 注释及抽平

使用“blastn”工具将 OTU 代表性序列与 NCBI 的 nt 数据库中的序列进行比对，获取昆虫样本的注释信息，从而进行后续分析。OTUs 抽平：使用 R 中的 vegan 包对 OTU 表进行抽平分析，抽平后的 OTU 表在 QIIME2 中绘制稀释曲线(rarefaction curve)并进行多样性及差异性分析。

5.1.5.2 物种组成分析

利用 QIIME2 软件对各个样本、3 种采样方法在不同分类水平上进行昆虫群落结构组成分析。

5.1.5.3 多样性分析

Alpha 多样性指数，也被称为生境内多样性(within-habitat diversity)，包括 Chao1 指数、Shannon 指数、Simpson 指数、Pielou’s evenness 指数和 Good’s coverage 指数等。使用抽平后的 OTU 表对各样本和各采样方法的 Alpha 多样性指数进行计算，比较各样本之间和各采样方法之间物种丰富度、Shannon 多样性、Simpson 多样性、物种均匀度和物种覆盖度的差异。根据 vegan 抽平后的 OTU 表在 Rv3.6 中对生物多样性分析。Alpha 多样性指数使用 ggplot2 软件包进行计算。不同的采集方法的 Venn 图使用 VennDiagram 软件包分析。

5.2 物种鉴定结果

根据 30 多位专家使用不同的采样方法对庞泉沟国家级自然保护区昆虫种类进行调查，结合形态学和 DNA 宏条形码技术，共鉴定出 17 目 190 科 969 种昆虫，见表 5-3。其中，各目的种数占比依次为双翅目(21.16%)>膜翅目(19.40%)>鞘翅目(15.79%)>鳞翅目(15.07%)>半翅目(14.14%)>直翅目(4.44%)>脉翅目(3.30%)>啮虫目(1.34%)>毛翅目(1.24%)>蜻蜓目(1.14%)>蜉蝣目(0.93%)>襀翅目(0.72%)>缨翅目(0.52%)>革翅目(0.31%)=螳螂目(0.31%)>蜚蠊目(0.10%)=蚤目(0.10%)。

表 5-3 形态学和 DNA 宏条形码鉴定分类等级汇总结果

目	科	科占比(%)	种	种占比(%)
双翅目	35	18.42	205	21.16
膜翅目	22	11.58	188	19.40
鞘翅目	29	15.26	153	15.79
鳞翅目	24	12.63	146	15.07
半翅目	29	15.26	137	14.14
直翅目	9	4.74	43	4.44
脉翅目	5	2.63	32	3.30
啮虫目	9	4.74	13	1.34
毛翅目	5	2.63	12	1.24
蜻蜓目	7	3.68	11	1.14
蜉蝣目	4	2.11	9	0.93
襀翅目	5	2.63	7	0.72
缨翅目	2	1.05	5	0.52
革翅目	2	1.05	3	0.31
螳螂目	1	0.53	3	0.31
蜚蠊目	1	0.53	1	0.10
蚤目	1	0.53	1	0.10
总计	190		969	

5.2.1 蜉蝣目 EPHEMEROPTERA

(1)四节蜉科 Baetidae

①具翅原二翅蜉 *Procloeon pennulatum* Eaton，见于大草坪、八水沟、八道沟、庞泉沟等地。寄主：水生昆虫及其他小动物。

②具缘花翅蜉 *Baetiella marginata* Braasch，见于大草坪、八水沟、八道沟、庞泉沟等地。寄主：水生昆虫及其他小动物。

③北京丽翅蜉 *Alainites pekingensis* Ulmer，见于大草坪、八水沟、八道沟、庞泉沟等地。寄主：水生昆虫及其他小动物。

④双翼二翅蜉 *Cloeon dipterum* Linnaeus，见于大草坪、八水沟、八道沟、庞泉沟等地。寄主：水生昆虫及其他小动物。

(2)小蜉科 Ephemerellidae

⑤栗色锯形蜉 *Serratella ignita* Poda，见于八水沟等地。寄主：水生昆虫及其他小动物。

⑥石氏弯握蜉 *Drunella ishiyamana* Matsumura，见于庞泉沟。寄主：水生昆虫及其他小动物。

(3)蜉蝣科 Ephemeridae

⑦梧州蜉 *Ephemera wuchowensis* Hsu，见于庞泉沟。寄主：水生昆虫及其他小动物。

(4)扁蜉科 Heptageniidae

⑧透明假蜉 *Epeorus pellucidus* Brodsky，见于庞泉沟。寄主：水生昆虫及其他小动物。

⑨多斑背刺蜉 *Notacanthurus maculatus* Zhou，见于庞泉沟。寄主：水生昆虫及其他小动物。

5.2.2 蜻蜓目 ODONATA

(1)蜓科 Aeschnidae

①峻蜓 *Aeschna juncea*（Linnaeus)，见于大草坪、八水沟、八道沟、庞泉沟等地。寄主：小蛾、叶蝉、蚊。

(2)大蜓科 Cordulegastridae

②晋大蜓 *Cordulegaster jinensis* Zhu et Han，见于大草坪、庞泉沟、八水沟。

(3)春蜓科 Gomphidae

③蛇纹春蜓 *Ophiogomphus* sp.，见于八水沟。

(4)蜻科 Libellulidae

④黄灰蜻 *Orthetrum brunneum*（Fonscolombe)，见于大草坪、八水沟、八道沟、庞泉沟等地。寄主：叶蝉、蚊、小蛾。

⑤黄蜻 *Pantala flavescens*（Fabyicius)，见于大草坪、八水沟、八道沟、庞泉沟等地。寄主：小菜蛾、菜蛾、叶蝉及双翅目昆虫。

⑥小黄赤蜻 *Sympetrum kuncheli*（Selys)，见于大草坪、八水沟、八道沟、庞泉沟等地。寄主：蛾类等多种昆虫。

⑦白尾灰蜻 *Orthetrum albistylum*（Selys)，见于八水沟。

(5)蟌科 Coenagrionidae

⑧长叶异痣蟌 *Ischnura elegans*（Vander Linden)，见于大草坪、八水沟、八道沟、庞泉沟等地。寄主：蚊、蝇、蛾等幼虫。

⑨二色异痣蟌 *Ischnura lobata* Needham，见于大草坪、八水沟、八道沟、庞泉沟等地。寄主：蚊、蝇、蛾等多种害虫。

(6)扇蟌科 Platycnemidae

⑩白扇蟌 *Platycnemis foliacea* Selys，见于大草坪、八水沟、八道沟等地。寄主：蚊、蝇、蛾类。

(7)色蟌科 Calopterygidae

⑪乌木宝石翅豆娘 *Calopteryx maculata*（Palisot de Beauvois），见于八道沟、西塔沟、八水沟、大草坪、黑渠、洞沟、抗洞子沟、大吉沟、老蛮沟、庞泉沟等地。

5.2.3 襀翅目 PLECOPTERA

(1)网襀科 Perlodidae

①马氏罗襀 *Perlodinella mazehaoi* Chen，见于大草坪、八水沟、八道沟、庞泉沟等地。寄主：其他水生小昆虫和小动物。

(2)黑襀科 Capniidae

②祁连山黑襀 *Capnia qilianshana* Li et Yang，见于庞泉沟等地。寄主：其他水生小昆虫和小动物。

(3)绿襀科 Chloroperlidae

③长突长绿襀 *Sweltsa longistyla*（Wu），见于庞泉沟等地。寄主：其他水生小昆虫和小动物。

(4)卷襀科 Leuctridae

④中华诺襀 *Rhopalopsole sinensis* Yang et Yang，见于大草坪、八水沟、八道沟、庞泉沟等地。寄主：其他水生小昆虫和小动物。

(5)叉襀科 Nemouridae

⑤黑刺叉襀 *Nemoura atristrigata* Li et Yang，见于大草坪、八水沟、八道沟、庞泉沟等地。寄主：其他水生小昆虫和小动物。

⑥松山球尾叉襀 *Sphaeronemoura songshana* Li et Yang，见于大草坪、八水沟、八道沟、庞泉沟等地。寄主：其他水生小昆虫和小动物。

⑦宁夏倍叉襀 *Amphinemura ningxiana* Li et Yang，见于大草坪、八水沟、八道沟、庞泉沟等地。寄主：其他水生小昆虫和小动物。

5.2.4 蜚蠊目 BLATTODEA

地鳖蠊科 Polyphagidae

中华地鳖 *Eupolyphaga sinensis*(Walker)，见于大草坪等地。寄主：多种食料。

5.2.5 螳螂目 MANTODEA

螳螂科 Mantidae

①广斧螳 *Hierodula patellifera* Serville，见于大草坪、八水沟、八道沟、庞泉沟等地。寄主：鳞翅目幼虫、蚜虫、蝉、蝗虫等。

②中华大刀螳 *Tenodera sinensis* Saussure，见于大草坪、八水沟(长立村)等地。寄主：黑绒金龟、鳞翅目昆虫、蚜虫等。

③薄翅螳螂 *Mantis religiosa*（Linnaeus），见于大草坪、八道沟、庞泉沟等地。寄主：造桥虫、金龟子、黏虫、蝼蛄、叶蝉、菜粉蝶、蚜虫等。

5.2.6　革翅目 DERMAPTERA

（1）蠼螋科 Labiduridae

①蠼螋 *Labidura riparia*（Pallas），见于大草坪、八水沟、八道沟、庞泉沟等地。寄主：小型昆虫。

（2）球螋科 Forficulidae

②日本张球螋 *Anechura japonica*（de Bormans），见于大草坪、八水沟（长立村）、八道沟、庞泉沟等地。寄主：小型昆虫。

③健阔球螋 *Forficula robusta* Semenov，见于大草坪、八水沟、八道沟、庞泉沟等地。寄主：蚜虫等小型昆虫。

5.2.7　直翅目 ORTHOPTERA

（1）螽斯科 Tettigonidae

①邦内特姬螽 *Chizuella bonniti*（Bolívar），见于庞泉沟。寄主：禾本科植物。

②北台寰螽 *Atlanticus beitai* Liu，见于庞泉沟。寄主：禾本科植物。

③格雷寰螽 *Atlanticus grahami* Tinkham，见于八水沟、黑渠、老蛮沟等地。寄主：禾本科植物。

④暗褐蝈螽 *Gampsocleis sedakovii*（Fischer），见于八水沟。寄主：禾本科植物。

⑤斑翅草螽 *Conocephalus maculatus*（Le Guillou），见于大草坪、八水沟（长立村）等地。寄主：禾本科植物。

⑥长翅纺织娘 *Mecopoda elongata*（Linnaeus），见于大草坪、八水沟（长立村）、八道沟（黄鸡塔）、庞泉沟等地。寄主：禾本科植物、蔬菜。

（2）蟋蟀科 Gryllidae

⑦斑腿双针蟋 *Dianemobius fascipes*（Walker），见于大草坪等地。寄主：各种农作物及苗木。

⑧银川油葫芦 *Teleogryllus infernalis* Saussure，见于老蛮沟等地。寄主：莜麦、荞麦及旋花属、豆科、蔷薇科植物。

（3）蝼蛄科 Gryllotalpidae

⑨东方蝼蛄 *Gryllotalpa orientalis* Burmeisler，见于大草坪、八水沟（长立村）、八道沟（黄鸡塔）、庞泉沟等地。寄主：莜麦、马铃薯、甜菜及林木幼苗等。

⑩华北蝼蛄 *Gryllotalpa unispina* Saussure，见于大草坪、八水沟（长立村）、八道沟（黄鸡塔）、庞泉沟等地。寄主：莜麦、杨、榆、桑、沙棘等。

（4）蝗科 Acrididae

⑪白边雏蝗 *Chorthippus albomarginatus*（De Geer），见于八道沟、西塔沟、八水沟、大草坪、抗洞子沟、大吉沟、老蛮沟等地。

⑫小翅雏蝗 *Chorthippus fallax*（Zubovski），见于八道沟、西塔沟、八水沟、大草坪、黑渠、洞沟、抗洞子沟、大吉沟、老蛮沟、庞泉沟等地。

⑬西伯利亚蝗 *Gomphocerus sibiricus*（Linnaeus），见于抗洞子沟、大吉沟等地。

⑭长翅幽蝗 *Ognevia longipennis*（Shiraki），见于洞沟、庞泉沟等地。

⑮绿牧草蝗 *Omocestus viridulus*（Linnaeus），见于洞沟。

⑯肿脉蝗 *Stauroderus scalaris*（Fischer von Waldheim），见于八道沟、西塔沟、八水沟、大草坪、洞沟、抗洞子沟、大吉沟、老蛮沟、庞泉沟等地。

（5）癞蝗科 Pamphagidae

⑰笨蝗 *Hoplotropis brunneriana* Saussure，见于老蛮沟、大草坪、八水沟（长立村）、八道沟、西塔沟、庞泉沟等地。寄主：禾本科、豆科植物及马铃薯、瓜类。

（6）锥头蝗科 Pyrgomorphidae

⑱短额负蝗 *Atractomorpha sinensis* Bolivar，见于大草坪、八水沟、老蛮沟、八道沟（黄鸡塔）、庞泉沟等地。寄主：豆科植物。

（7）斑腿蝗科 Catantopidae

⑲短星翅蝗 *Calliptamus abbreviatus* Ikonnikov，见于大草坪、八水沟（长立村）、八道沟（黄鸡塔）、庞泉沟等地。寄主：牧草、胡麻、莜麦。

⑳黑腿星翅蝗 *Calliptamus barbanus*（Costa），见于大草坪等地。寄主：莎草科植物。

㉑长翅燕蝗 *Eirenephilus longipennis*（Shiraki），见于大草坪、八水沟（长立村）、八道沟（黄鸡塔）、庞泉沟等地。寄主：禾本科杂草。

㉒北极黑蝗 *Melanoplus frigida*（Boheman），见于大草坪、八水沟（长立村）、八道沟（黄鸡塔）、庞泉沟等地。寄主：禾本科杂草。

㉓无齿稻蝗 *Oxya adentata* Willemse，见于大草坪、八水沟（长立村）、八道沟（黄鸡塔）、庞泉沟等地。寄主：禾本科杂草。

㉔中华稻蝗 *Oxya chinensis*（Thunberg），见于老蛮沟、大草坪、八水沟（长立村）、八道沟、洞沟、庞泉沟等地。寄主：禾本科植物、马铃薯、豆科植物、胡麻。

㉕日本稻蝗 *Oxya japonica*（Thunberg），见于大草坪、八水沟（长立村）、八道沟、西塔沟、庞泉沟等地。寄主：莜麦、禾本科植物、马铃薯、豆科植物、胡麻。

（8）斑翅蝗科 Oedipodidae

㉖花胫绿纹蝗 *Aiolopus tamulus*（Fabricius），见于大草坪、八水沟（长立村）、八道沟（黄鸡塔）、庞泉沟等地。寄主：禾本科、豆科植物。

㉗红翅皱膝蝗 *Angaracris rhodopa*（Fischer et Walheim），见于大草坪、八水海（长立村）、八道沟（黄鸡塔）、庞泉沟等地。寄主：莜麦、豆科植物、马铃薯、苍耳。

㉘白边痂蝗 *Bryodema luetuosum*（Stoll），见于大草坪、八水沟（长立村）、八道沟（黄鸡塔）、庞泉沟等地。寄主：豆科植物、蒿。

㉙轮纹异痂蝗 *Bryodemella tuberculatum dilutum*（Stoll），见于大草坪、八水沟（长立村）、八道沟（黄鸡塔）、庞泉沟等地。寄主：莜麦、豆科植物。

㉚小赤翅蝗 *Celes skalozubovi* Adelung，见于大草坪、八水沟（长立村）、八道沟（黄鸡塔）、庞泉沟等地。寄主：禾本科植物。

㉛大赤翅蝗 *Celes skalozubovi akitanus* Shiraki，见于大草坪、八水沟（长立村）、八道沟（黄鸡塔）、

庞泉沟等地。寄主：禾本科植物。

㉜大胫刺蝗 *Compsorhipis davidiana*（Saussure），见于大草坪、八水沟（长立村）、八道沟（黄鸡塔）、庞泉沟等地。寄主：禾本科植物。

㉝大垫尖翅蝗 *Epacromius coerulipes*（Ivanov），见于大草坪、八水沟（长立村）、八道沟（黄鸡塔）、庞泉沟等地。寄主：禾本科、豆科、菊科、蓼科植物。

㉞小垫尖翅蝗 *Epacromius tergestinus tergestinus*（Charpentier），见于大草坪、八水沟（长立村）、八道沟（黄鸡塔）、庞泉沟等地。寄主：莜麦、豆科植物。

㉟甘蒙尖翅蝗 *Epacromius tergestinus extimus* Bey-Bienko，见于大草坪、八水沟（长立村）、八道沟（黄鸡塔）、庞泉沟等地。寄主：禾本科植物。

㊱云斑车蝗 *Gastrimargus marmoratus*（Thunberg），见于大草坪、八水沟（长立村）八道沟（黄鸡塔）、庞泉沟等地。寄主：禾本科植物。

㊲亚洲小车蝗 *Oedaleus decorus asiaticus* Bey-Bienko，见于大草坪、八水沟（长立村）八道沟（黄鸡塔）、庞泉沟等地。寄主：禾本科植物。

㊳黑条小车蝗 *Oedaleus decorus decorus* Germar，见于大草坪、八水沟（长立村）八道沟（黄鸡塔）、庞泉沟等地。寄主：禾本科植物。

㊴黄胫小车蝗 *Oedaleus infernalis infernalis* Saussura，见于大草坪、八水沟（长立村）八道沟（黄鸡塔）、庞泉沟等地。寄主：禾本科植物。

㊵蒙古束颈蝗 *Sphingonotus mongolicus* Saussura，见于大草坪、八水沟（长立村）、八道沟（黄鸡塔）、庞泉沟等地。寄主：莜麦、豆科植物、杂草。

㊶疣蝗 *Trilophidia annulata*（Thunberg），见于大草坪、八水沟（长立村）、八道沟（黄鸡塔）、庞泉沟等地。寄主：禾本科、菊科、莎草科植物。

（9）蚱科 Tetrigidae

㊷日本蚱 *Tetrix japonica*（Bolivar），见于八道沟、西塔沟、八水沟、大草坪、黑渠、洞沟、抗洞子沟、大吉沟、老蛮沟、庞泉沟等地。

㊸细角蚱 *Tetrix tenuicornis*（Sahlberg），见于八道沟、八水沟、洞沟、抗洞子沟、大吉沟、老蛮沟、庞泉沟等地。

5.2.8　啮虫目 PSOCOPTERA

（1）毛啮虫科 Caeciliusidae

①黄梵啮 *Valenzuela flavidus*（Stephens），见于八道沟、八水沟、大草坪、黑渠、洞沟、老蛮沟、庞泉沟等地。

（2）外啮科 Ectopsocidae

②子午外啮 *Ectopsocus meridionalis* Ribaga，见于西塔沟。

（3）姬啮虫科 Lachesillidae

③广谷啮虫 *Lachesilla pedicularia*（Linnaeus），见于大草坪。

（4）围啮科 Peripsocidae

④*Peripsocus phaeopterus*（Stephens），见于八水沟、大草坪、老蛮沟、庞泉沟等地。

(5)窃啮虫科 Trogiidae

⑤尘虱 *Trogium pulsatorium* (Linnaeus)，见于大草坪、八水沟等地。寄主：潮湿的储藏物、原粮、大米、面粉。

⑥大淡色书虱 *Trogium pulsatorium* (Linnaeus)，见于大草坪、八水沟等地。寄主：谷物。

(6)粉啮虫科 Liposcelidae

⑦粉啮虫(书虱)*Liposcelis divinatoria* (Müller)，见于大草坪、八水沟、八道沟等地。寄主：粮食、大米、面粉及储藏物。

(7)啮虫科 Psocidae

⑧粗茎触啮 *Psococerastis stulticaulis* Li，见于大草坪、八水沟、八道沟、庞泉沟等地。

⑨雾昧啮 *Metylophorus nebulosus* (Stephens)，见于大草坪、八水沟等地。寄主：潮湿的储藏物、原粮、大米、面粉。

(8)狭啮科 Stenopsocidae

⑩广狭啮 *Stenopsocus externus* Banks，见于庞泉沟。

⑪叉小雕啮 *Graphopsocus cruciatus* (Linnaeus)，见于八水沟、大草坪、黑渠、洞沟、庞泉沟等地。

(9)羚啮科 Mesopsocidae

⑫双斑无毛羚啮 *Aphanomesopsocus bipunctatus* Li，见于大草坪、八水沟、八道沟等地。

⑬褐带羚啮 *Mesopsocus phaeodematus* Li，见于大草坪、八水沟等地。

5.2.9 缨翅目 THYSANOPTERA

(1)蓟马科 Thripidae

①玉米黄呆蓟马 *Anaphothrips obscurus* (Müller)，见于西塔沟、大草坪、庞泉沟等地。

②花蓟马 *Frankliniella intonsa* (Trybom)，见于大草坪、大吉沟等地。

③豆双毛蓟马 *Mycterothrips glycines* (Okamoto)，见于黑渠。

④黄蓟马 *Thrips flavus* Schrank，见于西塔沟、黑渠、抗洞子沟、庞泉沟等地。

(2)纹蓟马科 Aeolothripidae

⑤黑白纹蓟马 *Aeolothrips melaleucus* Haliday，见于大草坪。

5.2.10 半翅目 HEMIPTERA

(1)飞虱科 Delphacidae

①白背飞虱 *Sogatella furcifera* (Horváth)，见于西塔沟、大草坪等地。寄主：杨、榆、蔷薇科植物、豆科植物。

②*Delphacodes stramineosa* Beamer，见于大草坪。

③*Megadelphax sordidulus* (Stål)，见于八道沟、八水沟、洞沟、抗洞子沟、老蛮沟等地。

④亮黑缪氏飞虱 *Muirodelphax atratus* Vilbaste，见于八道沟、八水沟、抗洞子沟、老蛮沟等地。

(2)蝉科 Cicadidae

⑤杨寒将 *Melampsalta radiator* Uhler，见于八水沟、八道沟等地。寄主：杨。

⑥草蝉 *Mogannia hebes* (Walker)，见于八水沟、八道沟等地。寄主：山楂、桑。

(3)沫蝉科 Cercopidae

⑦柳尖胸沫蝉 *Aphrophora costalis* Matsumura，见于西塔沟、洞沟、八水沟、八道沟、庞泉沟等地。寄主：蔷薇科植物、沙棘、柳。

⑧松沫蝉 *Aphrophora flavipes* Uhler，见于八水沟、八道沟等地。寄主：松树。

⑨鞘翅沫蝉 *Lepyronia coleoptrata*（Linnaeus），见于大草坪、老蛮沟、黑渠、八水沟、八道沟等地。寄主：槐。

(4)叶蝉科 Cicadellidae

⑩白辜小叶蝉 *Aguriahana stellulata*（Burmeister），见于抗洞子沟、老蛮沟等地。

⑪*Anoscopus flavostriatus*（Donovan），见于老蛮沟。

⑫*Aphrodes bicincta*（Schrank），见于大吉沟。

⑬大青叶蝉 *Cicadella viridis*（Linnaeus），见于八水沟、大草坪、庞泉沟等地。寄主：莜麦、豆科植物、蔷薇科植物、薯类、杨、柳、桑、榆等。

⑭*Deltocephalus pulicaris*（Fallén），见于八道沟、西塔沟、八水沟、大草坪、洞沟等地。

⑮刺突叨叶蝉 *Doratura stylata*（Boheman），见于西塔沟、八水沟、洞沟、老蛮沟等地。

⑯凯小绿叶蝉 *Empoasca kaicola* Dworakowska，见于大草坪、抗洞子沟、庞泉沟等地。

⑰凹缘菱纹叶蝉 *Hishimonus sellatus*（Uhler），见于八道沟、大草坪、庞泉沟等地。

⑱*Idiocerus suturalis* Lindberg，见于八道沟、大草坪、庞泉沟等地。

⑲*Kybos butleri*（Edwards），见于大草坪、大吉沟等地。

⑳黑带横皱叶蝉 *Oncopsis nigrofasciata* Xu，Liang et Li，见于八道沟。

㉑宽茎沙叶蝉 *Psammotettix confinis*（Dahlbom），见于八道沟、西塔沟、八水沟、大草坪、洞沟、抗洞子沟、老蛮沟、庞泉沟。

㉒*Psammotettix emarginatus* Singh，见于八道沟、西塔沟、八水沟、大草坪、黑渠、洞沟、抗洞子沟、大吉沟、老蛮沟、庞泉沟等地。

㉓*Psammotettix* sp.，见于大草坪。

㉔*Tremulicerus sandagouensis*（Vilbaste），见于洞沟、老蛮沟等地。

(5)角蝉科 Membracidae

㉕桑梢角蝉 *Gargara genisae* Fabricius，见于八水沟、八道沟等地。寄主：杨、柳、榆、山楂。

(6)蛾蜡蝉科 Flatidae

㉖霜梅蛾蜡蝉 *Metcalfa pruinose*（Say），见于八道沟、西塔沟、八水沟、大草坪、黑渠、洞沟、抗洞子沟、大吉沟、老蛮沟、庞泉沟等地。

(7)木虱科 Psyllidae

㉗中国沙棘个木虱 *Hippophaetrioza chinensis* Li et Yang，见于大吉沟、老蛮沟、八水沟、八道沟、庞泉沟等地。寄主：沙棘。

㉘中华毛个木虱 *Trichochermes sinicus* Yang et Li，见于老蛮沟、大草坪、八水沟、洞沟、抗洞子沟等地。寄主：鼠李、枸子。

㉙槐豆木虱 *Cyamophila willieti*（Wu），见于八水沟等地。寄主：槐。

㉚梨木虱 *Psylla pyrisuga* Föerster，见于八水沟、抗洞子沟、洞沟。寄主：蔷薇科植物。

㉛柳橘黄喀木虱 *Cacopsylla aurantisalicis* Li，见于庞泉沟等地。寄主：乔木植物。

㉜冷杉喀木虱 *Cacopsylla abieti*（Kuwayama），见于庞泉沟等地。寄主：杉。

㉝垂柳喀木虱 *Cacopsylla babylonica* Li et Yang，见于庞泉沟等地。寄主：柳。

㉞短斑喀木虱 *Cacopsylla brevipunctata* Li，见于庞泉沟等地。寄主：胡颓子。

㉟苹果喀木虱 *Cacopsylla mali*（Schmidberger），见于八道沟、大草坪、洞沟、抗洞子沟、大吉沟、老蛮沟、庞泉沟等地。寄主：山荆子、花叶海棠。

（8）个木虱科 Triozidae

㊱尖翅木虱 *Trioza* sp.，见于八道沟、大吉沟等地。

（9）蚜科 Aphididae

㊲酸模蚜 *Aphis rumicis* Linnaeus，见于大草坪。

㊳中华毛蚜属 *Chaitophorus* sp.，见于老蛮沟。

㊴台湾松蚜 *Cinara formosana*（Takahashi），见于大草坪、洞沟、大吉沟、老蛮沟。

㊵*Euceraphis papyrifericola* Blackman，见于八道沟、西塔沟、八水沟、大草坪、黑渠、洞沟、抗洞子沟、大吉沟、老蛮沟、庞泉沟。

（10）黾蝽科 Gerridae

㊶水黾 *Aquarium paludum* Fabricius，见于八水沟、八道沟等地。寄主：在水面捕食蜂类、蝇类、叶蝉等多种中小型昆虫。

㊷圆臀大黾蝽 *Aquarius paludum* Fabricius，见于八水沟。寄主：在水面捕食蜂类、蝇类、叶蝉等多种中小型昆虫。

㊸细角黾蝽 *Gerris gracilicornis* Horváth，见于八水沟。寄主：在水面捕食蜂类、蝇类、叶蝉等多种中小型昆虫。

㊹显脉黾蝽 *Gerris sahlbergi* Distant，见于八水沟。寄主：在水面捕食蜂类、蝇类、叶蝉等多种中小型昆虫。

㊺角腹黾蝽 *Gerris angulatus* Lundblad，见于八水沟。寄主：在水面捕食蜂类、蝇类、叶蝉等多种中小型昆虫。

（11）划蝽科 Corixidae

㊻横纹划蝽 *Sigara sabstriata* Uhler，见于八水沟、八道沟等地。寄主：在水中捕食水螨、水蚤、水线虫等。

㊼小划蝽 *Micronecta quadriseta* Lundblad，见于八水沟、八道沟等地。寄主：在水中捕食水螨、水蚤、水线虫等。

（12）猎蝽科 Reduviidae

㊽淡带荆猎蝽 *Acanthaspis cinticrus* Stål，见于黑渠、八水沟、八道沟等地。寄主：甘蓝蚜、大青叶蝉、黑尾叶蝉、菜蝽、菜粉蝶幼虫。

㊾黑光猎蝽 *Ectrychotse andreae*（Thunberg），见于八水沟、八道沟等地。寄主：鳞翅目幼虫。

㊿褐菱猎蝽 *Isyndus obscurus*（Dallas），见于八水沟、八道沟等地。寄主：天幕毛虫。

51短斑普猎蝽 *Oncocephalus simillinus* Reuter，见于八水沟、八道沟等地。寄主：蚜虫、叶蝉。

52大土猎蝽 *Coranus dilatatus*（Matsumura），见于庞泉沟。

(53)中黑土猎蝽 *Coranus lativentris* Jakovlev，见于庞泉沟。

(54)霜斑素猎蝽 *Epidaus famulus*（Stål），见于庞泉沟。

(13)盲蝽科 Miridae

(55)苜蓿盲蝽 *Adelphocoris lineolatus*(Goeze)，见于八水沟、八道沟等地。寄主：马铃薯、蔬菜及豆科、禾本科、蔷薇科植物。

(56)*Atractotomus morio* J. Sahlberg，见于西塔沟。

(57)*Brachynotocoris puncticornis* Reuter，见于西塔沟、老蛮沟等地。

(58)波氏木盲蝽 *Castanopsides potanini*（Reuter），见于庞泉沟。

(59)黑蓬盲蝽 *Chlamydatus pullus*（Reuter），见于八水沟、大草坪、庞泉沟等地。

(60)斑楔齿爪盲蝽 *Deraeocoris ater*（Jakovlev），见于八道沟、八水沟、大草坪、黑渠、洞沟、抗洞子沟、大吉沟、老蛮沟、庞泉沟等地。

(61)*Deraeocoris pulchellus*（Reuter），见于西塔沟、大草坪、黑渠、抗洞子沟、老蛮沟、庞泉沟等地。

(62)小欧盲蝽 *Europiella artemisiae*（Becker），见于西塔沟、八水沟、大草坪、大吉沟、老蛮沟、庞泉沟等地。

(63)原丽盲蝽 *Lygocoris pabulinus*（Linnaeus），见于八道沟、西塔沟、八水沟、黑渠、大吉沟、庞泉沟等地。

(64)广昧盲蝽 *Mecomma ambulans*（Fallén），见于西塔沟。

(65)污新丽盲蝽 *Neolygus contaminatus*（Fallén），见于西塔沟、八水沟、大草坪、抗洞子沟、大吉沟、庞泉沟等地。

(66)*Orthops campestris*（Linnaeus），见于庞泉沟。

(67)*Philostephanus rubripes*（Jakovlev），见于八道沟、抗洞子沟、庞泉沟等地。

(68)*Phytocoris pallidicollis* Kerzhner，见于八道沟、西塔沟、八水沟、大草坪、黑渠、洞沟、抗洞子沟、大吉沟、庞泉沟等地。

(69)*Pilophorus niger* Poppius，见于洞沟。

(70)长喙松盲蝽 *Pinalitus rubricatus*（Fallen），见于西塔沟、八水沟、抗洞子沟、大吉沟、老蛮沟等地。

(71)灌木斜唇盲蝽 *Plagiognathus arbustorum*（Fabricius），见于八道沟、大草坪、黑渠、洞沟、抗洞子沟、大吉沟、老蛮沟、庞泉沟等地。

(72)赤须盲蝽 *Trigonotylus* sp.，见于西塔沟、八水沟、大草坪、大吉沟等地。

(73)棉二纹盲蝽 *Adelphocoris variabilis*（Uhler），见于八水沟、八道沟、庞泉沟等地。寄主：大麻、豆科植物、胡萝卜、茴香。

(74)三点苜蓿盲蝽 *Adelphocoris fasciaticollis* Reuter，见于八水沟等地。寄主：山楂、莜麦。

(75)绿后丽盲蝽 *Apolygus lucorum*(Meyer-Dur)，见于黑渠、八水沟、大吉沟、西塔沟等地。寄主：豆科植物、大麻、莜麦、蔷薇科植物、蔬菜。

(14)姬蝽科 Nabidae

(76)类原姬蝽亚洲亚种 *Nabis punctatus minoferus* Hsiao，见于八水沟、八道沟等地。寄主：蚜虫、小造桥虫、叶蝉、木虱、网蝽、盲蝽。

⑦华姬蝽 *Nabis sinoferus* Hsiao，见于八水沟、八道沟等地。寄主：造桥虫、叶蝉、绿盲蝽、蚜虫。

⑦暗色姬蝽 *Nabis stenoferus* Hsiao，见于大吉沟、大草坪、老蛮沟、八水沟、八道沟等地。寄主：叶蝉、蚜虫、螨类、鳞翅目幼虫及卵、小甲虫、盲蝽。

⑦泛希姬蝽 *Himacerus apterus*(Fabricius)，见于八水沟(长立村)、庞泉沟等地。寄主：木虱、木朽尺蠖、叶甲类、小蛾类、小长蝽。

⑧希姬蝽属 *Himacerus* sp.，见于八道沟、老蛮沟等地。

⑧姬蝽属 *Nabis* sp.，见于大草坪、洞沟、大吉沟、老蛮沟、庞泉沟等地。

(15)花蝽科 Anthocoridae

⑧微小花蝽 *Orius minutus* (Linnaeus)，见于黑渠、八水沟、八道沟等地。寄主：螨类、叶蝉、蚜虫。

⑧小花蝽 *Orius* sp.，见于西塔沟、黑渠、洞沟、大吉沟、老蛮沟、庞泉沟等地。

⑧阔原花蝽 *Anthocoris expansus* Bu，见于黑渠。

⑧原花蝽 *Anthocoris* sp.，见于八道沟、西塔沟、大草坪、黑渠、洞沟、抗洞子沟、大吉沟、庞泉沟等地。

(16)扁蝽科 Aradidae

⑧同扁蝽 *Aradus compar* Kiritschenko，见于八水沟、八道沟等地。寄主：生活在腐朽的树枝下，以菌类为食。

(17)红蝽科 Pyrrhocoridae

⑧地红蝽 *Pyrrhocoris tibialis* Statz et Wagner，见于西塔沟、八水沟、八道沟等地。寄主：十字花科植物。

(18)缘蝽科 Coreidae

⑧点伊缘蝽 *Rhopalus latus*(Jakovlev)，见于、八水沟(长立村)等地。寄主：莜麦、豆科植物。

⑧褐伊缘蝽 *Rhopalus sapporensis* (Matsumura)，见于大草坪、八水沟、八道沟等地。寄主：松、榆、豆科植物、马铃薯。

⑨波原缘蝽 *Coreus potanini* (Jakovlev)，见于八水沟、八道沟等地。寄主：马铃薯。

⑨亚姬缘蝽 *Corizus albomarginatus* Blöte，见于八水沟、八道沟等地。寄主：麻类、莜麦。

⑨缘蝽 *Corizus hyalinus*(Fabricius)，见于八水沟、八道沟等地。寄主：禾本科植物、杂草。

⑨棕长缘蝽 *Megalotomus castaneus* Reuter，见于八水沟、八道沟等地。寄主：杨。

⑨闭环缘蝽 *Stictopleurus viridicatus*(Uhler)，见于八水沟、八道沟、庞泉沟等地。寄主：禾本科植物、杂草。

⑨欧环缘蝽 *Stictopleurus punctatonervosus* (Goeze)，见于八道沟、西塔沟、大草坪、庞泉沟等地。

(19)异蝽科 Urostylidae

⑨光华异蝽 *Tessaromerus licenti* Yang，见于八水沟、八道沟等地。寄主：山杏、山楂、樱桃。

⑨黄壮异蝽 *Urochela flavoannulata*(Stål)，见于八水沟、八道沟等地。寄主：麻类。

⑨红足壮异蝽 *Urochela quadrinotata* Reuter，见于八水沟、八道沟等地。寄主：辽东栎、榆。

(20)同蝽科 Acanthosomatidae

⑲泛刺同蝽 *Acanthosoma spinicolle* Jakovlev，见于老蛮沟、黑渠、八水沟、八道沟等地。寄主：桦、油松。

⑩*Acanthosoma haemorrhoidale*（Linnaeus），见于八道沟、大草坪、洞沟、大吉沟等地。

⑩短直同蝽 *Elasmostethus brevis* Lindberg，见于八水沟、八道沟等地。寄主：桦。

⑩*Elasmostethus cruciatus*（Say），见于西塔沟、八水沟、大草坪、黑渠、洞沟、抗洞子沟、大吉沟、老蛮沟、庞泉沟等地。

⑩直同蝽 *Elasmostethus interstinctus*（Linnaeus），见于西塔沟、八水沟、抗洞子沟、老蛮沟等地。

⑩齿匙同蝽 *Elasmucha fieberi*（Jakovlev），见于西塔沟、八水沟、大草坪、黑渠、抗洞子沟、大吉沟、老蛮沟。

⑩宽肩直同蝽 *Elasmostethus humeralis* Jakovlev，见于八水沟、八道沟等地。寄主：榆。

(21)龟蝽科 Plataspidae

⑩双痣圆龟蝽 *Coptosoma biguttula* Motschulsky，见于八水沟、八道沟等地。寄主：豆科植物。

(22)蝽科 Pentatomidae

⑩紫翅果蝽 *Carpocoris purpureipennis*（De Geer），见于八水沟、八道沟等地。寄主：蔷薇科植物、莜麦、马铃薯、沙棘。

⑩斑须蝽 *Dolycoris baccarum*（Linnacus），见于大草坪、八水沟、八道沟等地。寄主：禾本科植物、蔷薇科植物、柳。

⑩菜蝽 *Eurydema dominulus*（Scopoli），见于八水沟、八道沟等地。寄主：十字花科蔬菜。

⑩横纹菜蝽 *Eurydema gebleri* Kolenati，见于八水沟、八道沟等地。寄主：蔷薇科植物、杨、柏、莜麦、蔬菜、杂草。

⑪赤条蝽 *Graphosoma rubrolineata*（Westwood），见于八水沟、八道沟等地。寄主：杨、柳、辽东栎、榆及蔬菜。

⑫茶翅蝽 *Halyomorpha halys*（Stål），见于老蛮沟、八水沟、八道沟等地。寄主：甜菜、豆科植物、枸杞、沙棘、蔷薇科植物。

⑬弯角蝽 *Lelia decempunctata*（Motschulsky），见于八水沟、八道沟等地。寄主：柳、杨、榆。

⑭稻绿蝽 *Nezara viridula*（Linnaeus），见于八水沟、八道沟等地。寄主：禾本科植物、豆科植物、马铃薯、麻类、蔷薇科植物。

⑮碧蝽 *Palomena angulosa*（Motschulsky），见于八水沟、八道沟等地。寄主：杨。

⑯金绿真蝽 *Pentatoma metallifera*（Motschalsky），见于八水沟、八道沟等地。寄主：杨、柳、榆。

⑰红足真蝽 *Pentatoma rufipes*（Linnaeus），见于洞沟、大吉沟、老蛮沟、八水沟、八道沟等地。寄主：桦。

⑱北二星蝽 *Eysarcoris aeneus*（Scopoli），见于八水沟、八道沟等地。寄主：沙棘、莜麦、蔷薇科植物。

⑲黑斑二星蝽 *Eysarcoris gibbosus* Jakovlev，见于八水沟、八道沟等地。寄主：沙棘、莜麦、蔷薇科植物。

⑳*Eysarcoris aeneus*（Scopoli），见于西塔沟、八水沟、大草坪、洞沟等地。

㉑北曼蝽 *Menida scotti* (Puton)，见于洞沟。

㉒珠蝽 *Rubiconia intermedia* (Wolff)，见于西塔沟。

(23) 土蝽科 Cydnidae

㉓圆边土蝽 *Legnotus rotundus* Hsiao，见于八水沟等地。寄主：蔬菜、豆科植物。

㉔长点边土蝽 *Legnotus notatus* (Jakovlev)，见于八水沟等地。寄主：蔬菜、豆科植物。

㉕根土蝽 *Stibaropus formosanus* (Esaki)，见于西塔沟等地。寄主：禾本科、豆科植物。

(24) 网蝽科 Tingidae

126黑衣土蝽 *Aethus nigritus* (Fabricius)，见于阳圪台、大草坪等地。

㉗菊欠脊网蝽 *Galeatus spinifrons* (Fallén)，见于八水沟(长立材)等地。寄主：菊科植物。

㉘军配虫 *Stephanotis nashi* Esakiet et Takeya，见于大草坪、八水沟(长立村)等地。寄主：山楂等蔷薇科植物。

(25) 长蝽科 Lygaeidae

㉙狭长蝽 *Dimorphopterus japonicus* (Hidaka)，见于大草坪、八水沟(长立村)等地。寄主：莜麦。

㉚小长蝽 *Nysius ericae* (Schilling)，见于大草坪、八水沟(长立村)、庞泉沟等地。寄主：豆科植物、葱等。

(26) 跳蝽科 Saldidae

㉛广跳蝽 *Saldula pallipes* (Fabricius)，见于庞泉沟。寄主：农作物、林木。

㉜*Saldula saltatoria* (Linnaeus)，见于八道沟、大草坪、黑渠、洞沟、抗洞子沟等地。

(27) 宽肩蝽科 Veliidae

㉝纲脉小宽肩蝽 *Microvelia reticulata* (Burmeister)，见于大草坪。寄主：农作物、林木。

(28) 蝎蝽科 Nepidae

㉞中华螳蝎蝽 *Ranatra chinensis* Mayr，见于庞泉沟。寄主：水中小型昆虫、螺类等。

㉟灰蝎蝽 *Nepa cinerea* Linnaeus，见于庞泉沟。寄主：水中小型昆虫、螺类等。

(29) 姬缘蝽科 Rhopalidae

㊱欧环缘蝽 *Stictopleurus punctatonervosus* (Goeze)，见于八道沟、西塔沟、大草坪、庞泉沟等地。

(30) 地长蝽科 Rhyparochromidae

㊲淡边地长蝽 *Rhyparochromus pini* (Linnaeus)，见于八道沟、八水沟、大草坪、洞沟、大吉沟、庞泉沟等地。

5.2.11 脉翅目 NEUROPTERA

(1) 褐蛉科 Hemerobiidae

①日本褐蛉 *Hemerobius japonicus* Nakahara，见于庞泉沟。寄主：介壳虫、蚜虫。

②缘布褐蛉 *Hemerobius marginatus* Stephens，见于庞泉沟。寄主：介壳虫、蚜虫。

③花斑脉褐蛉 *Micromus variegatus* (Fabricius)，见于庞泉沟。寄主：介壳虫、蚜虫。

④颇丽脉褐蛉 *Micromus perelegans* Tjeder，见于庞泉沟。寄主：介壳虫、蚜虫。

⑤角纹脉褐蛉 *Micromus angulatus* (Stephens)，见于洞沟、抗洞子沟、老蛮沟等地。

⑥农脉褐蛉 *Micromus paganus* (Linnaeus)，见于西塔沟、大吉沟等地。

⑦钩翅褐蛉 *Drepanepteryx phalaenoides*（Linnaeus），见于庞泉沟。寄主：介壳虫、蚜虫。

⑧薄叶脉线蛉 *Neuronema laminatum* Tjeder，见于庞泉沟。寄主：介壳虫、蚜虫。

⑨全北褐蛉 *Hemerobius humuli* Linnaeus，见于黑渠、大草坪、大吉沟等地。寄主：介壳虫、蚜虫。

(2)草蛉科 Chrysopidae

⑩丽草蛉 *Chrysopa formosa* Brauer，见于老蛮沟、大草坪、八水沟(长立村)、八道沟(黄鸡塔)、庞泉沟等地。寄主：蚜虫、螨类及蛾类的卵。

⑪多斑草蛉 *Chrysopa intima* McLachlan，见于大草坪、八水沟(长立村)、八道沟(黄鸡塔)、庞泉沟等地。寄主：多种蚜虫。

⑫大草蛉 *Chrysopa pallens*（Rambur），见于大草坪、八水沟(长立村)、八道沟(黄鸡塔)、庞泉沟等地。寄主：蚜虫、红蜘蛛、造桥虫的卵及幼虫、叶蝉。

⑬叶色草蛉 *Chrysopa phyllochroma* Wesmael，见于大草坪、八水沟(长立村)、八道沟(黄鸡塔)、庞泉沟等地。寄主：蚜虫、螨类、蛾类的卵。

⑭中华草蛉 *Chrysopa sinica* Tjeder，见于老蛮沟、大草坪、八水沟(长立村)、八道沟(黄鸡塔)、庞泉沟等地。寄主：多种蚜虫、软体昆虫及螨类。

⑮亚非草蛉 *Mallada boninensis*(Okamoto)，见于大草坪、八水沟(长立村)、八道沟(黄鸡塔)、庞泉沟等地。寄主：多种蚜虫、螨类及软体昆虫等。

⑯黄褐草蛉 *Suarius yasumatsui*（Kuwayama），见于黑渠、大草坪、八水沟(长立村)、八道沟(黄鸡塔)、庞泉沟等地。寄主：多种蚜虫、螨类、蛾类的幼虫。

⑰脊背叉草蛉 *Dichochrysa carinata* Dong，Cui et Yang，见于庞泉沟。寄主：多种蚜虫、螨类、蛾类的幼虫。

⑱周氏叉草蛉 *Dichochrysa choui* Yang et Yang，见于大吉沟、抗洞子沟。寄主：蚜虫、螨类、蛾类的卵。

⑲叉通草蛉 *Chrysoperla furcifera*（Okamoto），见于抗洞子沟。寄主：多种蚜虫、螨类、蛾类的幼虫。

⑳日本通草蛉 *Chrysoperla nipponensis*（Okamoto），见于庞泉沟。寄主：多种蚜虫、螨类、蛾类的幼虫。

㉑内蒙古大草蛉 *Chrysopa neimengana* Yang et Yang，见于庞泉沟。寄主：多种蚜虫、螨类、蛾类的幼虫。

㉒白线草蛉 *Cunctochrysa albolineata*（Killington），见于庞泉沟。寄主：多种蚜虫、螨类、蛾类的幼虫。

㉓*Apertochrysa qinlingensis*（Yang），见于抗洞子沟。

㉔波草蛉 *Apertochrysa* sp.，见于八道沟、抗洞子沟、大吉沟、老蛮沟等地。

㉕*Nineta inpunctata*（Reuter），见于八道沟。

(3)蚁蛉科 Myrmeleontidae

㉖褐纹树蚁蛉 *Dendroleon pantherius*(Fabricius)，见于大草坪、八水沟(长立村)、八道沟(黄鸡塔)、庞泉沟等地。寄主：鳞翅目、鞘翅目等昆虫。

㉗中华东蚁蛉 *Euroleon sinicus*（Navás），见于老蛮沟、大草坪、八水沟(长立村)、八道沟(黄鸡塔)、庞泉沟等地。寄主：小菜蛾、菜螟、菜粉蝶等。

㉘朝鲜东蚁蛉 *Euroleon coreanus* Okamoto，见于老蛮沟。

㉙东北蚁蛉 *Sympherobius manchuricus* Nakahara，见于老蛮沟。

(4)蝶角蛉科 Ascalaphidae

㉚黄花蝶角蛉 *Ascalaphus sibiricus* Evermann，见于大草坪、八水沟、八道沟(黄鸡塔)、庞泉沟等地。寄主：捕食叶螟、菜螟、造桥虫等。

(5)粉蛉科 Ascalaphidae

㉛粉蛉 *Coniopteryx* sp.，见于抗洞子沟、庞泉沟等地。

㉜广重粉蛉 *Semidalis aleyrodiformis*（Stephens），见于庞泉沟。

5.2.12 鞘翅目 COLEOPTERA

(1)虎甲科 Cicindelidae

①云纹虎甲 *Cicindela elisae* Motschulsky，见于大草坪、八水沟(长立村)、八道沟、庞泉沟等地。寄主：蝗虫、小地老虎幼虫。

②芽斑虎甲 *Cicindela gemmata* Faldermann，见于大草坪、八水沟(长立村)、庞泉沟等地。寄主：多种昆虫。

③多型虎甲红翅亚种 *Cicindela hybrida niida* Lichtenstein，见于大草坪、八水沟(长立村)、八道沟、庞泉沟等地。寄主：捕食蝗虫等多种昆虫及小动物。

(2)步甲科 Carabidae

④短胸步甲 *Amara brevicollis*（Chaudoir），见于庞泉沟等地。寄主：捕食多种昆虫。

⑤暗步甲 *Amara* sp.，见于庞泉沟、黑渠、老蛮沟、西塔沟等地。寄主：捕食多种昆虫。

⑥须步甲 *Bembidion* sp.，见于庞泉沟等地。寄主：捕食多种昆虫。

⑦金星步甲 *Calosoma chinense* Kirby，见于大草坪等地。寄主：黏虫、地老虎、蝼蛄、网目拟地甲、小菜蛾、双翅目昆虫。

⑧粗皱步甲 *Carabus crassesculplus* Kraatz，见于庞泉沟等地。寄主：捕食多种昆虫。

⑨粒步甲 *Carabus granulatus* Linneaus，见于庞泉沟等地。寄主：捕食多种昆虫。

⑩肩步甲 *Carabus hummeli* Fischer von Waldheim，见于庞泉沟等地。寄主：捕食多种昆虫。

⑪罕丽步甲 *Carabus manieslus* Kraalz，见于庞泉沟、老蛮沟、洞沟等地。寄主：捕食多种昆虫。

⑫刻翅步甲 *Carabus sculplipennis* Chaudoir，见于庞泉沟等地。寄主：捕食多种昆虫。

⑬小瘤步甲 *Carabus tuberculosus* Dejean，见于庞泉沟等地。寄主：捕食多种昆虫。

⑭淡青步甲 *Chlaenius pallipes*（Gebler），见于黑渠、大草坪、八水沟(长立村)等地。寄主：黏虫、地老虎、三点盲蝽、菜蝽、缘蝽、黄褐蝽。

⑮双刺蜗步甲 *Cychrus bispinoss* Deuve，见于庞泉沟等地。寄主：捕食多种昆虫。

⑯赤胸步甲 *Dolichus halensis*（Schaller），见于大草坪、八水沟(长立村)、八道沟、庞泉沟等地。寄主：捕食蝼蛄、螟蛾、夜蛾、隐翅甲蛴螬及寄蝇幼虫。

⑰婪步甲 *Harpalus coreanus*（Tschitscherine），见于庞泉沟老蛮沟、大吉沟等地。寄主：捕食多种

昆虫。

⑱毛婪步甲 *Harpalus griseus*（Panzer），见于大草坪、八水沟(长立村)、八道沟、庞泉沟等地。寄主：捕食小虫。

⑲黄鞘婪步甲 *Harpalus pallidipennis* Morawitz，见于大草坪、八水沟(长立村)、八道沟、庞泉沟等地。寄主：黏虫。

⑳黄缘心步甲 *Nebria livida*（Linnaeus），见于大草坪、八水沟(长立村)、庞泉沟、黑渠等地。寄主：捕食蝼蛄、甲虫幼虫、鳞翅目幼虫、半翅目。

㉑屁步甲 *Pheropsophus occipitalis*（MacLeay），见于大草坪、八水沟(长立村)等地。寄主：蝼蛄及其卵。

㉒凹唇春步甲 *Notiophilus impressifons* Morawitz，见于庞泉沟等地。寄主：捕食多种昆虫。

㉓蒙古伪葬步甲 *Pseudotaphoxenus mongolicus*（Jedlicka），见于庞泉沟等地。寄主：捕食多种昆虫。

㉔中华通缘步甲 *Pteroslichus chinensis*（Jedlicka），见于庞泉沟、老蛮沟等地。寄主：捕食多种昆虫。

㉕强足通缘步甲 *Plerostichus foriipes*（Chaudoir），见于庞泉沟等地。寄主：捕食多种昆虫。

㉖直角通缘步甲 *Plerostichus gebleri*（Dejean），见于庞泉沟等地。寄主：捕食多种昆虫。

(3)沼梭甲科 Haliplidae

㉗河圆甲 *Omophron limbatum*（Fabricius），见于大草坪等地。寄主：捕食水中小虫。

(4)龙虱科 Dytiscidae

㉘灰龙虱 *Ereles slicticus*（Linnaeus），见于大草坪、八水沟(长立村)、庞泉沟等地。寄主：捕食水生小动物。

㉙东方沼龙虱 *Hyphydrus crientalis* Clark，见于大草坪、八水沟(长立村)等地。寄主：捕食水生小动物。

㉚异爪麻点龙虱 *Rhantus pulverosus*（Sephens），见于大草坪、八水沟(长立村)、庞泉沟等地。寄主：捕食水生小昆虫。

㉛姬龙虱 *Rhantus purctatus*（Geoffroy），见于大草坪、八水沟(长立村)、庞泉沟、八道沟等地。寄主：捕食水生小昆虫。

㉜爱端毛龙虱(曲胸亚种)*Agabus amoenus sinuaticollis* Régimbart，见于庞泉沟、洞沟。寄主：捕食水生小昆虫。

㉝日本端毛龙虱(大陆亚种)*Agabus japonicus continentalis* Guéorguiev，见于庞泉沟、洞沟。寄主：捕食水生小昆虫。

㉞端毛龙虱属 *Agabus* sp.，见于庞泉沟、洞沟。寄主：捕食水生小昆虫。

㉟端异毛龙虱 *Ilybius apicalis* Sharp，见于大草坪。寄主：捕食水生小昆虫。

㊱斯氏宽缘龙虱 *Platambus schillhammeri* Wewalka et Brancucci，见于八水沟、黑渠、洞沟等地。寄主：捕食水生小昆虫。

㊲小雀斑龙虱 *Rhantus suturalis*（Macleay），见于八水沟、大草坪等地。寄主：捕食水生小昆虫。

㊳中国真龙虱 *Cybister chinensis* Motschulsky，见于庞泉沟等地。

㊴艾孔龙虱 *Nebrioporus airumlus* Kolenati，见于西塔沟、八水沟、抗洞子沟、大草坪村。寄主：捕食水生小昆虫。

㊵黑线边唇龙虱 *Hygrotus nigrolineatus* (Steven)，见于庞泉沟。寄主：捕食水生小昆虫。

㊶东方异爪龙虱 *Hyphydrus orientalis* Clark，见于庞泉沟。寄主：捕食水生小昆虫。

(5)埋葬甲科 Silphidae

㊷黑负葬甲 *Nicrophorus concolor* (Kraaz)，见于大草坪等地。寄主：蝇类幼虫。

㊸日本负葬甲 *Nicrophorus japonicus* Herbst，见于大草坪、八水沟(长立村)、庞泉沟、老蛮沟、大吉沟、抗洞子沟等地。寄主：蝇类幼虫、鸟兽类尸体。

㊹红斑负葬甲 *Nicrophorus vespilloides* Herbst，见于大草坪、八水沟(长立村)、八道沟、庞泉沟等地。寄主：双翅目昆虫的幼虫。

㊺双斑扑葬甲 *Ptomascopus plagiatus* (Ménétriés)，见于八水沟(长立村)、庞泉沟等地。寄主：双翅目幼虫。

㊻达乌里干葬甲 *Aclypea daurica* (Gebler)，见于庞泉沟。寄主：类幼虫、鸟兽类尸体。

㊼黄角尸葬甲 *Necrodes littoralis* (Linnaeus)，见于八道沟、洞沟、大吉沟、庞泉沟等地。寄主：蝇类幼虫、鸟兽类尸体。

(6)隐翅虫科 Staphylinidae

㊽大隐翅虫 *Creophilus maxillosus* (Linnaeus)，见于大草坪等地。寄主：饲料。

㊾隐翅虫 *Tachyporus celatus* Sharp，见于大草坪、八水沟(长立村)等地。寄主：面粉。

㊿斑突眼隐翅虫 *Stenus comma* LeConte，见于庞泉沟等地。

(51)朱诺突眼隐翅虫 *Stenus juno* (Paykull)，见于庞泉沟等地。

(52)糙背突眼隐翅虫 *Stenus tenuipes* Sharp，见于八水沟(长立村)等地。

(53)虎突眼隐翅虫 *Stenus cicindeloides* (Schaller)，见于庞泉沟等地。

(54)西伯利亚突眼隐翅虫 *Stenus sibiricus* Sahlberg，见于八道沟等地。

(55)冠突眼隐翅虫 *Stenus coronatus* Benick，见于八道沟等地。

(56)背筋隐翅虫 *Oxytelus laqueatus* (Marsham)，见于西塔沟。

(7)水龟虫科 Hydrophilidae

(57)小水龟虫 *Hydrophilus afinis* (Sharp)，见于大草坪、八水沟、老蛮沟等地。寄主：水生杂草。

(8)阎甲科 Histeridae

(58)小龟形阎甲 *Carcinops quatuorde cimsriatus* (Stephens)，见于大草坪等地。寄主：莜麦、豆饼。

(59)阎甲 *Hister concolor* Lewis，见于大草坪、八水沟(长立村)等地。寄主：饲料。

(60)丽腐阎甲 *Saprinus splendens*(Paykull)，见于大草坪、八水沟(长立村)等地。寄主：饲料。

(9)锹甲科 Lucanidae

(61)弯齿陶锹甲 *Dorcus curvidens* (Hope)，见于大草坪、八水沟(长立村)、八道沟、庞泉沟、老蛮沟等地。寄主：山楂。

(62)斑股锹甲 *Lucanus maculifemoratus* Motschulsky，见于大草坪、八水沟(长立村)等地。寄主：山楂。

(10)粪金龟科 Geotrupidae

(63)戴锤角粪金龟 *Bolbotrypes davidis* (Fairmaire)，见于大草坪、八水沟(长立村)、八道沟、庞泉沟等地。寄主：畜粪。

⑭粪堆粪金龟 *Geotrupes sercorarius*（Linnaeus），见于大草坪、八水沟(长立村)、八道沟、庞泉沟等地。寄主：牛、马粪。

(11)红金龟科 Ochodaeidae

⑮锈红金龟 *Chodaeus ferrugineus* Eschscholtz，见于大草坪、八水沟(长立村)、八道沟、庞泉沟等地。寄主：畜粪。

(12)蜉金龟科 Aphodiidae

⑯红亮蜉金龟 *Aphodius impunctalus* Waterhous，见于大草坪、八水沟(长立村)、八道沟、庞泉沟等地。寄主：牛粪堆、腐烂秸秆堆、垃圾堆。

⑰直蜉金龟 *Aphodius recius* Motschulsky，见于大草坪、八水沟(长立村)、八道沟、庞泉沟等地。寄主：粪堆、垃圾。

⑱断蜉金龟属 *Colobopterus* sp.，见于老蛮沟。寄主：牛粪堆、腐烂秸秆堆、垃圾堆。

(13)金龟子科 Scarabaeidae

⑲神农洁蜣螂 *Catharsius molossus*（Linnaeus），见于大草坪、八水沟(长立村)、八道沟、庞泉沟等地。寄主：动物粪便。

⑳臭蜣螂 *Copris ochus* Motschulsky，见于大草坪、八水沟(长立村)、八道沟、庞泉沟等地。寄主：畜粪。

㉑墨侧裸蜣螂 *Gmnopleurus mopsus*(Pallas)，见于大草坪、八水沟(长立村)、八道沟、庞泉沟等地。寄主：畜粪。

㉒双顶嗡蜣螂 *Onthophagus bivertex* Heyden，见于大草坪、八水沟(长立村)、八道沟、庞泉沟等地。寄主：畜粪。

㉓凹背利蜣螂 *Liatongus phanaeoides*（Westwood），见于庞泉沟。

㉔小驼嗡蜣螂 *Nthophagus gibbulus*（Pallas），见于大草坪、八水沟(长立村)、八道沟、庞泉沟等地。寄主：畜粪。

㉕驼古嗡蜣螂 *Onthophagus gibbulus*（Pallas），见于老蛮沟。寄主：畜粪。

㉖中华嗡蜣螂 *Onthophagus sinicus* Zhang et Wang，见于大草坪、八水沟(长立村)、八道沟、庞泉沟等地。寄主：畜粪。

㉗台风蜣螂 *Scarabaeus typhon*（Fischer），见于大草坪、八水沟(长立村)、八道沟、庞泉沟等地。寄主：畜粪。

㉘赛西蜣螂 *Sisyphus schaeferi*（Linnaeus），见于大草坪、八水沟(长立村)、八道沟、庞泉沟等地。寄主：畜粪。

(14)犀金龟科 Dynastidae

㉙华晓扁犀金龟 *Eophileurus chinensis*（Faldermann），见于大草坪、八水沟(长立村)、庞泉沟等地。寄主：植物性肥料堆。

㉚阔胸禾犀金龟 *Pentodon mongolicus* Molschulsky，见于大草坪、八水沟(长立村)、八道沟、庞泉沟等地。寄主：禾本科、豆科植物、蔬菜及其幼苗。

(15)丽金龟科 Rutelidae

㉛茸喙丽金龟 *Adoretus puberulus* Motschulsky，见于大草坪、八水沟(长立村)、八道沟、庞泉沟等

地。寄主：山楂、杨及豆科植物。

㉜斑喙丽金龟 *Adoretus tenuimaculatus* Waterhouse，见于大草坪、八水沟(长立村)、八道沟、庞泉沟等地。寄主：豆科、蔷薇科植物及玉米。

㉝铜绿异丽金龟 *Anomala corpulenta* Motschulsky，见于大草坪、八水沟(长立村)、八道沟、庞泉沟、老蛮沟、西塔沟、洞沟、抗洞子沟等地。寄主：杨、榆、柳及蔷薇科植物葡萄属植物，幼虫危害作物的根。

㉞黄褐异丽金龟 *Anomala exoleta* Faldermann，见于大草坪、八水沟(长立村)、八道沟、庞泉沟等地。寄主：禾本科植物、豆科植物及马铃薯。

㉟蒙古异丽金龟 *Anomala mongolica* Faldermann，见于大草坪、八水沟(长立村)、八道沟、庞泉沟等地。寄主：辽东栎、榆、杨、柳及蔷薇科植物。

㊱多色异丽金龟 *Anomala chamaeleon* Fairmaire，见于大草坪、八水沟(长立村)、八道沟、庞泉沟等地。寄主：莜麦、豆科植物。

㊲弓斑丽金龟 *Cyriopertha arcuata* Gebler，见于大草坪、八水沟(长立村)、八道沟、庞泉沟等地。寄主：莜麦、蔷薇科植物。

㊳粗绿彩丽金龟 *Mimela holosericea* (Fabricius)，见于大草坪、八水沟(长立村)、八道沟、庞泉沟、老蛮沟等地。寄主：蔷薇科植物及葡萄属植物、柏、松。

㊴分异发丽金龟 *Phyllopertha diversa* Waterhouse，见于大草坪、八水沟(长立村)、八道沟、庞泉沟等地。寄主：禾本科植物、豆科植物沙棘。

㊵琉璃弧丽金龟 *Popillia flavosellata* Fairmaire，见于大草坪、八水沟(长立村)、八道沟、庞泉沟等地。寄主：禾本科、豆科、蔷薇科植物。

㊶中华弧丽金龟 *Popillia quadriguttata* Fabricius，见于大草坪、八水沟(长立村)、八道沟、庞泉沟等地。寄主：葡萄属植物、山杏、榆杨、麻类、山楂、柏、禾本科植物。

㊷苹毛丽金龟 *Proagopertha lucidula* Faldermann，见于大草坪、八水沟(长立村)、八道沟、庞泉沟等地。寄主：莜麦、豆科植物、葡萄属植物、山楂、榆、杨、柳。

㊸短毛斑金龟 *Lasiotrichius succinctus* (Pallas)，见于八道沟、八水沟、抗洞子沟等地。寄主：大田作物和苗木。

㊹小青花金龟 *Gametis jucunda* (Faldermann)，见于庞泉沟。寄主：禾本科植物。

(16)鳃金龟科 Melolonthidae

㊺马铃薯鳃金龟西伯利亚亚种 *Amphimallon solstitialis sibiricus* Reitter，见于大草坪、八水沟(长立村)、八道沟等地。寄主：马铃薯。

㊻华阿鳃金龟 *Apogonia chinensis* Moser，见于大草坪、八水沟(长立村)、八道沟、庞泉沟等地。寄主：豆科植物、禾本科植物及山楂。

㊼黑阿鳃金龟 *Apogonia cupreoviridis* Kolbe，见于大草坪、八水沟(长立村)等地。寄主：豆科、禾本科植物。

㊽福婆鳃金龟 *Brahmina faldermanni* Kraatz，见于大草坪、八水沟(长立村)、八道沟、庞泉沟、西塔沟等地。寄主：大田作物和苗木等。

㊾波婆鳃金龟 *Brahmina potanini* (Semenov)，见于大草坪、八水沟(长立村)、八道沟、老蛮沟等

地。寄主：幼虫为害大田作物和苗木。

⑩粗婆鳃金龟 *Brahmina ruida* Zhang et Wang，见于大草坪、八水沟(长立村)等地。寄主：大田作物和苗木。

⑩毛双缺鳃金龟 *Diphycerus davidis* Fairmaire，见于大草坪、八水沟(长立村)、八道沟、庞泉沟等地。寄主：沙棘。

⑩直齿爪鳃金龟 *Holotrichia koraiensis* Murayama，见于大草坪、八水沟(长立村)、八道沟、庞泉沟等地。寄主：莜麦、甜菜、沙棘、山楂、杨、柳、榆及豆科、旋花属植物。

⑩华北大黑鳃金角 *Holotrichia oblita* (Faldermann)，见于大草坪、八水沟(长立村)、八道沟、庞泉沟等地。寄主：豆科、禾本科及甜菜、沙棘、山楂、杨、柳、榆。

⑩小黑鳃金龟 *Holotrichia picea* Waterhouse，见于大草坪、八水沟(长立村)、八道沟、庞泉沟等地。寄主：豆科植物、旋花属植物、马铃薯。

⑩棕狭肋鳃金龟 *Holotrichia*(*Eolrichia*) *titanis* Reitter，见于大草坪等地。寄主：禾本科植物、豆科植物、蔷薇科植物、甜菜、马铃薯。

⑩毛黄脊鳃金龟 *Holitrichia*(*Pledina*) *trichophora* (Fairmaire)，见于大草坪等地。寄主：禾本科植物、豆科植物。

⑩斑单爪鳃金龟 *Hoplia aureola* (Pallas)，见于大草坪、八水沟、八道沟、庞泉沟等地。寄主：禾本科植物及甘蓝、沙棘。

⑩围单爪鳃金龟 *Hoplia cincticollis* (Faldermann)，见于大草坪、八水沟(长立村)、八道沟、庞泉沟等地。寄主：马铃薯、沙棘、杨。

⑩戴单爪鳃金龟 *Hoplia*(*Decamera*) *davidis* Fairmaire，见于大草坪、八水沟(长立村)、八道沟、黑渠、老蛮沟、庞泉沟等地。寄主：马铃薯、沙棘、杨。

⑩绢金龟族 *Sericini* Kirby，见于黑渠、庞泉沟、西塔沟等地。寄主：豆科、禾本科植物。

⑪小阔胫玛绢金龟 *Maladera ovatula*(Fairnaire)，见于大草坪等地。寄主：豆科、禾本科植物。

⑪阔胫玛绢金龟 *Maladera verticalis*(Fairaire)，见于大草坪等地。寄主：豆科植物、禾本科植物、山楂、杨、榆。

⑪弟兄鳃金龟 *Melolontha frater* Arrow，见于大草坪、八水沟(长立村)、八道沟、庞泉沟等地。寄主：杨、槐、松、柳、榆、柏、马铃薯。

⑪大栗鳃金龟 *Melolontha hippocastani mongolica* Ménétriés，见于大草坪、八水沟(长立村)、八道沟、庞泉沟等地。寄主：莜麦、马铃薯、禾本科植物。

⑪小黄鳃金龟 *Metabolus flavescens* Brenske，见于大草坪、八水沟(长立村)、八道沟、庞泉沟等地。寄主：豆科植物、马铃薯、山楂、油松。

⑪小云鳃金龟 *Polyphylla gracilicornis* (Blanchard)，见于大草坪、八水沟(长立村)、八道沟、庞泉沟等地。寄主：豆科植物及莜麦、马铃薯、杨、柳、油松、辽东栎。

⑪大云鳃金龟 *Polyphylla laticollis* Lewis，见于大草坪、八水沟(长立村)、八道沟、庞泉沟、老蛮沟、大吉沟、西塔沟、洞沟、抗洞子沟等地。寄主：莜麦、蔷薇科植物、杨、松榆、柳。

⑪大黑鳃金龟 *Holotrichia oblita* (Faldermann)，见于大草坪、庞泉沟。寄主：取食杨、柳、榆、桑、核桃、苹果、刺槐、栎等多种果树和林木叶片，幼虫危害阔、针叶树根部及幼苗。

⑪⑨平爪鳃金龟属 *Ectinohoplia* sp.，见于西塔沟。寄主：马铃薯、山楂、油松及豆科植物。

(17)花萤科 Cantharidae

⑫⓪黑斑丽花萤 *Themus stigmaticus*（Fairmaire），见于八水沟等地。

⑫①里森氏丽花萤 *Themus*(*Haplothemus*) *licenti* Pic，见于黑渠等地。

⑫②小花萤属 *Malthodes mysticus* Kiesenwetter，见于八道沟、西塔沟、八水沟、大草坪、洞沟、抗洞子沟、老蛮沟等地。

⑫③小花萤属 *Malthodes pumilus*(Brébisson)，见于八道沟、西塔沟、黑渠等地。

(18)蚁形甲科 Anthicidae

⑫④*Anthicus ater*(Thunberg)，见于大草坪。

(19)长角象科 Anthribidae

⑫⑤宽喙长角象 *Platystomos albinus*(Linnaeus)，见于庞泉沟。

(20)天牛科 Cerambycidae

⑫⑥麻竖毛天牛 *Thyestilla gebleri*(Faldermann)，见于庞泉沟。

⑫⑦星天牛 *Anoplophora chinensis*（Forster），见于大草坪、八水沟、庞泉沟等地。寄主：杨、柳、榆及蔷薇科植物。

⑫⑧桦脊虎天牛 *Xylotrechus clarinus* Bates，见于大草坪、八水沟(长立村)、八道沟、庞泉沟、黑渠、洞沟等地。寄主：杨、桦。

(21)叶甲科 Chrysomelidae

⑫⑨*Longitarsus lewisii*（Baly），见于八道沟、八水沟、大草坪、黑渠、洞沟、大吉沟、老蛮沟、庞泉沟等地。

⑬⓪细角长跗跳甲 *Longitarsus succineus*(Foudras)，见于大草坪。

⑬①凹胫跳甲 *Chaetocnema ingenua*(Baly)，见于大草坪、八水沟、八道沟、大吉沟等地。寄主：谷苗、麦苗。

⑬②榆紫叶甲 *Ambrostoma quadriimpressum*（Motschulsky），见于大草坪、八水沟、黑渠等地。寄主：榆。

(22)瓢虫科 Coccinellidae

⑬③二星瓢虫 *Adalia bipunctata*(Linnaeus)，见于大草坪。

⑬④灰眼斑瓢虫 *Anatis ocellata*(Linnaeus)，见于八道沟。

⑬⑤十星裸瓢虫 *Calvia decemguttata*(Linnaeus)，见于八道沟、大草坪、老蛮沟等地。

⑬⑥十四星瓢虫 *Calvia quatuordecimguttata*(Linnaeus)，见于西塔沟、老蛮沟等地。

⑬⑦七星瓢虫 *Coccinella septempunctata* Linnaeus，见于大草坪、老蛮沟等地。

⑬⑧双七星瓢虫 *Coccinula quatuordecimpustulata*(Linnaeus)，见于大草坪。

⑬⑨异色瓢虫 *Harmonia axyridis*(Pallas)，见于八道沟、西塔沟、八水沟、大草坪、黑渠、洞沟、抗洞子沟、大吉沟、老蛮沟、庞泉沟等地。

⑭⓪多异瓢虫 *Hippodamia variegata*（Goeze），见于八道沟、西塔沟、八水沟、大草坪、黑渠、洞沟、抗洞子沟、大吉沟、老蛮沟、庞泉沟等地。

⑭①二十二星菌瓢虫 *Psyllobora vigintiduopunctata*(Linnaeus)，见于庞泉沟。

(23)象甲科 Curculionidae

⑭西伯利亚绿象 *Chlorophanus sibiricus* Gyllenhal，见于大草坪、黑渠、老蛮沟等地。

(24)叩甲科 Elateridae

⑭*Ampedus auripes*（Reitter），见于西塔沟。

⑭细胸锥尾叩甲 *Agriotes subvittatus* Motschulsky，见于大草坪、八水沟、八道沟、庞泉沟、大吉沟、西塔沟、洞沟等地。寄主：禾本科及马铃薯等植物的根。

⑭褐纹叩甲 *Melanotus caudex* Lewis，见于大草坪、八水沟(长立村)、八道沟、庞泉沟、老蛮沟、大吉沟、西塔沟、抗洞子沟等地。寄主：禾本科植物、马铃薯。

⑭沟线角叩甲 *Pleonomus canaliculatus*(Faldermann)，见于大草坪、八水沟(长立村)、八道沟、庞泉沟、大吉沟、西塔沟、抗洞子沟等地。寄主：禾本科植物、豆科植物、杨、柳等根部。

(25)隐唇叩甲科 Eucnemidae

⑭*Microrhagus lepidus* Rosenhauer，见于庞泉沟。

(26)薪甲科 Latridiidae

⑭*Cortinicara gibbosa*（Herbst），见于大草坪、老蛮沟等地。

(27)花蚤科 Mordellidae

⑭全黑花蚤 *Mordella holomelaena* Apfelbeck，见于八道沟、西塔沟、八水沟、大草坪、黑渠、洞沟、抗洞子沟、大吉沟、庞泉沟等地。

⑮*Mordellistena humeralis*(Linnaeus)，见于八道沟、西塔沟、八水沟、大草坪、黑渠、洞沟、大吉沟、老蛮沟、庞泉沟等地。

(28)露尾甲科 Nitidulidae

⑮棕宽胸露尾甲 *Cychramus luteus*(Fabricius)，见于八道沟、西塔沟、黑渠等地。

(29)拟天牛科 Oedemeridae

⑮黑胫菊拟天牛 *Chrysanthia geniculata* Heyden，见于八水沟。

⑮远东拟天牛 *Oedemera amurensis* Heyden，见于老蛮沟。

5.2.13 双翅目 DITPERA

(1)大蚊科 Tipulidae

①腹刺短柄大蚊 *Nephrotoma aculeata*（Loew），见于黑渠、大草坪、八水沟、大吉沟、西塔沟、洞沟、庞泉沟、抗洞子沟等地。寄主：幼虫取食植物嫩茎或腐殖质。

②角突短柄大蚊 *Nephrotoma cornicina*（Linnaeus），见于八道沟、八水沟、大草坪、洞沟、抗洞子沟、大吉沟、老蛮沟、庞泉沟等地。

③山西短柄大蚊 *Nephrotoma shanxiensis* Yang et Yang，见于黑渠沟、八水沟、八道沟(黄鸡塔)、大吉沟、西塔沟、洞沟、庞泉沟、抗洞子沟等地。寄主：幼虫取食植物嫩茎或腐殖质。

④黄脊雅大蚊 *Tipula pierrei* Tonnoir，见于西塔沟、八水沟、大草坪、洞沟、大吉沟、老蛮沟、庞泉沟等地。

⑤大蚊 *Tipula* sp.，见于八水沟。

⑥*Acanthosoma haemorrhoidale*（Linnaeus），见于八道沟、大草坪、洞沟、大吉沟。

(2)蚊科 Culicidae

⑦背点伊蚊 *Aedes* (*Ocherotatus*) *dorsalis* (Meigen)，见于八水沟等地。寄主：人畜的血。

⑧库蚊 *Culex* sp.，见于八水沟等地。寄主：牲畜血。

⑨废库蚊 *Culicoides obsoletus*(Meigen)，见于八道沟、八水沟等地。寄主：人畜的血。

(3)摇蚊科 Chironomidae

⑩摇蚊 *Smitia* sp.，见于八水沟等地。寄主：牲畜血。

⑪污叶角摇蚊 *Camptocladius stercorarius* (De Geer)，见于八水沟。

⑫背摇蚊 *Chironomus nippodorsalis* Sasa，见于八道沟、八水沟、大草坪、洞沟等地。

⑬折叠环足摇蚊 *Cricotopus perniger* (Zetterstedt)，见于大草坪。

⑭隆铗沼摇蚊 *Limnophyes triangulus* Wang，见于黑渠。

⑮长矩中足摇蚊 *Metriocnemus picipes* (Meigen)，见于西塔沟。

⑯异色拟矩摇蚊 *Paraphaenocladius nasthecus* Saether，见于大草坪、抗洞子沟、庞泉沟等地。

⑰鲜艳多足摇蚊 *Polypedilum laetum* (Meigen)，见于八道沟、西塔沟、八水沟、大草坪、抗洞子沟、老蛮沟、庞泉沟等地。

⑱仙居多足摇蚊 *Polypedilum yongsangensis* Ree et Kim，见于八水沟、洞沟、大吉沟等地。

⑲爱氏施密摇蚊 *Smittia edwardsi* Goetghebuer，见于八道沟、八水沟、大草坪、洞沟、庞泉沟等地。

⑳白施密摇蚊 *Smittia leucopogon* (Meigen)，见于大草坪、庞泉沟等地。

㉑哈尼长跗摇蚊 *Tanytarsus okuboi* M. Sasa et T. Kikuchi，见于抗洞子沟。

㉒长跗摇蚊属 *Tanytarsus* sp.，见于庞泉沟。

(4)蚋科 Simuliidae

㉓班生短蚋 *Odagmia ferganicum* (Rubzov)，见于八水沟等地。寄主：牲畜血。

(5)蠓科 Ceratopogonidae

㉔库蠓属 *Culicoides* sp.，见于八水沟、八道沟等地。寄主：动物血。

(6)瘿蚊科 Cecidomyiidae

㉕食蚜瘿蚊 *Aphidoletes aphidimyza* (Rondani)，见于八水沟等地。

㉖满寄瘿蚊 *Sioxrina brophogi* Domb，见于八水沟等地。

(7)虻科 Tabanidae

㉗黄虻 *Atylotus* sp.，见于黑渠、八水沟等地。寄主：成虫刺吸家畜血，幼虫以软体动物、节肢动物为食。

㉘察哈尔斑虻 *Chrysops chaharicus* Chen et Quo，见于八道沟、八水沟等地。寄主：成虫刺吸家畜血，幼虫以软体动物、节肢动物为食。

㉙土麻虻 *Chrysozona turkestanica* (Krober)，见于八道沟、八水沟等地。寄主：成虫刺吸家畜血，幼虫以软体动物、节肢动物为食。

㉚中华麻虻 *Haematopota sinensis* Ricardo，见于老蛮沟、八道沟、八水沟等地。寄主：成虫刺吸家畜血，幼虫以软体动物、节肢动物为食。

㉛土灰虻 *Tabanus amaenus* Walker，见于八道沟、八水沟等地。寄主：成虫刺吸家畜血，幼虫以

软体动物、节肢动物为食。

(8)食蚜蝇科 Syrphidae

㉜黄腹狭口食蚜蝇 *Asarkina porcina* (Coquillett),见于黑渠沟、老蛮沟、大草坪、八道沟、八水沟等地。寄主:蚜虫。

㉝食蚜蝇 *Allograpta exotica* (Wiedemann),见于大吉沟。

㉞*Chalcosyrphus vecors* (Osten Sacken),见于八水沟、抗洞子沟、庞泉沟

㉟大长角食蚜蝇 *Chrysotoxum grande* Matsumura,见于八道沟、八水沟等地。寄主:蚜虫。

㊱八斑长角食蚜蝇 *Chrysotoxum octomaculatum* Curtis,见于八道沟、八水沟等地。寄主:蚜虫。

㊲褐黄长角食蚜蝇 *Chrysotoxum testaceum* Sack,见于八道沟、八水沟等地。寄主:蚜虫。

㊳巨斑边食蚜蝇 *Didea fasciata* Macquart,见于八道沟、八水沟等地。寄主:蚜虫。

㊴边蚜蝇属 *Didea* sp.,见于西塔沟、黑渠等地。

㊵离缘垂边蚜蝇 *Epistrophe grossulariae*(Meigen),见于八道沟、大吉沟等地。

㊶黑带食蚜蝇 *Episyrphus balteatus* de Geer,见于八道沟、八水沟等地。寄主:蚜虫、介壳虫、粉虱等。

㊷黄带狭腹食蚜蝇 *Meliscaeva cinctella* (Zetterstedt),见于八道沟、八水沟等地。寄主:蚜虫。

㊸钝黑离眼蚜蝇 *Eristalinus sepulchralis* (Linnaeus),见于八道沟、八水沟等地。寄主:蚜虫。

㊹短腹管蚜蝇 *Eristalis arbustorun* (Linnaeus),见于八道沟、八水沟、大吉沟、西塔沟、庞泉沟等地。寄主:蚜虫。

㊺长尾管蚜蝇 *Eristalis tenax* (Linnaeus),见于八道沟、八水沟等地。寄主:蚜虫。

㊻灰带管蚜蝇 *Eristalis cerealis* Fabricius,见于八水沟等地。寄主:蚜虫。

㊼管蚜蝇属 *Eristalis* sp.,见于八道沟、大草坪、洞沟、抗洞子沟、老蛮沟、庞泉沟等地。

㊽黑色斑眼蚜蝇 *Eristalnus aeneus*(Scopoli),见于八道沟、八水沟等地。寄主:蚜虫。

㊾优食蚜蝇 *Eupeodes americanus* (Wiedemann),见于八道沟、西塔沟、八水沟、大草坪、黑渠、洞沟、抗洞子沟、大吉沟、老蛮沟、庞泉沟等地。

㊿赫氏蚜蝇属 *Heringia* sp.,见于八水沟。

51方斑墨蚜蝇 *Melanostoma mellinum* (Linnaeus),见于西塔沟。

52墨蚜蝇属 *Melanostoma* sp.,见于西塔沟。

53*Parasyrphus relictus* (Zetterstedt),见于西塔沟。

54*Sphegina sibirica* Stackelberg,见于八道沟、洞沟、庞泉沟。

55野食蚜蝇 *Syrphus torvus* Osten Sacken,见于西塔沟。

56黑足食蚜蝇 *Syrphus vitripennis* Meigen,见于西塔沟、八水沟、大草坪、庞泉沟等地。

(9)丽蝇科 Calliphoridae

57巨尾阿丽蝇 *Aldrichina grahami* (Aldrich),见于八道沟、八水沟等地。寄主:幼虫以粪及污物为食。

58青海陪丽蝇 *Bellardia qinghaiensis* Chen,见于八道沟、八水沟等地。寄主:幼虫以粪及污物为食。

59拟新月陪丽蝇 *Bellardia menechmoides* Chen,见于八道沟、八水沟等地。寄主:幼虫以粪及污物

为食。

⑩尸兰蝇 *Cynomya mortuorum*（Linnaeus），见于八道沟、八水沟等地。寄主：幼虫以粪及污物为食。

⑪红头丽蝇 *Calliphora vicina*（Linnaeus），见于八道沟、八水沟等地。寄主：幼虫以粪及污物为食。

⑫崂山壶绿蝇 *Lucilia ampullacea laoshanensis* Quo，见于八水沟等地。寄主：幼虫以粪及污物为食。

⑬叉叶绿蝇 *Lucilia caesar*（Linnaeus），见于八道沟、八水沟等地。寄主：幼虫以粪及污物为食。

⑭山西绿蝇 *Lucilia shansiensis* Fan，见于黑渠、大草坪、八道沟、八水沟、大吉沟、西塔沟等地。寄主：幼虫以粪及污物为食。

⑮反吐丽蝇 *Calliphora vomitoria*（Linnaeus），见于八道沟、西塔沟等地。寄主：幼虫以粪及污物为食。

⑯宽叶蜗蝇 *Melinda cognata*（Meigen），见于八道沟等地。寄主：幼虫以粪及污物为食。

⑰黄足变丽蝇 *Paradichosia pusilla*（Vill），见于八水沟等地。寄主：幼虫以粪及污物为食。

⑱栉跗粉蝇 *Pollenia pectinata* Grunin，见于八水沟等地。寄主：幼虫以粪及污物为食。

⑲中华粉腹丽蝇 *Pollenomyia sinensis*（Séguy），见于八水沟等地。寄主：幼虫以粪及污物为食。

⑳青原丽蝇 *Protocalliphora azurea*（Fallen），见于八道沟、八水沟等地。寄主：幼虫以粪及污物为食。

㉑不显口鼻蝇 *Stomorhina obsoleta*（Wiedemann），见于八道沟、八水沟等地。寄主：幼虫以粪及污物为食。

㉒叉丽蝇 *Triceratopyga calliphoroides*（Rohdi），见于八道沟、八水沟等地。寄主：幼虫以粪及污物为食。

㉓绯颜裸金蝇 *Hemilucilia semidiaphana*（Rondani），见于八道沟、西塔沟、八水沟、大草坪、洞沟、抗洞子沟、大吉沟、老蛮沟、庞泉沟等地。

㉔壶绿蝇 *Lucilia ampullacea* Villeneuve，见于庞泉沟。

㉕丝光绿蝇 *Lucilia sericata*（Meigen），见于大草坪。

（10）麻蝇科 Sarcophagidae

㉖黑尾黑麻蝇 *Holicophagella melanura*（Meigen），见于黑渠沟、老蛮沟、八道沟、八水沟等地。寄主：畜粪、腐败动植物。

㉗宽阳折麻蝇 *Blaesoxipha silantievi* Rohd，见于八道沟、八水沟等地。寄主：畜粪、腐败动植物。

㉘匙突欧麻蝇 *Heteronychia spatulifera* Chen et Lu，见于八道沟、八水沟等地。寄主：畜粪、腐败动植物。

㉙舞毒蛾克麻蝇 *Kramerea schuetzei*（Kramer），见于八道沟、八水沟等地。寄主：松毛虫幼虫、舞毒蛾幼虫。

㉚白头亚麻蝇 *Parasarcophaga albiceps* Meigen，见于八道沟、八水沟等地。寄主：人粪及动物尸体。

㉛伪叉胡麻蝇 *Robineauella pseudoscoparia*（Kraner），见于八道沟、八水沟等地。寄主：幼虫肉食

性、寄生舞毒蛾幼虫。

⑫槽叶胡麻蝇 *Parasarcophaga uliginosa*（Kramer），见于八道沟、八水沟等地。寄主：松毛虫。

⑬小曲麻蝇 *Phallocheira minor* Rohdendorf，见于八道沟、八水沟等地。

⑭红尾拉麻蝇 *Ravinia striata*（Fabricius），见于八道沟、八水沟等地。寄主：人畜粪，也曾在蝗虫中育出。

⑮达乌利叉麻蝇 *Robineauella daurica*（Grunin），见于八水沟等地。

⑯牯岭楔蜂麻蝇 *Eumetopiella koulingiana*（Seguy），见于八道沟、八水沟等地。

⑰肯特细麻蝇 *Pierretia kentejana* Rohdendorf，见于八水沟等地。

⑱股拉麻蝇 *Ravinia pernix*(Harris)，见于西塔沟、八水沟、大草坪、抗洞子沟等地。

⑲白头亚麻蝇 *Sarcophaga albiceps* Meigen，见于八道沟、八水沟、洞沟、老蛮沟、庞泉沟等地。

(11)寄蝇科 Tachinidae

⑳长须阿克寄蝇 *Actia jocularis* Mesnil，见于八水沟等地。

㉑窄带裸盾寄蝇 *Periscepsia spathulata*（Fallén），见于关子峁等地。

㉒撒立柔寄蝇 *Thelaira solivaga*（Harris），见于八道沟、西塔沟等地。

㉓黑须卷蛾寄蝇 *Blondelia nigripes*（Fallén），见于八水沟、西塔沟等地。

㉔宽尾裸背寄蝇 *Istocheta nyctia*（Borisova-Zinovjeva），见于西塔沟等地。

㉕暗黑麦寄蝇 *Medina melania*（Meigen），见于大草坪、八水沟、庞泉沟等地。

㉖金黄小寄蝇 *Bactromyia aurulenta*（Meigen），见于大草坪、八水沟、八道沟、庞泉沟等地。

㉗*Exorista glossatorum*（Rondani），见于大草坪。

㉘芦寇狭颊寄蝇 *Carcelia lucorum*（Meigen），见于大草坪、八水沟、八道沟、庞泉沟等地。

㉙舞毒蛾狭颊寄蝇 *Carcelia candidae* Shima，见于八水沟、洞沟等地。

⑩⓪玉米螟厉寄蝇 *Lydella grisescens* Robineau-Desvoidy，见于大草坪、八水沟等地。

⑩①普通怯寄蝇 *Phryxe vulgaris*（Fallén），见于大草坪、八水沟、八道沟、庞泉沟等地。

⑩②飞舞荫寄蝇 *Thelymyia saltuum*（Meigen），见于大草坪、八水沟等地。

⑩③高野毒蛾寄蝇 *Parasetigena takaoi*（Mesnil），见于大草坪、八水沟、八道沟、庞泉沟等地。

⑩④柔毛幽寄蝇 *Eumea mitis*（Meigen），见于关子峁、黑渠、西塔沟等地。

⑩⑤长喙阿寄蝇 *Actia jocularis* Mesnil，见于大草坪、庞泉沟等地。

⑩⑥山西阳寄蝇 *Panzeria shanxiensis*（Chao et Liu），见于大草坪、八道沟、黑渠等地。

⑩⑦对眼阳寄蝇 *Panzeria consobrina*（Meigen），见于八水沟、抗洞子沟、大草坪等地。

⑩⑧长肛短须寄蝇 *Linnaemya perinealis* Pandellé，见于洞沟、拴住沟等地。

⑩⑨凶野长须寄蝇 *Peleteria ferina*（Zetterstedt），见于大草坪等地。

⑪⓪黏虫长须寄蝇 *Peleteria iavana*（Wiedemann），见于大草坪、八水沟、八道沟、庞泉沟等地。

⑪①巨爪寄蝇 *Tachinamacropuchia* Chao，见于大草坪、八道沟等地。

⑪②怒寄蝇 *Tachina nupta*（Rondani），见于大草坪等地。

⑪③蒙古寄蝇 *Tachina mongolica*（Zimin），见于八水沟、洞沟、关子峁等地。

(12)潜蝇科 Agromyzidae

⑪④*Agromyza rufipes* Meigen，见于八道沟、庞泉沟等地。

⑮齿角潜蝇 *Cerodontha denticornis*（Panzer），见于八道沟、八水沟、大草坪、黑渠、洞沟、抗洞子沟、大吉沟、老蛮沟、庞泉沟等地。

⑯*Cerodontha muscina*（Meigen），见于抗洞子沟。

⑰蛇潜蝇属 *Ophiomyia* sp.，见于八水沟、黑渠、洞沟、庞泉沟等地。

⑱植斑潜蝇属 *Phytoliriomyza* sp.，见于抗洞子沟。

⑲植潜蝇 *Phytomyza evanescens* Hendel，见于大草坪。

（13）花蝇科 Anthomyiidae

⑳灰地种蝇 *Delia platura*（Meigen），见于八道沟、西塔沟、八水沟、大草坪、黑渠、洞沟、抗洞子沟、大吉沟、老蛮沟、庞泉沟等地。

㉑锥叶隰蝇 *Hydrophoria lancifer*（Harris），见于八道沟、西塔沟、八水沟、庞泉沟等地。

㉒*Anthomyza elbergi* Andersson，见于大草坪、庞泉沟等地。

㉓*Anthomyza pallida*（Zetterstedt），见于西塔沟。

（14）瘿蚋科 Cecidomyiidae

㉔螺旋瘿蚋 *Anaretella* sp.，见于八道沟、西塔沟、黑渠、抗洞子沟、庞泉沟等地。

（15）蠓科 Ceratopogonidae

㉕沼泽铗蠓 *Forcipomyia palustris*（Meigen），见于黑渠。

㉖铗蠓属 *Forcipomyia* sp. 1，见于八道沟、庞泉沟等地。

㉗铗蠓属 *Forcipomyia* sp. 2，见于八道沟、大草坪、庞泉沟等地。

（16）秆蝇科 Chloropidae

㉘*Biorbitella hesperia*（Sabrosky），见于八水沟、大草坪等地。

㉙山西中距秆蝇 *Cetema shanxiensis* Yang et Yang，见于八道沟、西塔沟、八水沟、大草坪、洞沟、抗洞子沟、大吉沟、庞泉沟等地。

㉚黄缘秆蝇 *Chlorops scalaris* Meigen，见于西塔沟。

㉛黑色麦秆蝇 *Meromyza pluriseta* Peterfi，见于西塔沟、八水沟、大草坪、庞泉沟等地。

㉜长缘秆蝇属 *Oscinella*，见于八道沟、西塔沟、八水沟、大草坪、黑渠、洞沟、抗洞子沟、大吉沟、老蛮沟、庞泉沟等地。

㉝菊姬长管蚜 *Siphonella oscinina*（Fallén），见于西塔沟、八水沟、洞沟、老蛮沟等地。

㉞中黑沟背秆蝇 *Tricimba lineella*（Fallén），见于庞泉沟。

（17）长足虻科 Dolichopodidae

㉟羽鬃长足虻 *Dolichopus plumipes*（Scopoli），见于八道沟、西塔沟。

㊱尖突长足虻 *Dolichopus simplex* Meigen，见于八道沟、西塔沟、大草坪、洞沟、大吉沟等地。

㊲聚买长足虻 *Medetera* sp.，见于八道沟、八水沟、大草坪、黑渠、老蛮沟、庞泉沟等地。

（18）果蝇科 Drosophilidae

㊳巴氏果蝇 *Drosophila busckii* Coquillett，见于八道沟、抗洞子沟等地。

㊴*Drosophila subquinaria* Spencer，见于老蛮沟。

㊵梯额果蝇 *Drosophila trapezifrons* Okada，见于八水沟、老蛮沟、庞泉沟等地。

㊶三暗黄果蝇 *Drosophila trilutea* Bock et Wheeler，见于抗洞子沟。

⑭灰姬果蝇 *Scaptomyza pallida*（Zetterstedt），见于八道沟、大草坪、黑渠、洞沟、庞泉沟等地。

(19)舞虻科 Empididae

⑭裸螳舞虻 *Chelifera chvalai* Wagner，见于抗洞子沟、老蛮沟等地。

(20)舞虻科 Empididae

⑭温泉水蝇属 *Scatella* sp.，见于大草坪。

(21)厕蝇科 Fanniidae

⑭*Fannia borealis* Chillcott，见于八水沟、大草坪、洞沟、大吉沟等地。

⑭*Fannia* sp. 1，见于西塔沟、庞泉沟。

⑭*Fannia* sp. 2，见于黑渠。

⑭鬃胫厕蝇 *Fannia spathiophora* Malloch，见于八道沟、西塔沟、黑渠、洞沟、抗洞子沟、大吉沟等地。

(22)日蝇科 Heleomyzidae

⑭舒日蝇 *Suillia nemorum*（Meigen），见于八道沟、西塔沟、八水沟、大草坪、黑渠、洞沟、抗洞子沟、大吉沟、老蛮沟、庞泉沟等地。

(23)驼舞虻科 Hybotidae

⑮*Platypalpus laticinctus* Wakler，见于八道沟、西塔沟、八水沟、大草坪、黑渠、抗洞子沟、大吉沟、老蛮沟、庞泉沟等地。

⑮*Platypalpus stigmatellus*(Zetterstedt,)，见于西塔沟。

(24)沼大蚊科 Limoniidae

⑮*Dicranomyia modesta*(Meigen)，见于八水沟、大草坪等地。

⑮细次沼大蚊 *Metalimnobia tenua* Savchenko，见于八道沟、黑渠等地。

⑮斑栉形大蚊 *Rhipidia maculata* Meigen，见于八道沟、西塔沟、八水沟、大草坪、黑渠、洞沟、抗洞子沟、庞泉沟等地。

(25)家蝇科 Muscidae

⑮毛边阳蝇 *Helina cilipes*(Schnabl)，见于八道沟、西塔沟、八水沟、大草坪、黑渠、洞沟、大吉沟、老蛮沟、庞泉沟等地。

⑮阳蝇属 *Helina* sp.，见于大草坪。

⑮速跃齿股蝇 *Hydrotaea meteorica*（Linnaeus），见于西塔沟、八水沟、黑渠、洞沟、大吉沟、老蛮沟、庞泉沟等地。

⑮螯溜蝇 *Lispe tentaculata*(De Geer)，见于八水沟。

⑮瘤胫莫蝇 *Morellia podagrica*(Loew)，见于八道沟、西塔沟。

⑯北栖家蝇 *Musca bezzii* Patton et Cragg，见于八水沟、抗洞子沟。

⑯圆蝇属 *Mydaea* sp.，见于黑渠。

(26)菌蚊科 Mycetophilidae

⑯*Boletina sciarina* Staeger，见于西塔沟、抗洞子沟等地。

⑯*Boletina verticillata* Stackelberg，见于庞泉沟。

⑯埃菌蚊属 *Epicypta* sp.，见于庞泉沟。

⑯滑菌蚊属 *Leia* sp.，见于八道沟、洞沟、抗洞子沟、庞泉沟等地。

⑯*Leia winthemii* Lehmann，见于西塔沟、抗洞子沟。

⑯艾尔菌蚊 *Mycetophila abiecta*(Laštovka)，见于抗洞子沟。

⑯菇状菌蚊 *Mycetophila fungorum*(De Geer)，见于八道沟、西塔沟、八水沟、大草坪、洞沟、抗洞子沟、大吉沟、庞泉沟等地。

⑯真菌蚊 *Mycomya branderi* Väisänen，见于八道沟、大草坪。

⑰中华真菌蚊 *Mycomya insignis*(Winnertz)，见于黑渠。

(27)蚤蝇科 Phoridae

⑰寡蚤蝇属 *Gymnophora* sp.，见于八道沟、西塔沟、八水沟、黑渠、洞沟、抗洞子沟、老蛮沟等地。

⑰*Megaselia arcticae* Disney，见于八道沟、西塔沟、八水沟、洞沟、抗洞子沟、老蛮沟等地。

⑰泰纳异蚤蝇 *Megaselia giraudii*(Egger)，见于大草坪。

⑰*Megaselia scalaris*(Loew)，见于八水沟、洞沟、抗洞子沟等地。

⑰*Megaselia simulans*(Wood)，见于八道沟。

⑰异蚤蝇属 *Megaselia* sp. 1，见于八道沟、八水沟、洞沟等地。

⑰异蚤蝇属 *Megaselia* sp. 2，见于西塔沟、黑渠等地。

⑰异蚤蝇属 *Megaselia* sp. 3，见于西塔沟。

⑰异蚤蝇属 *Megaselia* sp. 4，见于洞沟。

⑱异蚤蝇属 *Megaselia* sp. 5，见于八道沟、西塔沟、八水沟、洞沟等地。

⑱反吐丽蝇 *Phora pubipes* Schmitz，见于八道沟、西塔沟、八水沟、黑渠等地。

⑱*Triphleba subcompleta* Schmitz，见于八道沟。

(28)头蝇科 Pipunculidae

⑱恁头蝇 *Jassidophaga beatricis* (Coe)，见于西塔沟、洞沟等地。

⑱*Pipunculus lenis* Kuznetzov，见于大草坪、庞泉沟等地。

(29)茎蝇科 Psilidae

⑱*Chyliza vittata* Meigen，见于八道沟、西塔沟、黑渠、抗洞子沟、庞泉沟等地。

(30)毛蠓科 Psychodidae

⑱星斑蛾蚋 *Psychoda alternata* Say，见于八道沟、西塔沟、大草坪、大吉沟、老蛮沟、庞泉沟。

⑱毛蠓属 *Psychoda* sp. 1，见于黑渠。

⑱毛蠓属 *Psychoda* sp. 2，见于八道沟、西塔沟、八水沟、黑渠、洞沟、抗洞子沟、大吉沟、老蛮沟、庞泉沟。

(31)尖眼蕈蚊科 Sciaridae

⑱短颚迟眼蕈蚊 *Bradysia hilaris* (Winnertz)，见于八道沟、西塔沟、八水沟、大草坪、黑渠、洞沟、抗洞子沟、大吉沟、老蛮沟、庞泉沟等地。

⑲韭菜迟眼蕈蚊 *Bradysia impatiens* (Johannsen)，见于抗洞子沟、庞泉沟等地。

⑲内蒙古迟眼蕈蚊 *Bradysia lapponica* (Lengersdorf)，见于西塔沟、大草坪、黑渠、大吉沟、老蛮沟、庞泉沟等地。

⑲Bradysia trivittata (Staeger)，见于八道沟、老蛮沟、庞泉沟等地。

⑲栗厉眼蕈蚊 *Lycoriella castanescens* (Lengersdorf)，见于大草坪。

⑲*Prosciara prosciaroides* (Tuomikoski,)，见于八道沟、大吉沟等地。

⑲原粪眼蕈蚊 *Scatopsciara atomaria* (Zetterstedt)，见于洞沟。

⑲尾粪眼蕈蚊 *Scatopsciara vitripennis* (Meigen)，见于西塔沟、黑渠、庞泉沟等地。

(32)鼓翅蝇科 Sepsidae

⑲黄领鼓翅蝇 *Sepsis flavimana* Meigen，见于八道沟、大草坪、黑渠、庞泉沟等地。

(33)小粪蝇科 Sphaeroceridae

⑲极角脉小粪蝇 *Coproica pusio* (Zetterstedt)，见于西塔沟、抗洞子沟、庞泉沟等地。

⑲马科粪蝇 *Copromyza equina* Fallén，见于八道沟、西塔沟、八水沟、大草坪、黑渠、洞沟、抗洞子沟、老蛮沟、庞泉沟等地。

⑳鞭小粪蝇 *Minilimosina vitripennis* (Zetterstedt)，见于八水沟、庞泉沟等地。

⑳*Rachispoda lutosa* (Stenhammar)，见于八道沟、西塔沟、庞泉沟等地。

⑳刺足小粪蝇属 *Rachispoda* sp.，见于黑渠。

⑳*Spelobia ochripes* (Meigen)，见于大草坪。

(34)水虻科 Stratiomyidae

⑳柱角水虻属 *Beris* sp.，见于西塔沟。

(35)实蝇科 Tephritidae

⑳斑翅实蝇属 *Campiglossa* sp.，见于西塔沟、八水沟、大草坪、洞沟、大吉沟、庞泉沟等地。

5.2.14　蚤目 SIPHONAPTERA

蚤科 Pulicidae

猫栉首蚤 *Ctenocephalidae felis* (Bouché)，见于大草坪、八水沟(长立村)等地。寄主：人、猫、犬、家畜、家禽。

5.2.15　毛翅目 TRICHOPTERA

(1)纹石蛾科 Hydropsychidae

①纹石蛾属 *Hydropsyche* sp.，见于大草坪、八水沟(长立村)、八道沟(黄鸡塔)、庞泉沟等地。寄主：腐殖质颗粒或藻类等。

②截茎纹石蛾 *Hydropsyche penicillata* Martynov，见于八道沟、西塔沟、八水沟、大草坪、黑渠、洞沟、老蛮沟、庞泉沟等地。

③三突侧枝纹石蛾 *Hydropsyche serpentina* Schmid，见于八水沟、大草坪等地。

(2)角石蛾科 Stenopsychidae

④角石蛾属 *Stenopasyche* sp.，见于大草坪、八水沟(长立村)、八道沟(黄鸡塔)、庞泉沟等地。寄主：水生植物或藻类等。

(3)沼石蛾科 Limnophilidae

⑤钩肢石蛾属 *Apatenie* sp.，见于大草坪、八水沟(长立村)、八道沟(黄鸡塔)、庞泉沟等地。寄

主：水生植物或腐殖质颗粒。

⑥沼石蛾 *Limnophilus fuscovittatus* Matsumura，见于八水沟、抗洞子沟、庞泉沟等地。

⑦稻黄石蛾 *Limnephilus correptus* McLachlan，见于大草坪、八水沟(长立村)、庞泉沟等地。寄主：水生禾本科植物。

⑧伪突沼石蛾 *Pseudostenophylax fumosus* Martynov，见于八道沟、西塔沟、八水沟、大草坪、黑渠、洞沟、抗洞子沟、大吉沟、老蛮沟、庞泉沟等地。

⑨*Pseudostenophylax sokrates* Malicky，见于八道沟、西塔沟、八水沟、大草坪、黑渠、洞沟、抗洞子沟、大吉沟、老蛮沟、庞泉沟等地。

(4)舌石蛾科 Glossosomatidae

⑩*Glossosoma intermedium* (Klapalek)，见于八道沟、八水沟、抗洞子沟、老蛮沟等地。

⑪*Glossosoma ussuricum* (Martynov)，见于八道沟、西塔沟、八水沟、大草坪、洞沟、抗洞子沟、大吉沟、老蛮沟、庞泉沟等地。

(5)瘤石蛾科 Goeridae

⑫瘤石蛾 *Goera interrogationis* Botosaneanu，见于西塔沟、八水沟。

5.2.16 鳞翅目 LEPIDOPTERA

(1)木蠹蛾科 Cossidae

①白斑木蠹蛾 *Catopta albonubilus* (Graeser)，见于大草坪、八水沟(长立村)、八道沟(黄鸡塔)等地。寄主：杨、桦。

②蒙古木蠹蛾 *Cossus mongolicus* Erschoff，见于大草坪、八水沟(长立村)、八道沟(黄鸡塔)、庞泉沟等地。寄主：沙棘。

③沙棘木蠹蛾 *Holeocerus hippophaecolus* Hua, Chou, Fang et Chen，见于大草坪、八水沟(长立村)、八道沟(黄鸡塔)、庞泉沟等地。寄主：沙棘。

④柳木蠹蛾 *Holcocerus vicarius* Walker，见于大草坪、八水沟(长立村)、八道沟(黄鸡塔)、老蛮沟、西塔沟等地。寄主：蔷薇科植物、杨、柳、榆、辽东栎。

⑤多斑豹蠹蛾 *Zeuzera multistrigata* Moore，见于洞沟等地。寄主：核桃、苹果、枣、柿、杨等。

⑥*Eogystia hippophaecolus*(Hua, Chou, Fang et Chen)，见于西塔沟、八水沟、大草坪、抗洞子沟、老蛮沟。

(2)谷蛾科 Tineidae

⑦一点谷蛾 *Aphomia gularis* (Zeller)，见于大草坪，八水沟(长立村)等地。寄主：仓储谷物。

⑧褐斑谷蛾 *Homalopsycha agglutinata* Meyrick，见于八水沟(长立村)。寄主：仓储食物。

(3)细蛾科 Gracilariidae

⑨金纹细蛾 *Lithocolletis ringoniella* Matsumura，见于大草坪、八水沟(长立村)、八道沟(黄鸡塔)等地。寄主：山楂等蔷薇科植物。

(4)银蛾科 Argyresthiidae

⑩桦银蛾 *Argyresthia brockeella* (Hübner)，见于大草坪、八水沟(长立村)、八道沟(黄鸡塔)、庞泉沟等地。寄主：桦。

⑪*Argyresthia retinella* Zeller，见于黑渠。

(5)巢蛾科 Yponomeutidae

⑫白头松巢蛾 *Cedestis gysselinella* Duponchel，见于大草坪、八水沟(长立村)等地。寄主：油松。

⑬黑点巢蛾 *Yponomeuta polysticta* Butler，见于大草坪、八水沟(长立村)、庞泉沟等地。寄主：山楂等蔷薇科植物。

⑭淡褐巢蛾 *Swammerdamia pyrella* (de Villers)，见于大草坪、八水沟(长立村)等地。寄主：山楂等蔷薇科植物。

⑮稠巢蛾 *Ypcnomeula evonymellus* (Linnaeus)，见于大草坪、八水沟(长立村)、八道沟(黄鸡塔)、庞泉沟等地。寄主：蔷薇科植物。

⑯蔷薇巢蛾 *Yponomeuta padella* Linnaeus，见于大草坪、八水沟(长立村)、八道沟(黄鸡塔)、庞泉沟等地。寄主：山楂、山杏、山荆子等蔷薇科植物。

⑰卫矛巢蛾 *Yponomeuta polystigmellus* Felder et Felder，见于大草坪、八水沟(长立村)、八道沟(黄鸡塔)、庞泉沟等地。寄主：卫矛、辽东栎。

(6)菜蛾科 Plutellidae

⑱小菜蛾 *Plutella xylostella* (Linnaeus)，见于大草坪、八水沟(长立村)、八道沟(黄鸡塔)、庞泉沟等地。寄主：甘蓝、萝卜、番茄、马铃薯。

(7)举肢蛾科 Heliodinidae

⑲银点举肢蛾 *Pancalia latreillella* Curtis，见于八道沟(黄鸡塔)、庞泉沟等地。

(8)潜蛾科 Lyonetiidae

⑳杨白潜蛾 *Leucoptera susinella* (Herrich-Schäffer)，见于大草坪、八水沟(长立村)、八道沟(黄鸡塔)、庞泉沟等地。寄主：杨。

㉑银纹潜蛾 *Lyonetia prunifoliella* (Hübner)，见于大草坪、八水沟(长立村)、八道沟(黄鸡塔)、庞泉沟等地。寄主：蔷薇科植物。

㉒杨银潜叶蛾 *Phyllocnistis saligna* (Zeller)，见于大草坪、八水沟(长立村)、八道沟(黄鸡塔)、庞泉沟等地。寄主：杨。

(9)织蛾科 Oecophoridae

㉓米织蛾 *Anchonoma xeraula* Meyrick，见于大草坪、八水沟(长立村)等地。寄主：中药材、大米。

㉔榆织蛾 *Cheimophila salicella* (Hübner)，见于大草坪、八水沟(长立村)、八道沟(黄鸡塔)、庞泉沟等地。寄主：榆。

(10)麦蛾科 Gelechiidae

㉕山杨麦蛾 *Anacampsis populella*(Clerck)，见于大草坪、八水沟(长立村)、八道沟(黄鸡塔)、庞泉沟等地。寄主：山杨、小叶杨、柳、桦。

㉖马铃薯块茎蛾 *Gnorimoschema operculella*(Zeller)，见于大草坪、八水沟(长立村)、八道沟(黄鸡塔)等地。寄主：马铃薯。

㉗麦蛾 *Sitotroga cerealella*(Olivier)，见于大草坪、八水沟(长立村)等地。寄主：大米、面粉、中药材。

㉘番茄潜叶蛾 *Tuta absoluta*（Meyrick），见于抗洞子沟。

㉙孔雀蛾 *Macaria notata*（Linnaeus），见于西塔沟。

㉚黑星麦蛾 *Telphusa chloroderces* Meyrick，见于大草坪、八水沟（长立村）等地。寄主：山杏等蔷薇科植物。

㉛*Idaea effusaria*（Christoph），见于洞沟。

（11）鞘蛾科 Coleophoridae

㉜华北落叶松鞘蛾 *Coleophora sinensis* Yang，见于大草坪、八水沟（长立村）、八道沟（黄鸡塔）、庞泉沟等地。寄主：华北落叶松。

㉝蔷薇科黑鞘蛾 *Coleophora nigricella* Stephens，见于大草坪、八水沟（长立村）等地。寄主：山楂等蔷薇科植物。

㉞*Coleophora betulella* Heinemann et Wocke，见于老蛮沟。

㉟泛壮鞘蛾 *Coleophora versurella* Zeller，见于大草坪。

（12）卷蛾科 Tortricidae

㊱黄斑长翅卷蛾 *Acleris fimbriana*（Thunberg et Becklin），见于八水沟（长立村）等地。寄主：山杏、山楂、山荆子等蔷薇科植物。

㊲榆白长翅卷蛾 *Acleris ulmicola* Meyrick，见于大草坪、八水沟（长立村）等地。寄主：榆、蔷薇科植物。

㊳褐带卷蛾 *Adoxophyes orana* Fischer von Roslerstamm，见于大草坪、八水沟（长立村）、庞泉沟等地。寄主：蔷薇科植物及桦、杨、柳。

㊴梨黄卷蛾 *Archips breviplicanus* Walsingham，见于大草坪、八水沟（长立村）等地。寄主：蔷薇科植物、豆科植物及桑。

㊵落黄卷蛾 *Archips issikii* Kadama，见于八水沟（长立村）、八道沟（黄鸡塔）、庞泉沟等地。寄主：华北落叶松、青杆、白杆。

㊶黄色卷蛾 *Choristoneura longicellana* Walsingham，见于大草坪、八水沟（长立村）等地。寄主：蔷薇科植物及辽东栎。

㊷小食心虫 *Grapholitha funebrana* Treitschke，见于大草坪、八水沟（长立村）等地。寄主：山杏等蔷薇科植物。

㊸梨小食心虫 *Grapholitha molesta*（Busck），见于大草坪、八水沟（长立村）、八道沟（黄鸡塔）、庞泉沟等地。寄主：山楂等蔷薇科植物。

㊹松瘿小卷蛾 *Cydia zebeana* Ratzeburg，见于八水沟（长立村）、八道沟（黄鸡塔）、庞泉沟等地。寄主：华北落叶松。

㊺大豆食心虫 *Leguminivora glycinivorella*（Matsumura），见于大草坪、八水沟（长立村）、八道沟（黄鸡塔）等地。寄主：豆科植物。

㊻豆小卷蛾 *Matsumuraeses phaseoli*（Matsumura），见于大草坪、八道沟（黄鸡塔）、庞泉沟等地。寄主：草木樨等豆科植物。

㊼松褐卷蛾 *Pandemis cinnamomeana*（Treitschke），见于大草坪、八水沟（长立村）、八道沟（黄鸡塔）、庞泉沟等地。寄主：华北落叶松、柳、桦、辽东栎及蔷薇科植物。

㊽苹褐卷蛾 *Pandemis heparana*（Denis et Schiffermuller），见于大草坪、八水沟(长立村)、八道沟(黄鸡塔)、庞泉沟等地。寄主：蔷薇科植物及柳、榛、桑等。

㊾一点实小卷蛾 *Retinia monopunctata* Oku，见于八水沟(长立村)、八道沟(黄鸡塔)、庞泉沟等地。寄主：青杆、白杆。

㊿云杉球果小卷蛾 *Pseudotomoides strobilellus*(Linnaeus)，见于八水沟(长立村)、八道沟(黄鸡塔)、庞泉沟等地。寄主：青杆、白杆、华北落叶松。

51落叶松卷蛾 *Ptycholomoides aeriferanus*（Herrich-Schaffer），见于大草坪、八水沟(长立村)、八道沟(黄鸡塔)、庞泉沟等地。寄主：华北落叶松、桦。

52芽白小卷蛾 *Spilonota lechriaspis* Meyrick，见于大草坪、八水沟(长立村)、庞泉沟等地。寄主：山杏、山楂等蔷薇科植物。

53棉花棉褐带卷蛾 *Adoxophyes orana*（Fischer von Röslerstamm），见于八道沟、西塔沟、大草坪、黑渠等地。

54*Ancylis obtusana*（Haworth），见于洞沟。

55*Apotomis lemniscatana*(Kennel)，见于洞沟。

56桦斜纹小卷蛾 *Apotomis sororculana*(Zetterstedt)，见于八道沟、洞沟、抗洞子沟、大吉沟、老蛮沟等地。

57*Archips betulanus*(Hübner)，见于八道沟、西塔沟、八水沟、大草坪、老蛮沟。

58*Endothenia marginana*(Haworth)，见于抗洞子沟。

59白钩小卷蛾 *Epiblema foenella*(Linnaeus)，见于西塔沟、抗洞子沟。

60桦叶小卷蛾 *Epinotia ramella*(Linnaeus)，见于大吉沟。

61*Eupoecilia sanguisorbana*(Herrich-Schäffer)，见于老蛮沟。

62圆后黑小卷蛾 *Metendothenia atropunctana*（Zetterstedt），见于西塔沟、洞沟、抗洞子沟。

63*Olethreutes sericorana*(Walsingham)，见于八道沟、西塔沟、八水沟、大草坪、洞沟、抗洞子沟、老蛮沟、庞泉沟。

64松白小卷蛾 *Spilonota laricana*（Heinemann），见于八道沟、八水沟。

(13)羽蛾科 Pterophoridae

65羽蛾属 *Pterophorus* sp.，见于大草坪、老蛮沟、八水沟(长立村)、庞泉沟等地。

(14)蓑蛾科 Psychidae

66小窠蓑蛾 *Clania minuscula* Butler，见于大草坪、八道沟(黄鸡塔)、庞泉沟等地。寄主：杨、榆、柏。

(15)透翅蛾科 Sesiidae

67白杨透翅蛾 *Paranthrene tabaniformis*（Rottenberg），见于大草坪、八水沟(长立村)、庞泉沟、洞沟等地。寄主：小叶杨、青杨、旱柳。

68海棠透翅蛾 *Synanthedon haitangvora* Yang，见于八水沟(长立村)、庞泉沟等地。寄主：山楂、山杏等蔷薇科植物。

(16)斑蛾科 Zygaenidae

69斑蛾 *Illiberis nigra*（Leech），见于大草坪、八水沟(长立村)、八道沟(黄鸡塔)、庞泉沟等地。

寄主：山杏、樱桃及葡萄属植物。

⑦0杏星毛虫 *Illiberis psychina*（Oberthür），见于大草坪、八水沟（长立村）、八道沟（黄鸡塔）、庞泉沟等地。寄主：山杏、山楂及葡萄属植物。

（17）刺蛾科 Limacodidae

⑦1黄刺蛾 *Cnidocampa flavescens*（Walker），见于大草坪、八水沟（长立村）、八道沟（黄鸡塔）、庞泉沟等地。寄主：蔷薇科植物及杨、榆、桑、柳。

⑦2褐边绿刺蛾 *Latoia consocia*（Walker），见于大草坪、八水沟（长立村）、八道沟（黄鸡塔）、庞泉沟等地。寄主：柳、杨及蔷薇科植物。

⑦3中国绿刺蛾 *Parasa sinica* Moore，见于大草坪、八水沟（长立村）、八道沟（黄鸡塔）、庞泉沟等地。寄主：蔷薇科植物、榆。

⑦4扁刺蛾 *Thosea sinensis*（Walker），见于大草坪、八水沟（长立村）、八道沟（黄鸡塔）、庞泉沟等地。寄主：山楂、桑、杨、柳。

（18）螟蛾科 Pyralidae

⑦5米缟螟 *Aglossa dimidiata*（Haworth），见于八水沟（长立村）等地。寄主：金银花、禾谷类、面粉类、动植物标本、中药材。

⑦6二点谷螟 *Aphomia zelleri*（Joannis），见于大草坪、八水沟（长立村）等地。寄主：储粮、谷物。

⑦7杨黄卷叶螟 *Botyodes diniasalis*（Walker），见于大草坪、八水沟（长立村）、八道沟（黄鸡塔）、庞泉沟等地。寄主：杨、柳。

⑦8二化螟 *Chilo suppressalis*（Walker），见于大草坪、八水沟（长立村）、八道沟（黄鸡塔）、庞泉沟等地。寄主：禾本科植物、蚕豆。

⑦9稻纵卷叶螟 *Cnaphalocrocis medinalis*（Guenée），见于大草坪、八水沟（长立村）等地。寄主：莜麦。

⑧0伊锥歧角螟 *Cotachena histricalis*（Walker），见于大草坪、八水沟（长立村）、八道沟（黄鸡塔）等地。寄主：榆。

⑧1瓜绢野螟 *Diaphania india*（Saunders），见于大草坪、八水沟（长立村）、八道沟（黄鸡塔）、庞泉沟等地。寄主：锦葵科植物。

⑧2白蜡绢野螟 *Palpita nigropunctalis* Bremer，见于八水沟（长立村）、老蛮沟、庞泉沟等地。

⑧3岷山目草螟 *Catoptria mienshani* Bleszynski，见于大吉沟、老蛮沟等地。

⑧4*Scoparia ancipitella* de la Harpe，见于八道沟、西塔沟、八水沟、大草坪、洞沟、大吉沟、庞泉沟等地。

⑧5紫斑谷螟 *Pyralis farinalis*（Linnaeus）

⑧6*Euzophera fuliginosella* Heinemann，见于大草坪、洞沟、抗洞子沟、大吉沟、老蛮沟、庞泉沟等地。

⑧7*Laodamia faecella*（Zeller），见于洞沟、抗洞子沟、大吉沟、老蛮沟等地。

⑧8金黄螟 *Pyralis regalis*（Denis et Schiffermüller），见于八水沟、洞沟、大吉沟等地。

⑧9四斑绢野螟 *Diaphania quadrimaculalis*（Bremer et Grey），见于大草坪、八水沟（长立村）、八道沟（黄鸡塔）、庞泉沟等地。寄主：杂草。

⑨0蛀野螟 *Conogethes punctiferalis* Guenée，见于大草坪、八水沟（长立村）、庞泉沟等地。寄主：禾本科植物、山楂。

⑨1柠条种子螟 *Epiepischnia keredjela* Amsel，见于大草坪、八水沟（长立村）、八道沟（黄鸡塔）、庞泉沟等地。寄主：柠条。

⑨2豆荚螟 *Etiella zinckenella*（Treitschke），见于大草坪、八水沟（长立村）、八道沟（黄鸡塔）、庞泉沟等地。寄主：黄芪等豆科植物。

⑨3夏枯草展须野螟 *Eurrhyparodes hortulata* Linnaeus，见于八水沟（长立村）、八道沟（黄鸡塔）、庞泉沟等地。寄主：夏枯草。

⑨4茴香薄翅野螟 *Evergestis extimalis* Scopoli，见于大草坪、八水沟（长立村）等地。寄主：茴香、萝卜、甘蓝、白菜、甜菜。

⑨5甜菜螟 *Hymenia recurvalis* Fabricius，见于大草坪、八水沟（长立村）等地。寄主：甜菜、禾本科植物、豆科植物。

⑨6豆卷叶螟 *Lamprosema indicata* Fabricius，见于大草坪、老蛮沟等地。寄主：豆科植物。

⑨7艾锥额野螟 *Loxostege aeruginalis*（Hübner），见于大草坪、八水沟（长立村）、八道沟（黄鸡塔）、庞泉沟等地。寄主：艾草。

⑨8草地螟 *Margaritia sticticalis* Linnaeus，见于大草坪、八水沟（长立村）、八道沟（黄鸡塔）、庞泉沟，老蛮沟等地。寄主：豆科植物、禾本科植物、蔷薇科植物及甜菜、马铃薯、麻类。

⑨9黄草地螟 *Sitochroa verticalis* Linnaeus，见于大草坪、八道沟（黄鸡塔）、庞泉沟等地。

⑩0豆卷叶螟 *Maruca testulalis* Geyer，见于大草坪、八水沟（长立村）等地。寄主：豆科植物。

⑩1梨大食心虫 *Acrobasis pirivorella* Matsumura，见于大草坪、八水沟（长立村）等地。寄主：山杏等蔷薇科植物。

⑩2印度谷螟 *Plodia interpunctella*（Hübner），见于大草坪、八水沟（长立村）等地。寄主：储粮、中药材。

⑩3旱柳原野螟 *Proteuclasta stotzneri* Caradja，见于大草坪、八水沟（长立村）、八道沟（黄鸡塔）、庞泉沟等地。寄主：柳、谷类作物。

（19）尺蛾科 Geometridae

⑩4春尺蠖（春尺蛾）*Apocheima cinerarius* Erschoff，见于八水沟（长立村）、八道沟（黄鸡塔）、庞泉沟等地。寄主：醋栗、山杏、山榆等。

⑩5醋栗尺蛾 *Abraxas grossulariata*（Linnaeus），见于八水沟（长立村）、八道沟（黄鸡塔）、庞泉沟等地。寄主：醋栗、山杏、山榆等。

⑩6杉霜尺蛾 *Alcis angulifera*（Butler），见于八水沟（长立村）、八道沟（黄鸡塔）、庞泉沟等地。寄主：青杆、白杆。

⑩7金星尺蛾 *Gigantalcis flavolinearia*（Leech），见于八水沟（长立村）、大吉沟等地。

⑩8斑鹿尺蛾 *Alcis maculata*（Staudinger），见于八水沟（长立村）等地。

⑩9鹊鹿尺蛾 *Alcis picata*（Butler），见于八水沟（长立村）等地。

⑪0沙枣尺蛾 *Apocheima cinerarius*（Erschoff），见于大草坪、阳圪台等地。

⑪1曲带尺蛾 *Alcis qudai* Yang，见于八水沟（长立村）等地。

⑫桦霜尺蛾 *Alcis bastelbergeri*（Hirschke），见于大草坪、八水沟(长立村)、八道沟(黄鸡塔)、庞泉沟等地。寄主：桦、杨。

⑬李尺蛾 *Angerona prunaria*（Linnaeus），见于大草坪、八水沟(长立村)、八道沟(黄鸡塔)等地。寄主：华北落叶松、榆、山杨、桦、山楂。

⑭黄星尺蛾 *Arichanna melanaria fraterna*（Butler），见于大草坪、洞沟等地。寄主：油松、杨。

⑮大造桥虫 *Ascotis selenaria*（Denis et Schiffermüller），见于大草坪、八水沟(长立村)等地。寄主：豆科植物、小蓟、艾蒿、榆。

⑯山枝子尺蛾 *Aspitates tristrigaria*（Bremer et Grey），见于大草坪、八水沟(长立村)、八道沟(黄鸡塔)、庞泉沟等地。寄主：山枝子、豆科植物。

⑰双珠雅尺蛾 *Apocolotois smirnovi*（Romanoff），见于八水沟(长立村)等地。

⑱娴尺蛾 *Auaxa slphurea*（Butler），见于八水沟(长立村)等地。

⑲小鹰尺蛾 *Biston thoracicaria*(Oberthür)，见于八水沟(长立村)等地。

⑳桦尺蛾 *Biston betularia*(Linnaeus)，见于大草坪、八水沟(长立村)、八道沟(黄鸡塔)、庞泉沟等地。寄主：桦、杨、榆、辽东栎、槐、柳、华北落叶松。

㉑粉蝶尺蛾 *Bupalus vestalis* Staudinger，见于八水沟(长立村)等地。

㉒中国白沙尺蛾 *Cabera sinicaria*（Leech），见于八水沟(长立村)等地。

㉓丝棉木金星尺蛾 *Abraxas suspecta* Warren，见于大草坪、老蛮沟、八水沟(长立村)、八道沟(黄鸡塔)等地。寄主：榆、卫矛、丝棉木、槐。

㉔榛金星尺蛾 *Abraxas sylvata*（Scopoli），见于大草坪、八水沟(长立村)、八道沟(黄鸡塔)等地。寄主：榛、桦、榆。

㉕叉线青尺蛾 *Tanaoctenia dehaliaria*（Wehrli），见于大草坪、八水沟(长立村)、八道沟(黄鸡塔)等地。寄主：杨、桦。

㉖酸枣尺蛾 *Chihuo sunzao* Yang，见于大草坪、八水沟(长立村)等地。寄主：酸枣。

㉗双肩尺蛾 *Cleora cinctaria*（Denis et Schiffermüller），见于八水沟(长立村)、八道沟(黄鸡塔)、庞泉沟等地。寄主：华北落叶松。

㉘暗旋尺蛾 *Colostygia pendearia*（Oberthür），见于八水沟(长立村)等地。

㉙白点焦尺蛾 *Colotois pennaria ussuriensis* Bang-Hass，见于大草坪、八水沟(长立村)等地。寄主：柳、桦、辽东栎、樱桃。

㉚双斜线尺蛾 *Megaspilates mundataria*（Stoll），见于大草坪、八水沟(长立村)等地。寄主：辽东栎。

㉛木橑尺蠖 *Culcula panterinaria*（Bremer et Grey），见于大草坪、八水沟(长立村)、八道沟(黄鸡塔)、庞泉沟等地。寄主：豆科植物、山楂、槐、桑。

㉜赤线尺蛾 *Culpinia diffusa*（Walker），见于大草坪、八水沟(长立村)、八道沟(黄鸡塔)、庞泉沟等地。寄主：桑、艾蒿。

㉝枞灰尺蛾 *Deileptenia ribeata*(Clerck)，见于大草坪、八水沟(长立村)、八道沟(黄鸡塔)、庞泉沟等地。寄主：桦、青杄、白杄、辽东栎。

㉞桦秋枝尺蛾 *Ennomos autumnaria sinica* Yang，见于大草坪、八水沟(长立村)等地。寄主：

杨、柳。

(20)钩蛾科 Drepanidae

⑬⑤太波纹蛾 *Tethea ocularis* Linnaeus，见于八道沟、西塔沟、八水沟、大草坪、洞沟、抗洞子沟、庞泉沟等地。

(21)裳蛾科 Erebidae

⑬⑥乌土苔蛾 *Eilema ussurica* (Daniel)，见于洞沟、老蛮沟、庞泉沟等地。

⑬⑦戟盗毒蛾 *Euproctis pulverea* Hampson，见于八水沟。

⑬⑧黄尾白毒蛾 *Euproctis similis*(Fuessly)，见于八道沟、老蛮沟、庞泉沟等地。

⑬⑨舞毒蛾 *Lymantria dispar* (Linnaeus)，见于黑渠。

⑭⓪云彩苔蛾 *Nudina artaxidia* (Butler)，见于八道沟、八水沟、黑渠、洞沟、抗洞子沟、大吉沟等地。

(22)夜蛾科 Noctuidae

⑭①烙图夜蛾 *Eugraphe sigma* (Denis et Schiffermüller)，见于八道沟、洞沟等地。

⑭②甘蓝夜蛾 *Mamestra brassicae* Linnaeus，见于西塔沟、大吉沟等地。

⑭③秘夜蛾 *Mythimna conigera* (Denis et Schiffermüller)，见于八水沟、庞泉沟等地。

(23)舟蛾科 Noctuidae

⑭④*Notodonta simplaria* Graef，见于八道沟、大草坪、洞沟、大吉沟、老蛮沟等地。

⑭⑤宽掌舟蛾 *Phalera alpherakyi* Leech，见于八道沟、八水沟、大草坪、洞沟、抗洞子沟、大吉沟、老蛮沟、庞泉沟等地。

(24)蛱蝶科

⑭⑥灿福蛱蝶 *Fabriciana adippe*(Denis et Schiffermüller)，见于八水沟。

⑭⑦绿豹蛱蝶 *Argynnis paphia* (Linnaeus)，见于大吉沟。

5.2.17　膜翅目 HYMENOPTERA

(1)姬蜂科 Ichneumonidae

①玉米螟厚唇姬蜂 *Phaeogenes eguchii* Uchida，见于黑渠、老蛮沟、大草坪等地。寄主：玉米。

②脊腿囊爪姬蜂 *Theronia atalantae gestator* (Thunberg)，见于老蛮沟、大草坪、庞泉沟等地。寄主：舞毒蛾。

③花胫蚜蝇姬蜂 *Diplazon laetatorius* (Fabricius)，见于黑渠、大草坪、八水沟(长立村)、庞泉沟等地。寄主：多种食蚜蝇的蛹。

④松毛虫埃姬蜂 *Itoplectis alternans* (Gravenhorst)，见于黑渠、大草坪、八水沟、八道沟、庞泉沟、大吉沟等地。寄主：松毛虫、舞毒蛾、松梢螟、黄斑长翅卷蛾。

⑤*Achaius oratorius* (Fabricius)，见于大吉沟。

⑥杂锤跗姬蜂 *Acrodactyla Degener* (Haliday)，见于黑渠。

⑦四雕锤跗姬蜂 *Acrodactyla quadrisculpta*(Gravenhorst)，见于八水沟、抗洞子沟、老蛮沟、庞泉沟等地。

⑧十猎姬蜂属 *Agrothereutes* sp.，见于黑渠、洞沟、大吉沟、老蛮沟、庞泉沟等地。

⑨阿格姬蜂属 *Agrypon* sp.，见于八道沟。

⑩*Alexeter coxalis*（Brischke），见于八道沟、八水沟、大草坪、抗洞子沟等地。

⑪*Allomacrus arcticus*（Holmgren），见于八道沟、西塔沟、黑渠、抗洞子沟等地。

⑫*Aperileptus albipalpus*（Gravenhorst），见于八道沟、西塔沟等地。

⑬*Astiphromma exitiale* Dasch，见于西塔沟、抗洞子沟等地。

⑭*Ateleute linearis* Forster，见于八道沟、西塔沟、八水沟、庞泉沟等地。

⑮重姬蜂属 *Barichneumon* sp.，见于八道沟、西塔沟、大草坪、洞沟、抗洞子沟等地。

⑯*Bathythrix claviger*（Taschenberg），见于八道沟。

⑰*Bathythrix fragilis*（Viereck），见于八道沟。

⑱*Bathythrix lamina*（Thomson），见于老蛮沟。

⑲羽高缝姬蜂 *Campoplex difformis*（Gmelin），见于西塔沟。

⑳*Cratichneumon sicarius*（Gravenhorst），见于西塔沟。

㉑*Cubocephalus insidiator*（Gravenhorst），见于黑渠。

㉒洼唇姬蜂属 *Cylloceria* sp. 1，见于八道沟、西塔沟、洞沟、抗洞子沟、大吉沟、老蛮沟、庞泉沟等地。

㉓洼唇姬蜂属 *Cylloceria* sp. 2，见于西塔沟。

㉔*Cylloceria tenuicornis* Humala，见于八道沟、西塔沟、抗洞子沟等地。

㉕环弯尾姬蜂 *Diadegma armillatum*（Gravenhorst），见于八道沟、八水沟等地。

㉖蚜蝇姬蜂属 *Diplazon* sp.，见于八道沟、西塔沟等地。

㉗黄跗条姬蜂 *Dirophanes fulvitarsis*（Wesmael），见于黑渠。

㉘*Encrateola* sp.，见于洞沟。

㉙*Endasys euxestus*（Speiser），见于八道沟、西塔沟等地。

㉚*Endasys hungarianus* Sawoniewicz et Luhman，见于八道沟、西塔沟、黑渠等地。

㉛大坐腹姬蜂 *Enizemum ornatum*（Gravenhorst），见于大草坪、大吉沟等地。

㉜*Enytus montanus*（Ashmead），见于大草坪。

㉝*Ethelurgus sodalis*（Taschenberg），见于抗洞子沟。

㉞*Eupalamus wesmaeli*（Thomson），见于八道沟、抗洞子沟等地。

㉟长颈姬蜂 *Giraudia gyratoria*（Thunberg），见于西塔沟等地。

㊱*Hybrizon buccatus*（Brebisson），见于洞沟。

㊲黄镶鄂姬蜂 *Hyposoter leucomerus*（Thomson），见于八水沟。

㊳尖峰埃姬蜂 *Ichneumon discoensis* Fox，见于八水沟。

㊴*Ischnus* sp.，见于八道沟、八水沟、洞沟、抗洞子沟、老蛮沟等地。

㊵宽甸缺沟姬蜂 *Lissonota carbonaria* Holmgren，见于洞沟。

㊶*Lochetica westoni*（Bridgman），见于西塔沟、八水沟、老蛮沟。

㊷搜姬蜂属 *Mastrus* sp.，见于西塔沟。

㊸*Megacara hortulana*（Gravenhorst），见于八道沟。

㊹*Megastylus orbitator* Schiodte，见于西塔沟、黑渠等地。

㊺*Mesochorus bipartitus* Schwenke，见于黑渠。

㊻雅隼姬蜂 *Neliopisthus elegans*（Ruthe），见于抗洞子沟、大吉沟、庞泉沟等地。

㊼*Netelia tarsata*（Brischke），见于黑渠、抗洞子沟等地。

㊽拟瘦姬蜂 *Netelia testacea*（Gravenhorst），见于大草坪。

㊾*Neurateles* sp. 1，见于八道沟、黑渠、洞沟等地。

㊿*Neurateles* sp. 2，见于黑渠、洞沟等地。

(51)*Ophion* sp.，见于八道沟、西塔沟、八水沟、抗洞子沟、庞泉沟等地。

(52)拱脸姬蜂属 *Orthocentrus* sp.，见于西塔沟、八水沟等地。

(53)*Orthocentrus winnertzii* Förster，见于西塔沟、洞沟等地。

(54)*Pantisarthrus luridus* Förster，见于八道沟。

(55)*Plectiscidea hyperborea*（Holmgren），见于西塔沟。

(56)*Plectiscus ridibundus*（Gravenhorst），见于八道沟、八水沟、黑渠、洞沟、抗洞子沟、大吉沟等地。

(57)*Poemenia brachyura* Holmgren，见于八道沟、黑渠等地。

(58)*Proclitus praetor*（Haliday），见于西塔沟。

(59)曲姬蜂属 *Scambus* sp.，见于抗洞子沟。

(60)*Schenkia* sp.，见于八道沟、黑渠、抗洞子沟、大吉沟等地。

(61)*Stenomacrus* sp. 1，见于八道沟、黑渠、抗洞子沟等地。

(62)*Stenomacrus* sp. 2，见于西塔沟等地。

(63)*Stenomacrus* sp. 3，见于八道沟、西塔沟、抗洞子沟等地。

(64)*Sussaba pulchella*（Holmgren），见于大草坪。

(65)*Syrphoctonus pallipes*（Gravenhorst），见于西塔沟、抗洞子沟等地。

(66)*Theronia hilaris*（Say），见于西塔沟。

(67)*Theroscopus opacinotum*（Hellén），见于八道沟、抗洞子沟等地。

(68)*Thymaris tener*（Gravenhorst），见于八道沟、洞沟等地。

(69)*Tymmophorus* sp.，见于西塔沟。

(2)蜜蜂科 Apidae

(70)中华突眼木蜂 *Proxylocopa sinensis* Wu，见于八水沟、八道沟。寄主：采蜜传粉昆虫。

(71)叉条蜂 *Anthophora furcata*(Panzer)，见于大草坪。

(72)黄胸木蜂 *Xylocopa appendiculata* Smith，见于八水沟、八道沟。寄主：采蜜传粉昆虫。

(73)疏熊蜂 *Bombus remotus*(Tkalcu)，见于黑渠、八水沟(长立村)、八道沟(黄鸡塔)、庞泉沟等地。寄主：采蜜传粉昆虫。

(74)兰州熊蜂 *Bombus lantschouensis* Vogt，见于八水沟、黑渠等地。

(75)*Bombus modestus* Eversmann，见于八水沟、黑渠等地。

(76)密林熊蜂 *Bombus patagiatus* Nylander，见于八道沟。

(77)芦蜂属 *Ceratina* sp.，见于大草坪。

(78)意大利蜜蜂 *Apis mellifera* Linnaeus，见于老蛮沟、大草坪等地。寄主：采蜜传粉昆虫。

⑲中华蜜蜂 *Apis cerana* Fabricius，见于老蛮沟、八水沟（长立村）、八道沟（黄鸡塔）、庞泉沟等地。寄主：采蜜传粉昆虫。

（3）茧蜂科 Braconidae

⑳桑毒蛾绒茧蜂 *Apanteles femoratus* Ashmead，见于八水沟（长立村）、八道沟（黄鸡塔）、庞泉沟等地。寄主：松毛虫、舞毒蛾、松梢螟、黄斑长翅卷蛾。

㉑天幕毛虫绒茧蜂 *Apanteles gastropachae* Bouche，见于大草坪、八水沟等地。

㉒菜粉蝶绒茧蜂 *Apanteles glomeratus*（Linnaeus），见于黑渠、八水沟（长立村）、八道沟（黄鸡塔）、庞泉沟等地。寄主：绵山幕毛虫、天幕毛虫。

㉓荨麻蛱蝶绒茧蜂 *Apanteles venessae* Keinhard，见于大草坪、八水沟（长立村）、八道沟（黄鸡塔）、庞泉沟等地。寄主：荨麻蛱蝶、山楂绢粉蝶。

㉔折半脊茧蜂 *Aleiodes ruficornis*（Herrich-Schaffer），见于大吉沟。

㉕*Aleiodes subemarginatus*（Butcher，Smith，Sharkey et Quicke），见于八道沟。

㉖螟黑纹茧蜂 *Bracon onukii* Watanabe，见于大草坪、八水沟、八道沟、庞泉沟等地。寄主：二化螟、三化螟、大螟、灰螟、白条紫斑螟的幼虫。

㉗*Dinotrema* sp. 1，见于抗洞子沟。

㉘*Dinotrema* sp. 2，见于八道沟、西塔沟、洞沟、抗洞子沟、老蛮沟、庞泉沟等地。

㉙瓢虫茧蜂 *Perilitus coccinellae*（Schrank），见于大草坪、八水沟、八道沟、庞泉沟等地。寄主：多种瓢虫的成虫及七星瓢虫、异色瓢虫的蛹。

㉚悬茧蜂 *Meteorus filator*（Haliday），见于八道沟、西塔沟、八水沟、黑渠、庞泉沟。

㉛中红侧沟茧蜂 *Microplitis mediator*（Haliday），见于八道沟、西塔沟、八水沟、大草坪、黑渠、抗洞子沟、老蛮沟等地。

㉜侧沟茧蜂属 *Microplitis* sp.，见于黑渠。

㉝*Orthostigma* sp.，见于大吉沟、老蛮沟等地。

㉞大蚜茧蜂属 *Pauesia* sp.，见于八道沟、西塔沟等地。

㉟翼蚜外茧蜂 *Praon volucre*（Haliday），见于西塔沟。

㊱*Syntretus taegeri* vanAchterberg et Haeselbarth，见于八道沟、西塔沟、八水沟、大草坪、洞沟、抗洞子沟、大吉沟、庞泉沟等地。

㊲后宽反颚茧蜂 *Orthostigma laticeps*（Thomson），见于庞泉沟。寄主：小蠹科幼虫。

㊳平沟反颚茧蜂 *Phaenocarpa pratellae*（Curtis），见于庞泉沟。寄主：小蠹科幼虫。

㊴杂开茧蜂 *Eubazus lepidus*（Haliday），见于黑渠。

㊵举腹蜂科 *Pristaulacus rufobalteatus* Cameron，见于八水沟。

㊶螟甲腹茧蜂 *Chelonus*（*Chelonus*）*munakatae* Matsumura，见于关子峁。

㊷安松甲腹茧蜂 *Chelonus*（*Chelonus*）*yasumatsui* Watanabe，见于关子峁。

㊸椭圆亮蝇茧蜂 *Phaedrotoma ellipta* Sheng et Chen，见于关子峁。

㊹白腹亮蝇茧蜂 *Phaedrotoma leucogastera* Sheng et Chen，见于关子峁。

㊺赤腹深沟茧蜂 *Iphiaulax impostor*（Scopoli），见于西塔沟。

㊻始刻柄茧蜂 *Atanycolus initiator*（Fabricius），见于西塔沟、老蛮沟等地。

⑩腹脊茧蜂 *Aleiodes gastritor*（Thunberg），见于庞泉沟。
⑩环角脊茧蜂 *Aleiodes coronarius*（Chen et He），见于黑渠。
⑩暗滑茧蜂 *Homolobus*（*Chartolobus*）*infumator*（Lyle），见于关子峁。
⑩近裂缝短脉茧蜂 *Taphaeus pseudohiator* Yan，见于老蛮沟。
⑪红胸悦茧蜂 *Charmon rufithorax*（Chen et He），见于庞泉沟。
⑫普光茧蜂 *Bracon*（*Glabrobracon*）*epitriptus* Marshall，见于老蛮沟。
⑬暗色光茧蜂 *Bracon*（*Glabrobracon*）*obscurator* Nees，见于老蛮沟。
⑭单色柔茧蜂 *Habrobracon concolorans*（Marshall），见于黑渠。
⑮红黄中脊茧蜂 *Bracon*（*Cyanopterobracon*）*urinator*（Fabricius），见于老蛮沟。
⑯杂色茧蜂 *Bracon*（*Bracon*）*variegator* Spinola，见于西塔沟。
⑰麦蛾柔茧蜂 *Habrobracon hebetor*（Say），见于黑渠。
⑱黑足簇毛茧蜂 *Vipio sareptanus* Kawall，见于黑渠。
⑲山西长尾茧蜂 *Glyptomorpha teliger*（Kokujev），见于黑渠。
⑳蒙大拿窄径茧蜂 *Agathis montana* Shestakov，见于黑渠。
㉑显下腔茧蜂 *Therophilus conspicuus*（Wesmael），见于黑渠。
㉒巨鞘下腔茧蜂 *Therophilus longicaudus* Tang et Chen，见于黑渠。
㉓太谷下腔茧蜂 *Therophilus taiguensis* Tang et Chen，见于黑渠。
㉔邻盘绒茧蜂 *Cotesia affinis*（Nees），见于八水沟。
㉕菜粉蝶盘绒茧蜂 *Cotesia glomerata*（Linnaeus），见于八水沟。
㉖松毛虫盘绒茧蜂 *Cotesia ordinaria*（Ratzeburg），见于八水沟。
㉗微红盘绒茧蜂 *Cotesia rubecula*（Marshall），见于八水沟。
㉘皱基盘绒茧蜂 *Cotesia tibialis*（Curtis），见于八水沟。

（4）胡蜂科 Vespidae

㉙金环胡蜂 *Vespa mandarina* Smith，见于黑渠、老蛮沟、大草坪、八水沟（长立村）、八道沟（黄鸡塔）、庞泉沟、洞沟等地。寄主：果实。

㉚德国黄胡蜂 *Vespula germanica*（Fabricius），见于大草坪、八水沟（长立村）、八道沟（黄鸡塔）、庞泉沟等地。寄主：玉米螟等鳞翅目幼虫。

㉛石长黄胡蜂 *Dolichovespula saxonica*（Fabricius），见于八道沟、黑渠、庞泉沟等地。

㉜黄边胡蜂 *Vespa crabro* Linnaeus，见于八道沟、庞泉沟等地。

（5）分盾细蜂科 Ceraphronidae

㉝*Aphanogmus* sp.，见于西塔沟。

（6）青蜂科 Chrysididae

㉞青蜂属 *Chrysis* sp.，见于八水沟。
㉟*Pseudochrysis neglecta*（Shuckard），见于八道沟、大草坪等地。

（7）分舌蜂科 Colletidae

㊱叶舌蜂 *Hylaeus annulatus*（Linnaeus），见于庞泉沟。

（8）方头泥蜂科 Crabronidae

㊲*Crossocerus cetratus*（Shuckard），见于八水沟、大草坪等地。

⑬⑧*Ectemnius ruficornis*（Zetterstedt），见于西塔沟。

⑬⑨角珠阔额短柄泥蜂 *Passaloecus monilicornis* Dahlbom，见于抗洞子沟、老蛮沟等地。

⑭⓪*Psenulus pallipes*（Panzer），见于庞泉沟。

⑭①*Rhopalum clavipes*（Linnaeus），见于黑渠、抗洞子沟等地。

（9）锤角细蜂科 Diapriidae

⑭②*Psilus* sp.，见于西塔沟、老蛮沟等地。

（10）螯蜂科 Dryinidae

⑭③*Anteon albidicolle* Kieffer，见于洞沟。

⑭④安松螯蜂属 *Anteon* sp.，见于八道沟、八水沟、黑渠、庞泉沟等地。

⑭⑤棒状双距螯蜂 *Gonatopus clavipes*（Thunberg），见于大草坪、抗洞子沟等地。

（11）跳小蜂科 Encyrtidae

⑭⑥多胚跳小蜂 *Copidosoma floridanum*（Ashmead），见于大草坪。

（12）姬小蜂科 Eulophidae

⑭⑦*Chrysocharis viridis*（Nees），见于西塔沟、八水沟。

⑭⑧潜蝇姬小蜂 *Diglyphus isaea*（Walker），见于八道沟、西塔沟、八水沟、大草坪、黑渠、洞沟、庞泉沟等地。

⑭⑨*Euplectrus intactus* Walker，见于大草坪。

⑮⓪*Euplectrus* sp.，见于洞沟。

（13）环腹蜂科 Figitidae

⑮①*Amphitectus* sp.，见于庞泉沟。

⑮②*Callaspidia defonscolombei* Dahlbom，见于黑渠、老蛮沟等地。

⑮③*Trybliographa* sp.，见于八水沟、抗洞子沟、老蛮沟等地。

⑮④*Trybliographa* sp.，见于八道沟、西塔沟、洞沟、老蛮沟、庞泉沟等地。

（14）蚁科 Formicidae

⑮⑤东京弓背蚁 *Camponotus vitiosus* Smith，见于洞沟、老蛮沟。寄主：植物蜜露、昆虫尸体。

⑮⑥日本弓背蚁 *Camponotus japonicus* Mary，见于老蛮沟、大草坪、洞沟等地。寄主：松毛虫等小昆虫、蜜露和植物分泌物。

⑮⑦掘穴蚁 *Formica cunicularia* Latreille，见于洞沟、老蛮沟、庞泉沟等地。

⑮⑧日本山蚁 *Formica japonica* Motschoulsky，见于八道沟、西塔沟、八水沟、大草坪、黑渠、洞沟、抗洞子沟、大吉沟、老蛮沟、庞泉沟等地。

⑮⑨红林蚁 *Formica clara* Forel，见于老蛮沟、庞泉沟等地。

⑯⓪石狩红蚁 *Formica yessensis* Wheeler，见于洞沟、大吉沟、老蛮沟等地。

⑯①*Lasius mixtus*（Nylander），见于八水沟等地。

⑯②黑毛蚁 *Lasius niger*（Linnaeus），见于西塔沟、八水沟、大草坪、黑渠、洞沟、抗洞子沟、大吉沟、老蛮沟、庞泉沟等地。

⑯③遮盖毛蚁 *Lasius umbratus*（Nylander），见于西塔沟、八水沟等地。

⑯④*Leptothorax acervorum*（Fabricius），见于八道沟、八水沟、抗洞子沟、老蛮沟等地。

⑯⑤津岛铺道蚁 *Tetramorium tsushimae* Emery，见于抗洞子沟、老蛮沟等地。

(15)褶翅蜂科 Gasteruptiidae

⑯⑥*Gasteruption assectator*(Linnaeus)，见于八水沟。

(16)隧蜂科 Halictidae

⑯⑦*Lasioglossum albipes*(Fabricius)，见于抗洞子沟。

⑯⑧*Seladonia confuse* (Smith)，见于八水沟、大草坪、抗洞子沟、大吉沟等地。

⑯⑨*Seladonia gavarnica* (Pérez)，见于西塔沟、八水沟、大草坪、洞沟、抗洞子沟、大吉沟、老蛮沟等地。

⑰⓪*Seladonia tumulorum*(Linnaeus)，见于抗洞子沟、大吉沟等地。

⑰①*Sphecodes geoffrellus* (Kirby)，见于庞泉沟。

⑰②*Gasteruption assectator* (Linnaeus)，见于八水沟。

(17)大痣细蜂科 Megaspilidae

⑰③白木细蜂属 *Dendrocerus* sp. 1，见于八水沟、大草坪、庞泉沟等地。

⑰④白木细蜂属 *Dendrocerus* sp. 2，见于八道沟、八水沟、大草坪、庞泉沟等地。

(18)大痣小蜂科 Megastigmidae

⑰⑤欧洲落叶松大痣小蜂 *Megastigmus pictus* (Förster)，见于八道沟、西塔沟等地。

(19)蛛蜂科 Pompilidae

⑰⑥*Agenioideus cinctellus*(Spinola)，见于八道沟、大草坪、洞沟、庞泉沟等地。

⑰⑦*Arachnospila hedickei*(Haupt)，见于八水沟、庞泉沟等地。

⑰⑧*Caliadurgus fasciatellus*(Spinola)，见于八水沟。

⑰⑨*Dipogon bifasciatus*(Geoffroy)，见于大草坪。

⑱⓪双条细蜂 *Proctotrupes bistriatus* Möller，见于八道沟、西塔沟、大草坪、大吉沟等地。

(20)金小蜂科 Pteromalidae

⑱①食蚜蝇楔缘金小蜂 *Pachyneuron groenlandicum* (Holmgren)，见于大草坪、大吉沟。

⑱②*Pachyneuron muscarum* (Linnaeus)，见于八道沟、八水沟、庞泉沟。

(21)缘腹细蜂科 Scelionidae

⑱③*Trissolcus nigripedius*(Nakagawa)，见于八水沟。

(22)叶蜂科 Tenthredinidae

⑱④*Allantus cinctus* (Linnaeus)，见于庞泉沟。

⑱⑤*Cladius compressicornis*(Fabricius)，见于八道沟。

⑱⑥落叶松锉叶蜂 *Pristiphora laricis* (Hartig)，见于八道沟、西塔沟、八水沟、大草坪等地。

⑱⑦*Rhogogaster* sp.，见于老蛮沟。

⑱⑧橄榄绿叶蜂 *Tenthredo olivacea* Klug，见于西塔沟。

5.3　DNA 宏条形码分析结果

5.3.1　总 DNA 质量检测结果

琼脂糖凝胶电泳检测结果如彩图 7 所示，所有样品基因组 DNA 均被成功提取，并且多个重复样本的电泳条带的亮度一致。

5.3.2 原始序列处理结果

5.3.2.1 原始数据分析

将来自同一样本的子样本回收纯化产物等量混合建库后通过 Illumina MiSeqPE250 平台进行双端测序，测序后的原始序列经质量控制、拼接和聚类后共得到 3027 个 OTUs。

5.3.2.2 OTUs 注释

使用“blastn”工具将每个 OTU 代表的序列与 NCBI 的 nt 参考数据库中的序列进行比对，其中有 849 个 OTUs 能够比对到参考数据库中，隶属于昆虫纲 11 目 117 科 349 属。

5.3.2.3 OTUs 抽平

通过 QIIME2 生成稀疏曲线，如彩图 8 所示。曲线的平缓程度反映了在某一确定的测序深度下是否足够观测到样本的多样性，曲线越平缓，则表明在该测序深度下测序结果已经足够表示样本的多样性。由图可知，如果再增加抽样序列数，将不会再得到新的昆虫 OTUs，即样本量充足。

5.3.3 昆虫群落结构组成

5.3.3.1 各样本的分类单元数统计

通过对昆虫纲的未抽平的 OTU 表进行统计，获得每个样本中昆虫群落的分类单元数，见表 5-4。各样本的注释情况通过该表可直观地看出，M1 的昆虫物种数最多为 40 个，L4 的昆虫物种数最少为 2 个。

表 5-4　各样本的分类单元统计

样本编号	目(个)	科(个)	属(个)	种(个)
S1	7	15	16	17
S2	7	23	34	34
S3	6	21	27	29
S4	6	20	21	23
S5	6	16	18	18
S6	6	16	19	20
S7	6	13	17	19
S8	5	12	12	12
S9	7	21	25	27
S10	6	19	23	24
M1	8	25	36	40
M2	5	17	22	23
M3	7	18	19	20

续表

样本编号	目(个)	科(个)	属(个)	种(个)
M4	5	17	20	20
M5	5	17	22	24
M6	5	16	21	23
M7	5	11	12	13
M8	5	8	8	8
M9	6	26	30	31
M10	8	27	33	36
L1	7	15	15	16
L2	6	13	14	15
L3	6	14	15	16
L4	2	2	2	2
L5	6	17	19	20
L6	7	14	17	18
L7	6	12	13	14
L8	8	14	15	15
L9	8	16	18	19
L10	7	18	20	23

5.3.3.2　各样本的 Alpha 多样性指数计算

利用 QIIME2 对各个样本的 Alpha 多样性指数(Chao1 指数、Good's coverage 指数、Pielou's evenness 指数、Shannon 指数和 Simpson 指数)进行计算，结果见表 5-5。

Chao1 指数是通过计算群落中只检测到 1 次和 2 次的 OTUs 数，从而估算群落中的物种丰富度，指数越高，则物种丰富度越高。Chao1 指数计算结果表明：样本 S6、S7 和 S10 的物种丰富度较高，样本 L5、L9 和 L4 的物种丰富度较低。

Good's coverage 指数是通过计算群落中出现 1 次以上的 OTUs(即非 singleton)占所有 OTUs 的比例，以此来评估在该群落中测序对物种的覆盖度，指数值越高，则样本中未被检测出的物种所占的比例越低。结果表明，所有样本的物种覆盖度均达 99%以上。

Pielou's evenness 指数是将 Shannon 指数除以总 OTUs 数(S)的自然对数(lnS)得到的值，从而对群落均匀度进行计算。指数越高，则群落越均匀。计算结果表明，M2 的均匀度最高，而 L9 的均匀度最低。

Shannon 指数和 Simpson 指数都可被用于估计物种多样性。Shannon 指数既考虑了群落中物种的数目，也考虑了物种的均匀度。丰度低的物种对该值的计算影响较大。Simpson 指数是通过从群落中随机抽取两个序列，计算这两个序列属于不同 OTU 的概率。Shannon 指数和 Simpson 指数的值越高，则群落的多样性越高。Shannon 指数对群落中较少的 OTUs 更敏感，更适合分析复杂群落的生物多样性；而 Simpson 指数对群落中较多的 OTUs 更敏感，更适合分析简单群落的生物多样性。本研究对这两种指数均进行了计算，结果都表明：样本 M3 昆虫物种多样性最高，而 L9 昆虫物种多样性最低。

表 5-5　各样本的 Alpha 多样性指数计算

样本	Chao1	Good's coverage	Pielou's evenness	Shannon	Simpson
S1	452. 342	0. 997622	0. 514207	4. 305	0. 882179
S2	409. 73	0. 99804	0. 517831	4. 248	0. 862165
S3	694. 274	0. 99586	0. 470998	4. 108	0. 852882
S4	366. 77	0. 998102	0. 529663	4. 294	0. 866631
S5	639. 738	0. 996123	0. 419899	3. 475	0. 74838
S6	1370. 543	0. 991352	0. 511539	5. 037	0. 917592
S7	1118. 531	0. 992729	0. 41343	3. 858	0. 800836
S8	365. 891	0. 997846	0. 393556	3. 13	0. 70171
S9	796. 443	0. 995832	0. 501879	4. 492	0. 857661
S10	1001. 241	0. 993604	0. 38407	3. 465	0. 712521
M1	741. 254	0. 996255	0. 62909	5. 742	0. 950334
M2	756. 813	0. 99627	0. 646655	5. 938	0. 963408
M3	326. 747	0. 998215	0. 469414	3. 711	0. 828882
M4	533. 023	0. 997459	0. 558827	4. 874	0. 906622
M5	549. 796	0. 997109	0. 516517	4. 485	0. 84751
M6	844. 033	0. 995091	0. 506248	4. 621	0. 893106
M7	447. 386	0. 997485	0. 499238	4. 168	0. 862855
M8	489. 879	0. 997205	0. 421519	3. 571	0. 720466
M9	647. 075	0. 996617	0. 494311	4. 388	0. 841565
M10	679. 696	0. 996388	0. 449502	4. 019	0. 812907
L1	228. 77	0. 998943	0. 48789	3. 561	0. 805594
L2	223. 03	0. 998858	0. 401412	2. 891	0. 682131
L3	944. 211	0. 994532	0. 459983	4. 346	0. 862188
L4	130. 223	0. 999248	0. 325553	2. 056	0. 644001
L5	202. 349	0. 999042	0. 371696	2. 683	0. 64763
L6	716. 59	0. 9956	0. 385249	3. 39	0. 760579
L7	459. 363	0. 997307	0. 393473	3. 121	0. 688522
L8	352. 941	0. 998464	0. 547465	4. 456	0. 899122
L9	195. 374	0. 999009	0. 265558	1. 892	0. 497846
L10	270. 495	0. 998867	0. 561285	4. 319	0. 885332

5. 3. 3. 3　昆虫各分类水平的群落组成

通过对基于 97%相似度聚类的 OTUs 和物种注释结果进行分析，可明确庞泉沟保护区样本中的昆虫物种构成及相对丰度(即序列数)。

5. 3. 3. 3. 1　目水平上的群落组成

对注释好的物种信息进行分析，得到在目水平各样本和庞泉沟的群落结构组成。物种注释结果显示，所有昆虫 OTUs 被注释到 17 目。

(1)各样本在目水平上的群落结构组成

在目水平上，不同样本昆虫的群落结构存在差异，如彩图 9 所示。样本 S4、M1、M2、M3、M4、M5、M7、M9 中双翅目昆虫相对丰度较高，占 70%以上；样本 S2、L2、L4、L5、L6、L7、L9 中鞘翅目昆虫的相对丰度较高，占 50%以上；样本 S5、S10、M8、M10 中，半翅目昆虫的相对丰度较高，占 40%以上。

(2)昆虫在目水平上的群落结构组成

庞泉沟保护区物种在目水平的群落结构组成，如彩图 10 所示。相对丰度排名前十的目依次是双翅目，所占比例为 43.8%；直翅目，占 25.1%；膜翅目，占 10.6%；鳞翅目，占 8.5%；鞘翅目，占 4.7%；半翅目，占 4.5%；捻翅目(STREPSIPTERA)，占 1.0%；毛翅目，占 0.5%；缨翅目，占 0.3%；脉翅目，占 0.2%。

丰度较少的 7 个目为蜻蜓目(ODONATA)、啮虫目、石蛃目、襀翅目、蜉蝣目、革翅目、蜚蠊目，共占 0.8%。

5.3.3.3.2　科水平上的群落组成

对注释好的物种信息进行分析，得到了各样本和庞泉沟保护区昆虫在科水平的群落结构组成。物种注释显示所有昆虫 OTUs 被注释到 255 科。

(1)各样本在科水平上的群落结构

各样本在科水平的昆虫群落结构组成，如彩图 11 所示。在样本 S3、M1、M4、M5 和 M9 中，蝇科(Muscidae)的相对丰度较高，占 30%以上；样本 L2、L4、L5、L6、L7 和 L10 中，金龟总科(Scarabaeidae)的相对丰度较高，占 40%以上；样本 L9 中，叩甲科(Elateridae)的相对丰度较高，占 70.79%；样本 M8 中，蝽科(Pentatomidae)相对丰度较高，占 51.01%。

(2)保护区昆虫在科水平上的群落结构

区内昆虫在科水平的群落结构组成，如彩图 12 所示。其中，蝗科(Acrididae)的相对丰度较高，所占比例为 22.2%；其余相对丰度较高的科为丽蝇科(Calliphoridae)、蝇科(Muscidae)、姬蜂科(Ichneumonidae)、果蝇科(Drosophilidae)、蕈蚊科(Mycetophilidae)、凤蝶科(Papilionidae)、蚊科(Culicidae)、尺蛾科(Geometridae)、麻蝇科(Sarcophagidae)，所占比例分别为 9.6%、9.2%、5.0%、3.5%、3.4%、2.1%、2.0%、1.9%、1.6%。

5.3.4　不同采样方法的群落结构比较

5.3.4.1　昆虫群落结构组成

在目水平上，3 种采样方法各自的群落结构组成如彩图 13 所示。使用扫网法采集到的昆虫主要来自双翅目、鞘翅目、半翅目、直翅目、膜翅目，相对丰度分别为 41.0%、24.4%、23.2%、6.5%、2.3%。使用马氏网法采集到的昆虫主要来自双翅目、半翅目、膜翅目、鞘翅目、鳞翅目，相对丰度分别 72.1%、12.7%、6.9%、4.4%和 1.5%。使用灯诱法采集到的昆虫主要来自鞘翅目、鳞翅目、双翅目、毛翅目、直翅目，相对丰度分别为 59.5%、17.6%、10.0%、5.6%、3.4%。

5.3.4.2　Alpha 多样性

使用抽平后的 OTU 表，在 R 中对三种采样方法的 Alpha 多样性指数(Chao1、Good's coverage、

Pielou's evenness、Shannon 和 Simpson）进行计算，并绘制了箱型图（彩图 14）。由 Chao1 指数可得，扫网法样本中得到的物种丰富度最高，其次为马氏网法和灯诱法。由 Good's coverage 指数可得，灯诱法样本中物种覆盖度最高，其次为马氏网法和扫网法。由 Pielou's evenness 指数可得，马氏网法样本中的物种均匀度最高，其次为扫网法和灯诱法。由 Shannon 和 Simpson 指数可得，马氏网法样本中的物种多样性最高，其次为扫网法和灯诱法。

对 3 组采样方法得到昆虫群落结构的差异进行 Kruskal-Wallis 检验，3 组采样方法得到样本两两比较采用邓恩检验（Dunn's test）。在物种丰富度的比较中[彩图 14(a)]，3 组不同采样方法之间得到的物种丰富度存在极显著性差异（Kruskal-Wallis，$P=5.8e-05$）。灯诱法采集到的样本物种丰富度最低，与扫网法存在极显著性差异（Dunn's test，$P=0.000077$），与马氏网法存在显著性差异（Dunn's test，$P=0.000036$）。在扫网法和马氏网法的差异比较中，两组样本的物种丰富度差异不大（Dunn's test，$P=0.79$）。

在群落物种覆盖度的比较中[彩图 14(b)]，3 组不同采样方法之间的物种覆盖度存在极显著性差异（Kruskal-Wallis，$P=4.4e-06$）。在灯诱法中物种被检测出的概率最高，与扫网法存在极显著性差异（Dunn's test，$P=0.000043$），与马氏网法存在极显著性差异（Dunn's test，$P=0.000043$）。扫网法和马氏网法相比，物种覆盖度基本一致（Dunn's test，$P=0.94$）。

在群落均匀度的比较中[彩图 14(c)]，3 组不同采样方法之间的均匀度存在显著性差异（Kruskal-Wallis，$P=0.047$）。马氏网法中物种均匀度最高，与灯诱法存在显著性差异（Dunn's test，$P=0.0034$）。扫网法的物种均匀度分别与马氏网法和灯诱法之间的差异不显著（Dunn's test，$P=0.11$，$P=0.18$）。

在 Shannon 多样性的比较中（彩图 14d），3 组不同采样方法之间的多样性存在极显著性差异（Kruskal-Wallis，$P=0.00011$）。灯诱法的物种多样性与马氏网存在极显著性差异（Dunn's test，$P=0.0000061$），与扫网法存在显著性差异（Dunn's test，$P=0.034$）。扫网法与马氏网法之间的物种多样性差异不显著（Dunn's test，$P=0.06$）。

在 Simpson 多样性的比较中（彩图 14e），3 组不同采样方法之间的多样性存在显著性差异（Kruskal-Wallis，$P=0.0016$）。马氏网法的物种多样性与灯诱法之间存在极显著性差异（Dunn's test，$P=0.011$）。扫网法与灯诱法之间的物种多样性有差异（Dunn's test，$P=0.017$），与马氏网法之间的差异不显著（Dunn's test，$P=0.14$）。

5.3.4.3 Venn 图分析

对由 3 种方法得到的 OTUs 做 Venn 图分析，得到各采样法之间共享和独有的 OTU 数量。3 种采样方法的 Venn 图分析结果显示（彩图 15），使用马氏网法得到的昆虫 OTU 数量高于其他两种采集方式，灯诱法得到的昆虫 OTU 数量最低。由扫网法、马氏网法和灯诱法得到的昆虫 OTU 总数分别为 437、331 和 268。扫网法、马氏网法和灯诱法中独有的昆虫 OTU 数分别为 188、141 和 68。扫网法与马氏网法共享的 OTU 有 171 个，与灯诱法共享的 OTU 有 181 个。马氏网法与灯诱法共享的 OTUs 有 122 个。所有采样方法共享的 OTU 有 103 个。

通过对 3 种采样方法得到 OTUs 进行分析，有 22 科昆虫只在扫网法采集到的样本中存在，分别为斑木虱科（Aphalaridae）、三节叶蜂科（Argidae）、银蛾科（Argyresthiidae）、绿襀科（Chloroperlidae）、眼蝇科(Conopidae)、缘蝽科(Coreidae)、锥大蚊科(Cylindrotomidae)、褶翅蜂科(Gasteruptiidae)、阎甲科(Histeridae)、卷襀科(Leuctridae)、芫菁科(Meloidae)、Orsodacnidae、石蝇科(Perlidae)、锥头蝗科(Pyrgomorphidae)、猎蝽科(Reduviidae)、Rhadalidae、姬缘蝽科(Rhopalidae)、角甲科(Salpingidae)、大蚕蛾科(Saturniidae)、窗虻科(Scenopinidae)、盾蝽科(Scutelleridae)和皮金龟科(Trogidae)。

有32科昆虫在马氏网采集到的样本中存在，分别为蚁形甲科(Anthicidae)、长象甲科(Anthribidae)、寡脉蝇科(Asteiidae)、Aulacigastridae、硕蠊科(Blaberidae)、蜂虻科(Bombyliidae)、郭公甲科(Cleridae)、瘿蜂科(Cynipidae)、外啮科(Ectopsocidae)、隐唇叩甲科(Eucnemidae)、旋小蜂科(Eupelmidae)、春蜓科(Gomphidae)、弄蝶科(Hesperiidae)、姬啮虫科(Lachesillidae)、扁谷盗科(Laemophloeidae)、尖翅蝇科(Lonchopteridae)、蚁蜂科(Mutillidae)、缨小蜂科(Mymaridae)、微蛾科(Nepticulidae)、织蛾科(Oecophoridae)、巨胸小蜂科(Perilampidae)、石蛾科(Phryganeidae)、酪蝇科(Piophilidae)、鸣螽科(Prophalangopsidae)、鼻白蚁科(Rhinotermitidae)、沙螽科(Stenopelmatidae)、角石蛾科(Stenopsychidae)、剑虻科(Therevidae)、网蛾科(Thyrididae)、谷蛾科(Tineidae)、网蝽科(Tingidae)和长尾小蜂科(Torymidae)。

有16科昆虫在灯诱法采集到的样本中存在，分别为四节蜉科(Baetidae)、短石蛾科(Brachycentridae)、Campichoetidae、木蠹蛾科(Cossidae)、瘤石蛾科(Goeridae)、蟋螽科(Gryllacrididae)、长泥甲科(Heteroceridae)、鳞石蛾科(Lepidostomatidae)、长角石蛾科(Leptoceridae)、刺蛾科(Limacodidae)、潜蛾科(Lyonetiidae)、扁足蝇科(Platypezidae)、多聚石蛾科(Polycentropodidae)、蚬蝶科(Riodinidae)、巢蛾科(Yponomeutidae)、冠翅蛾科(Ypsolophidae)。

5.4 分析与讨论

5.4.1 调查结果

本研究运用形态学鉴定结合DNA宏条形码技术成功地评估了庞泉沟国家级自然保护区的昆虫多样性。从昆虫群落结构、Alpha多样性、群落结构组成差异方面初步研究了不同采样方法(扫网法、马氏网法和灯诱法)与昆虫群落之间的联系，为进一步研究环境变化对庞泉沟保护区昆虫多样性的影响提供了理论依据。

本次调查中，形态学结合DNA宏条形码技术共鉴定昆虫标本966种，其中包括前期调查到的和山西新记录的昆虫种类。DNA宏条形码分析鉴定849个OTUs，隶属于昆虫纲11目117科349属。对其群落结构进行分析，双翅目、直翅目、膜翅目和鳞翅目相对丰度较高，为庞泉沟保护区的优势类群。但直翅目昆虫中的许多种类为重要的农业害虫，其中的雏蝗属(*Chorthippus*)在属级别丰度占比最高(17.4%)，可能会对农牧业等造成灾害。

扫网法和马氏网法捕获的双翅目、半翅目、膜翅目的昆虫丰度远高于灯诱法，说明扫网法和马氏网法捕获的适合白天活动能力较强的昆虫。而灯诱法捕获的鞘翅目和鳞翅目昆虫丰度又远高于其他两种方法。不同的采样方法有独有的OTUs，且扫网法、马氏网法和灯诱法独有的科分别有22科、32科和16科。虽然灯诱法采集到昆虫OTUs数量比其他两种采样方法少，但灯诱法采集到昆虫与扫网法和马氏网法采集到的昆虫可以对该地昆虫多样性起到互补作用。基于以上考虑，使用更多类型的采样方法来捕获昆虫，能够更广泛地进行昆虫多样性评估。

5.4.2 影响因素

本次调查昆虫种类数与之前调查结果相比，保护区内的昆虫种类数量有所减少。影响昆虫多样性的因素分为自然因素和人为干扰。自然因素包括海拔、温度、气候、土壤、植被等，其中气候是最主要的因素，影响着物种的分布和数量；土壤类型和植被结构则影响着昆虫的生态习性和分布。而人为干扰主要包括过度放牧、气候变化(温室效应)、环境污染、旅游开发、农业开垦、声音和气味干扰等，这些都会导致植被破坏和生态系统失衡。在本次实际调查中，影响庞泉沟自然保护区昆虫多样性的主要自然因素有海拔高于大多数昆虫最适生活环境；平均气温低，晚上经常在10℃以下，不利于昆虫的生活。主要人为因素为过度放牧，牛群数量多啃食草地，甚至对灌木丛和树木进行破坏性的啃咬。牛群所在之处，地面呈现出一片荒芜之貌，毫无青草生长之迹，不仅损害了食物链的正常运作，还增加了对其他小型生命的威胁，尤其是以植被为食的昆虫种类。如果长期如此，将会导致保护区内昆虫丰富度持续下降，进而引发生态失衡。

5.4.3 保护建议

针对保护区昆虫多样性的特点和影响因素，提出以下保护建议：①加强生态环境的保护和管理，促进植被恢复和水土保持；②加强气候变化对昆虫多样性的影响研究，制定相应的保护措施；③规范人类活动的范围，限制牛群等大型哺乳动物进入保护区；④建立完善的监测机制，及时发现并解决保护区域中的问题，有效保护生态环境；⑤加强宣传教育工作，提高公众对于生态文明建设的认知和意识。只有通过多方面的努力，才能更好地维护庞泉沟国家级自然保护区的生态平衡，保障区内生物多样性的稳定发展。

参考文献

陈家骅，伍志山，1994. 中国反颚茧蜂族（膜翅目：茧蜂科反颚茧蜂亚科）[M]. 北京：中国农业出版社.

范中华，2011. 中国蝽亚科的系统学研究(半翅目：异翅亚目：蝽科)[D]. 天津：南开大学.

李法圣，2002. 中国啮目志[M]. 北京：科学出版社.

李法圣，2011. 中国木虱志[M]. 北京：科学出版社.

李世广，张峰. 2014. 山西庞泉沟国家级自然保护区生物多样性与保护管理[M]. 北京：中国林业出版社.

梁飞扬，2018. 中国狭啮科和双啮科系统分类及分子系统学研究(昆虫纲：啮目)[D]. 北京：中国农业大学.

刘银忠，赵建铭，1998. 山西省寄蝇志[M]. 北京：科学出版社.

石福明，王建军，等，2018. 历山昆虫与蛛形动物[M]. 北京：科学出版社.

苏俊燕，2022. 中国丽花萤属比较形态与系统发育研究(鞘翅目：花萤科)[D]. 石家庄：河北大学.

王建赟，陈卓，2021. 常见椿象野外识别手册[M]. 重庆：重庆大学出版社.

严冰珍，2006. 中国钩翅褐蛉亚科、绿褐蛉亚科和益蛉亚科(脉翅目：褐蛉科)的分类研究[D]. 北京：中国农业大学.

杨维义，1962. 中国经济昆虫志(第二册)(半翅目：蝽科)[M]. 北京：科学出版社.

杨星科，杨集昆，李文柱，2005. 中国动物志，昆虫纲第39卷，脉翅目，草蛉科[M]. 北京：科学出版社.

张春田，2016. 东北地区寄蝇科昆虫[M]. 北京：科学出版社.

章士美，1985. 中国经济昆虫志(第一册)[M]. 北京：科学出版社.

赵爽，2012. 中国龙虱科分类研究(鞘翅目：龙虱科)[D]. 广州：中山大学.

赵旸，2016. 中国脉翅目褐蛉科的系统分类研究[D]. 北京：中国农业大学.

郑乐怡，归鸿，1999. 昆虫分类(上)[M]. 南京：南京师范大学出版社.

郑乐怡，归鸿，1999. 昆虫分类(下)[M]. 南京：南京师范大学出版社.

周长发，苏翠荣，归鸿，2015. 中国蜉蝣概述[M]. 北京：科学出版社.

Balke M, 1993. Taxonomische revision der pazifischen, australischen und indonesischen Arten der Gattung *Rhantus* Dejean, 1833 (Coleoptera: Dytiscidae)[J]. Koleopterologische Rundschau, 63: 39-84.

Chen Z T, 2019. *Perlodinella mazehaoi* sp. nov., a new species of Perlodidae (Plecoptera) from Inner Mongolia of China[J]. Zootaxa, 4651 (2): 297-304.

Ding M, Jacobus L M, Zhou C, 2022. A review of the genus *Serratella* edmunds, 1959 in China with description of a new species (Ephemeroptera: Ephemerellidae)[J]. Insects, 13(11): 1019.

Jiang Z Y, Zhao S, Mai Z Q, et al., 2023. Review of the genus *Cybister* in China, with description of a new species from Guangdong (Coleoptera: Dytiscidae) [J]. Acta Entomologica Musei Nationalis Pragae, 63(1): 75-102.

Liu C X, 2013. Review of *Atlanticus* Scudder, 1894 (Orthoptera: Tettigoniidae: Tettigoniinae) from China, with description of 27 new species[J]. Zootaxa, 3647(1): 1-42.

Li W H, Yang J, Yao G, 2014. Review of the Genus *Sweltsa* (Plecoptera: Chloroperlidae) in China[J]. Journal of Insect Science, 14 (286): 2014.

Li W, Yang D, 2009. Synopsis of the genus *Capnia* (Plecoptera: Capniidae) from China[J]. Zootaxa, 2112: 47-52.

Nilsson A N, Hújek J, 2015. A World Catalogue of the family Dytiscidae, or the Diving Beetles (Coleoptera, Adephaga) [M]. Version 1. I: 308.

Rehman A, Huo Q B, Zhao M Y, et al., 2022. Redescription of two species of *Capnia* Pictet, 1841 (Capniidae: Plecoptera) and key to males of *Capnia* species from China[J]. Aquatic Insects, 44(1): 11-23.

Sartori M, Brittain J E, 2015. Chapter 34. Order ephemeroptera. In: In: Thorp J., & Rogers D. C. (Eds.) ecology and general biology: Thorp and Covich's freshwater invertebrates[M]. New York: Academic Press.

Schuh RT, Weirauch C, 2020. True bugs of the world (Hemiptera: Heteroptera) classification and natural history[M]. Second Edition Manchester: Siri Scientific Press.

Shi W, Tong X, 2015. Taxonomic notes on the genus *Baetiella* Uéno from China, with the descriptions of three new species (Ephemeroptera: Baetidae)[J]. Zootaxa, 4012(3): 553.

Shi X, Li X F, Ao S C, et al., 2020. Life history of *Ephemera wuchowensis* Hsu, 1937 (Ephemeroptera: Ephemeridae) in a northern subtropical stream in Central China[J]. Aquatic Insects, 41(1): 45.

Toledo M, 2009. Revision in part of the genus *Nebrioporus* Régimbart, 1906, with emphasis on the *N. laeviventris*-group (Coleoptera: Dytiscidae) [J]. Zootaxa, 2040: 1-111.

Villastrigo A, Ribera I, Manuel M, et al., 2017. A new classification of the tribe Hygrotini Portevin, 1929 (Coleoptera: Dytiscidae: Hydroporinae) [J]. Zootaxa, 4317 (3): 499-529.

Yang D, Li W H, 2018. Species catalogue of China. Vol. 2 Animals, Insecta (Ⅲ), Plecoptera[M]. Beijing: Science Press.

Yang D, Li W H, Zhu F, 2015. Fauna Sinica, Insecta. Vol. 58. Plecoptera: Nemouroidea[M]. Beijing: Science Press.

Yang D, Yang C K, 1993. New and little-known species of Plecoptera from Guizhou Province (Ⅲ) [J]. Entomotaxonomia(15): 235-238.

Ying X, Li W, Zhou C, 2021. A review of the genus *Cloeon* from Chinese Mainland (Ephemeroptera: Baetidae)[J]. Insects, 12(12): 1093.

第六章

陆生野生动物资源

6.1 调查工作组织

6.1.1 调查范围

本次调查区域范围和山西庞泉沟国家级自然保护区多年来传统的野生动物监测调查区域一致，依据调查对象、技术方法等不同，分为主要区域和延伸区域。

(1)主要区域

以庞泉沟国家级自然保护区辖区为主，向吕梁山山脉东坡森林植被较好的周边国营林场扩展约10千米，涵盖山西省关帝山国有林管理局孝文山林场、文峪河湿地公园、真武山林场的部分地区。实际调查中，以偏梁上—偏梁下南沟样线为最低点，海拔1367.3米，最高点为云顶山，海拔2516.3米。

(2)延伸区域

即调查辅助工作区域，包括庞泉沟保护区附近的文峪河和北川河河段。

文峪河段：庞泉沟保护区东大门—交城县庞泉沟镇长立村到西社镇南堡村的文峪河水库，海拔743.3米。

北川河段：庞泉沟保护区西大门—阳圪台保护站到北川河主河段，北起北川河源头的方山县开府乡赤坚岭村，向南至横泉水库，海拔1112.5米。

延伸区域依托两条河流的主河道，范围东起文峪河水库，西到横泉水库，直线距离78千米。该区域也是庞泉沟国家级自然保护区传统的野生动物调查监测区域，属于吕梁山地，同临近的太原盆地生境不同。该区域以S320公路为主线，在庞泉沟保护区辖区内翻越吕梁山脉主脊线大路峁，海拔2118.1米，为文峪河和北川河的分水岭。

依据野生动物的生态生物学习性，不同类群的调查对象在调查区域范围上又各有所侧重和不同。

两栖类：依赖于水域湿地环境，且有冬眠习性，适宜两栖类生存的区域不多，以文峪河和北川河为两栖类主要分布区域，调查工作主要沿河流干流及保护区辖区内的山涧溪流开展。

爬行类：多栖息于特定的环境，且有冬眠习性，不同种类活动环境和时间有所差异，大部分种类数量稀少，调查遇见率较低，调查在整个调查范围内开展，个别十分稀缺的数据甚至延伸周边县市。

鸟类：鸟类凭借其飞行能力，分布广泛，活动范围较大。对于常见且易于观察的鸟类种类，调查工作主要集中在庞泉沟保护区的核心区域内开展。对于体型较大、数量稀少、栖息环境生态位较宽的物种，依据栖息地类型的不同，调查拓展到延伸区域。

哺乳类：大部分哺乳类动物活动区域相对固定，以保护区辖区为调查研究的主要区域，个别稀缺资料的收集依据实际情况，扩大到保护区周边同爬行类、鸟类调查相一致的延伸区域。

6.1.2 工作概况

(1)样线法调查

样线法是野生动物调查最主要的方法。样线在调查范围的主要区域内布设，其布设充分考量野生动物不同的栖息地类型，在比较均匀地覆盖不同植被类型的同时，还要兼顾不同类群调查对象生态生物学习性。

调查工作于2022年11月3日开始，2023年12月24日结束，覆盖一个完整的年度周期。并依据鸟类等野生动物活动特点，在不同季节和月份均开展调查，并且在夏季和春秋鸟类迁徙季节有所侧重。调查共计完成78条样线，累计237.6千米，平均每条样线长度为3.0千米。

(2)直接计数法调查

直接计数法调查野生动物的固定观察点主要用于湿地鸟类等的观察，依托文峪河—北川河河流一线，选择在鸟类相对丰富的水库、池塘等较大水面，共设定文峪河水库、柏叶口水库、八水沟口、横泉水库4处固定观测点。4处固定观察点除八水沟口位于主要区域外，其他3处均处于延伸区域。

野外调查从2022年11月8日起至2023年10月25日，共计在44个工作日累计完成66点次调查。其中，柏叶口水库29点次、八水沟口18点次、文峪河水库15点次、横泉水库4点次。

(3)红外相机法调查

采用红外相机对哺乳类、鸟类开展调查。为了确保红外相机数据的延续性，本次调查与庞泉沟保护区2018年以来内部红外相机监测调查在样区区划上保持完全一致。在保护区近年来一直开展监测工作的27个样区中，每个样区选择1台拍摄效果较好的红外相机，每台相机工作时间覆盖一个完整的年度周期，红外相机布设工作时间可以追溯到从2022年4月22日起至2023年10月13日结束(附表9野生动物调查红外相机基本信息)。

(4)零星调查

为了尽可能收集到野生动物物种多样性的资料，采取样线外调查、查询红外相机历史影像、访问调查等多种方法收集动物的稀缺资料，并对重要原始数据采集地点实地调查核实。

(5)栖息地调查

开展野生动物种类、数量、分布等调查的同时，对野生动物的栖息地开展调查。

6.2 技术方法

6.2.1 外业调查

6.2.1.1 样线法

样线法是不同类群野生动物调查的传统和基本方法，适用于白天活动的大部分鸟类，对其他类群的动物调查也适用，特别是依靠足迹、粪便等活动痕迹调查哺乳类动物。

样线调查一般在白天进行，选择在晴朗、风力不大的天气，同时要结合大多数鸟类生活习性开展调查。样线调查一般为步行，长度一般为2~5千米。避免选择天气不好(大风、下雨、下雪等)，以及盛夏正午时分开展调查。样线的起点和终点一般要有明显的地标特征(如村落、三岔路口等)。样线调查一般都要使用GPS记录轨迹，以便准确记载调查轨迹空间位置、样线长度、时间等详细信息。样线调查中以发现动物为目标，发现动物时仔细观察，并在现场准确记录目击到动物的实体、鸣声、活动痕迹、动物群体到样线中心的垂直距离及GPS点位等信息。

样线法还分为固定宽度样线法和距离取样法。固定宽度样线法路线两侧宽度固定。距离取样法需估测所发现调查对象截距。

6.2.1.2 直接计数法

直接计数法一般是在一个相对固定的区域观察动物，也叫“全域直数法”或定点观测法。该方法使用的前提是已知某种动物的活动特点或规律，事实上，直接计数法并非观察者在一处固定点静止不动的一直观察，而是在一定范围内进行仔细调查，可视作是缩短的样线。直接计数法调查鸟类要使用望远镜、长焦相机等观察设备，用GPS进行定位。

直接计数法可以更好地实施，很大程度上依赖于机动车调查交通工具的使用。固定观测点设置首先考虑的是偏于长久地调查，因此一般通过驾驶机动车可以到达或到达附近区域，而后徒步到达。固定观察点是依据季节、栖息环境等的不同在实际调查中通过观察逐步确定下来的，这些区域通常野生动物多样性较高、数量丰富或可以观察到特定的稀有种类。

6.2.1.3 红外相机法

红外相机调查技术属于无人自动拍摄技术中的一类，由目标动物触发的无人自动拍摄装置也被称作“相机陷阱”(camera trap)，运用这种装置来记录、调查野生动物的方法也被称作“相机陷阱调查法”(camera trapping)，通常也被简称为红外相机技术。红外相机技术是调查兽类和鸟类多样性的一种有效方法，特别适用于大中型地栖哺乳动物和鸟类。同庞泉沟自然保护区以往的野生动物多样性调查比较，红外相机的普遍使用是本次调查的一个特点。

根据海拔、植被垂直分布等特点，在庞泉沟保护区辖区及周边附近林区，连续规划2千米×2千米的正方形调查方格(本文称为样区)，共选择27个样区。

调查涉及庞泉沟保护区不同批次的红外相机。同一批次的相机(在此称为相机组)在每个样区一般布设 2 台(少数为 1 台或 3 台、4 台)，称为 A 机和 B 机(只布设 1 台称为 A 机，3、4 台称为 C 机和 D 机)，两台相机一般间隔 20~100 米。本项目尽可能选择工作时间正常(能较好地连续时间追溯的)、拍摄效果较好的相机。每个样区选择一台，相机的工作周期覆盖一个完整的年度周期，为此，共计选择 27 台红外相机(附表 9 野生动物调查红外相机基本信息)，相机名采用“相机组+样区+A[B、C、D]”的命名方式，如 H12B，代表 H 组、12 样区、B 相机。27 台相机涉及以下不同的相机组。

基础组：主要开展综合科考等布设的基础相机，共 9 台，工作时间为 2022 年 6 月 27 日至 2023 年 7 月 7 日。

H 组：主要开展综合科考、褐马鸡栖息地研究布设的相机，共 9 台，工作时间为 2022 年 8 月 31 日至 2023 年 9 月 23 日。

N 组：庞泉沟保护区内部野生动物常规监测布设的相机，共 8 台，工作时间为 2022 年 4 月 23 日至 2023 年 10 月 13 日。

T 组：庞泉沟保护区内人迹罕至的特殊区域开展野生动物调查监测布设的相机，共 1 台，工作时间为 2022 年 5 月 2 日至 2023 年 7 月 8 日。

调查主要使用东方红鹰 E1B 型、夜鹰 SG-990 伏、东方红鹰 E3H 型、易安卫士 710 型红外相机为调查的仪器设备。根据工作经验，为了取得更好的拍摄效果，红外相机有关参数设置如下。

拍摄模式：录像(视频)。

录像分辨率：1080×720(中分辨率)或更高 1920×1080(高分辨率)。

视频长度：5~10 秒，拍摄间隔：1 分钟。

相机电池：性能良好的碱性电池。

相机安装点位一般要经过预布设。具体方法是依据地形、植被等特点，使用地理信息等软件，合理规划相机布设点位。红外相机宜在事先预布设的地点附近选择合适点位安装。选择安装地点时应考虑以下因素：

——宜安装在动物可能经常出现的地点，如兽道、水源地、集群地、求偶地、排粪地等处。

——相机前面具有相对较大的空间，如垭口处、通道交会处。

——相机前没有灌草或植物叶片遮挡镜头(在植物生长季节需要特别注意灌草的生长)。

——宜避开阳光直射相机镜头。

——距离动物可能通过的位置远近合适，保证动物经过时间较长。

相机高度可根据目标动物的大小、安放地点的视野确定，保证以最佳的角度和视野拍摄动物，一般宜为 20~80 厘米。相机宜固定在坚固的附着物上。固定后应对相机前面的树叶、枝条、灌丛等进行必要清理，以免阻挡镜头或空白拍摄。一般使用一次性安全锁对相机进行绑定，以防偷盗。

安装相机后，对相机进行 GPS 定位，记录相机安放的日期、安装地点的经纬度、海拔、植被类型，以及其他环境因子等信息。

根据相机的实际耗电量，一般每隔 3 个月对野外工作的相机进行检查。检查相机的工作状态，对相机进行必要的清洁，同时更换电池和存储卡。相机存储卡的影像文件数据通过计算机、移动硬盘或其他存储介质上设置分级目录存储照片及录像文件。

6.2.1.4 零星调查法

野生动物调查是一项专业性较强的工作，一些稀缺资料是长时间调查积累的结果。为了收集到稀缺的第一手资料，要采取灵活多样的资料收集方法，在此将此类调查方法统称为零星资料收集法，主要涉及以下具体方法。

(1)样线外调查

在采用样线法、定点观测法、红外相机法有针对性地开展野外调查监测工作过程中，要多方面提高资料的收集效率，特别是在去往调查点途中、完成调查的返程，都是收集资料的良好时机。特别是正式调查过程中没发现过的稀缺种类，尤其要进行记录，这一类情况在此统称为“样线外调查”。

样线外调查没有数量的完全统计和样线长度的度量，调查的数据存在一定重复和数量统计不完全，因此，此类情况不能参与种群数量统计计算。

随着交通工具的发展，样线外调查成为一种可行的调查方法，其调查一般离不开机动车。在机动车可以良好通行、车辆较少的路段，以 20~40 千米/小时的车速，发现重要动物停车观察记录。相对于徒步的样线调查，机动车调查可以覆盖更大的范围，发现更多的动物，人在车内观察时不易惊扰动物，易取得更好的观察效果。机动车调查主要适宜动物种类、分布、栖息地等的调查，尤其适用于大型或稀有鸟类种类。

(2)历史红外相机数据

红外相机技术已成为野生动物的一项常规调查和监测技术。红外相机技术主要针对的是哺乳动物，但对于地栖性鸟类也有较好的拍摄效果。2018 年以来，庞泉沟保护区较规范地使用红外相机开展野生动物监测和调查工作，积累了不少珍贵的第一手资料，梳理分析这些原始资料，可以用于鸟类稀缺种类资料的补充。对历史红外相机数据收集，一般采用时间历史追溯方法，即优先使用距调查时间较近的资料。

在庞泉沟保护区及其周边地区历史红外相机数据中，依据自然地形和植被情况，随海拔自上到下，规划为庞泉沟(P 区)、孝文山(X 区)、双家寨(S 区)、文峪河(W 区)4 个工作区，每个工作区中连续规划 2 千米×2 千米的正方形红外相机调查样区，每个样区中布设 A、B 两台红外相机开展野生动物调查或监测工作。相机名以“工作区+样区+相机”统一命名。实际调查中，个别没有规划的样区，以就近相邻样区名称作参考，冠以“N+样区”的命名方式，如 S12NA，表示双家寨工作区与 12 样区相邻的新增 12N 区的 A 相机。

(3)实体或影像鉴定

对野生动物实体进行种类鉴定是确定物种最可靠的手段。保护区早期为了建设标本馆的需要，进行动物标本采集，目前已不提倡专门的动物标本采集。在保护区日常工作中，一些受伤的救护动物、案件动物等不时会产生，成为新的动物实体的主要来源。本次调查实际工作中，积极发动群众，使用手机拍摄收集稀缺动物种类，是调查一个新的尝试。

(4)鼠夹法

鼠夹法是鼠类传统的调查方法，适合在居民区和野外使用。目前，市售的捕鼠笼也十分成熟，此次调查使用庞泉沟保护区 2022 年鼠类调查数据，该调查使用捕鼠笼，捕鼠笼规格为 23 厘米(长)×11 厘米(宽)×11 厘米(高)，饵料为生花生米。

(5)访问调查

访问调查是可行的资料收集方法。访问调查的对象一般选择当地长期在野外工作的、对野生动物有兴趣的人员，如林业一线工作者、野生动物爱好者等，对于他们提供的动物资料和信息，要进行多方面核实。访问资料一般采用近5年内有确切证据的可靠资料。

6.2.1.5 栖息地调查法

调查区域栖息地情况相对稳定，栖息地调查可统筹在样线调查时同步开展，这一项工作一般包括栖息地的植被类型、自然地理状况、人为干扰情况等。在野外工作中，特别要注意诸如稀有种类的栖息地情况、某一种类的特殊栖息环境、物种分布上下限等。对于反复出现的优势种、常见种，可以省略栖息环境的重复记录。

6.2.2 内业资料整理和分析

6.2.2.1 数据整理

(1)样线数据

在样线调查结束后，根据原始记载、GPS轨迹、影像资料等信息，及时填写有关电子版调查记录表。原始电子版资料一般以样线为单元建立文件夹，每条样线调查资料(文件夹)一般包括调查记录表、GPS数据和影像资料。

外业调查原始资料多来源于不同的调查者，尽管有统一的技术规范，但大量原始电子版资料，仍然存在较大的个性化差异。因此，对调查样线资料要进行统一查验和整理。主要工作包括原始资料文件夹统一重命名、调查样线统一重命名、核实原始数据等。

(2)红外相机数据

红外相机影像文件数据是红外相机调查最重要资料，必须妥善整理和进行数据备份。

数据整理时首先将影像文件初步整理，删除误拍(由于其他原因引起相机触发拍摄而没有拍摄到动物的情况)的影像文件。值得一提的是，必须保留开始安装相机和更换存储卡等最后的工作视频(或照片)以备核实，此视频会是“0”拍摄或查询相机有效工作时间段的依据，而且，假如在更换电池时没有对相机日期和时间进行重新设置，相机会自动以默认的出厂时间进行工作，而工作视频(或照片)信息结合更换相机换卡时的信息，将会成为纠正拍摄日期和时间的重要参考。

数据整理一般次序是依次鉴别各个视频(或照片)动物种类，填写包括动物名称、拍摄日期、时间、数量等信息的相关红外相机影像文件记录表。红外相机数据整理采用自主研发的ExcelVBA程序，可以对大量红外相机影像文件记录进行自动读取和录入工作表，可有效提高工作效率和避免了人工数据录入的失误等。

6.2.2.2 数据统计汇总和制图

各类原始数据的统计汇总均采用计算机完成，一般通过对原始数据名称合理的代码编排(适合计算机识别的)，采用Windows强大的文件管理功能和Excel软件的排序、筛选等功能，就可达到较好的统计汇总结果。

监测调查样线的 GPS 轨迹和动物点位，采用地理信息系统软件(ArcGIS 或 Mapinfo)，可进行准确长度测量、数据筛选、直观显示和管理。配合平面设计软件(Photoshop 等)，使用卫星影像图或地形图，可以准确作图。

6.2.2.3　数据计算

(1)样线法数量计算

在野生动物调查中，设计不同类型的样地，主要目的之一是为了获取某一个物种的种群数量。以计算最多的鸟类调查为例，样线就是一种样方，进行样线统计计算，不仅要考虑每一个物种调查方法的可行性，同时要兼顾所有调查对象的可比性。参与数量统计计算的样线必须准确、完全统计每一物种的所有数量，不能有任何种类和数量的遗漏，在此称这些样线为“有效样线”。同时，为了提高调查精度，尽可能使参与计算的样线数量多一些。鸟类种群密度计算公式如下：

$$D = N/(L \times 2 \times A) \tag{6-1}$$

式中：D 为种群密度；N 为有效样线上所有发现的动物数量(只统计计算遇见实体的数量，对鸟类鸣声依据物种生态特性做相应的换算)；L 为样线长度，可以为同类型样线的累计长度；A 为样线宽度，可以为同类型样线所有发现对象截距的加权平均，也可以使用固定宽度。

(2)红外相机法数量计算

将红外相机拍摄动物“独立事件”的数量作为衡量物种多度的指标是目前哺乳动物多样性调查常用的方法。该方法一般以相机在 100 天捕获的独立视频数作为相对多度指数(relative abundance index，RAI)。其计算公式如下：

$$RAI = N \times 100 / D \tag{6-2}$$

式中：N 为同一工作区或调查样区内，某一物种在所有相机位点所拍摄的独立有效视频(照片)数；D 为同一工作区或调查样区内，所有相机实际工作日总和。由于存在相机丢失、损坏等特殊情况，每台相机实际工作日，要依据该相机的具体拍摄情况仔细核实推算。

判断有效视频中出现的野生动物物种独立事件标准为相同或不同物种的不同个体的连续视频；相同物种连续视频之间时间间隔大于 30 分钟；相同物种不连续的视频。符合以上任意一条标准即被定义为一次独立事件。

物种相机位点出现率是反映物种空间分布格局的重要指数，其计算公式如下：

$$P = S/N \times 100\% \tag{6-3}$$

式中：S 为调查样区或同一工作区内某一物种被拍到的相机位点数；N 为调查样区或同一工作区内所有正常工作的相机位点。

6.3　两栖类

两栖类即两栖纲(AMPHIBIA)动物，是一类原始的、初登陆的、具五趾型的变温四足动物。其个体发育周期有一个变态过程，即用鳃呼吸生活于水中的幼体，在短期内完成变态，成为用肺呼吸能营陆地生活的成体。两栖类有冬眠的习性，所以调查一般只宜在夏季开展。

《中国两栖动物及其分布彩色图鉴》(费良等，2012)报道：全世界现有两栖纲动物 6771 种。其中，蚓螈目(GYMNOPHIONA)有3科29属186种，中国仅1属1种，占世界种类的0.5%。有尾目(CAUDATA)有9科69属619种，中国有3科17属69种和亚种，占世界物种的11.2%。无尾目(ANURA)有49科243属5966种，中国有9科63属336种亚种，占世界总数的5.6%。

《山西两栖爬行类》(樊龙锁等，1998)记载，山西省两栖类种数为13种，隶属于2目5科。

6.3.1 两栖类名录

庞泉沟自然保护区两栖类最早报道见于《山西两栖爬行类》(樊龙锁等，1998)，记述庞泉沟有1目2科5种。在保护区资源本底专著《山西庞泉沟国家级自然保护区(1980—1999)》(山西庞泉沟国家级自然保护区，1999)、《山西庞泉沟国家级自然保护区生物多样性与保护管理》(李世广等，2014)、《庞泉沟陆生野生动物资源监测研究》(杨向明等，2018)保持5种的记载。

本次调查以上述文献为基础，按照《中国两栖动物及其分布彩色图鉴》(费良等，2012)的物种中文名称及分类系统，对庞泉沟保护区两栖类名录进行编排。

庞泉沟保护区两栖类名录

(一)无尾目 ANURA

1. 蟾蜍科 Bufonidae

(1)花背蟾蜍 *Bufo raddei* ◎

(2)中华蟾蜍 *Bufo gargarizans* +

2. 蛙科 Ranidae

(3)中国林蛙 *Rana chensinensis* +++

(4)黑斑侧褶蛙 *Pelophylax nigromaculata* ++

3. 姬蛙科 Microhylidae

(5)北方狭口蛙 *Kaloula borealis* ◎

注：+++代表优势种；++代表普通种；+代表稀有种；◎代表文献种。

本次调查共发现两栖类3种，加上文献记载的2种，整理出庞泉沟保护区两栖类名录5种，隶属1目3科。

6.3.2 数量及分布

两栖类生活于河流水域及其附近的特定地区。本次调查通过样线、零星调查等方法发现3种，具体情况如下。

优势种：调查中遇见分布地点最广、分布地点的密度较大，共计1种，即中国林蛙。

普通种：调查中遇见的分布范围狭窄、尚有一定密度，共计1种，即黑斑侧褶蛙。

稀有种：偶见于区内一定区域，共计1种，即中华蟾蜍。

文献种：共计2种，即花背蟾蜍、北方狭口蛙。早期文献(樊龙锁等，1998；庞泉沟自然保护区，1999)仅提及物种名录，无其他调查信息。在《山西庞泉沟国家级自然保护区生物多样性与保护管理》(李世广等，2014)中，花背蟾蜍认为是偶见种，北方狭口蛙是存疑种。《庞泉沟陆生野生动物监测研究》(杨向明等，2018)中也未监测发现这2个物种。

6.3.3 重点保护动物

6.3.3.1 国家重点保护动物

根据《中华人民共和国野生动物保护法》，国家对珍贵、濒危的野生动物实行重点保护。其中，保护级别分为一级和二级，并且对水生、陆生动物作了具体划分，明确了由渔业、林业行政主管部门分别主管。2021年2月5日，国家新公布调整了重点保护野生动物名录。

依据调查的两栖类名录，庞泉沟自然保护区无国家一级和国家二级保护的两栖类种类分布。

6.3.3.2 省级重点保护动物

2020年，山西省对《山西省重点保护野生动物名录》进行了修订。此次修订在2021年2月国家林业和草原局与农业农村部正式公布调整的《国家重点保护野生动物名录》之后，修订后的名录中两栖类有5种。庞泉沟自然保护区两栖类中属于山西省级重点保护的两栖类有2种：中国林蛙、黑斑侧褶蛙。

6.3.4 主要种类

将调查中发现的1种优势种、1种普通种作为庞泉沟两栖类的主要种类分别论述。

(1)中国林蛙(*Rana chensinensis*)

国内分布于河北、北京、天津、山东、河南、山西、内蒙古、宁夏、甘肃、四川、重庆、湖北、安徽、江苏。

中国林蛙是山西省林区常见的蛙类，为山西省重点保护野生动物。该种为庞泉沟两栖类中的优势种，广泛见于四季长流的河流主河道、山涧溪流，海拔983.4~2074.8米，从文峪河水库到保护区内的林间均有分布。3月林蛙冬眠结束，开始活动。3月至4月初开始产卵，低海拔地区的产卵时间要早于高海拔地区，5~6月多为蝌蚪期，在此期间成体多隐蔽于河流、溪水石块下、水草中，遇见惊扰立即躲藏。6月下旬至7月蝌蚪已发育为小蛙，在水边的草丛、农田、路边，十分常见。10月逐渐少见。

(2)黑斑侧褶蛙(*Pelophylax nigromaculata*)

国内除新疆、西藏、青海、台湾、海南外，广泛分布于全国各省份。国外分布于俄罗斯、日本、朝鲜半岛。

黑斑侧褶蛙是山西省内习见的一种蛙类，数量多、分布广，为山西省重点保护野生动物。该种是庞泉沟两栖类中的普通种，多见于低海拔的文峪河水库附近的水塘等处，在海拔较高的庞泉沟保护区辖区及附近则少见分布。多栖息于水沟、水坑、池塘、排水渠、水库边和小河边。常见将全身没入水中，头露出水面，立于池塘水域附近的草丛中。昼夜均能觅食，以夜间为主。

6.4 爬行类

爬行类即爬行纲(REPTILIA)动物，属于脊椎动物亚门。它们的身体构造和生理机能比两栖类更能适应陆地生活环境，身体已明显分为头、颈、躯干、四肢和尾部，颈部较发达，可以灵活转动，增加了捕食能力，能更充分发挥头部眼等感觉器官的功能。由于其不属于恒温动物，活动多与充足的阳光和温润的天气有关。爬行类有冬眠的习性，所以常规调查只宜在夏季开展。

《中国爬行动物图鉴》(季达明等，2002)报道，中国已知的爬行动物 4 目 25 科 120 属 384 种，其中蛇目(SERPENTIFORMES)是种类最多的类群，共有 200 种。在我国北方地区，尤其以锦蛇属(*Elaphe*)的种类繁盛。《中国蛇类》(黄松，2021)最新报道中国有蛇类 297 种。

《山西两栖爬行类》(樊龙锁等，1998)报道，山西省爬行类种数 27 种，隶属于 3 目 7 科。

6.4.1 爬行类名录

庞泉沟自然保护区爬行类最早报道见于《山西两栖爬行类》(樊龙锁等，1998)，记述庞泉沟爬行类有 3 目 5 科 12 种。之后保护区资源本底专著《山西庞泉沟国家级自然保护区(1980—1999)》(山西庞泉沟国家级自然保护区，1999)等文献资料中多延续此报道，在《山西庞泉沟国家级自然保护区生物多样性与保护管理》(李世广等，2014)，将名录中的蝮蛇(*Agkistrodon* sp.)确定为中介蝮(*Agkistrodon intermedius*)，保持原有 12 种的记载。《庞泉沟陆生野生动物资源监测研究》(杨向明等，2018)新发现赤峰锦蛇(*Elaphe anomala*)1 种新记录，并将黑眉锦蛇(*Elaphe taeniura*)依据新的分类研究划分到晨蛇属(*Orthriophis*)，更名为黑眉晨蛇(*Orthriophis taeniura*)，因此，爬行类记录为 13 种。

本次调查以庞泉沟文献中 13 种爬行类名录(杨向明等，2018)为基础，依据实际调查结果，按照《中国爬行动物图鉴》(季达明等，2002)、《中国蛇类》(黄松，2021)等的物种中文名及分类系统，对庞泉沟保护区爬行类名录进行编排。

庞泉沟保护区爬行类名录

(一)龟鳖目 TESTUDINATA	
1. 鳖科 Trionychidae	
(1)中华鳖 *Trionyx sinensis*	◎
(二)蜥蜴目 LACERTILIA	
2. 壁虎科 Gekkonidae	
(2)无蹼壁虎 *Gekko swinhonis*	++
3. 蜥蜴科 Lacertidae	
(3)丽斑麻蜥 *Eremias argus*	++
(4)山地麻蜥 *Eremias brenchleyi*	+++
(三)蛇目 SERPENTES	
4. 游蛇科 Colubridae	
(5)黄脊游蛇 *Coluber spinalis*	◎

(6)赤链蛇 *Dindon rufozonatum*	◎
(7)赤峰锦蛇 *Elaphe anomala*	++
(8)白条锦蛇 *Elaphe dione*	+
(9)红点锦蛇 *Elaphe rufodorsata*	◎
(10)棕黑锦蛇 *Elaphe schrenckii*	+
(11)黑眉晨蛇 *Orthriophis taeniura*	◎
(12)虎斑颈槽蛇 *Rhabodophis tigrinus*	++
5. 蝰科 Viperidae	
(13)中介蝮 *Gloydius intermedius*	+▲

注：+++代表优势种；++代表普通种；+代表稀有种；◎代表文献种；▲代表重命名。

本次调查发现爬行类 8 种，再加上庞泉沟文献记载的 5 种，整理出庞泉沟保护区爬行类名录 13 种，隶属 3 目 5 科，物种数和文献保持一致。

在 13 种爬行类中，中介蝮(*Gloydius intermedius*)是对文献名录里中介蝮(*Agkistrodon intermedius*)的重命名。虽然一些重要文献仍然沿用黑眉锦蛇(*Elaphe taeniura*)这一名称(黄松，2021)，但本文为避免混乱，继续采用庞泉沟文献中黑眉晨蛇(*Orthriophis taeniura*)这一名称(杨向明等，2018)。

6.4.2 数量及分布

爬行类生活于特定环境，以蛇类种类较多，大部分种类在庞泉沟保护区内数量较少，在样线调查中并不易发现。调查发现的 8 种爬行类，主要是依靠样线外调查、影像鉴定、访问调查等零星调查发现的，结合不同物种的生态生物学习性和调查数据进行数量级划分。

优势种：调查中有较多发现且广泛分布的，共计 1 种，即山地麻蜥。

普通种：调查中遇见 2 次及以上或调查发现数量较多的，共计 4 种，即无蹼壁虎、丽斑麻蜥、赤峰锦蛇、虎斑颈槽蛇。

稀有种：调查中发现较少，仅发现 1 次的，共计 3 种，即白条锦蛇、棕黑锦蛇、中介蝮。

文献种：调查中有 5 种文献中有记载的种类在调查中没有发现，这些种类均为庞泉沟文献中记载的稀有种类。中华鳖，20 世纪 80~90 年代见于文峪河中段岔口—上长斜村河段，21 世纪以来数量逐渐减少，多年监测未见其踪迹；黄脊游蛇，于 2015 年 8 月 24 日在保护区内的八道沟口华北落叶松林缘路边草丛有发现的记载；黑眉晨蛇，于 2013 年 5 月 3 日在保护区内褐马鸡人工饲养大棚均有发现的记载(杨向明等，2018)，赤链蛇、红点锦蛇，多年监测没有发现。

6.4.3 重点保护动物

6.4.3.1 国家重点保护动物

依据调查的名录，在爬行类中，庞泉沟自然保护区无 2021 年 2 月国家新公布的重点保护野生动物名录中国家一级和国家二级保护的种类。

6.4.3.2 省级重点保护动物

在 2021 年 2 月国家新公布的重点保护野生动物名录之后，2020 年山西省公布的重点保护野生动物名录中包括爬行类 12 种，庞泉沟自然保护区有 6 种，分别是黄脊游蛇、赤链蛇、白条锦蛇、黑眉晨蛇、虎斑颈槽蛇、中介蝮。

6.4.4 主要种类

将 1 种重命名种类及调查中发现的 1 种优势种、4 种普通种，共计 6 种作为庞泉沟爬行类的主要种类分别论述。

(1)无蹼壁虎(*Gekko swinhonis*)

国内分布于辽宁、河北、山东、河南、陕西、甘肃、安徽、江苏和浙江。在山西省内分布很广，以晋中、晋南地区常见。

庞泉沟爬行类普通种。无蹼壁虎见于自然村等人类居住场所，多栖息于旧住宅内，以低海拔地段的文峪河水库附近的村庄分布较多，在高海拔的保护区内及附近的村庄中则不见分布。夜行性，善于攀爬，遇敌时能断尾自救，主要以小型昆虫为食。冬季冬眠。

(2)丽斑麻蜥(*Eremias argus*)

国内主要分布于长江以北的华北至东北黑龙江各省份。山西省内多数地区常见，多见于黄土丘陵地段及各大盆地平川的农田土道边、灌草丛边等多种生境。

庞泉沟爬行类普通种。多见于低海拔地段的道边、堤坝、草地、灌丛等多种生境，喜选择温暖、干燥、阳光充足的沙土环境作为栖息位点。

(3)山地麻蜥(*Eremias brenchleyi*)

该种与丽斑麻蜥外形相似，曾认为是丽斑麻蜥的一个亚种。国内分布于河北、山东、河南、内蒙古、安徽、江苏等地。山西省内见于五台山、恒山、系舟山、太行山、吕梁山、中条山等山区(樊龙锁等，1998)。

庞泉沟爬行类优势种。见于山地有裸岩山地、灌草丛边缘等阳光充足地段。性活跃，遇惊即躲入附近石块下、洞穴中。本次调查有较多发现，但以保护区外文峪河中段的会立乡一带分布较多，在保护区内的阳圪台片也有发现。

(4)赤峰锦蛇(*Elaphe anomala*)

国内分布于辽宁、河北、山东、山西、陕西、内蒙古、安徽、江苏、浙江、湖南。

该种于 2013 年 6 月 25 日在庞泉沟镇市庄村农田地边首次发现，定为庞泉沟爬行类新记录(杨向明等，2018)。在《山西两栖爬行类》(樊龙锁等，1998)中，山西省内未记载该种的分布，在 2020 年山西省公布的省级重点野生动物保护名录中，几乎所有蛇类都列入保护对象，但也无该种。

庞泉沟爬行类普通种。2022 年 5 月至 2023 年 10 月本次调查期间，在会立乡神堂坪—三道川口的 S320 省道、保护区内的八水沟口、保护区西部阳圪台—麻地会 S320 省道，以及汾阳市峪道河—闫家庄的公路上，发现实体和被车辆压死的尸体，海拔 959.1~1686.3 米。由此可见，该种是本区蛇类中分布较广、数量较多的种类，属于无毒蛇。

(5)虎斑颈槽蛇(*Rhabodophis tigrinus*)

除新疆、青海、云南、台湾、广东、海南外，全国均有分布。在山西省内广泛分布于各地，为山西省重点保护野生动物。

庞泉沟爬行类普通种。2023 年 9 月至 2023 年 10 月本次调查期间就有 4 次发现，见于保护区管理局院内、离石区信义镇—青崖沟公路、交城县会立乡翟家庄村，以及娄烦县汾河水库等处，海拔 1133. 1~1650. 5 米，发现实体和被车辆压死的尸体。该种是本区蛇类中分布较广、数量较多的种类，主要生活于河流、水库、水渠等近水的农田、草丛、灌丛等地带。该种是我国学术界广泛争议的一种蛇类，由于性格温顺，很多学者都认为它是无毒性的蛇类，其实它是毒蛇(过敏体质有中毒死亡先例，在日本被归为毒蛇)。

(6)中介蝮(*Gloydius intermedius*)

中介蝮分布于山西、陕西(秦岭以北)、内蒙古(大兴安岭以西)、宁夏至新疆天山南北坡。山西省内分布于吕梁山、太岳山、中条山等地，为山西省重点保护野生动物。

庞泉沟爬行类重命名种类。庞泉沟和国内部分文献以中介蝮(*Agkistrodon intermedius*)记载，但目前主流的文献将其归为亚洲蝮属(*Gloydius*)，且对该属的种类有新的分类(黄松，2021)。

庞泉沟爬行类稀有种。该种是我国北方分布广泛、数量较多的毒蛇种类。在庞泉沟保护区 2009—2016 年的监测中多有发现，5~8 月多见于保护区内及其周边海拔 1394~2158 米的山地沟谷地段的向阳林缘裸地、道边、碎石堆、农田路旁、公路边等处(杨向明等，2018)。该种行动缓慢，性凶猛，夏季夜晚和凌晨活动频繁，秋季午后活动较多。本次调查于 2023 年 7 月 23 日在庞泉沟镇横尖村下油房 S320 公路上发现被汽车压死的尸体 1 条。

6.5 鸟　类

鸟类即鸟纲(AVES)动物，它们营巢产卵，翱翔于蓝天。与其他陆生脊椎动物相比，鸟类种类众多、数量庞大，许多种类是农林害虫的主要天敌，在维持生态系统平衡中起着重要作用。鸟类中的大部分种类白昼活动，易于观察，也是自然保护区野生动物调查监测工作的主要内容。

新中国成立后，已故著名鸟类学家郑作新院士的《中国鸟类分布名录》(1956，1958，1976)和《中国鸟类区系纲要》(*A Synopsis of the Avifauna of China*)(1987)等著作，系统地整理了国内外鸟类学家 20 世纪 80 年代以前对中国鸟类分类与区系的研究成果，共记录中国鸟类 1186 种。改革开放后，郑作新院士进一步总结全国各地鸟类区系调查、地方志等鸟类种类及其分布区的大量新信息后，出版《中国鸟类种和亚种分类名录大全》(1994，2000)，收录中国鸟类增加到 1253 种。这些著作中鸟类的分类采用的是以形态学为主的传统分类系统。

20 世纪后半叶以来，分子生物学理论和方法以及各种新技术在分类学研究中广泛应用，以 Sibley C. G. 为代表的鸟类学家采用分子生物学技术，提出了全新的世界现存鸟类分类系统，且被广泛使用，如我国目前鸟类学工作者大量使用的《中国鸟类野外手册》(约翰·马敬能等，2000)。随着 DNA 序列分析等技术的应用和发展，鸟类分类学者对 Sibley 等的分类系统又有了许多新的补充和修改，许多亚种被提升为种，以及新种被发现，在鸟类分类学的历史上，再一次进入“从合到分”的阶段，种的增加成为一种潮流。

为了顺应世界鸟类学分类的发展潮流，我国鸟类学家郑光美院士2005年出版《中国鸟类分类与分布名录》(第一版)，全书共收录鸟类1332种。之后继而公布《中国鸟类分类与分布名录》(第二版)(2011)，收录鸟类1371种；《中国鸟类分类与分布名录》(第三版)(2017)，收录鸟类1445种。2023年，《中国鸟类分类与分布名录》(第四版)问世。目前，全世界为人所知的鸟类共有9000多种，中国鸟类1505种，隶属于26目115科505属。

山西省鸟类较为系统的研究为《山西鸟类》(樊龙锁等，1997)，报道山西省鸟类335种。该专著出版时间较早，采用的是鸟类传统分类系统。在此基础不少自然保护区等也公布各自的鸟类名录，其中不乏一些山西省鸟类新记录的报道，并且不少鸟类因物种提升等的变化而种类增加。截至目前，山西省完整系统的鸟类新名录尚未见公开报道。

6.5.1 鸟类名录

庞泉沟保护区有关鸟类多样性组成的研究报道最早出现在《关帝山鸟类垂直分布》(刘焕金等，1986)一文，该研究于1980—1984年开展工作，主要通过采集鸟类标本，确定庞泉沟鸟类为143种，包括繁殖鸟88种、非繁殖鸟55种，但文献并未列出系统的鸟类名录。

在《中国雉类——褐马鸡》(刘焕金等，1991)专著中，首次系统报道了庞泉沟保护区的鸟类名录为166种，其主要工作是1982—1989年开展的。此专著也为《山西省鸟类名录调查研究》(刘焕金等，1992)中报道的山西省鸟类320种作出贡献。

在刘焕金主要执笔的庞泉沟保护区首部独立专著《庞泉沟猛禽研究》(安文山等，1993)中，通过10年连续调查(1982—1991年)，发现15种鸟类新记录，报道庞泉沟鸟类为181种，同时对每一种鸟类的居留类型、数量级、发现情况等做了记载，此名录成为之后庞泉沟保护区各相关著作鸟类名录的重要基础。

在首次全面反映系统保护区本底资源状况的专著《山西庞泉沟国家级自然保护区(1980—1999)》(庞泉沟自然保护区，1999)中，鸟类名录通过1992—1998年补充调查和对标本的鉴定，新提出8种新记录和对3个种进行重命名，调整后的鸟类名录为189种。之后在《山西鸟类》(樊龙锁等，2008)一书中，收录山西鸟类325种，其中引用了庞泉沟的最新研究成果。

2014年出版的专著《山西庞泉沟国家级自然保护区生物多样性保护与管理》(李世广等，2014)中，鸟类名录保持了《山西庞泉沟国家级自然保护区(1980—1999)》记载，新修订变化了阿穆尔隼(*Falco amurebsis*)、理氏鹨(*Anthus richardi*)、戈氏岩鹀(*Emberiza godlewskii*)3个物种，但未具体说明这些物种名称修订变化的原因，显然是采用了基于DNA研究的成果，但鸟类名录的编排依旧保留传统的分类系统。

目前，庞泉沟鸟类名录公开报道于《庞泉沟陆生野生动物监测研究》(杨向明等，2018)专著中。此名录采用我国鸟类学工作者大量使用的《中国鸟类野外手册》(约翰·马敬能等，2000)中的鸟类新分类系统，新发现和收集报道5种鸟类新记录，说明阿穆尔隼、达乌里寒鸦(*Corvus dauurica*)、理氏鹨、戈氏岩鹀4种鸟类是对原名录的重命名，并排除了2种以往名录中记载的存疑物种，确定鸟类名录为192种。

本次依据实际调查结果，以庞泉沟保护区最新公开报道的192种鸟类名录(杨向明等，2018)为基础，按照《中国鸟类分类与分布名录》(第四版)(郑光美，2023)的分类系统(包括中文名称)，提出新的庞泉沟保护区鸟类名录。

庞泉沟保护区鸟类名录

(一)鸡形目 GALLIFORMES			
1. 雉科 Phasianidae			
(1)环颈雉 *Phasianus colchicus*	留	+	▲
(2)斑翅山鹑 *Perdix dauurica*	留	+	
(3)鹌鹑 *Coturnix japonica*	夏	◎	▲
(4)褐马鸡 *Crossoptilon mantchuricum*	留	++	
(5)石鸡 *Alectoris chukar*	留	++	
(二)雁形目 ANSERIFORMES			
2. 鸭科 Anatidae			
(6)鸿雁 *Anser cygnoides*	旅	◎	
(7)豆雁 *Anser fabalis*	旅	+	※
(8)小天鹅 *Cygnus columbianus*	旅	+	※
(9)赤麻鸭 *Tadorna ferruginea*	旅	++	※
(10)鸳鸯 *Aix galericulata*	夏	++	
(11)针尾鸭 *Anas acuta*	旅	+	
(12)绿翅鸭 *Anas crecca*	旅	+	
(13)绿头鸭 *Anas platyrhynchos*	旅	++	
(14)斑嘴鸭 *Anas zonorhyncha*	夏	++	▲
(15)红头潜鸭 *Aythya ferina*	旅	+	
(16)普通秋沙鸭 *Mergus merganser*	夏	++	
(三)䴙䴘目 PODICIPEDIFORMES			
3. 䴙䴘科 Podicipedidae			
(17)凤头䴙䴘 *Podiceps cristatus*	旅	+	※
(18)小䴙䴘 *Tachybaptus ruficollis*	夏	++	
(四)鸽形目 COLUMBIFORMES			
4. 鸠鸽科 Columbidae			
(19)岩鸽 *Columba rupestris*	留	++	
(20)珠颈斑鸠 *Streptopelia chinensis*	夏	++	
(21)灰斑鸠 *Streptopelia decaocto*	留	++	
(22)山斑鸠 *Streptopelia orientalis*	留	+	
(五)夜鹰目 CAPRIMULGIFORMES			
5. 夜鹰科 Caprimulgidae			
(23)普通夜鹰 *Caprimulgus indicus*	夏	+	

6. 雨燕科 Apodidae			
(24)普通雨燕 *Apus apus*	夏	◎	
(25)白腰雨燕 *Apus pacificus*	旅	◎	
(26)白喉针尾雨燕 *Hirundapus caudacutus*	旅	◎	
(六)鹃形目 CUCULIFORMES			
7. 杜鹃科 Cuculidae			
(27)红翅凤头鹃 *Clamator coromandus*	旅	+	※
(28)大鹰鹃 *Hierococcyx sparverioides*	夏	++	▲
(29)小杜鹃 *Cuculus poliocephalus*	夏	+	
(30)四声杜鹃 *Cuculus micropterus*	夏	+	
(31)中杜鹃 *Cuculus saturatus*	夏	++	
(32)大杜鹃 *Cuculus canorus*	夏	+	
(七)鹤形目 GRUIFORMES			
8. 秧鸡科 Rallidae			
(33)白胸苦恶鸟 *Amaurornis phoenicurus*	旅	◎	
(34)黑水鸡 *Gallinula chloropus*	旅	+	
(35)白骨顶 *Fulica atra*	旅	++	
(八)鹳形目 CICONIFORMES			
9. 鹳科 Ciconiidae			
(36)黑鹳 *Ciconia nigra*	夏	++	
(九)鹈形目 PELECANIFORMES			
10. 鹮科 Threskiornithidae			
(37)白琵鹭 *Platalea leucorodia*	夏	++	※
11. 鹭科 Ardeidae			
(38)黄斑苇鳽 *Ixobrychus sinensis*	旅	+	
(39)栗苇鳽 *Ixobrychus cinnamomeus*	旅	◎	
(40)牛背鹭 *Bubulcus ibis*	旅	◎	
(41)苍鹭 *Ardea cinerea*	夏	++	
(42)绿鹭 *Butorides striata*	旅	+	※
(43)大白鹭 *Ardea alba*	旅	++	※
(44)白鹭 *Egretta garzetta*	旅	+	※
(十)鲣鸟目 SULIFORMES			
12. 鸬鹚科 Phalacrocoracidae			
(45)普通鸬鹚 *Phalacrocorax carbo*	旅	++	
(十一)鸻形目 CHARADRIIFORMES			
13. 鹮嘴鹬科 Ibidorhynchidae			
(46)鹮嘴鹬 *Ibidorhyncha struthersii*	夏	+	

14. 反嘴鹬科 Recurvirostrdae			
(47)黑翅长脚鹬 *Himantopus himantopus*	旅	+	※
(48)反嘴鹬 *Recurvirostra avosetta*	旅	+	※
15. 鸻科 Charadriidae			
(49)灰头麦鸡 *Vanellus cinereus*	旅	+	※
(50)金鸻 *Pluvialis fulva*	旅	◎	
(51)剑鸻 *Charadrius hiaticula*	旅	◎	
(52)金眶鸻 *Charadrius dubius*	夏	++	
(53)环颈鸻 *Charadrius alexandrinus*	旅	◎	
16. 鹬科 Scolopacidae			
(54)丘鹬 *Scolopax rusticola*	旅	+	
(55)针尾沙锥 *Gallinago stenura*	旅	◎	
(56)扇尾沙锥 *Gallinago gallinago*	旅	+	
(57)白腰草鹬 *Tringa ochropus*	旅	+	
(58)矶鹬 *Actitis hypoleucos*	夏	+	
17. 鸥科 Laridae			
(59)北极鸥 *Larus hyperboreus*	旅	+	※
(十二)鸮形目 STRIGIFORMES			
18. 鸱鸮科 Strigidae			
(60)领角鸮 *Otus lettia*	旅	◎	▲
(61)红角鸮 *Otus sunia*	夏	+	▲
(62)雕鸮 *Bubo bubo*	留	+	
(63)纵纹腹小鸮 *Athene noctua*	留	+	
(64)长耳鸮 *Asio otus*	旅	+	
(65)短耳鸮 *Asio flammeus*	旅	◎	
(十三)鹰形目 ACCIPITRIFORMES			
19. 鹗科 Pandionidae			
(66)鹗 *Pandion haliaetus*	旅	+	※
20. 鹰科 Accipitridae			
(67)松雀鹰 *Accipiter virgatus*	旅	◎	
(68)凤头蜂鹰 *Pernis ptilorhyncus*	旅	+	※
(69)秃鹫 *Aegypius monachus*	旅	+	
(70)乌雕 *Clanga clanga*	旅	◎	
(71)草原雕 *Aquila nipalensis*	旅	+	
(72)金雕 *Aquila chrysaetos*	留	◎	
(73)雀鹰 *Accipiter nisua*	留	++	
(74)苍鹰 *Accipiter gentilis*	旅	+	

(75) 白尾鹞 *Circus cyaneus*	旅	+	
(76) 鹊鹞 *Circus melanoleucos*	旅	◎	
(77) 黑鸢 *Milvus migrans*	留	+	▲
(78) 毛脚鵟 *Buteo lagopus*	冬	◎	
(79) 大鵟 *Buteo hemilasius*	冬	+	
(80) 普通鵟 *Buteo japonicus*	旅	+	▲
(十四) 犀鸟目 BUCEROTIFORMES			
21. 戴胜科 Upupidae			
(81) 戴胜 *Upupa epops*	夏	+	
(十五) 佛法僧目 CORACIIFORMES			
22. 翠鸟科 Alcedinidae			
(82) 蓝翡翠 *Halcyon pileata*	夏	+	
(83) 普通翠鸟 *Alcedo atthis*	夏	++	
(84) 冠鱼狗 *Megaceryle lugubris*	夏	◎	
(十六) 啄木鸟目 PICIFORMES			
23. 啄木鸟科 Picidae			
(85) 蚁䴕 *Jynx torquilla*	旅	◎	
(86) 星头啄木鸟 *Dendrocopos canicapillus*	留	+	
(87) 大斑啄木鸟 *Dendrocopos major*	留	++	
(88) 黑啄木鸟 *Dryocopus martius*	留	++	
(89) 灰头绿啄木鸟 *Picus canus*	留	++	
(十七) 隼形目 FALCONIFORMES			
24. 隼科 Falconidae			
(90) 红隼 *Falco tinnunculus*	留	++	
(91) 红脚隼 *Falco amurensis*	夏	++	
(92) 燕隼 *Falco subbuteo*	夏	◎	
(93) 猎隼 *Falco cherrug*	旅	◎	
(94) 游隼 *Falco peregrinus*	旅	+	
(十八) 雀形目 PASSERIFORMES			
25. 黄鹂科 Oriolidae			
(95) 黑枕黄鹂 *Oriolus chinensis*	夏	+	
26. 山椒鸟科 Campephagidae			
(96) 长尾山椒鸟 *Pericrocotus ethologus*	夏	+++	
27. 卷尾科 Dicruridae			
(97) 黑卷尾 *Dicrurus macrocercus*	夏	+	
28. 王鹟科 Monarchidae			
(98) 紫寿带 *Terpsiphone atrocaudata*	旅	◎	

29. 伯劳科 Laniidae			
(99)虎纹伯劳 *Lanius tigrinus*	旅	◎	
(100)牛头伯劳 *Lanius bucephalus*	夏	+	
(101)红尾伯劳 *Lanius cristatus*	夏	+	
(102)灰伯劳 *Lanius excubitor*	冬	+	
(103)楔尾伯劳 *Lanius sphenocercus*	留	◎	
30. 鸦科 Corvidae			
(104)松鸦 *Garrulus glandarius*	留	++	
(105)灰喜鹊 *Cyanopica cyanus*	留	++	
(106)红嘴蓝鹊 *Urocissa erythroryncha*	留	+++	
(107)喜鹊 *Pica pica*	留	+++	
(108)星鸦 *Nucifraga caryocatactes*	留	+++	
(109)红嘴山鸦 *Pyrrhocorax pyrrhocorax*	留	+	
(110)达乌里寒鸦 *Corvus dauuricus*	留	◎	
(111)小嘴乌鸦 *Corvus corone*	旅	◎	
(112)大嘴乌鸦 *Corvus macrorhynchos*	留	+++	
31. 山雀科 Paridae			
(113)煤山雀 *Periparus ater*	留	+++	
(114)黄腹山雀 *Pardaliparus venustulus*	夏	++	
(115)沼泽山雀 *Poecile palustris*	留	+	※
(116)褐头山雀 *Poecile montanus*	留	+++	
(117)大山雀 *Parus cinereus*	留	+++	▲
32. 百灵科 Alaudidae			
(118)短趾百灵 *Alaudala cheleensis*	冬	◎	▲
(119)凤头百灵 *Galerida cristata*	夏	◎	
(120)云雀 *Alauda arvensis*	留	+	
(121)角百灵 *Eremophila alpestris*	冬	◎	
33. 蝗莺科 Locustellidae			
(122)北蝗莺 *Locustella certhiola*	迷	◎	▲
34. 燕科 Hirundinidae			
(123)家燕 *Hirundo rustica*	夏	+++	
(124)岩燕 *Ptyonoprogne rupestris*	夏	++	
(125)毛脚燕 *Delichon urbicum*	夏	+	
(126)金腰燕 *Cecropis daurica*	夏	++	
35. 鹎科 Pycnonotidae			
(127)白头鹎 *Pycnonotus sinensis*	夏	++	※
36. 柳莺科 Phylloscopidae			

(128)棕眉柳莺 *Phylloscopus armandii*	夏	+++	
(129)云南柳莺 *Phylloscopus yunnanensis*	夏	+++	▲
(130)黄腰柳莺 *Phylloscopus proregulus*	旅	+	
(131)黄眉柳莺 *Phylloscopus inornatus*	夏	+++	
(132)极北柳莺 *Phylloscopus borealis*	旅	◎	
(133)乌嘴柳莺 *Phylloscopus magnirostris*	旅	+++	※
(134)冠纹柳莺 *Phylloscopus claudiae*	夏	+++	▲
37. 树莺科 Cettiidae			
(135)远东树莺 *Horornis canturians*	旅	+	※
38. 长尾山雀科 Aegithalidae			
(136)银喉长尾山雀 *Aegithalos glaucogularis*	留	+++	▲
39. 鸦雀科 Paradoxornithidae			
(137)山鹛 *Rhopophilus pekinensis*	留	++	
(138)棕头鸦雀 *Sinosuthora webbiana*	留	++	
40. 绣眼鸟科 Zosteropidae			
(139)红胁绣眼鸟 *Zosterops erythropleurus*	旅	+	※
(140)暗绿绣眼鸟 *Zosterops japonicus*	旅	+	
41. 噪鹛科 Leiothrichidae			
(141)山噪鹛 *Garrulax davidi*	留	++	
42. 旋木雀科 Certhiidea			
(142)欧亚旋木雀 *Certhia familiaris*	留	+++	
43. 䴓科 Sittidae			
(143)普通䴓 *Sitta europaea*	留	+++	
(144)黑头䴓 *Sitta villosa*	留	+++	
(145)红翅旋壁雀 *Tichodroma muraria*	留	◎	
44. 鹪鹩科 Troglodytidae			
(146)鹪鹩 *Troglodytes troglodytes*	留	+++	
45. 河乌科 Cinclidae			
(147)褐河乌 *Cinclus pallasii*	夏	◎	
46. 椋鸟科 Sturnidae			
(148)灰椋鸟 *Spodiopsar cineraceus*	夏	++	
(149)北椋鸟 *Agropsar sturninus*	夏	◎	
47. 鸫科 Turdidae			
(150)虎斑地鸫 *Zoothera aurea*	旅	+	※
(151)灰背鸫 *Turdus hortulorum*	旅	+	※
(152)灰头鸫 *Turdus rubrocanus*	旅	++	※
(153)褐头鸫 *Turdus feae*	旅	++	※

(154)白眉鸫 *Turdus obscurus*	旅	+	※
(155)白腹鸫 *Turdus pallidus*	旅	◎	
(156)赤颈鸫 *Turdus ruficollis*	冬	+++	
(157)红尾斑鸫 *Turdus naumanni*	冬	++	
(158)斑鸫 *Turdus eunomus*	旅	++	※
(159)宝兴歌鸫 *Turdus mupinensis*	夏	+	
48. 鹟科 Muscicapidae			
(160)蓝歌鸲 *Larvivora cyane*	旅	+	
(161)红喉歌鸲 *Calliope calliope*	旅	+	
(162)白腹短翅鸲 *Luscinia phoenicuroides*	夏	++	
(163)蓝喉歌鸲 *Luscinia svecica*	旅	◎	
(164)红胁蓝尾鸲 *Tarsiger cyanurus*	夏	++	
(165)祁连山蓝尾鸲 *Tarsiger albocoeruleus*	夏	+++	※
(166)贺兰山红尾鸲 *Phoenicurus alaschanicus*	冬	◎	
(167)赭红尾鸲 *Phoenicurus ochruros*	旅	◎	
(168)北红尾鸲 *Phoenicurus auroreus*	夏	+++	
(169)红腹红尾鸲 *Phoenicurus erythrogastrus*	冬	+	
(170)红尾水鸲 *Rhyacornis fuliginosa*	夏	+++	
(171)紫啸鸫 *Myophonus caeruleus*	夏	+	
(172)白额燕尾 *Enicurus leschenaulti*	留	++	▲
(173)黑喉石䳭 *Saxicola maurus*	夏	+	
(174)白顶䳭 *Oenanthe pleschanka*	夏	+	
(175)蓝矶鸫 *Monticola solitarius*	夏	+	
(176)灰纹鹟 *Muscicapa griseisticta*	旅	+	※
(177)乌鹟 *Muscicapa sibirica*	旅	◎	
(178)北灰鹟 *Muscicapa dauurica*	旅	+	
(179)白眉姬鹟 *Ficedula zanthopygia*	夏	+	
(180)绿背姬鹟 *Ficedula elisae*	夏	++	▲
(181)锈胸蓝姬鹟 *Ficedula sordida*	夏	+++	▲
(182)红喉姬鹟 *Ficedula albicilla*	旅	+	
49. 戴菊科 Regulidae			
(183)戴菊 *Regulys regulus*	旅	++	
50. 太平鸟科 Bombycillidae			
(184)太平鸟 *Bombycilla garrulus*	旅	+	
(185)小太平鸟 *Bombycilla japonica*	旅	+	※
51. 岩鹨科 Prunelldae			
(186)棕眉山岩鹨 *Prunella montanella*	冬	++	

52. 雀科 Passeridae			
(187)山麻雀 *Passer cinnamomeus*	夏	++	▲
(188)麻雀 *Passer montanus*	留	++	
53. 鹡鸰科 Motacillidae			
(189)山鹡鸰 *Dendronanthus indicus*	旅	+	※
(190)黄鹡鸰 *Motacilla tschutschensis*	夏	+	▲
(191)黄头鹡鸰 *Motacilla citreola*	夏	+	
(192)灰鹡鸰 *Motacilla cinerea*	夏	+++	
(193)白鹡鸰 *Motacilla alba*	夏	+++	
(194)田鹨 *Anthus richardi*	旅	+	
(195)树鹨 *Anthus hodgsoni*	夏	++	
(196)水鹨 *Anthus spinoletta*	夏	+	
54. 燕雀科 Fringillidae			
(197)苍头燕雀 *Fringilla coelebs*	旅	◎	
(198)燕雀 *Fringilla montifringilla*	冬	+++	
(199)锡嘴雀 *Coccothraustes coccothraustes*	冬	+	
(200)黑尾蜡嘴雀 *Eophona migratoria*	冬	◎	
(201)灰头灰雀 *Pyrrhula erythaca*	旅	+	※
(202)红眉朱雀 *Carpodacus pulcherrimus*	夏	+++	
(203)普通朱雀 *Carpodacus erythrinus*	留	++	
(204)长尾雀 *Carpodacus sibiricus*	留	+++	
(205)北朱雀 *Carpodacus roseus*	冬	+	
(206)金翅雀 *Chloris sinica*	留	++	
(207)白腰朱顶雀 *Acanthis flammea*	冬	◎	
(208)红交嘴雀 *Loxia curvirostra*	冬	++	
(209)黄雀 *Spinus spinus*	旅	++	
55. 铁爪鹀科 Calcariidae			
(210)铁爪鹀 *Calcarius lapponicus*	旅	+	
56. 鹀科 Emberizidae			
(211)白头鹀 *Emberiza leucocephalos*	冬	+	
(212)灰眉岩鹀 *Emberiza godlewskii*	留	++	
(213)三道眉草鹀 *Emberiza cioides*	留	++	
(214)白眉鹀 *Emberiza tristrami*	旅	+	
(215)栗耳鹀 *Emberiza fucata*	旅	◎	▲
(216)小鹀 *Emberiza pusilla*	旅	++	
(217)黄眉鹀 *Emberiza chrysophrys*	旅	◎	
(218)田鹀 *Emberiza rustica*	旅	+	

(219)黄喉鹀 *Emberiza elegans* 夏 ++
(220)黄胸鹀 *Emberiza aureola* 旅 ◎
(221)栗鹀 *Emberiza rutila* 旅 ◎
(222)灰头鹀 *Emberiza spodocephala* 夏 +
(223)苇鹀 *Emberiza pallasi* 旅 +

注：
(1)居留类型
留代表留鸟；夏代表夏候鸟；冬代表冬候鸟；旅代表旅鸟；迷代表迷鸟。
(2)数量级
+++代表优势种；++代表普通种；+代表稀有种；◎代表文献种。
(3)新记录和重命名
※代表新记录；▲代表重命名。

通过调查研究，确定庞泉沟保护区鸟类名录为223种，隶属18目56科。中国鸟类1505种(郑光美，2023)，庞泉沟鸟类物种数占中国鸟类物种数的14.8%。

6.5.1.1 新记录和重命名种类

庞泉沟保护区223种鸟类名录中，整理收录出31种鸟类新记录，包括豆雁、小天鹅、赤麻鸭、凤头鸊鷉、红翅凤头鹃、白琵鹭、绿鹭、大白鹭、白鹭、黑翅长脚鹬、反嘴鹬、灰头麦鸡、鹗、凤头蜂鹰、沼泽山雀、白头鹎、乌嘴柳莺、远东树莺、红胁绣眼鸟、虎斑地鸫、灰背鸫、灰头鸫、褐头鸫、白眉鸫、斑鸫、祁连山蓝尾鸲、灰纹鹟、小太平鸟、山鹡鸰、灰头灰雀，共计30种为本次调查整理发现的种类，北极鸥为2020年在庞泉沟发现并报道为山西省鸟类新记录的文献记载种类。

庞泉沟223种鸟类名录中，有20种鸟类主要因分类系统变化，学名有了重命名变化调整(表6-1)。

表6-1 庞泉沟鸟类重命名物种

序号	重命名名称		文献名录名称
	中文名	学名	
1	石鸡	*Alectoris chukar*	石鸡 *Alectoris graeca*
2	鹌鹑	*Coturnix japonica*	鹌鹑 *Coturnix coturnix*
3	斑嘴鸭	*Anas zonorhyncha*	斑嘴鸭 *Anas poecilorhyncha*
4	大鹰鹃	*Hierococcyx sparverioides*	鹰鹃 *Cuculus sparverioides*
5	领角鸮	*Otus lettia*	领角鸮 *Otus bakkamoena*
6	红角鸮	*Otus sunia*	红角鸮 *Otus scops*
7	黑鸢	*Milvus migrans*	鸢 *Milyus korschun*
8	普通鵟	*Buteo japonicus*	普通鵟 *Buteo buteo*
9	大山雀	*Parus cinereus*	大山雀 *Parus major*
10	短趾百灵	*Alaudala cheleensis*	短趾沙百灵 *Calandrella cinerea*

续表

序号	重命名名称		文献名录名称
	中文名	学名	
11	北蝗莺	*Locustella certhiola*	北蝗莺 *Locustella ochotensis*
12	云南柳莺	*Phylloscopus yunnanensis*	四川柳莺 *Phylloscopus sichuanensis*
13	冠纹柳莺	*Phylloscopus claudiae*	冠纹柳莺 *Phylloscopus reguloides*
14	银喉长尾山雀	*Aegithalos glaucogularis*	银喉长尾山雀 *Aegithalos caudatus*
15	白额燕尾	*Enicurus leschenaulti*	黑背燕尾 *Enicurus leschenaultia*
16	绿背姬鹟	*Ficedula elisae*	黄眉姬鹟 *Ficedula narcissina*
17	锈胸蓝姬鹟	*Ficedula sordida*	锈胸蓝姬鹟 *Ficedula hodgsonii*
18	山麻雀	*Passer cinnamomeus*	山麻雀 *Passer rutilans*
19	黄鹡鸰	*Motacilla tschutschensis*	黄鹡鸰 *Motacilla flava*
20	栗耳鹀	*Emberiza fucata*	栗耳鹀 *Emberiza jankowskii*

以上这 31 种鸟类新记录和 20 种重命名种类，将作为本次庞泉沟保护区鸟类调查的重要成果，对每一种新记录发现和重命名的具体情况在本章 6.5.5 主要种类中作进一步论述。

6.5.1.2 中文别名

虽然学名规定为生物物种的国际标准名称，但实际工作中，国内大多数鸟类工作者还是习惯用中文名开展野外调查记录、学术交流等工作。尽管不同的学者力图将中文名进行统一，但受外文文献翻译、整理者不同等情况影响，鸟类的中文名在不同的权威著作中仍有不同。本文整理列出庞泉沟保护区相关文献中鸟类中文别名的情况。

(1)环颈雉(*Phasianus colchicus*)

雉鸡(*Phasianus colchicus*)为其中文别名。环颈雉分为多个亚种，其中中国北方分布的大部分亚种颈部有白色颈圈，而其他地区的一些亚种并无白色颈圈。雉鸡被《中国鸟类野外手册》(约翰·马敬能等，2000)、《山西鸟类》(樊龙锁等，2008)等众多文献引用。

(2)普通雨燕(*Apus apus*)

普通楼燕(*Apus apus*)为其中文别名，见于《中国鸟类野外手册》(约翰·马敬能等，2000)、《山西鸟类》(樊龙锁等，2008)等众多文献中。

(3)金鸻(*Pluvialis fulva*)

金斑鸻(*Pluvialis fulva*)为其中文别名，见于《中国鸟类野外手册》(约翰·马敬能等，2000)、《山西鸟类》(樊龙锁等，2008)等众多文献中。

(4)红脚隼(*Falco amurensis*)

阿穆尔隼(*Falco amurensis*)为其中文别名，见于《中国鸟类野外手册》(约翰·马敬能等，2000)、《山西庞泉沟国家级自然保护区生物多样性保护与管理》(李世广等，2014)等。庞泉沟早期鸟类专著《庞泉沟猛禽研究》(安文山等，1993)、《山西庞泉沟国家级自然保护区(1980—1999)》(山西庞泉沟国家级自然保护区，1999)等著作中，记录名为红脚隼(*Falco vespertinus*)，在《中国鸟类野外手册》虽然命名为红脚隼，但主要分布在新疆等地。在《中国鸟类分类与分布名录》的不同版本中则中文名定为西红脚隼。

（5）达乌里寒鸦（*Corvus dauuricum*）

寒鸦（*Corvus monedula*）为其早期名称，庞泉沟早期专著《庞泉沟猛禽研究》（安文山等，1993）有记载，在庞泉沟保护区有繁殖习性的报道（杨向明等，1994）。在《山西庞泉沟国家级自然保护区（1980—1999）》（山西庞泉沟国家级自然保护区，1999）、《山西庞泉沟国家级自然保护区生物多样性保护与管理》（李世广等，2014）一直沿袭。在《庞泉沟陆生野生动物资源监测研究》（杨向明等，2018）更名为达乌里寒鸦（*Corvus dauuricum*），而寒鸦（*Corvus monedula*）主要分布于我国新疆和西藏地区，形态与差异明显。

（6）欧亚旋木雀（*Certhia familiaris*）

普通旋木雀（*Certhia familiaris*）和旋木雀（*Certhia familiaris*）为其中文别名，见于早期文献和《中国鸟类野外手册》《中国鸟类分类与分布名录》（第一版）中。

（7）红尾斑鸫（*Turdus naumanni*）

为《中国鸟类分类与分布名录》（郑光美，2017）采用的中文名，一些文献则称为红尾鸫（*Turdus naumanni*）。在《中国鸟类野外手册》（约翰·马敬能等，2000）命名为斑鸫（*Turdus naumanni*），《山西庞泉沟国家级自然保护区生物多样性保护与管理》（李世广等，2014）、《庞泉沟陆生野生动物资源监测研究》（杨向明等，2018）等文献中，也采用斑鸫（*Turdus naumanni*）的命名。最新的分类将斑鸫的指名亚种独立为新种红尾鸫，而斑鸫（*Turdus eunomus*）为斑鸫的原北方亚种。本次调查将斑鸫（*Turdus eunomus*）作为庞泉沟鸟类新记录报道，而红尾斑鸫（*Turdus naumanni*）在调查中也发现有分布，保持原有的名录记录。

（8）红喉歌鸲（*Calliope calliope*）

红点颏（*Calliope calliope*）为其中文别名，广泛出现在文献中。

（9）蓝喉歌鸲（*Luscinia svecica*）

蓝点颏（*Luscinia svecica*）为其中文别名，广泛出现在文献中。

（10）麻雀（*Passer montanus*）

［树］麻雀（*Passer montanus*）为其中文别名，曾广泛出现在早期文献中，专业上角度有别于其他麻雀属的种类。

（11）灰眉岩鹀（*Emberiza godlewskii*）

戈氏岩鹀（*Emberiza godlewskii*）为其中文别名，在《中国鸟类野外手册》（约翰·马敬能等，2000）、《山西庞泉沟国家级自然保护区生物多样性保护与管理》（李世广等，2014）、《庞泉沟陆生野生动物监测研究》（杨向明等，2018）等文献中采用。庞泉沟早期鸟类专著《庞泉沟猛禽研究》（安文山等，1993）、《山西庞泉沟国家级自然保护区（1980—1999）》（山西庞泉沟国家级自然保护区，1999），以及《山西鸟类》（樊龙锁等，2008）等文献中的灰眉岩鹀（*Emberiza cia*）分布以中国西部地区为主，在《中国鸟类野外手册》（约翰·马敬能等，2000）保留为灰眉岩鹀，在《中国鸟类分类与分布名录》则命名为淡灰眉岩鹀（*Emberiza cia*）。

（12）田鹨（*Anthus richardi*）

理氏鹨（*Anthus richardi*）为其中文别名，该种的分类情况如同上述的灰眉岩鹀，理氏鹨（*Anthus richardi*）在《中国鸟类野外手册》（约翰·马敬能等，2000）、《山西庞泉沟国家级自然保护区生物多样性保护与管理》（李世广等，2014）、《庞泉沟陆生野生动物资源监测研究》（杨向明等，2018）等文献中采用。庞泉沟早期鸟类专著《庞泉沟猛禽研究》(安文山等，1993)、《山西庞泉沟国家级自然保护区(1980—1999)》(山西庞泉沟国家级自然保护区，1999)，以及《山西鸟类》(樊龙锁等，2008)等文献中的田鹨(*Anthus rufulus*)分布以云南、广西、广东、四川等地为主，在《中国鸟类野外手册》(约翰·马敬能等，2000)保留为田鹨，在《中国鸟类分类与分布名录》则命名为东方田鹨(*Anthus rufulus*)。

6.5.2 居留类型

根据鸟类迁徙行为，可以将鸟类分成不同的居留类型。候鸟是那些有迁徙行为的鸟类，它们每年春秋两季沿着固定的路线往返于繁殖地和避寒地之间。就特定观察地点而言，这些南来北往的候鸟可依照它们出现时间的不同予以归类，以本次调查的庞泉沟地区为例，夏季由南方来到庞泉沟繁殖的候鸟称之为夏候鸟(summer visitor)，冬天由北方来到庞泉沟度冬的候鸟则称为冬候鸟(winter visitor)。如果候鸟在比庞泉沟更北的地方繁殖，在更南的地方过冬，它们在秋季南下与春季北返经过庞泉沟时只做短暂的停留，则称之为旅鸟或过境鸟(transient)。

相对于来来去去的候鸟，有很多鸟类则是一年四季都在同一个地方生活，这类鸟称之为留鸟(resident)。在一个地方，除了留鸟、夏候鸟、冬候鸟、旅鸟之外，还有一些鸟类，它们的主要分布区域在很远的地方，只是偶尔有少数个体因为迷失方向或其他原因，来到该地，这些鸟类可能好几年才会被发现一次，称之为迷鸟(vagrant)。

由于候鸟的迁徙在时间、路线等方面有较强规律性，因而相对于一个地区，候鸟的居留情况是相对固定的。庞泉沟保护区作为山西省山地森林的一处代表区域，以往的研究工作对区域鸟类的居留类型有了一定的掌握，并且对在此繁殖的不少留鸟、夏候鸟种类开展了国内首次繁殖习性等的观察，鸟类居留类型的总体情况比较清楚。

(1)鸟类新记录的居留类型

本次调查发现31种鸟类新记录，对其居留类型采取保守处理，既不简单依靠少量的发现次数和发现季节，或直接引用相关文献，推测和判定居留类型，而是依据本区域实际观察资料积累确定居留类型。在没有取得大量可靠第一手资料的前提下，首先确定为旅鸟；其次根据资料情况，考虑是否有越冬或繁殖，再确定为冬候鸟或夏候鸟；最后根据完整的生活史资料积累，确定是否为留鸟。经过观察，新记录鸟类中，初步确定留鸟1种，沼泽山雀；夏候鸟有2种，白头鹎、祁连山蓝尾鸲，其他28种则均定为旅鸟。

(2)居留类型生态新发现

候鸟种类繁多，不同种类之间的生态习性又有差异，我国对候鸟研究工作还有很多空白领域。鸳鸯、普通秋沙鸭、黄喉鹀3种鸟类在文献中记录为旅鸟，本次调查观察发现，这3种鸟类不仅在夏季不同月份可以较多地见到，而且还观察到其带幼鸟活动的情况，故将此3种鸟类由文献中记载的旅鸟更新确定为夏候鸟。

6.5.2.1 留　鸟

留鸟是组成一个区域鸟类的基本成分。它们可以在区域长期居留，说明这里是其适宜的生存环境，能够维持一定数量的种群。同时，留鸟也是冬季鸟类种类较少时期的主要组成。通过本次调查大量的观察和对文献资料的参考研究，目前已较为确切地掌握了保护区的留鸟情况。

庞泉沟保护区留鸟包括鸡形目(GALLIFORMES)的4种雉类，鸽形目(COLUMBIFORMES)的3种鸠鸽，鸮形目(STRIGIFORMES)的雕鸮和纵纹腹小鸮，鹰形目(ACCIPITRIFORMES)的金雕、雀鹰、黑鸢，啄木鸟目(PICIFORMES)的4种啄木鸟，隼形目(FALCONIFORMES)的红隼。雀形目(PASSERIFORMES)伯劳科的楔尾伯劳，鸦科8种鸦类，山雀科及长尾山雀科5种山雀，百灵科的云雀，鸦雀科的山鹛和棕头鸦雀，噪鹛科的山噪鹛，旋木雀科的欧亚旋木雀，鸸科3种鸸类，鹪鹩科的鹪鹩，鹟科的白额燕尾，雀科的麻雀，燕雀科的普通朱雀、长尾雀、金翅雀，鹀科的灰眉岩鹀、三道眉草鹀，共计47种，占到本区鸟类223种的21.1%。

留鸟虽然是没有迁徙的鸟类，它们常年居住在出生地，大部分留鸟甚至终身不离开自己的巢区，有些留鸟则会进行不定向和短距离的迁移，这种迁移在特定区域和时段是有规律的。比如，保护区的红隼、雀鹰、黑啄木鸟、鹪鹩、白额燕尾、鸥亚旋木雀等鸟类会根据季节的变化在高海拔和低海拔之间进行迁移，即夏季出现在辖区海拔较高的区域，冬季迁徙到海拔较低甚至辖区外海拔更低的地区，这种迁移叫作“垂直迁徙”，虽然名为迁徙，但仍然是留鸟的一种行为。

6.5.2.2 夏候鸟

夏候鸟是有繁殖的鸟类，为重要的资源动物。为了繁殖，它们必须有良好的栖息环境和稳定的种群数量，是构成庞泉沟生态系统的重要组成。一种鸟类是旅鸟还是成为夏候鸟，往往需要大量的资料证实，特别是对于庞泉沟保护区仍然是一个较小范围的区域而言，调查区域有时可能不是某种鸟类的繁殖巢区，仅是其繁殖期间的取食地或是短暂停歇地等，这要求资料来自更大的地域空间范围。

本区夏候鸟有鸡形目的鹌鹑，雁形目(ANSERIFORMES)的斑嘴鸭、鸳鸯、普通秋沙鸭，䴙䴘目(PODICIPEDIFORMES)的小䴙䴘，鸽形目的山斑鸠，夜鹰目(CAPRIMULGIFORMES)的普通夜鹰，雨燕科的普通雨燕，鹃形目(CUCULIFORMES)的5种杜鹃，鹳形目(CICONIFORMES)的黑鹳，鹈形目(PELECANIFORMES)的苍鹭，鸻形目(CHARADRIIFORMES)鹮嘴鹬、金眶鸻、矶鹬3种游禽，鸮形目的红角鸮，犀鸟目(BUCEROTIFORMES)的戴胜，佛法僧目(CORACIIFORMES)的全部3种，隼形目的红脚隼、燕隼。雀形目黄鹂科的黑枕黄鹂，山椒鸟科的长尾山椒鸟，卷尾科的黑卷尾，伯劳科的2种伯劳，山雀科的黄腹山雀，百灵科的凤头百灵，燕科的4种燕，鹎科的白头鹎，柳莺科的4种柳莺，河乌科的褐河乌，椋鸟科2种椋鸟，鸫科的宝兴歌鸫，鹟科的白腹短翅鸲、红胁蓝尾鸲、祁连山蓝尾鸲、北红尾鸲、红尾水鸲、紫啸鸫、黑喉石䳭、白顶䳭、蓝矶鸫、3种姬鹟，麻雀科的山麻雀，鹡鸰科的4种鹡鸰、树鹨和水鹨，燕雀科的红眉朱雀，鹀科黄喉鹀、灰头鹀，共计67种，占到本区鸟类223种的30.0%。

庞泉沟的夏候鸟，大多数为山地森林鸟类，且以庞泉沟保护区内为优越的繁殖环境，如红角鸮、长尾山椒鸟、牛头伯劳、北红尾鸲、红尾水鸲、黄眉柳莺、云南柳莺、棕眉柳莺、白眉姬鹟、绿背姬鹟、山麻雀、白鹡鸰等在庞泉沟地区稳定栖息，并有繁殖资料的研究报道。少数为依托于森林河谷水质清澈无污染的文峪河、北川河繁殖的鸟类，如黑鹳、苍鹭、鹮嘴鹬、紫啸鸫等。

6.5.2.3 冬候鸟

冬候鸟也是一类特定的鸟类群体，能在本区越冬，表明这些来自更北的鸟类，在本区有适宜的栖息地。对于物种相对较少的冬季而言，冬候鸟与留鸟组成区域的冬季鸟类，对丰富冬季物种多样性，有着重要的意义。

庞泉沟保护区冬候鸟有鹰形目的大鵟、毛脚鵟；雀形目伯劳科的灰伯劳，百灵科的短趾沙百灵和角百灵，鸫科的赤颈鸫、红尾斑鸫，鹟科的贺兰山红尾鸲、红腹红尾鸲，岩鹨科的棕眉山岩鹨，燕雀科的燕雀、白腰朱顶雀、红交嘴雀、黑尾蜡嘴雀、锡嘴雀、北朱雀，鹀科的白头鹀，共计 17 种，占到保护区鸟类 223 种的 7.6%。

6.5.2.4 旅　鸟

旅鸟是迁徙过境的鸟类，对其种类的发现是一个积累的过程。在监测过程中，旅鸟的种类在不断变化，一般短时间较难掌握其资源状况。要想取得较好的研究结果，需依靠长时间的持续监测和调查。

调查表明，庞泉沟保护区旅鸟包括雁形目 8 种雁鸭，䴙䴘目的凤头䴙䴘，雨燕目的 2 种雨燕，鹃形目的红翅凤头鹃，鹤形目秧鸡科的 3 种游禽，鹈形目的 7 种涉禽，鲣鸟目的普通鸬鹚，鸻形目反嘴鹬科 2 种、鸻科 4 种、鹬科 4 种湿地游禽，以及鸥科的北极鸥，鸮形目的 3 种鸮类，鹰形目的 10 种猛禽，犀鸟形目的蚁䴕，隼形目的 2 种猛禽，以及雀形目王鹟科的紫寿带，伯劳科的虎纹伯劳，鸦科的小嘴乌鸦，柳莺科的黄腰柳莺、极北柳莺、乌嘴柳莺，树莺科的远东树莺，绣眼鸟科的 2 种绣眼鸟，鸫科的虎斑地鸫等 7 种森林鸟类，鹟科的蓝歌鸲等 8 种森林鸟类，戴菊科的戴菊，太平鸟科的 2 种太平鸟，鹡鸰科的山鹡鸰、田鹨，燕雀科苍头燕雀、黄雀，铁爪鹀科的铁爪鹀，鹀科的小鹀等 8 种鹀类，共计 91 种，占到本区鸟类 223 种的 40.8%，是本区鸟类多样性组成的主要成分。

庞泉沟保护区的旅鸟同夏候鸟一样，其主要种类适宜于山地森林环境，如雀形目的大部分物种。旅鸟中还有不少种类是体型较大的雁鸭类、鸻鹬类等湿地鸟类，也有鸮形目、鹰形目、隼形目的猛禽，其分布范围更广。庞泉沟保护区水域和森林河谷的食物相对丰富的环境，为这些鸟类提供了迁徙途中的栖身场所。

6.5.2.5 迷　鸟

庞泉沟保护区文献记载的迷鸟有北蝗莺 1 种。

事实上，庞泉沟保护区在建区 40 多年的鸟类科研中，早期通过采集标本及近年来通过长焦相机拍摄，不断记录到一些庞泉沟资料较为稀缺的鸟类种类，它们虽然暂定为旅鸟，如北极鸥、苍头燕雀等，这些种类虽然被准确发现和记录，但多年来难以在庞泉沟继续观察到，在某种程度上，更像是迷鸟。

6.5.3 数量及分布

庞泉沟保护区 223 种鸟类中，176 种是在本次调查中发现的种类，数据来源包括样线法、直接计数法、红外相机法和零星调查法。其中，样线法调查遇见 1904 次数据，共记录到鸟类 89 种；4 处固定观察点通过直接观察计数法观察到 314 次数据，共记录到鸟类 63 种，其中 24 种为样线法调查没有发现的种类；27 台红外相机也拍摄到样线法和直接观察计数法没有发现的普通夜鹰、红角鸮、虎斑地鸫、褐头鸫、北朱雀，共计 5 种鸟类，以及样线法和直接观察计数法仅有少量发现的灰头鸫、斑鸫2种鸟类；有58种鸟类是通过样线外调查、历史红外相机数据收集整理发现的。

虽然种群密度是衡量鸟类多度的最客观指标，但事实上鸟类遇见率的高低，往往给调查者留下关于鸟类数量多少最直观的感觉。在实际工作中，鸟类空间变动较大，不同种类之间生态习性存在显著差异，许多种类通过一次调查，并不能获取较为准确的种群密度。因此，通过实地调查遇见频次，再结合生态习性、历史积累数据、文献资料等的综合评定，可简单、快速、较好地划分每一个种类的数量级。在此，按照鸟类数量级的评定惯例，将本次调查发现的176种鸟类大致划定为优势种、普通种、稀有种3个数量级。调查没有发现的47种鸟类定为文献种。数量级只是保护区鸟类数量多少的大致概念，不同体型、不同生态类群鸟类的数量级之间没有绝对的可比性，如大型鸟类发现率较高而数量级定的可能偏高，个别活动隐蔽，如夜间活动的鸟类，可能数量级定的偏低。

6.5.3.1 优势种

将样线法调查遇见的鸟类进行种群密度计算。经统计计算，将种群密度0.02只/公顷以上共有29种鸟类定为优势种。具体情况如下。

留鸟，共计14种。选用全年全部78条样线参与种群密度计算，这样可以较好地消除季节、栖息地类型等形成的差异。

夏候鸟，共计12种。夏季鸟类多成对和单独活动，遇见频次较高。不少森林鸟类数量统计依据鸣声，如柳莺等。因此，以活动较为稳定、鸣叫活跃的繁殖前期5~7月作为主要统计时间段，而其他以形态为主要数量统计的种类，则可以延伸至4~9月。

冬候鸟，共计2种。冬季鸟类多集群活动，遇见频次降低，而一旦遇见，数量往往较多，以11月至翌年4月作为统计时间段。

旅鸟，1种。旅鸟的数量情况比较复杂，种群密度较多的仅乌嘴柳莺1种，尚属于鸟类新记录，居留情况不甚清楚，以3~11月的样线参与统计计算。

6.5.3.2 普通种

将不同调查方法遇见在5次以上的鸟类种类确定为普通种(优势种除外)。经统计，共有58种，包括留鸟20种、夏候鸟23种、冬候鸟3种、旅鸟12种。

6.5.3.3 稀有种

将不同调查方法遇见1~4次的鸟类种类确定为稀有种。经统计，共有89种，包括留鸟10种、夏候鸟25种、冬候鸟6种、旅鸟48种。

稀有种鸟类的调查和发现是一个积累的过程，对于准确判定庞泉沟鸟类名录组成十分重要，附表10列出调查中发现鸟类稀有种的详细情况(31种新记录除外)。

6.5.3.4 文献种

经统计，调查没有发现的文献记载鸟类，共有47种，包括留鸟4种、夏候鸟6种、冬候鸟6种、旅鸟30种、迷鸟1种。

文献种鸟类总体上来说数量稀少甚至是罕见的。本次调查有金雕、楔尾伯劳、达乌里寒鸦、红翅旋壁雀 4 种留鸟没有发现。金雕、楔尾伯劳、达乌里寒鸦多年来在区域数量下降，已较少见。红翅旋壁雀生活环境独特，仅早期的文献名录记载有分布，但在多年的监测调查中并未发现。

夏候鸟中有鹌鹑、冠鱼狗、燕隼、凤头百灵、褐河乌、北椋鸟 6 种没有发现。冠鱼狗和燕隼在本区有繁殖的报道。近年监测表明，这 2 个物种已较少见。凤头百灵、褐河乌在省内周边地区和特定环境分布和数量较多，但在调查区并未见繁殖，文献名录对其的发现记载，是在迁徙季节的偶然发现。鹌鹑、北椋鸟数量较少，且栖息环境独特，调查没有发现属于正常现象。

冬候鸟中有毛脚鵟、短趾百灵、角百灵、贺兰山红尾鸲、黑尾蜡嘴雀、白腰朱顶雀 6 种在调查中没有发现，这 6 种鸟类除黑尾蜡嘴雀、白腰朱顶雀、贺兰山红尾鸲 3 种在近年的文献中有明确发现记载外(杨向明等，2018)，毛脚鵟、短趾百灵、角百灵记载仅出现在其他文献资料的名录中，这些种类主要栖息于荒坡、草地等环境，近年在本区已少有发现。

有 30 种旅鸟和 1 种迷鸟在调查中没有被发现，主要原因是这些鸟类种类总体上在省内分布较窄、数量较少及栖息地环境独特。本次名录的提出，本着宁缺毋滥的原则，对于调查中没能拍摄到清晰照片的少数猛禽和小型鸟类，不能确定到具体的种。

6.5.4 重点保护动物

6.5.4.1 国家重点保护动物

依据 2021 年 2 月国家公布新调整的《国家重点保护野生动物名录》，庞泉沟自然保护区鸟类中属于国家一级和国家二级保护野生动物共 43 种。

(1) 国家一级

共有褐马鸡、黑鹳、秃鹫、乌雕、草原雕、金雕、猎隼、黄胸鹀 8 种国家一级保护野生动物。其中，秃鹫、乌雕、草原雕、猎隼、黄胸鹀 5 种是 2021 年 2 月国家新公布的国家一级保护野生动物。

(2) 国家二级

共有鸿雁、小天鹅、鸳鸯、白琵鹭、鹮嘴鹬、领角鸮、红角鸮、雕鸮、纵纹腹小鸮、长耳鸮、短耳鸮、鹗、松雀鹰、凤头蜂鹰、雀鹰、苍鹰、白尾鹞、鹊鹞、黑鸢、毛脚鵟、大鵟、普通鵟、黑啄木鸟、红隼、红脚隼、燕隼、游隼、云雀、红胁绣眼鸟、褐头鸫、红喉歌鸲、蓝喉歌鸲、贺兰山红尾鸲、北朱雀、红交嘴雀 35 种。其中，小天鹅、白琵鹭、鹗、凤头蜂鹰、红胁绣眼鸟、褐头鸫 6 种是本次调查发现的鸟类新记录。鸿雁、鹮嘴鹬、黑啄木鸟、云雀、红胁绣眼鸟、褐头鸫、红喉歌鸲、蓝喉歌鸲、贺兰山红尾鸲、北朱雀、红交嘴雀 11 种是 2021 年 2 月国家新公布的国家二级保护野生动物。

6.5.4.2 省级重点保护动物

2020 年山西省新修订的《山西省重点保护野生动物名录》在 2021 年 2 月国家重点保护野生动物名录新公布后，包括鸟类 133 种。本次庞泉沟自然保护区调查的 223 种鸟类名录，属于山西省级重点保护野生动物的鸟类有 89 种，具体如下。

(1) 非雀形目(33 种)

鸡形目 3 种：石鸡、斑翅山鹑、鹌鹑。

雁形目 1 种：针尾鸭。

䴙䴘目 1 种：凤头䴙䴘。

鸽形目 2 种：岩鸽、山斑鸠。

夜鹰目 2 种：普通夜鹰、白腰雨燕。

鹃形目 6 种：红翅凤头鹃、大鹰鹃、小杜鹃、四声杜鹃、中杜鹃、大杜鹃。

鹤形目 1 种：白胸苦恶鸟。

鹈形目 5 种：黄斑苇鳽、栗苇鳽、牛背鹭、苍鹭、大白鹭。

鲣鸟目 1 种：普通鸬鹚。

鸻形目 3 种：反嘴鹬、灰头麦鸡、金眶鸻。

犀鸟目 1 种：戴胜。

佛法僧目 3 种：蓝翡翠、普通翠鸟、冠鱼狗。

啄木鸟目 4 种：蚁䴕、星头啄木鸟、大斑啄木鸟、灰头绿啄木鸟。

(2)雀形目(56 种)

黄鹂科 1 种：黑枕黄鹂。

山椒鸟科 1 种：长尾山椒鸟。

伯劳科 4 种：虎纹伯劳、牛头伯劳、红尾伯劳、楔尾伯劳。

鸦科 3 种：松鸦、星鸦、红嘴山鸦。

山雀科 4 种：煤山雀、沼泽山雀、褐头山雀、大山雀。

百灵科 3 种：短趾百灵、凤头百灵、角百灵。

百灵科 4 种：家燕、岩燕、毛脚燕、金腰燕。

鹎科 1 种：白头鹎。

长尾山雀科 1 种：银喉长尾山雀。

鸦雀科 1 种：山鹛。

䴓科 1 种：红翅旋壁雀。

鹪鹩科 1 种：鹪鹩。

河乌科 1 种：褐河乌。

椋鸟科 1 种：北椋鸟。

鸫科 2 种：虎斑地鸫、灰背鸫。

鹟科 14 种：蓝歌鸲、白腹短翅鸲、红胁蓝尾鸲、北红尾鸲、红腹红尾鸲、红尾水鸲、紫啸鸫、白额燕尾、黑喉石䳭、白顶䳭、蓝矶鸫、绿背姬鹟、锈胸蓝姬鹟、红喉姬鹟。

太平鸟科 2 种：太平鸟、小太平鸟。

岩鹨科 1 种：棕眉山岩鹨。

鹡鸰科 7 种：山鹡鸰、黄鹡鸰、黄头鹡鸰、灰鹡鸰、白鹡鸰、树鹨、水鹨。

鹀科 3 种：黄眉鹀、黄喉鹀、灰头鹀。

以上 89 种省级重点保护动物中，有 11 种属于本次调查发现的新记录，分别是凤头䴙䴘、红翅凤头鹃、大白鹭、反嘴鹬、灰头麦鸡、沼泽山雀、白头鹎、虎斑地鸫、灰背鸫、小太平鸟、山鹡鸰。

6.5.5 主要种类

调查研究整理出庞泉沟鸟类名录223种，为了对区域鸟类做进一步描述，选择国家一级保护野生动物、新记录、重命名种类、全部优势种，普通种中的国家二级保护野生动物，共计以下82种，作为庞泉沟鸟类的主要种类，分种逐一进行论述。

(1)石鸡(*Alectoris chukar*)

庞泉沟保护区鸟类重命名种类。

我国分布有石鸡(*Alectoris chukar*)和大石鸡(*Alectoris magna*)两种石鸡。庞泉沟保护区文献鸟类名录中的石鸡(*Alectoris graeca*)也见于《山西鸟类》(樊龙锁等，2008)，已更名为欧洲石鸡(*Alectoris graeca*)，在我国没有分布。

石鸡在山西省内广泛分布于黄土丘陵地区，为山西省重点保护野生动物，留鸟。非繁殖期常集10~20只群体活动，爱鸣叫。庞泉沟保护区内以森林为主的环境并不是其适宜的生存环境，因此，在调查区分布并不广，为稀有种。本次调查仅见于柏叶口水库附近的裸岩山坡和黄土丘陵地区。

(2)鹌鹑(*Coturnix japonica*)

庞泉沟保护区鸟类重命名种类。

庞泉沟自然保护区文献鸟类名录中的鹌鹑(*Coturnix coturnix*)已更名为西鹌鹑(*Coturnix coturnix*)，主要分布于新疆、西藏南部等地，而鹌鹑(*Coturnix japonica*)分布于新疆、西藏外的全国各省份。

该种为山西省重点保护野生动物，本次调查未发现，为庞泉沟文献记载种类。

(3)褐马鸡(*Crossoptilon mantchuricum*)

国家一级保护野生动物。

分布于山西、陕西、河北、北京三省一市的林区，山西省为其主要分布地，为留鸟。褐马鸡为庞泉沟保护区的主要保护对象。有关褐马鸡的专著《珍禽褐马鸡》(山西省自然保护区管理站，1990)、《中国雉类——褐马鸡》(刘焕金等，1991)以及大量研究论文已对褐马鸡的生态习性做了较为深入的研究，庞泉沟保护区也对褐马鸡进行持续的监测和调查，认为保护区内褐马鸡生存稳定(杨向明等，2018)。

本次调查通过78条237.6千米样线调查，共发现褐马鸡12次(包括实体和鸣声7次，尸体、啄食痕迹、羽毛、足印等痕迹5次)，海拔1549.0~2297.4米，发现点位遍布区内的各种森林环境。夏季单只或成对活动，秋冬季节集群活动。

值得一提的是，红外相机也可以较好记录到褐马鸡的活动。以本次调查27个样区27台红外相机一个年度周期的调查结果看，27台红外相机共有20台拍摄到褐马鸡，物种出现率达74.1%，共摄到褐马鸡独立事件158次，经计算，本区褐马鸡的多样性指数(*RAI*)为1.66，即平均每台相机100天可拍摄到1.66次褐马鸡。

(4)豆雁(*Anser fabalis*)

庞泉沟保护区鸟类新记录。

体型大(体长约80厘米)的灰色雁类，外形大小和形状似家鹅。上体灰褐色或棕褐色，下体污白色。喙黑褐色，具橘黄色次端条带。脚为橘黄色。

迁徙候鸟，广泛见于中国东部等地。主要栖息于开阔平原草地、沼泽、水库、江河、湖泊及沿海海岸和附近农田地区。喜群居，飞行时排成有序的队列，有“一”字形、“人”字形等，以植物性食物为食。在山西省内常见。

2023 年 3 月 18～23 日，在庞泉沟保护区内长立村八水沟口水塘，发现一只个体栖息，海拔 1695.2 米。

(5)小天鹅(*Cygnus columbianus*)

国家二级保护野生动物。庞泉沟保护区鸟类新记录。

体型较高大(体长约 142 厘米)的白色天鹅。喙黑但基部黄色区域较大天鹅小，上喙侧的黄色不成前尖，且喙上中线黑色，比大天鹅小。

2022 年 3 月 27 日，发现 1 只个体在文峪河水库西岸滩涂和浅水中觅食。山西省多地为旅鸟。

(6)赤麻鸭(*Tadorna ferruginea*)

庞泉沟保护区鸟类新记录。

体型大(体长约 63 厘米)的橙栗色鸭类。头皮黄。外形似雁。雄鸟夏季有狭窄的黑色领圈。飞行时白色的翅上覆羽及铜绿色翼镜明显可见。喙和腿黑色。

2022—2023 年 3～6 月和 9～10 月，在横泉水库、柏叶口水库多次发现该种栖息于水面，群体 3～20 只。

(7)鸳鸯(*Aix galericulata*)

国家二级保护野生动物。

庞泉沟保护区文献中记载为旅鸟，稀有种。本次调查最早在 2023 年 3 月 22 日，最晚 2022 年 10 月 24 日，夏季各月在文峪河的不同地段、横泉水库等均有发现，多活动于水流缓慢、人为活动较小的区域，并于 2023 年 6 月 2 日在文峪河段柏叶口水库观察到幼鸟活动情况，因此确定为夏候鸟。因在区域内有繁殖，尚有一定数量分布，确定为普通种。

该鸟体型较大，色彩绚丽，在我国传统文化中被誉为“爱情鸟”，在生态文化中扮演重要角色，在庞泉沟保护区的科普宣传效果明显(李世广等，2014)。调查发现，其在区域稳定繁殖，为进一步提升庞泉沟保护区的生态地位及促进珍稀物种的保护有积极作用。

(8)斑嘴鸭(*Anas zonorhyncha*)

庞泉沟保护区鸟类重命名种类。

庞泉沟保护区文献鸟类名录中斑嘴鸭(*Anas poecilorhyncha*)更名为印度斑嘴鸭(*Anas poecilorhyncha*)，分布在西藏、云南、广东、香港、澳门等地，斑嘴鸭的亚种(*Anas p. zonorhyncha*)分布于全国各地，2006 年由亚种提升为种。

庞泉沟保护区文献中记载为夏候鸟，稀有种。从本次调查情况来看，以春季 3～4 月和秋季 9～10 月多见，6～8 月偶然可见。多见于区域内的文峪河、柏叶口、横泉水库 3 处水库，以及文峪河河道小水潭等水面较阔处。夏季成对或为家族群，秋季多集 10～20 只群体，是本区鸭类种相对易见的种类，为普通种。

(9)凤头䴙䴘(*Podiceps cristatus*)

庞泉沟保护区鸟类新记录。

体型大(体长约 50 厘米)而外形优雅的䴙䴘。颈修长，具显著的深色羽冠，下体近白色，上体纯灰褐色。

山西省重点保护野生动物。调查在 2023 年 3 月、6 月、10~11 月在文峪河水库、柏叶口水库等地发现该种，一般见其在水库等大型水面活动，遇见群体 1~8 只。

(10)红翅凤头鹃(*Clamator coromandus*)

庞泉沟保护区鸟类新记录。

庞泉沟保护区历史红外相机于 2020 年 7 月 8 日在交城县会立乡石沙庄村南沟的双家寨区 24 样区 B 机拍摄到 1 只个体，环境为针阔混交林，海拔 1237.0 米。该种山西省南部中条山区较易见，也偶见于太原地区(樊龙锁等，2008)。在区域暂定为旅鸟。

(11)大鹰鹃(*Hierococcyx sparverioides*)

山西省重点保护野生动物。庞泉沟保护区鸟类重命名种类。

2013 年杜鹃属(*Cuculus*)归入鹰鹃属(*Hierococcyx*)，分类系统有调整(郑光美，2017)。该种是对庞泉沟保护区文献中鹰鹃(*Cuculus sparverioides*)的重命名。

该种为夏候鸟，普通种，是本区杜鹃中最为常见的一种，多栖息于中山针叶林和针阔混交林地带。野外调查虽较难看见其实体，但其独特的鸣叫声易于分辨，尤其是在 5~6 月的繁殖前期鸣叫频繁，7 月后则很难见其踪影。

(12)黑鹳(*Ciconia nigra*)

国家一级保护野生动物。

夏候鸟。调查发现其在本区居留的时间段主要集中在 4 月 8 日至 10 月 9 日，但 2022 年 12 月 8 日在文峪河水库、新南沟风电口仍有 2 次发现，应为少数没有迁走的个体。文峪河流域是山西省黑鹳的一处生存繁殖地，其生存依赖于多悬崖峭壁的森林环境及食物丰富的河流湿地。虽然样线法和直接观察法发现 5 次，但样线外调查共发现 17 次，发现地点包括文峪河的不同地段，这些区域一般人为干扰较小、水流缓慢，海拔在 816.8(文峪河水库)~2129.2 米(大路峁)。由于该种体型较大，调查中可探测的距离较远，也易于被机动车调查发现，因此依据本次调查数量级评定的标准，定为鸟类中的普通种，但就本区鸟类的总体数量而言，其在绝对数量上还是稀有的。遇见情形多为 1 只个体单独活动，也见 2~5 只小群，或在水边取食或停留在山崖上，经常见其在天空盘旋。2023 年 9 月 23 日，即黑鹳繁殖期后，在柏叶口水库发现 12 只群体。庞泉沟保护区作为山西省黑鹳研究的主要区域之一，早在 1982—1984 年的研究表明，该鸟在庞泉沟为夏候鸟，4 月 2~9 日迁来，10 月 7~15 日迁离(刘焕金等，1985)。

(13)白琵鹭(*Platalea leucorodia*)

国家二级保护野生动物。庞泉沟保护区鸟类新记录。

体型大(体长约 84 厘米)的白色琵鹭。长长的嘴灰色而呈琵琶形，头部裸出部位呈黄色，自眼先至眼有黑色线。

2022 年 10 月 7~14 日在庞泉沟保护区内的长立村八水沟口水塘发现 9 只个体在草滩觅食。2022—2023 年 3~4 月和 10 月在文峪河水库、横泉水库、柏叶口水库也有发现，为 3~19 只群体。该种见于山西省各地大型湿地，未见有繁殖的报道，为旅鸟。

(14)绿鹭(*Butorides striata*)

庞泉沟保护区鸟类新记录。

体型小(体长约 43 厘米)的深灰色鹭。成鸟顶冠及松软的长冠羽闪绿黑色光泽，一道黑色线从嘴基部过眼下及脸颊延至枕后。两翼及尾青蓝色并具绿色光泽，羽缘皮黄色。腹部粉灰，颏白。

2022 年 5 月 19 日，在庞泉沟保护区内大草坪河滩发现 1 只个体在河滩活动。2022 年 9 月 16 日，在交城县会立乡田家沟村附近的文峪河中发现 1 只个体在河滩石头上等待觅食。省内未见有其繁殖的报道，为旅鸟。

(15) 大白鹭(*Ardea alba*)

庞泉沟保护区鸟类新记录。

体型大(体长约 95 厘米)的白色鹭。比其他白色鹭体型大许多，喙较厚重，颈部具特别的扭结。繁殖羽：脸颊裸露皮肤蓝绿色，喙黑，腿部裸露皮肤红色，脚黑。非繁殖羽：脸颊裸露皮肤黄色，喙黄而喙端常为深色，脚及腿黑色。

2022 年 10 月 6 日至 11 月 13 日，在保护区内长立村八水沟口水塘发现 1 只个体在草滩觅食等。2023 年 3~4 月和 8~10 月，在文峪河水库、横泉水库、柏叶口水库多次发现该种，为 1~12 只群体活动于水库滩涂等地。大白鹭在省内各大湿地较易见，为山西省重点保护野生动物，在庞泉沟暂定为旅鸟。

(16) 白鹭(*Egretta garzetta*)

庞泉沟保护区鸟类新记录。

体型中等(体长约 60 厘米)的白色鹭。体型较大而纤瘦，喙及腿黑色，趾黄色，繁殖羽纯白，颈背具细长饰羽，背及胸具蓑状羽。

我国常见留鸟及候鸟，分布除青藏高原以外的大部分地区，喜在稻田、河岸、沙滩、泥滩及沿海小溪流活动，成散群进食，常与其他鹭类混群。2023 年 9 月 19 日，在横泉水库发现该鸟 1 只在滩涂草地觅食，2023 年 10 月 8 日在汾河水库发现 5 只。在庞泉沟暂定为旅鸟。

(17) 黑翅长脚鹬(*Himantopus himantopus*)

庞泉沟保护区鸟类新记录。

高挑、修长(体长约 37 厘米)的黑白色涉禽。喙黑色细长，两翼黑，长长的腿红色，体羽白。颈背具黑色斑块。幼鸟褐色较浓，头顶及颈背沾灰。

2022—2023 年 4 月、7~8 月，在文峪河水库、横泉水库发现该鸟，1 只和 6 只群体活动于水库滩涂的草地。该种在省内汾河、水库等大型湿地常见，在调查区域内夏季发现，但未观察到确切繁殖情况，暂定为旅鸟。

(18) 反嘴鹬(*Recurvirostra avosetta*)

庞泉沟保护区鸟类新记录。

体长约 43 厘米的黑白色鹬。修长的腿灰色，黑色的喙细长而上翘。飞行时从下面看体羽全白，仅翼尖黑色。

山西省重点保护野生动物。2019 年 4 月 9 日，在保护区内长立村八水沟口河滩沼泽中发现 3 只个体觅食。2022 年 3 月 28 日，在文峪河水库发现 40 只群体。反嘴鹬在山西省内各大河流、水库湿地较多见，为夏候鸟(樊龙锁等，2008)。在庞泉沟则很少见，未见繁殖，定为旅鸟。

(19) 灰头麦鸡(*Vanellus cinereus*)

庞泉沟保护区鸟类新记录。

体型大(体长约 35 厘米)的亮丽黑、白及灰色麦鸡。头及胸灰色；上背及背褐色；翼尖、胸带及尾部横斑黑色，翼后余部、腰、尾及腹部白色。

山西省重点保护野生动物。2022 年 4 月 2 日，在保护区内长立村八水沟口水塘发现 1 只个体在草滩觅食。该种在山西省广泛分布，见于各地大型湿地，代县有繁殖记载（樊龙锁等，2008）。在庞泉沟首次发现，并未见其繁殖，定为旅鸟。

（20）北极鸥（*Larus hyperboreus*）

庞泉沟保护区鸟类新记录。

2019 年 4 月 6 日，在保护区内大草坪沟口农田灌丛地带的一个小水塘中有发现，报道为山西省鸟类新记录（杨向明，2020）。该种在国内报道较少，庞泉沟偶见，定为旅鸟。

（21）领角鸮（*Otus lettia*）

国家二级保护野生动物。

该种 1999 年由领角鸮（*Otus bakkamoena*）的亚种提升为种，领角鸮（*Otus bakkamoena*）已被重新分类为北领角鸮（*Otus semitorques*）和领角鸮（*Otus lettia*）等多个种。

庞泉沟保护区文献鸟类名录中有领角鸮（*Otus bakkamoena*）记载，本次依据分布等情况重命名为领角鸮（*Otus lettia*），本次调查和多年监测未发现。

（22）红角鸮（*Otus sunia*）

国家二级保护野生动物。庞泉沟保护区鸟类重命名种类。

庞泉沟保护区文献鸟类名录中的红角鸮（*Otus scops*）有分类调整，红角鸮（*Otus sunia*）分布于我国中东部广大地区。*Otus scops* 更名为西红角鸮（*Otus scops*），主要分布于新疆。

庞泉沟保护区有该种繁殖习性的研究报道：为夏候鸟，4 月 26 日至 10 月 9 日居留繁殖，以针阔混交林多见，在白昼一般隐蔽树干旁侧枝头等，和环境融为一体，一动不动，不易察觉，繁殖前期黄昏和夜间多闻其响亮的鸣叫声（杨向明等，1993）。本次调查 27 台红外相机中，阳圪台 N01 相机拍摄有影像，样线外的零星调查也有鸣声发现。

（23）鹗（*Pandion haliaetus*）

国家二级保护野生动物。庞泉沟保护区鸟类新记录。

体型中等（体长约 55 厘米）的褐色、黑色及白色鹰。头及下体白色，具黑色贯眼纹。上体多暗褐色，深色的短冠羽可竖立。

主要以鱼类等为食的猛禽类。2022 年 10 月 5 日，在柏叶口水库遇见该鸟 1 只在飞翔。

（24）凤头蜂鹰（*Pernis ptilorhyncus*）

国家二级保护野生动物。庞泉沟保护区鸟类新记录。

体型略大（体长约 58 厘米）的深色鹰。凤头或有或无。上体由白至赤褐至深褐色，下体满布点斑及横纹，尾具不规则横纹。具对比性浅色喉块，缘以浓密的黑色纵纹。飞行时特征为头相对小而颈显长，两翼及尾均狭长。

2022—2023 年 9~10 月，在保护区内西塔沟、横泉水库、柏叶口水库 3 次发现该鸟，均为 1 只单独活动。

（25）秃鹫（*Aegypius monachus*）

国家一级保护野生动物。

旅鸟，稀有种。庞泉沟保护区文献记载 1993 年 11 月首次发现 3 只小群体栖息于庞泉沟镇二合庄村的林缘山坡，保护区当年没收有非法采集的标本，之后多年未见。近年来在监测中偶然能见：2019年在4月22日，在关帝林局西葫芦林场救助一只受伤个体，在保护区饲养后状况良好，5月10日，在八道沟放归。近年保护区内部监测资料记载，2022年3月20日在八水沟水塘华北落叶松林发现4只在空中盘旋，2022年3月31日在庞泉沟镇柴逯沟村废弃矿场海拔1828米的针阔混交林发现1只在空中盘旋。本次调查2023年3月24日，在庞泉沟镇山水村金蟾湾发现2只个体栖息于针阔林山脊，海拔1554.1米。

(26)乌雕(*Clanga clanga*)

国家一级保护野生动物。

旅鸟。本次调查未发现。保护区管理局有标本收藏，多年监测未见。

(27)草原雕(*Aquila nipalensis*)

国家一级保护野生动物。

旅鸟，稀有种，多年监测未见。2022年8月2日，方山县马坊乡村民救助1只受伤个体送抵保护区野生动物救护中心饲养，饲养状况良好。9月1日，在离石县信义镇西华镇村四十里跑马墕亚高山草甸佩戴GPS卫星追踪器放飞，经卫星追踪，该草原雕一直北飞到蒙古国境内停留，后飞回国内，直到青海等地。

(28)金雕(*Aquila nipalensis*)

国家一级保护野生动物。

山西省内为留鸟，见于关帝山、五台山等各大山地，数量珍稀(刘焕金等，1986)。保护区建立早期的1996—1998年，有对该鸟数量及栖息地进行专题调查研究，表明金雕庞泉沟繁殖栖息多在山地悬崖绝壁，觅食见于林缘地带，6千米的4条样线遇见率平均可达0.21只/千米(刘焕金等，1990)。

目前调查区已少见。2014—2015年庞泉沟保护区监测调查，仅在阳圪台杨坪沟发现1次，为1只个体在油松、杨、白桦针阔混交林天空翱翔觅食，海拔1890米；2016年4月5日，在文峪河上段水冲沟村附近发现1只个体在油松林天空翱翔，海拔1644米(杨向明等，2018)。2017年以来及本次调查没有发现。

(29)雀鹰(*Accipiter nisua*)

国家二级保护野生动物。

保护区内为留鸟，是本区比较常见的小型猛禽，为常见种。1982—1984年在庞泉沟保护区有该鸟繁殖的报道(刘焕金等，1986)，营巢于针叶林和针阔混交林间高大树冠，多在林缘阔地活动。

本次调查2023年4~9月有6次发现，见于保护区内八道均、八水沟、大草坪、大沙沟等地，海拔1633.0~2295.2米，多在针阔混交林的林缘、林间阔地活动。在保护区外的庞泉沟镇代家庄村文峪河河谷油松林缘也有发现，海拔1300.8米。所有遇见情况均为1只活动。

(30)黑鸢(*Milvus migrans*)

国家二级保护野生动物。庞泉沟保护区鸟类重命名种类。

庞泉沟保护区文献鸟类名录中鸢(*Milyus korschun*)已被重新分类为不同的种。目前，以黑鸢(*Milvus migrans*)分布较为广泛。庞泉沟文献中鸢(*Milyus korschun*)依据本次调查发现的为黑鸢，故在名录中收录。此外，黑翅鸢(*Elanus caeruleus*)在同一地理区也有分布，但尚无确定的发现。

该种 20 世纪 80 年代在省内大部分地区分布较广，为当时常见猛禽之一，近年来在省内多数地区少见，庞泉沟保护区近年监测未见，已为稀有种。本次调查 2023 年 7 月 10 日在延伸区域的文水县苍耳会乡二道川陷家沟发现该鸟 2 次，为两只单独活动的不同个体，生境为油松为主的针阔混交林，海拔 1299. 2~1375. 2 米。

(31)普通鵟(*Buteo japonicus*)

国家二级保护野生动物。庞泉沟保护区鸟类重命名种类。

普通鵟(*Buteo buteo*)的亚种(*Buteo b. japonicus*)分布于全国各地，2005 年提升为种(*Buteo japonicus*)。庞泉沟保护区文献鸟类名录中记载的普通鵟(*Buteo buteo*)则更名为欧亚鵟(*Buteo buteo*)，仅分布于新疆西部和四川东北部。

该种为中型偏大的猛禽，在山西省内广泛分布，为旅鸟。在庞泉沟为稀有种，2023 年 10 月 25 日样线外调查在会立乡石沙庄村遇见该鸟 1 只，栖息于文峪河林缘河谷的电线杆顶端，海拔 1164. 2 米。

(32)黑啄木鸟(*Dryocopus martius*)

国家二级保护野生动物。

留鸟，全年均可见，广泛分布于庞泉沟保护区内的森林，为普通种。调查发现，黑啄木鸟春夏季活动频繁，遇见率较高，以庞泉沟保护区内中低山森林内分布较多，秋冬季也见于保护区以外低海拔的山地森林。

庞泉沟保护区内有黑啄木鸟繁殖习性的观察和研究(刘焕金等，1988)。报道最早 4 月 20 日见产卵孵化，每巢 3~5 枚卵，巢多选择在密林周边的阔叶林内，巢址一般为特别是粗大的枯树，为新啄的树洞巢，巢洞距地面 2~3 米，8 月繁殖期结束。

(33)红隼(*Falco tinnunculus*)

国家二级保护野生动物。

留鸟。1989—1991 年在庞泉沟保护区有红隼生态研究(杨向明等，1995)，报道该鸟多在山地悬崖上营巢，多在亚高山草甸、农田灌丛及林缘觅食，在庞泉沟保护区管理局附近的郝家沟繁殖前遇见率达 1. 13 只/千米，云顶山亚高山草甸遇见率高达 4. 3 只/千米，是较常见的猛禽。本次调查发现，其数量不似早年丰富，但仍然是区域内猛禽中的易见种类，广泛分布于文峪河的山地悬崖地段，以柏叶口水库—庞泉沟镇偏梁村一带分布较为稳定，海拔 1107. 4~1474. 6 米。8 月在海拔 2400 米以上云顶山的亚高山草甸仍有分布，为普通种。

(34)红脚隼(*Falco amurensis*)

国家二级保护野生动物。

阿穆尔隼为其中文别名，庞泉沟保护区早年文献中的红脚隼(*Falco vespertinus*)，主要分布在新疆等地，被重命名为西红脚隼(别名红脚隼)，与该种形态和分布上有差异。

夏候鸟。主要以文峪河、北川河河谷开阔农耕地段易见，一般活动于沟谷疏林的农田、河漫滩，海拔多在 1100~1300 米，是隼类猛禽中相对易见的种类，为普通种。2023 年 6~8 月调查发现，在庞泉沟保护区附近庞泉沟镇横尖村已有繁殖，海拔已达 1588. 2 米，巢利用高大杨树上的喜鹊旧巢。

(35)猎隼(*Falco cherrug*)

国家一级保护野生动物。

分布于中欧、北非、印度北部、中亚至蒙古国及中国。繁殖于新疆阿尔泰山及喀什地区、西藏、青海、四川北部、甘肃、内蒙古及至呼伦湖；有记录经辽宁及河北；越冬在中部及西藏南部。高山及高原大型隼类。

省内为旅鸟。庞泉沟保护区文献有记载，本次调查未发现。

(36)长尾山椒鸟(*Pericrocotus ethologus*)

山西省重点保护野生动物。

夏候鸟，优势种。通过本次调查发现，该鸟在4月16日已迁来本区，10月10日尚可以见到，主要栖息于庞泉沟保护区辖区周边海拔较高的山地森林环境，分布海拔1488.6~2410.3米，迁徙季节的5月和9月在文峪河山区的中下段的沟谷森林中也偶然可见。本次5~7月32条样线调查101.2千米，遇见25次69只，种群密度为0.1364只/公顷。

庞泉沟保护区报道过长尾山椒鸟巢及营巢环境的研究表明，该鸟4月中旬迁来，10月上旬迁离。迁来时集群，之后配对繁殖，主要分布在森林环境，营巢环境多见于山坡中上部，巢多见于杨树侧枝端梢(任建强等，1992)。

(37)红嘴蓝鹊(*Urocissa erythroryncha*)

留鸟，优势种。栖息于庞泉沟保护区辖区及周边不同地段的森林环境，冬季多在海拔较低的林缘灌丛和农田灌丛地带活动，春夏繁殖季节活动上移，见于海拔较高的森林地带。全年活动多见于山坡下部沟谷地段。除繁殖期外，一般呈3~8只小群活动。2022年11月至2023年10月，78条样线调查237.6千米，遇见47次118只，种群密度为0.0724只/公顷。

(38)喜鹊(*Pica pica*)

除南美洲、大洋洲及南极洲外，几乎遍布世界各大陆。我国见于除草原和荒漠地区外的全国各地。喜鹊在中国是吉祥的象征。

留鸟，优势种。多种生境的优势种，尤其是开阔农田河谷地带较多，森林地带林间阔地、林缘道路等也常见。繁殖季节单独和成对活动，巢多见于沟谷阔叶树、高压电线架上等，呈球状，十分明显。其他季节呈小群活动。2022年11月至2023年10月，本次78条样线调查237.6千米，遇见59次109只，种群密度为0.0704只/公顷。

(39)星鸦(*Nucifraga caryocatactes*)

山西省重点保护野生动物。

留鸟，优势种。保护区辖区及周边森林内分布广泛，见于各种类型森林，但以油松为主的针叶林内较多，华北落叶松、云杉、辽东栎、茶条槭、山杨、白桦等针阔叶林也常见，以及少见于林缘沙棘丛等灌丛、路边行道树上。繁殖季节多见成对和单独活动，非繁殖季节常单独和呈3~7只小群活动。2022年11月至2023年10月，本次78条样线调查237.6千米，遇见41次61只，种群密度为0.0274只/公顷。

(40)煤山雀(*Periparus ater*)

山西省重点保护野生动物。

留鸟，优势种。普遍见于山地森林，尤其以云杉、油松等针叶树为主的林内数量较多，冬季也见于林缘行道树。庞泉沟保护区内有该鸟繁殖、集群规律等的专题研究，报道4月下旬开始繁殖，巢多筑于天然洞穴。秋冬季常以山雀混合群出现，多在树冠、且喜欢在云杉树冠取食(杨向明等，

2005)。2022 年 11 月至 2023 年 10 月，本次 78 条样线调查 237.6 千米，遇见 143 次 329 只，种群密度为 0.2769 只/公顷，是保护区留鸟中种群密度最高的种类。

(41)沼泽山雀(*Poecile palustris*)

庞泉沟保护区鸟类新记录。

体型小(体长约 11.5 厘米)的山雀。头顶及颏黑色，上体偏褐色或橄榄色，下体近白，两胁皮黄，无翼斑或项纹。该种在形态上同辖区分布的优势种褐头山雀(*Poecile montanus*)十分相似，但通常无浅色翼纹而具闪辉黑色顶冠，野外形态上两种虽较难区分，但二者数量多度、生态习性和鸣声等方面有一定差异。

山西省重点保护野生动物。本次调查 3~11 月，在文峪河段下起文峪河水库、上到保护区辖区的八道沟多次遇见该鸟，海拔 1116.0~1894.1 米。以文峪河中、下游段分布较广，种群密度并不大，其与保护区内主要分布的优势种褐头山雀在分布海拔界限上有差异，褐头山雀分布海拔明显要高。沼泽山雀在省内各地均有分布，在《山西鸟类》中被定为留鸟(樊龙锁等，2008)，本次调查结合此文献资料，定为留鸟。

(42)褐头山雀(*Poecile montanus*)

山西省重点保护野生动物。

留鸟，优势种。普遍见于保护区内及附近孝文山林场等的森林地带，海拔 1383.5~2511.3 米，活动涵盖不同种类林间、林缘灌丛，直至亚高山草甸的林缘灌丛。庞泉沟保护区有该鸟繁殖、集群规律等的专题研究，报道 4 月上旬开始繁殖，巢多为腐朽木桩上新凿洞巢，巢距地面 0.6(0.4~1.9)米。秋冬季常以山雀混合群出现，多在林下灌丛和乔木下层活动(杨向明等，2018)。2022 年 11 月至 2023 年 10 月，本次 78 条样线调查 237.6 千米，遇见 118 次 288 只，种群密度为 0.2424 只/公顷。

(43)大山雀(*Parus cinereus*)

山西省重点保护野生动物。庞泉沟鸟类重命名种类。

2005 年由亚种提升为种，主要分布于我国中部、东部地区。庞泉沟保护区文献鸟类名录中的大山雀(*Parus major*)已更名为欧亚大山雀(*Parus major*)，主要分布于新疆北部和内蒙古北部。

留鸟，优势种。分布较其他几种山雀较广，普遍见于山地森林、灌丛，在农耕区行道树和居民区树上也有出现，但平均密度较低。庞泉沟自然保护区内有该鸟繁殖、集群规律等的专题研究，报道 4 月下旬开始繁殖，巢多筑于树洞、天然缝隙。冬季在森林内常以山雀混合群出现，在混合群中数量组成较少，多在地面、树干和粗枝取食(杨向明等，2018)。2022 年 11 月至 2023 年 10 月，本次 78 条样线调查 237.6 千米，遇见 55 次 109 只，种群密度为 0.0918 只/公顷。

(44)短趾百灵(*Alaudala cheleensis*)

庞泉沟鸟类重命名种类。

2013 年，*Calandrella* 归入(*Alaudala*)，庞泉沟保护区文献鸟类名录中短趾沙百灵(*Calandrella cinerea*)也做相应的名称变化。

该种分布于古北界南部至蒙古国及中国，以东北、西北等地常见，栖于干旱平原及草地。庞泉沟保护区文献有记载，本次调查未发现。

(45)北蝗莺(*Locustella certhiola*)

庞泉沟保护区鸟类重命名种类。

蝗莺科(Locustellidae)是鸟类新分类系统从莺亚科中独立出来的一类鸟类，主要分布于东半球。中小体型。上体褐色而具灰色及黑色纵纹。多栖息于芦苇地、沼泽、稻田、近水的草丛及林边地带。

庞泉沟保护区文献鸟类名录中的北蝗莺(*Locustella ochotensis*)为迷鸟，本次调查未发现。蝗莺属有较大分类调整，*Locustella ochotensis* 在我国无分布，对照《中国鸟类分类与分布名录》(郑光美，2023)，在保持分布区一致的前提下，本名录以优先保留中文名一致的原则，确定为该种名称。

(46)家燕(*Hirundo rustica*)

山西省重点保护野生动物。

夏候鸟，优势种。该种是我国北方地区十分常见的夏候鸟，由于其常在居民区及农耕地带活动，易被观察和发现。在调查区域各自然村均有分布，且以海拔较低的会立乡石沙庄村以下村庄更多。早年在保护区辖区并未见其繁殖，近年区域发现有繁殖。本次调查于 2023 年 4 月 9 日在庞泉沟保护区管理局所在地庞泉沟镇二合庄村观察到该种迁来，5 月 19 日在黄鸡塔村见其营巢，7 月 2 日该巢 4 只雏鸟在育雏中，9 月中旬普遍迁离本区。该种并不栖息于本区域最为广袤的森林环境中，栖息地的面积有限。2023 年 4~9 月，47 条样线调查 149.3 千米，遇见 3 次 16 只，种群密度为 0.0214 只/公顷。综合分析，该种数量情况，其在保护区内种群密度并不高，为本次 29 种优势种中种群密度最低的种类，只是在人类活动区十分常见而已。

(47)白头鹎(*Pycnonotus sinensis*)

庞泉沟保护区鸟类新记录。

体型中等(体长约 19 厘米)的橄榄色鹎。眼后一白色宽纹伸至颈背，黑色的头顶略具羽冠，髭纹黑色，臀白。幼鸟头橄榄色，胸具灰色横纹。

山西省重点保护野生动物。调查在 5 月、6 月和 9 月、10 月有发现，见于文峪河河谷的中下地段、横泉水库等地，多成对或单独活动于林缘灌丛高灌木和行道树上。2023 年 5 月 16 日，在庞泉沟保护区管理局院内也有发现。

该种广布于华中、华东、华南及东南，为分布于我国南方的种类，近年来向北扩散明显，河北及山东有报道，省内也有分布。2016 年，在交城县平川地区被发现，目前在平川地区已经常见，近年来监测发现该鸟逐步向吕梁山区发展，已延伸到庞泉沟保护区的日常监测调查范围，虽未发现巢等繁殖确切证据，但根据近年来遇见的情况，在区域内有繁殖，故定为夏候鸟。

(48)棕眉柳莺(*Phylloscopus armandii*)

夏候鸟，优势种。本次调查在文峪河山区地段普遍发现，主要栖息于林缘灌丛。2023 年 5~7 月，32 条样线调查 101.2 千米，遇见 22 次 45 只，种群密度为 0.0889 只/公顷。

1990—1993 年，庞泉沟保护区有棕眉柳莺繁殖生态观察研究(杨向明等，1994)，报道 4 月 26~29 日迁来，9 月 17~24 日迁离，居留期 140~152 天。主要栖息于以沙棘为主的灌丛，多营巢于沙棘丛底部枝杈间，距地面 3~6 厘米，球状巢。这些灌丛地段多为山间谷地、向阳缓坡、林缘道边、山脊阔地，一般阳光充足，灌丛开阔，便于其飞行活动，在海拔 1400 米的农耕地带到亚高山灌丛地带均有分布，数量以低海拔地段较多。

(49)云南柳莺(*Phylloscopus yunnanensis*)

庞泉沟保护区鸟类重命名种类。

1992 年瑞典学者以《中国中部柳莺一新种》在世界著名鸟类学刊物 *IBIS* 发表，定名英文名 Chinese Leaf-Warbler(*Phylloscopus sichuanensis*)，该种是定名者 1986 年在四川发现的，庞泉沟保护区以“中华叶柳莺”中文名对其繁殖习性进行首次报道(李世广等，1998)。《中国鸟类野外手册》以中文名“四川柳莺”命名(约翰·马敬能等，2000)。之后有关研究认为，四川柳莺(*Phylloscopus sichuanensis*)与云南柳莺(*Phylloscopus yunnanensis*)为同种异名(孙悦华等，2003)，《中国鸟类分类与分布名录》认同此研究结果。

夏候鸟，优势种。本次调查表明，该种主要分布在文峪河—北川河中、高山地区，下起孝文山林场的曹家庄村、上到庞泉沟保护区的云顶山森林上限，海拔 1278.1~2407.8 米的森林地带，多在针阔混交林开阔地段活动。2023 年 5~7 月，32 条样线调查 101.2 千米，遇见 181 次 392 只，种群密度为 0.7747 只/公顷。

1993—1995 年，庞泉沟保护区有中华叶柳莺繁殖习性研究，报道 4 月 26 日至 5 月 2 日迁来，9 月 1~7 日迁离，居留期 122~135 天。巢营于林下地面小穴中，呈囊状(李世广等，1998)。该种是庞泉沟保护区 4 种繁殖柳莺中种群密度平均最大者，其繁殖分布区同冠纹柳莺相比要狭窄。

(50)黄眉柳莺(*Phylloscopus inornatus*)

夏候鸟，优势种。本次调查在 4~10 月多有发现，栖息多在以华北落叶松、云杉为主的针叶林内，繁殖主要在海拔较高的中高山地段，初迁来和繁殖后也见于低海拔森林，海拔 1679.1~2516.3 米。2023 年 5~7 月，32 条样线调查 101.2 千米，遇见 59 次 120 只，种群密度为 0.2372 只/公顷。

庞泉沟保护区建立初期的 1982—1984 年，有黄眉柳莺数量和繁殖习性的研究(刘焕金等，1986)，但分析该文献，存在黄眉柳莺与云南柳莺等不同柳莺种类之间的混淆，因为文献中关于该种的鸣声描述极像云南柳莺。对柳莺类的分类记载一直延续到 181 种鸟类名录公布(安文山等，1993)，当时庞泉沟的繁殖柳莺仅限于黄眉柳莺一种。1993—1994 年，庞泉沟保护区对 4 种繁殖柳莺生态习性有系统的比较研究，进一步澄清黄眉柳莺的生态习性，报道 4 月 9~13 日迁来本区，9 月 29 日至 10 月 10 日迁离，居留期 160~185 天，巢营于地面或近地面小灌木丛，呈囊状(杨向明等，1996)。

(51)乌嘴柳莺(*Phylloscopus magnirostris*)

庞泉沟保护区鸟类新记录。

体型小(体长约 12.5 厘米)。上体绿橄榄色，尾部无白色，具一道或通常为两道偏黄色翼斑。黄白的眉纹较长，喙大而色深，喙端略具钩。鸣声为别致清晰而响亮的五音节哨音 tee-ti-tii-tu-tu。

该种早年未见报道，仅近年在监测和调查中有发现，且有数量增加的趋势。本次调查发现主要分布于保护区内海拔较高的中山针叶林和针阔混交林地带，在八水沟中后部、八道沟、庞泉沟、西塔沟、木后沟、云顶山等大型沟谷均可见到，海拔 1860.6~2335.5 米，多在森林中阳光充足地段活动，尚有一定的数量分布。调查在 5~6 月偶有发现，7~8 月发现较多，具体是否有繁殖，情况不明，暂定为旅鸟。2023 年 3~11 月，37 条样线调查 219.3 千米，遇见 37 次 73 只，种群密度为 0.0666 只/公顷，已达到庞泉沟保护区鸟类优势种的数量指标。

(52)冠纹柳莺(*Phylloscopus claudiae*)

庞泉沟保护区鸟类重命名种类。

庞泉沟保护区文献鸟类名录中的冠纹柳莺(*Phylloscopus reguloides*)有分类变化，其亚种 2006 年提升为种，即冠纹柳莺(*Phylloscopus claudiae*)，主要分布于中国华北、中南等地；原冠纹柳莺(*Phyl-*

loscopus reguloides)则更名为西南冠纹柳莺，主要分布于西藏、云南及四川部分地区。

夏候鸟，优势种。该种在庞泉沟保护区的森林地段广泛分布。2023 年 5~7 月，32 条样线调查 101.2 千米，遇见 55 次 111 只，种群密度为 0.2194 只/公顷。

1993—1994 年，庞泉沟保护区对区域 4 种繁殖柳莺生态习性的比较研究中，报道冠纹柳莺 4 月 29 日至 5 月 3 日迁来，8 月 18~21 日迁离，居留期 106~116 天。相对于其他 3 种繁殖的柳莺，该种分布环境独特，主要栖息于林下半阴、半阳的山坡及沟谷，环境相对阴湿，高层乔木稀疏，而 8 米以下乔木和灌木盖度大，结构复杂(杨向明等，1999)。本次调查发现，该种在文峪河—北川河的森林地段广泛分布，栖息区域以庞泉沟保护区辖区以外海拔较低的森林地段分布更多，海拔 919.6~2248.1 米。

(53)远东树莺(*Horornis canturians*)

庞泉沟保护区鸟类新记录。

体型略大(体长约 17 厘米)的通体棕色树莺。皮黄色的眉纹显著，眼纹深褐，无翼斑或顶纹。富音韵的咯叫声，以低颤音开始，结尾为 tu-u-u-teedle-ee-tee。

该种叫声独特，常躲在灌丛中鸣叫。2023 年 6~7 月，在庞泉沟镇青崖沟村河谷发现该种有分布。该种在山西省内中条山、太行山等山区常见，为夏候鸟。多栖息于林缘灌丛和农耕交错地带，在庞泉沟保护区则是新发现的稀有种类，暂定为旅鸟。

(54)银喉长尾山雀(*Aegithalos glaucogularis*)

山西省重点保护野生动物。庞泉沟保护区鸟类重命名种类。

2010 年，由银喉长尾山雀(*Aegithalos caudatus*)亚种提升为种，分布于中国华北、中南、西南的广大地区。庞泉沟保护区文献名录中的银喉长尾山雀(*Aegithalos caudatus*)则更名为北长尾山雀，主要分布于北京、河北、辽宁、吉林、黑龙江、新疆等地。以上两个物种在分布区上有一定重叠，本区及省内两个种的分布情况有待进一步探讨。本次鸟类名录调查以优先保留中文名一致的原则，确定该种名称。

留鸟，优势种。普遍见于山地森林，繁殖期外常集 10 只左右的小群活动，为保护区常见种类。庞泉沟保护区内有该鸟繁殖、集群规律等的专题研究，报道 3 月下旬开始繁殖，巢多筑在沙棘丛大枝上，呈囊状，距地面 1.6(1.0~2.3)米。秋冬多以独立群活动，只有少数群体混合于其他群中(杨向明等，2005)。2022 年 11 月至 2023 年 10 月，本次 78 条样线调查 237.6 千米，遇见 33 次 195 只，种群密度为 0.1641 只/公顷。

(55)红胁绣眼鸟(*Zosterops erythropleurus*)

国家二级保护野生动物。庞泉沟保护区鸟类新记录。

该种属于绣眼鸟科(Zosteropidae)，新分类系统该科因凤鹛属(*Yuhina*)归入而家族更为庞大。而北方分布的绣眼鸟属(*Zosterops*)在我国分布仅有 4 种(郑光美等，2023)。

体型纤小。羽毛常为绿色，眼周有白圈，喙小而尖，舌能伸缩，舌尖有两簇刷状突，可伸入花中捕食昆虫或采食花粉。两胁栗色(有时不显露)，下颚色较淡，黄色的喉斑较小，头顶无黄色。

2022 年 12 月 3 日，在文峪河下段会立乡田家沟村进行鸟类环志时，在林缘灌丛地带网捕 1 只个体。《山西鸟类》(樊龙锁，2008)记载迁徙季节见于太原盆地平川地区，推断可能山西有繁殖。但本次研究发现的季节为冬季，由于缺乏更多可靠资料，暂定为旅鸟。

(56)虎斑地鸫(*Zoothera aurea*)

庞泉沟保护区鸟类新记录。

体型较大(体长约28厘米)的鸫类。上体褐色，下体白色，黑色及金皮黄色的羽缘使其通体满布鳞状斑纹。

广布于欧洲及印度至中国、菲律宾、苏门答腊岛、爪哇岛及东南亚。为山西省重点保护野生动物。该种为地栖性鸟类，本次调查的27台红外相机中的八水沟H12B、西塔沟口H10B相机有4次拍摄，拍摄时间为2022年9日和2023年9月。常单独或成对活动，多在林下灌丛中或地上觅食，有时在地上迅速奔跑。定为旅鸟。

(57)灰背鸫(*Turdus hortulorum*)

庞泉沟保护区鸟类新记录。

体型略小(体长约24厘米)的灰色鸫。两胁棕色。雄鸟：上体全灰，喉灰或偏白，胸灰，腹中心及尾下覆羽白，两胁及翼下橘黄。雌鸟：上体褐色较重，喉及胸白，胸侧及两胁具黑色点斑。

庞泉沟保护区红外相机历史资料于2022年11月3日在孝文山工作区庞泉沟镇苏家湾村营房沟口X10A相机拍摄到1只个体在地面活动，海拔1506米，生境为以油松、辽东栎为主的针阔混交林。定为旅鸟。

(58)灰头鸫(*Turdus rubrocanus*)

山西省重点保护野生动物。庞泉沟保护区鸟类新记录。

体型中等(体长约25厘米)的鸫类。体羽色彩图纹特别，头及颈灰色，两翼及尾黑色，身体多栗色。眼圈黄色。

本次样线调查2023年7月21日发现1次实体，而27台红外相机有较多拍摄，主要为西塔沟口H10B、八水沟直道H13B、八道沟H17A相机，拍摄时间包括5月、6月、7月、9月、10月，生境为以华北落叶松为主的山地针叶林，海拔1907.3~2132.0米。该种为近年报道的山西省鸟类新记录，2017年4~5月红外相机在吕梁山脉北段的芦芽山自然保护区和中条山的历山自然保护区有拍摄(陆帅等，2018)。虽然本次调查在夏季有多次发现，但总体上红外相机拍摄较少，为慎重起见，在庞泉沟暂定为旅鸟，其生态习性有待进一步观察研究。

(59)褐头鸫(*Turdus feae*)

国家二级保护野生动物。庞泉沟保护区鸟类新记录。

体型中等(体长约23厘米)的浓褐色鸫。腹部及臀白色。上体橄榄褐色，头深灰色，具白色短眉纹，但胸及两胁灰色而非黄褐色，外侧尾羽羽端无白色。

本次27台红外相机有较多拍摄，主要为西塔沟口H10B、八水沟旧庄子H12B、八道沟H17A相机，拍摄时间为5~7月，生境为以华北落叶松为主的山地针叶林，海拔1907.3~2141.3米。拍摄到情况多为单独和小群在林下地面活动，暂定为旅鸟。该种资料较少，仅知繁殖于河北东陵、北京西部百花山，越冬于印度阿萨姆、缅甸和泰国北部。

(60)白眉鸫(*Turdus obscurus*)

庞泉沟保护区鸟类新记录。

体型中等(体长约23厘米)的褐色鸫。白色过眼纹明显，上体橄榄褐色，头深灰色，眉纹白，胸带褐色，腹白而两侧沾赤褐色。

该种繁殖于古北界中部及东部；冬季迁徙至印度东北部、东南亚、菲律宾等地。庞泉沟保护区红外相机历史数据于2022年9月17日在孝文山工作区庞泉沟镇上米家庄村32A相机拍摄到1只个体在辽东栎地面活动；2020年5月1日在文峪河工作区会立乡小柏沟W15B相机摄到2次，在辽东栎、油松针阔混交林地面活动。定为旅鸟。

(61)赤颈鸫(*Turdus ruficollis*)

冬候鸟，优势种。本次冬季样线调查普遍发现。广泛见于农田、灌丛、山地森林地带，以低海拔的疏林农田灌丛地带最为常见，常在沙棘丛取食，集几只到几十只大群。2022年11月至2023年4月，30条样线调查81.9千米，遇见23次74只，种群密度为0.1807只/公顷。

1982—1984年，庞泉沟保护区有赤颈鸫冬季种群结构及其食性分析的研究表明，该鸟在9月26~30日迁来，5月12~17日迁离，10月为其迁来高峰，2小时3千米遇见数量在23~43只。食物以沙棘为主，占总量的50.94%(刘焕金等，1987)。

(62)斑鸫(*Turdus eunomus*)

庞泉沟保护区鸟类新记录。

体型中等(体长约25厘米)的鸫类。上体从头至尾暗橄榄褐色杂有黑色；下体白色，喉、颈侧、两胁和胸具黑色斑点，有时在胸部密集成横带；两翅和尾黑褐色。

该种为鸟类分类独立出的新种。2022年11月至2023年4月和2023年10月，本次样线调查，以及27台红外相机有较多发现，见于海拔1764.2~2119.0米的山地森林，多在向阳的林间或林下灌丛单独和集小群活动，为庞泉沟鸟类中的普通种。因其为庞泉沟鸟类新记录种类，与冬候鸟的红尾斑鸫(*Turdus naumanni*)生态习性有类似之处，二者有时甚至混群活动，虽在冬季不同月份多有发现，但资料尚不充分，不宜确定为冬候鸟，暂为旅鸟。

(63)祁连山蓝尾鸲(*Tarsiger albocoeruleus*)

庞泉沟保护区鸟类新记录。

体型小(体长12~14厘米)。该种为2022年我国学者从蓝眉林鸲(*Tarsiger rufilatus*)亚种独立出的一个鸟类新物种。与红胁蓝尾鸲(*Tarsiger cyanurus*)雄鸟的形态相似，但鸣声差异十分显著。鸣叫声持续时间长，幽雅清晰。蓝眉林鸲长久以来被归为红胁蓝尾鸲西南亚种，2011年从红胁蓝尾鸲中独立出来作为单型种(郑光美，2023)。

夏候鸟，优势种。本次调查4~7月均有发现。2023年5~7月，32条样线调查101.2千米，遇见32次63只，种群密度为0.1245只/公顷。主要见于保护区内的森林，以中、高山的华北落叶松、云杉为主的针叶林和针阔混交林分布较多，海拔1765.8~2281.1米，在保护区外海拔1500米以下的森林地带少见其分布。该种栖息于林间，十分怕人，不易接近，但其典型的鸣叫声易被发现，以往与保护区其他形态和鸣声相似的鹟科种类存在混淆。

(64)北红尾鸲(*Phoenicurus auroreus*)

山西省重点保护野生动物。

夏候鸟，优势种。本次调查于3~10月广泛见于调查区域，在山地森林、丘陵、平川均有分布。多见于居民区及就近的农田灌丛地带，常栖息于居民区建筑物、林缘灌木上。2023年4~9月，47条样线调查149.3千米，遇见33次38只，种群密度为0.0509只/公顷。

1991—1993年，庞泉沟保护区有北红尾鸲繁殖的研究，报道该鸟3月26~31日迁来，10月13~

18 日迁离。在庞泉沟保护区管理局大院繁殖观察，通常在平房一栋房一窝，巢建于建筑物缝隙等处，3 年成功观测 56 个巢(安文山等，1997)。近年来，大院内数量虽不及早年，但在居民区仍比较常见。

(65)红尾水鸲(*Rhyacornis fuliginosus*)

山西省重点保护野生动物。

夏候鸟，优势种。本次调查从 4~11 月可见该种，广泛分布于文峪河不同地段主河道及山涧溪流，常见活动于河中大石块、河岸边独立物上。2023 年 4~9 月，47 条样线调查 149.3 千米，遇见 10 次 17 只，种群密度为 0.0228 只/公顷。

1982—1984 年 3~10 月，庞泉沟保护区对红尾水鸲有繁殖生态的研究，报道该鸟于 4 月 22~29 日迁来庞泉沟，10 月 17~19 日迁离，巢多建在居民点附近的建筑物上(刘焕金等，1986)。

(66)白额燕尾(*Enicurus leschenaulti*)

庞泉沟保护区鸟类重命名种类。

该种曾有较为混乱的中文别名，被称为白冠燕尾、黑背燕尾。白冠燕尾(*Enicurus leschenaulti*)出现在《中国鸟类野外手册》(约翰·马敬能等，2000)等文献。黑背燕尾(*Enicurus leschenaulti*)出现在《山西鸟类》(樊龙锁等，2008)、《山西庞泉沟国家级自然保护区生物多样性保护与管理》(李世广等，2014)、《庞泉沟陆生野生动物资源监测研究》(杨向明等，2018)等文献中。目前，黑背燕尾(*Enicurus immaculatus*)仅分布在我国西南的云南等地。

山西省重点保护野生动物。庞泉沟为留鸟，普通种，主要栖息于山涧溪流与河谷沿岸，常单独或成对活动。性胆怯，主要以水生昆虫为食。庞泉沟保护区有该种(黑背燕尾)繁殖习性的研究(兰玉田等，1989)，报道营巢繁殖于山涧溪流附近，巢筑在石崖突出部，近水面 1~2 米。

(67)灰纹鹟(*Muscicapa griseisticta*)

庞泉沟保护区鸟类新记录。

体型略小(体长约 14 厘米)的褐灰色鹟。眼圈白，下体白，胸及两胁满布深灰色纵纹。额具一狭窄的白色横带(野外不易看见)，并具狭窄的白色翼斑。翼长，几至尾端。

2022 年 5 月 21 日，在横泉水库边杨树林发现该鸟 2 只；2022 年 8 月 27 日在文峪河上段会立乡代家庄针阔混交林缘发现该鸟 1 只。

(68)绿背姬鹟(*Ficedula elisae*)

庞泉沟保护区鸟类重命名种类。

由于分类变化，庞泉沟保护区相关文献中的原黄眉姬鹟(*Ficedula narcissina*)的指名亚种(*Ficedula narcissina narcissina*)在中国大陆分布于山东、江苏、浙江、福建、广东、广西、海南等地，定名为黄眉姬鹟(*Ficedula narcissina*)；原黄眉姬鹟(*Ficedula narcissina*)的东陵亚种(*Ficedula narcissina elisae*)，在中国大陆分布于河北、山西等地，定名为绿背姬鹟(*Ficedula elisae*)，二者在形态上有明显差异。

山西省重点保护野生动物。夏候鸟，普通种。本次调查 6~8 月在庞泉沟辖区多次遇见该鸟，见于山地森林环境中的山涧沟谷和山坡针阔混交林间，海拔 1611.2~2126.4 米。

1992—1998 年，庞泉沟保护区曾开展过关于黄眉姬鹟(*Ficedula narcissina*)繁殖生态的研究(杨向明等，1996)，但本次调查经原研究者观察和对该鸟形态的核实，确定为绿背姬鹟(*Ficedula elisae*)。该鸟居留期为 5 月中旬至 9 月上旬，营巢在杨桦枯树洞穴和凹陷处(多为山雀科鸟类废弃巢穴)，并具有在同一巢位点利用旧巢址进行营巢的习性。

(69)锈胸蓝姬鹟(*Ficedula sordida*)

庞泉沟保护区鸟类重命名种类。

2010年，有关研究认为侏蓝仙鹟(*Muscicapella hodgsonii*)属于*Ficedula*，与锈胸蓝姬鹟(*Muscicapella hodgsonii*)学名重复，2011年将锈胸蓝姬鹟更名为*Ficedula sordida*。

山西省重点保护野生动物。夏候鸟，优势种。本次调查5~9月可见，在庞泉沟保护区及其周边的中山的油松、华北落叶松林内普遍分布，分布较均匀，海拔1590.0~2366.0米。该种在繁殖期间鸣声独特，易于观察发现。2023年5~7月，32条样线调查101.2千米，遇见65次129只，种群密度为0.2549只/公顷。

(70)小太平鸟(*Bombycilla japonica*)

庞泉沟保护区鸟类新记录。

小太平鸟属于太平鸟科(Bombycillidae)，全世界仅1属3种，头顶具一簇长而尖的冠羽。我国分布有2种，即太平鸟(*Bombycilla garrulous*)和小太平鸟(*Bombycilla japonica*)。太平鸟在庞泉沟保护区有分布。小太平鸟与太平鸟形态相似，体型略小(体长约16厘米)，主要区别为尾端绯红色显著，臀绯红，缺少黄色翼带。

分布于西伯利亚东部及中国东北部，越冬至日本。在中国不定期繁殖，见于黑龙江的小兴安岭，越冬有时至湖北及山东，极少数在福建、台湾及华中有记录。

山西省重点保护野生动物。旅鸟。2023年3月22日，庞泉沟镇文峪河湿地公园木虎沟针阔混交林发现该鸟3只，海拔1528.8米。

(71)山麻雀(*Passer cinnamomeus*)

庞泉沟保护区鸟类重命名种类。

由于分类变化，2011年山麻雀种名由*Passer rutilans*更名为*Passer cinnamomeus*。

夏候鸟，普通种。本次调查4~8月在文峪河山谷地段下起会立、上到庞泉沟保护区辖区普遍发现，多栖息于临近村庄的农田、山地森林。8月也见于云顶山亚高山草甸附近的山地森林，海拔上限达2286.1米。

庞泉沟保护区曾有山麻雀繁殖的研究，报道该鸟迁来时间在5月中下旬，迁离在9月中下旬。在阳题塔—二合庄2千米样线的调查，6月遇见数1.85只/千米(武建勇等，1993)。

(72)山鹡鸰(*Dendronanthus indicus*)

山西省重点保护野生动物。庞泉沟保护区鸟类新记录。

体型中等(体长约17厘米)的褐色及黑白色的鹡鸰。上体灰褐色，眉纹白色。两翼具黑白色的粗显斑纹。下体白色，胸上具两道黑色的横斑纹，较下的一道横纹有时不完整。

旅鸟。2019年6月14日，在庞泉沟保护区管理局驻地的二合庄村居民区发现2只个体在干枯杨树顶活动，海拔1661.0mm。

(73)黄鹡鸰(*Motacilla tschutschensis*)

山西省重点保护野生动物。庞泉沟保护区鸟类重命名种类。

2003年，该种由黄鹡鸰(*Motacilla flava*)的亚种提升为种，分布于我国大部分地区。庞泉沟保护区相关文献鸟类名录中的黄鹡鸰(*Motacilla flava*)已更名为西黄鹡鸰，主要分布于我国新疆、青海、西藏部分地区。

旅鸟，稀有种。2022 年 4 月 22 日，在保护区内八水沟口水塘发现该鸟 1 只。

（74）灰鹡鸰（*Motacilla cinerea*）

山西省重点保护野生动物。

夏候鸟，优势种。本次调查 4~10 月在文峪河山谷不同地段普遍发现，多见于农田灌丛地带的河谷、河漫滩和农田。夏季该种多栖息于森林深处地势开阔、有河流的山谷，最高在云顶山草甸小水滩处可见，分布上限达 2406.7 米，迁徙季节则见于低海拔区域。2023 年 5~7 月，32 条样线调查 101.2 千米，遇见 8 次 14 只，种群密度为 0.0277 只/公顷。

（75）白鹡鸰（*Motacilla alba*）

山西省重点保护野生动物。

夏候鸟，优势种。本次调查 3 月 16 日至 10 月 5 日在调查区普遍发现，不论是北川河的横泉水库，还是文峪河—北川河不同地段的山地河谷，均见该鸟分布与繁殖，一般栖息于水边的农田、河漫滩，在森林中则不见其栖息，分布上限 1901.6 米。2023 年 4~9 月，47 条样线调查 149.3 千米，遇见 19 次 28 只，种群密度为 0.0375 只/公顷。

1990—1994 年，庞泉沟保护区曾有对白鹡鸰繁殖生态的观察研究，报道该鸟在 3 月 28 日至 4 月 3 日间迁来，10 月 7~14 日迁离。营巢于居民区房屋瓦缝、墙缝、河流巨石空间等，产卵 3~6 枚（武建勇，1997）。

（76）燕雀（*Fringilla montifringilla*）

冬候鸟，优势种。本次调查从 10 月 20 日至翌年 4 月 9 日均有发现，广泛分布于调查区农田、草地、灌丛、山地森林。一般 20 只左右群体多见，偶见成百只的大群，多在林下地面和树冠取食。2022 年 11 月至 2023 年 4 月，30 条样线调查 81.9 千米，遇见 11 次 180 只，群体平均 16.4 只，种群密度为 0.4396 只/公顷。

1987—1989 年，庞泉沟保护区曾有燕雀种群结构研究，报道该鸟在 10 月 13~18 日迁来，5 月 19~25 日迁离。性别比为 1∶1，成鸟和幼鸟比为 1∶2.09（刘焕金等，1991）。

（77）灰头灰雀（*Pyrrhula erythaca*）

庞泉沟保护区鸟类新记录。

体型略大（体长约 17 厘米）而厚实的灰雀。嘴厚略带钩。成鸟的头灰色。雄鸟胸及腹部深橘黄色。雌鸟下体及上背暖褐色，背有黑色条带。飞行时白色的腰及灰白色的翼斑明显可见。

庞泉沟保护区红外相机监测于 2018 年 5 月 14 日在八水沟 19 区新增 B 机拍摄到 2 只在地面活动，2022 年 8 月 11 日在保护区内大路峁发现 2 只在针叶林树顶活动，2023 年 7 月 8 日在保护区内木后沟发现 2 只在针叶林活动。《山西鸟类》（樊龙锁，2008）记载该鸟分布在中条山地区，为留鸟。本次调查在本区偶有发现，居留情况尚不能定论，暂定为旅鸟。

（78）红眉朱雀（*Carpodacus pulcherrimus*）

夏候鸟，优势种。本次调查 2023 年 3 月 13 日发现有迁来的个体，4~10 月广泛见于调查区域山地森林，主要栖息于不同海拔地段的林缘灌丛、林间阔地及林缘道边。迁来时呈 3~20 只小群，繁殖期单独和成对活动，观察发现红眉朱雀营巢于枝叶茂密的云杉幼树等。2023 年 4~9 月，47 条样线调查 149.3 千米，遇见 38 次 106 只，种群密度为 0.1420 只/公顷。

该种是 1999 年以后庞泉沟保护区的鸟类新记录（杨向明，1999），相对于其他两种朱雀——普通朱雀和北朱雀，是保护区十分易见的种类。

(79)长尾雀(*Uragus sibiricus*)

留鸟，优势种。该种在文峪河中段至庞泉沟保护区内均见其分布，海拔1111.9~1830.1米。在保护区内，典型栖息地是低海拔农田灌丛地带的沙棘、榆等灌丛，常见在灌丛中上部，一般单独或成对活动。2022年11月至2023年10月，本次78条样线调查237.6千米，遇见21次40只，种群密度为0.0337只/公顷。

1998—2000年，庞泉沟保护区曾有长尾雀繁殖习性的研究(杨向明等，2002)，该鸟营巢在向阳缓坡和林缘道边的沙棘丛，巢位高1.1~4米，窝卵数3~4枚，孵化期14天，育雏期12天。

(80)红交嘴雀(*Loxia curvirostra*)

国家二级保护野生动物。

冬候鸟，普通种。本次调查5月和7~10月在庞泉沟保护区多有发现，居留情况与庞泉沟保护区有关文献记载的冬候鸟有出入，有关情况需进一步观察核实。观察发现，该种见于海拔1775.4~2348.1米的森林地带，多活动于山顶和开阔山谷的林缘，经常栖息于树冠，成对活动和常见10~20只的群体活动。

(81)栗耳鹀(*Emberiza fucata*)

庞泉沟保护区鸟类重命名种类。

庞泉沟保护区文献名录中的栗耳鹀(*Emberiza jankowskii*)按学名应为丽斑腹鹀(*Emberiza jankowskii*)。栗耳鹀(*Emberiza fucata*)和丽斑腹鹀(*Emberiza jankowskii*)在山西省内均有分布，因此，确切物种情况有待进一步核实。本名录以优先保留中文名一致的原则，暂确定该种名称。

本次调查未发现该种，为文献记载种类。

(82)黄胸鹀(*Emberiza aureola*)

国家一级保护野生动物。

该种繁殖于西伯利亚至中国东北；越冬至中国南方及东南亚，早年在我国较常见，在广东等地俗称禾花雀。2004年，世界自然保护联盟(IUCN)的等级为无危状态，但在2012年，已经属于濒危状态，2017年，已经升级成为极危状态。在短短的13年时间里，就接近灭绝。导致此变化的一个重要原因是该物种作为食品进入市场，由于中医理论认为该物种有滋补强壮的作用，因而在广东民间人们将中医理论加以衍生，错误地宣传食用以禾花雀为主要原料煲制的汤可以补肾壮阳，极大地提高男性的性能力，从而导致对该种的过度捕猎。为此，我国政府在2021年2月新公布的《国家重点保护野生动物名录》中，将其提升为国家一级保护野生动物。

该种在山西省内为旅鸟，庞泉沟保护区有分布记载，偶见于农田灌丛带(李世广等，2014)。本次调查和庞泉沟保护区多年监测未见。

6.6 哺乳类

哺乳类动物(mammal)属哺乳纲(MAMMALIA，来自拉丁文mamma，意思是乳房)，是一类用肺呼吸空气的温血脊椎动物，因能通过乳腺分泌乳汁来给幼体哺乳而得名，它们均是由爬行类进化而来的。哺乳类动物被我国古人称为兽类，即“四足而毛”的动物。从进化的程度来说，哺乳类动物可分为三大类：一是原兽类，如鸭嘴兽、针鼹等卵生动物。它们是兽类中最原始的一类；二是后兽类，这一类动物虽较原兽类进化程度高些，但也属于古老低等的一类，如有袋类动物，它们虽然是胎生，但没有胎盘，幼兽是在母兽的育儿袋中发育成长的；三是真兽类，它们是现生兽类中最高等的哺乳动物，在脊椎动物甚至整个动物界中进化地位最高，也是与人类关系最密切的一个类群。

传统的动物分类研究主要依据物种的形态特征，早期对中国哺乳动物记录主要是外国人。新中国成立后，哺乳动物新记录不断增加、一些新种不断被发现，寿振黄(1963)在《中国经济动物志》记录了中国哺乳动物 12 目 52 科 180 属 405 种，张荣祖(1979)记录了 12 目 44 科 183 属 414 种。直到 1999 年以来，中国的哺乳动物研究才得到较快的发展，但由于中国幅员广大，不同地域动物学研究的方法与研究详尽程度相差悬殊，《中国兽类志》研究工作启动 30 多年，目前仍在继续。

由于现代分子生物学的参与，哺乳动物分类研究发生了重大变化，主要集中在两个方面：一是根据基因序列来确定物种间的亲缘关系；二是推测哺乳动物不同支系的分异时间。虽然分子生物学对占哺乳动物 75%的灭绝物种的进化关系无能为力，但它仍给分类学以巨大的支持，从形态特征上看似同一物种的，但从分子系统学的角度分析基因却不是同一物种，如鲸类和偶蹄类传统上被认为是两个特征明确的支系，各成一个目，但分子系统学的研究则表明现生鲸类与偶蹄类中河马最接近，从而打破了鲸类和偶蹄类各自成一单系类群的传统看法。目前，新的分类系统已将鲸目(CETACEA)和偶蹄目(ARTIODACTYLA)的物种均归属到鲸偶蹄目(CETARTIODACTYLA)。另一方面在一些跨地域且形态特征分异不太明显的门类的关系上，如传统的食虫类，分子系统学分辨出了劳亚兽类和非洲兽类两个有明显的地理分布差异大类群之间起源的关系。将传统的猬形目(ERINACEOMORPHA)和鼩形目(SORICOMORPHA)的物种均归属劳亚食虫目(EULIPOTYPHLA)。

中国哺乳动物最新研究成果在中国科学院动物研究所的《中国哺乳动物多样性及地理分布》(将志刚等，2015)中有较全面的展示。依据此专著，中国有哺乳动物 673 种，隶属 12 目 55 科 245 属。《世界自然保护联盟濒危物种红色名录》(*IUCN Red List of Threatened Species*)收录了全球哺乳动物 5488 种，中国现有哺乳动物种数约占全球哺乳动物总数的 12. 3%。

新中国成立后，山西省对哺乳动物的研究主要集中在山西省生物研究所、山西大学和各国家级自然保护区之间。专业调查研究并不多，见于山西大学《山西省动物资源现状》(王福麟，1979)等研究论文。《山西兽类》为山西省目前较权威的哺乳动物论著，收录记载了山西省哺乳动物 7 目 20 科 71 种，但该专著采用的分类系统仍然是传统的以形态学为主的哺乳动物分类系统。

6. 6. 1 哺乳类名录

庞泉沟保护区最早的兽类名录出现在《庞泉沟自然保护区兽类垂直分布特征》(刘焕金等，1987)一文中，研究时间为 1982—1984 年，报道庞泉沟保护区兽类种类为 30 种，包括已获得标本的 27 种和未获得标本的猪獾(*Arctonyx collaris*)、青鼬(*Martes flavigula*)、果子狸(*Paguma larvata*)3 种。

刘焕金等在《庞泉沟猛禽研究》(安文山等，1993)专著中，再次列出了庞泉沟兽类名录，该名录增加翼手目 2 种蝙蝠新记录，使辖区兽类提升到 32 种。之后《山西庞泉沟国家级自然保护区(1980—1999)》(山西庞泉沟国家级自然保护区，1999)资源本底专著沿用此名录，对兽类种类组成的多度、分布等保持不变。

《山西庞泉沟国家级自然保护区生物多样性保护与管理》(李世广等，2014)专著中，兽类名录保持了以上文献记载，新修订变化了西伯利亚狍（*Capreolus pygargus*）1 个物种，但未具体说明名称修订变化的原因。对果子狸（*Paguma larvata*）和豹（*Panthera pardus*）分别采用了花面狸和金钱豹中文名称，指出狼（*Canis lupus*）、金钱豹多年未见踪迹，分布情况不详。

目前，庞泉沟保护区最新的兽类名录研究报道在《庞泉沟陆生野生动物监测资源研究》（杨向明等，2018）专著中，此名录首次引用保护区初步使用红外相机监测成果，研究范围从保护区内扩大到周边关帝山林区的文峪河地区，通过实地调查和分析多年来积累的资料，增加普通刺猬（*Erinaceus europaeus*）1 种新记录，确定庞泉沟保护区的兽类为 33 种。沿用西伯利亚狍（*Capreolus pygargus*）物种名称，并论述了狍（*Capreolus capreolus*）与西伯利亚狍（*Capreolus pygargus*）在分类上的不同，指出狼、猪獾、花面狸在监测调查中的区域内没有发现，论述了在 2014—2015 年的监测调查多次发现金钱豹踪迹，并于 2015 年 1 月 8 日，首次使用红外相机拍摄到金钱豹照片。

本次依据实地调查结果和参阅上述文献资料的研究成果，采用《中国哺乳动物多样性及地理分布》（蒋志刚等，2015）的分类系统和物种中文名称，列出庞泉沟保护区哺乳类名录。

庞泉沟保护区哺乳类名录

（一）劳亚食虫目 EUPOTYPHLA		
1. 猬科 Erinaceidae		
（1）东北刺猬 *Erinaceus amurensis*	+	▲
2. 鼩鼱科 Soricidae		
（2）山东小麝鼩 *Crocidura shantungensis*	+	▲
3. 鼹科 Talpidae		
（3）麝鼹 *Scaptochirus moschatus*	◎	
（二）翼手目 CHIROPTERA		
4. 蝙蝠科 Vespertilionidae		
（4）大足鼠耳蝠 *Myotis ricketti*	◎	▲
（5）普通伏翼 *Pipistrellus abramus*	◎	
（6）东方蝙蝠 *Vespertilio sinensis*	+	▲
（三）食肉目 CARNIVORA		
5. 犬科 Canidae		
（7）狼 *Canis lupus*	◎	
（8）赤狐 *Vulpes vulpes*	++	
6. 鼬科 Mustelidae		
（9）黄喉貂 *Martes flavigula*	+	
（10）香鼬 *Mustela altaica*	+	
（11）艾鼬 *Putorius eversmanni*	◎	
（12）黄鼬 *Mustela sibirica*	++	
（13）狗獾 *Meles leucurus*	++	▲
（14）猪獾 *Arctonyx collaris*	◎	

7. 灵猫科 Viverridae
(15)果子狸 *Paguma larvata* ◎
8. 猫科 Felidae
(16)豹猫 *Prionailurus bengalensis* ++
(17)金钱豹 *Panthera pardus* +
(四)鲸偶蹄目 CETARTIODACTYLA
9. 猪科 Suidae
(18)野猪 *Sus scrofa* ++
10. 麝科 Moschidae
(19)原麝 *Moschus moschiferus* +
11. 鹿科 Cervidae
(20)狍 *Capreolus pygargus* +++
(五)啮齿目 RODENTIA
12. 松鼠科 Sciuridae
(21)岩松鼠 *Sciurotamias davidianus* ++
(22)北花松鼠 *Tamias sibiricus* +
13. 仓鼠科 Cricetidae
(23)长尾仓鼠 *Cricetulus longicaudatus* ++
(24)大仓鼠 *Cricetulus triton* ◎
(25)中华鼢鼠 *Myospalax fontanieri* +
(26)棕背䶄 *Clethrionomys rufocanus* +
14. 鼠科 Muridae
(27)大林姬鼠 *Apodemus peninsulae* +++
(28)黑线姬鼠 *Apodemus agrarius* ++
(29)褐家鼠 *Rattus norvegicus* +++
(30)小家鼠 *Mus musculus* ++
(31)北社鼠 *Niviventer confucianus* ++ ▲
(六)兔形目 LAGOMORPHA
15. 鼠兔科 Ochotonidae
(32)西藏鼠兔 *Ochotona thibetana* ◎
16. 兔科 Leporidae
(33)蒙古兔 *Lepus tolai* +++ ▲

注：+++代表优势种；++代表普通种；+代表稀有种；◎代表文献种；▲代表重命名。

本次调查，共发现哺乳动物24种，保留文献记载的9种，确定庞泉沟哺乳动物为33种，隶属6目15科，这一调查结果和庞泉沟相关文献哺乳动物名录记载保持一致。

按照新的分类系统，庞泉沟6目15科33种哺乳动物种类组成分别是劳亚食虫目3科3种，占总数的 9.1%；翼手目 1 科 3 种，占总数的 9.1%；食肉目 3 科 11 种，占总数的 33.3%；鲸偶蹄目 3 科 3 种，占总数的 9.1%；啮齿目 3 科 11 种，占总数的 33.3%；兔形目 2 科 2 种，占总数的 6.1%。

我国现生的兽类共有 673 种，隶属 12 目 55 科 245 属(蒋志刚等，2015)，庞泉沟哺乳动物 33 种，占全国物种数的 4.9%。《山西兽类》记载山西省共有兽类 7 目 20 科 71 种(樊龙锁等，1996)，庞泉沟哺乳动物占到山西省物种数的 46.5%。

本次调查庞泉沟 33 种哺乳类中，有东北刺猬、山东小麝鼩、东方蝙蝠、大足鼠耳蝠、狗獾、北社鼠、蒙古兔 7 种是对文献中哺乳动物种类的重命名，其物种学名发生的相应的改变，有关情况汇总入表 6-2 中。

表 6-2 庞泉沟哺乳动物名录物种名称变化一览

本文动物名称	文献中动物名称
东北刺猬(*Erinaceus amurensis*)	普通刺猬(*Erinaceus europaeus*)
山东小麝鼩(*Crocidura shantungensis*)	小麝鼩(*Crocidura suaveolens*)
东方蝙蝠(*Vespertilio sinensis*)	蝙蝠(*Vespertilio murinus*)
大足鼠耳蝠(*Myotis ricketti*)	须鼠耳蝠(*Myotis mystacinus*)
狗獾(*Meles leucurus*)	狗獾(*Meles meles*)
北社鼠(*Niviventer confucianus*)	社鼠(*Rattus niviventer*)
蒙古兔(*Lepus tolai*)	草兔(*Lepus capensis*)

此外，本次调查 33 种哺乳类名录与庞泉沟不同文献中名录比对，本次名录还有黄喉貂和青鼬、艾鼬和艾虎、狗獾和亚洲狗獾、果子狸和花面狸、金钱豹和豹、北花松鼠和花鼠、狍和西伯利亚狍等物种中文名称的调整。

6.6.2 数量及分布

相对于传统的样线法，使用红外相机法调查哺乳动物的效果更好。红外相机可以较好地记录哺乳动物种类。本次庞泉沟保护区调查 27 台红外相机，工作时间从 2022 年 4 月 22 日起至 2023 年 10 月 13 日结束，共拍摄到 13 种哺乳动物，每台红外相机拍摄动物独立事件情况见附表 11 红外相机法调查哺乳动物独立事件汇总。

以红外相机在一定时间段内拍摄的独立影像事件数即相对多度指数(*RAI*)，可以很好地作为衡量物种多度的指标。本次调查 27 台红外相机实际工作日 9539 天(附表 11)，平均每台相机实际工作日 353.3 天。以红外相机在 100 天捕获的独立影像事件数作为相对多度指数，27 台红外相机调查哺乳动物数量和分布的情况汇总见表 6-3。

表 6-3 红外相机调查哺乳动物汇总表

动物名称	相机数(台)	有分布相机(台)	出现率(%)	独立事件数	*RAI*
赤狐	27	25	92.6	345	3.62
黄喉貂	27	13	48.1	39	0.41
黄鼬	27	1	3.7	1	0.01
香鼬	27	1	3.7	1	0.01

续表

动物名称	相机数(台)	有分布相机(台)	出现率(%)	独立事件数	*RAI*
狗獾	27	25	92.6	327	3.43
豹猫	27	9	33.3	23	0.24
金钱豹	27	5	18.5	6	0.06
原麝	27	3	11.1	5	0.05
狍	27	27	100.0	1142	11.97
野猪	27	18	66.7	164	1.72
蒙古兔	27	13	48.1	149	1.56
岩松鼠	27	19	70.4	447	4.69
北花松鼠	27	5	18.5	12	0.13

采用样线法调查发现狗獾、金钱豹、蒙古兔、狍、野猪、原麝、岩松鼠、北花松鼠、中华鼢鼠9种哺乳动物。这些动物中，除以白天活动为主的蒙古兔、岩松鼠、北花松鼠发现实体较多外，其他种类的发现多是粪便、足印、巢穴(包括洞穴等)、尸体(包括头骨、皮毛等)，发现的数量同红外相机调查结果一致，但样本数据要少得多。以数量最多的狍为例，发现35次，而红外相机可拍摄独立事件1142个。

针对体型较小的不同类型哺乳动物的生态习性，本次调查还采用鼠夹法、样线外调查、实体鉴定等零星调查的方法，发现东北刺猬等17种哺乳动物(附表12样线法和零星调查法调查哺乳动物明细)。

调查总计发现24种哺乳类动物，数量级大致按2个类群判定：①体型较大的大中型哺乳动物，包括食肉目、鲸偶蹄目、兔形目的种类，主要是依据本次红外相机调查结果判定数量等级。②小型哺乳动物，包括劳亚食虫目、翼手目、啮齿目的种类，主要通过样线法、零星调查法等其他调查方法收集资料的情况判定数量级。两大类群的动物在数量上，没有绝对可比性，数量级判定是综合考虑调查数据并依据物种的生态生物学习性确定的。

6.6.2.1 优势种

判断依据是红外相机 *RAI*≥5，其他调查方法有较多发现或分布较广的。庞泉沟保护区共计4种，包括狍、岩松鼠、大林姬鼠、褐家鼠。

6.6.2.2 普通种

判断依据是红外相机 5>*RAI*≥0.1，其他调查方法有较多发现或分布一般的。庞泉沟保护区共计10种，包括赤狐、狗獾、野猪、北花松鼠、长尾仓鼠、棕背䶄、黑线姬鼠、小家鼠、北社鼠、蒙古兔。

6.6.2.3 稀有种

判断依据是红外相机 *RAI*<0.1，其他调查方法有少量发现的。庞泉沟保护区共计10种，包括东北刺猬、山东小麝鼩、东方蝙蝠、黄喉貂、香鼬、黄鼬、豹猫、金钱豹、原麝、中华鼢鼠。

6.6.2.4　文献种

判断依据是本次调查没有发现庞泉沟文献中记载的种类。庞泉沟保护区共计 9 种，包括麝鼹、大足鼠耳蝠、普通伏翼、狼、艾鼬、猪獾、果子狸、大仓鼠、西藏鼠兔。

狼、猪獾、果子狸属于大中型哺乳动物，红外相机可以很好地记录。这 3 种动物不仅是本次红外相机调查没有发现的种类，而且自 2015 年以来，庞泉沟保护区在辖区和周边的关帝山林区均开展过红外相机的调查和监测，均未发现它们的踪迹。然而，在山西省内太岳山、中条山、吕梁山脉南段，猪獾、果子狸却有不同的发现，表明这些种类在本区域目前分布情况存疑。

麝鼹、大足鼠耳蝠、普通伏翼、艾鼬、西藏鼠兔栖息环境独特，这些种类在山西省内某些区域多有分布，但总体数量稀缺，庞泉沟多年监测未发现。鼠类中的大仓鼠本次调查没有发现，在存在偶然性的同时，也间接说明该种数量不够丰富。

6.6.3　重点保护动物

6.6.3.1　国家重点保护动物

2021 年 2 月 5 日，新修订的《国家重点保护野生动物名录》正式公布。庞泉沟保护区哺乳动物中共有国家重点保护野生动物 6 种，其中国家一级保护 2 种、国家二级保护 4 种。

国家一级保护野生动物 2 种：金钱豹、原麝。

国家二级保护野生动物 4 种：狼、赤狐、黄喉貂、豹猫。其中，狼、赤狐、豹猫 3 种为 2021 年新提升的国家二级保护野生动物。

6.6.3.2　省级重点保护动物

2020 年，山西省新修订的《山西省重点保护野生动物名录》在 2021 年 2 月新公布的《国家重点保护野生动物名录》后，山西省重点保护野生动物中哺乳动物变更为 14 种。

庞泉沟哺乳动物中属于山西省重点保护野生动物共 10 种，包括东北刺猬、山东小麝鼩、香鼬、艾鼬、黄鼬、狗獾(亚洲狗獾)、猪獾、果子狸、狍、北花松鼠。

6.6.3.3　国际性保护状况

哺乳动物是人类社会发展中重要的可再生资源，人类发展历史中物质生活和精神生活都曾与哺乳动物休戚相关，其价值并不仅仅体现在哺乳动物曾为人类提供食物、衣服等，更主要的是哺乳动物的生态系统服务功能。由于某些哺乳动物的重大经济价值，导致了商业贸易。因此，野生动物特别是哺乳动物的国际性保护越来越受到世界各国的重视。

(1)《世界自然保护联盟濒危物种红色名录》

《世界自然保护联盟濒危物种红色名录》(*IUCN Red List of Threatened Species*)，简称《IUCN 红色名录》或《红色名录》，是全球动植物物种保护现状最全面的名录，也被认为是生物多样性状况最具权威的指标。其物种保护级别被分为 9 类，根据数目下降速度、物种总数、地理分布、族群分散程度等准则分类，最高级别是灭绝(EX)，其次是野外灭绝(EW)，极危(CR)、濒危(EN)和易危(VU)3 个级别统称“受威胁”，其他顺次是近危(NT)、无危(LC)、数据缺乏(DD)、未评估(NE)。

庞泉沟保护区哺乳动物中，易危(VU)动物有原麝；近危(NT)动物有香鼬、金钱豹。

(2)《濒危野生动植物种国际贸易公约》

《濒危野生动植物种国际贸易公约》(*CITES*)，又称华盛顿公约，管制国际贸易的物种，可归类成三项附录：附录Ⅰ的物种为若再进行国际贸易会导致灭绝的动植物，明确规定禁止其国际性的交易；附录Ⅱ的物种则为目前无灭绝危机，管制其国际贸易的物种；附录Ⅲ是各国视其国内需要，区域性管制国际贸易的物种。

庞泉沟保护区哺乳动物中，被列入《濒危野生动植物种国际贸易公约》附录Ⅰ物种有豹猫、金钱豹；附录Ⅱ物种有狼、原麝；附录Ⅲ物种有赤狐、黄喉貂、香鼬、黄鼬、果子狸。

6.6.4 主要种类

本次调查，研究整理出庞泉沟哺乳类名录33种。为了对区域哺乳类做进一步描述，选择国家一级、二级、山西省级重点保护野生动物，以及重命名种类、优势种等，共计24种，作为庞泉沟哺乳类的主要种类，分种逐一进行论述。

(1)东北刺猬(*Erinaceus amurensis*)

山西省重点保护野生动物。庞泉沟保护区哺乳类重命名种类。

刺猬属(*Erinaceus*)在我国仅分布有1种，即东北刺猬，广泛分布于东北、华北、华南等地。庞泉沟保护区、《山西兽类》(樊龙锁等，1996)等文献中记载的普通刺猬(*Erinaceus europaeus*)，在省内广泛分布于各大山区，实际应为该种。

该种2016年记载为庞泉沟保护区新记录种类(杨向明等，2018)。有冬眠习性，通常在10月末或11月初开始冬眠，直到翌年3月苏醒。本次调查采用红外相机技术，在调查区域内虽未发现该种，但2022年5月22日在调查区域附近的交城县洪相乡洪相村公路上发现汽车压死的尸体1只。东方刺猬在吕梁山脉南段的五鹿山、太岳山等地的红外相机监测中均有发现。

(2)山东小麝鼩(*Crocidura shantungensis*)

山西省重点保护野生动物。庞泉沟保护区哺乳类重命名种类。

麝鼩属(*Crocidura*)在我国分布有12种。山东小麝鼩广泛分布于我国东北、华北、华南等地，其他麝鼩分布区狭小，在山西省内无分布。庞泉沟保护区文献哺乳动物名录中的小麝鼩(*Crocidura suaveolens*)在国内目前已无分布，庞泉沟保护区分布的麝鼩应为山东小麝鼩。

该种分布于低山农田、灌丛、山地森林。早年在庞泉沟保护区管理局大院曾见。2015年7月29日，在八道沟卧牛坪前旧林道上遇见该种1只，为海拔2200米的沟谷中华北落叶松、云杉和青杨、红桦组成的针阔混交林。

(3)大足鼠耳蝠(*Myotis ricketti*)

庞泉沟保护区哺乳类重命名种类。

鼠耳蝠属(*Myotis*)在我国分布有29种。庞泉沟保护区文献中的须鼠耳蝠(*Myotis mystacinus*)国内无分布，对照各种鼠耳蝠的分布区域，庞泉沟分布的鼠耳蝠应为大足鼠耳蝠。

本次调查未遇见该种。

(4)东方蝙蝠(*Vespertilio sinensis*)

庞泉沟保护区哺乳类重命名种类。

目前，我国蝙蝠属(*Vespertilio*)经新的分类分为东方蝙蝠和双色蝙蝠(*Vespertilio murinus*)两种。东方蝙蝠广泛分布于东北、华北、东南、中南、西南各省份，双色蝙蝠仅分布于新疆、黑龙江、内蒙古东北部等地。庞泉沟保护区相关文献中的普通蝙蝠(*Vespertilio murinus*)因此更名为东方蝙蝠。

本次调查盛夏黄昏在庞泉沟保护区管理局驻地的二合庄村有发现。

(5)狼(*Canis lupus*)

国家二级保护野生动物。

20世纪70~80年代在庞泉沟保护区仍然是比较易见的大型猛兽，80年代保护区初建标本馆时收藏有标本，目前多年未见其踪迹。近年来，庞泉沟保护区使用红外相机监测调查，无该种记录，其现存情况不仅在庞泉沟保护区，而且在整个山西省内也未见确切的报道。

(6)赤狐(*Vulpes vulpes*)

国家二级重点野生动物。

赤狐是近年来在庞泉沟保护区易见的中型食肉动物，为普通种。本次调查27台红外相机中，有25台拍摄到赤狐，出现率92.6%，*RAI*高达3.62，它的多度仅次于狍(*Capreolus pygargus*)和岩松鼠(*Sciurotamias davidianus*)，位居第三。赤狐在庞泉沟不同植被地带均有分布，多在林间小道、林缘阔地等处活动，尤以低山林缘灌丛地带常见，这些区域靠近山谷溪流，植物群落交错，生境多样，多为阔叶林和针阔混交林，其食物蒙古兔(*Lepus tolai*)、环颈雉(*Phasianus colchicus*)和地面活动的鸟类比较丰富。红外相机拍摄到一些赤狐取食视频，一般见其口含猎物，沿林间小道向山谷深处运动。

赤狐听觉、嗅觉发达，性狡猾，行动敏捷。喜欢单独活动。拍摄到的所有视频中，多为1只活动，少数成对活动，以夜间活动居多。其毛色和胖瘦在冬季和夏季差异较大。赤狐春末夏初产仔，每胎4~6仔。主要以鼠类为食，也吃野禽、蛙、鱼、昆虫等，还食用各种野果和农作物(樊龙锁等，1996)。庞泉沟保护区2015年红外相机拍摄记录了1只赤狐占用狗獾洞穴为巢，并在洞穴附近抚育1只幼狐。2020年调查，双家寨S22A相机摄到幼体情况：6月12日见幼崽较懵懂，6月24日再次发现已长大不少。

(7)黄喉貂(*Martes flavigula*)

国家二级保护野生动物。

青鼬(*Martes flavigula*)是黄喉貂的中文别名，广泛见于各类文献中，包括庞泉沟保护区以往的哺乳动物名录。

黄喉貂以森林为主要活动区域，密度不高，但分布尚广泛，为稀有种。本次调查27台红外相机中，有13台拍摄到黄喉貂，出现率48.1%，*RAI*为0.41。保护区以华北落叶松、云杉、油松为主的针叶林，以及这些针叶树与其他阔叶树形成的混交林，都是黄喉貂典型栖息区域。保护区赤狐、黄喉貂、豹猫(*Prionailurus bengalensis*)3种中等体型食肉兽中，黄喉貂数量居于中等。拍摄到的所有视频中，多数为1只，部分是成对，极少数为多只，主要在白昼活动，尤以早上和下午活动较多，中午和夜间较少活动。

该种曾因发生侵入保护区褐马鸡人工饲养大棚伤害褐马鸡的事件，又和褐马鸡分布在相似的环境中，一直认为是庞泉沟褐马鸡的主要天敌之一。1989—1990年曾在本区有专题研究，表明该种广泛分布于本区森林环境，种群密度达 0.39 只/平方千米(郝映红等，1994)。但本次调查表明，其数量远不及食肉兽类赤狐丰富。

(8)香鼬(*Mustela altaica*)

山西省重点保护野生动物。

香鼬在庞泉沟保护区早年文献中记载为常见种，但近年来红外相机监测调查很少能拍摄到该种。本次 27 台红外相机仅拍摄到 1 次香鼬，这也是近年来鲜有的监测记录，近年在野外偶见。综合本次调查结果认为，香鼬目前在保护区内并不常见，评定为稀有种为宜。

香鼬体型较小，在特定的环境中栖息，活动范围有限，这也可能是红外相机不能较好拍摄记录的原因。据《山西兽类》(樊龙锁等，1996)在庞泉沟保护区的观察研究，香鼬多在白天活动，在保护区数量丰富，栖息于特定的森林环境之中。早晨和黄昏活动更为频繁，经常可以看到它们不停地穿行于山间运木公路面上或乱石、草坡、缝穴中，或是出入于各种鼠类的洞道内。

(9)艾鼬(*Putorius eversmanni*)

山西省重点保护野生动物。

该种中文别名艾虎，在庞泉沟保护区文献中有记载，保护区标本馆收藏有当地标本，本次调查和近年来监测未发现。

(10)黄鼬(*Mustela sibirica*)

山西省重点保护野生动物。

黄鼬在野外调查中偶然可见实体，但遇见频次较低，红外相机可以较好地记录该种，但总体数量较少。本次调查 27 台红外相机，仅拍摄到 1 次。近年来，保护区红外相机监测表明，黄鼬在庞泉沟调查延伸区域海拔较低的文水县苍儿会乡三道川、交城县西社、会立乡一带数量较丰富，尤喜山地林间溪水附近活动。

该种属于小型食肉动物，活动范围较小，栖息环境特定，红外相机拍摄率较低，不一定代表该种分布和数量很低，但拍摄到的情况也表明该种对某种生境的喜好。

(11)狗獾(*Meles leucurus*)

山西省重点保护野生动物。庞泉沟哺乳类重命名种类。

世界自然保护联盟(2014)采用了新的分类，将狗獾的欧洲亚种、西亚亚种归为欧洲狗獾(*Meles meles*)，我国分布的北亚东亚亚种归为 *Meles leucurus*，一些文献也称为亚洲狗獾。庞泉沟保护区相关文献中的狗獾(*Meles meles*)因此更名为狗獾(*Meles leucurus*)。

狗獾是杂食性动物，喜欢穴居，多在夜间活动，有冬眠习性。样线调查可以发现该种的粪便、洞穴等。从近年来红外相机监测调查情况来看，狗獾是本区域大中型兽中分布最广的动物之一。本次调查 27 台红外相机中，有 25 台拍摄到狗獾，出现率 92.6%，*RAI* 高达 3.43。分布较多样区有八水沟 18 区、马林背 21 区、小庞泉沟 17 区、老虎圪洞 06 区。分析这些数量较多的区域，多是以油松、华北落叶松为主的针叶林和这些针叶树与山杨、辽东栎、白桦组成的针阔混交林，这些区域阳光相对充足，生境交错，物种多样性组成相对较高，地下食物丰富。而辖区中高山区以华北落叶松、云杉为主的纯针叶林区域，森林面积最大，狗獾虽有分布，但数量最少。少量没有拍摄到该种八水沟 22 区、大草坪 27 区，共同特点是放牧等人为生产活动相对较多。拍摄到的所有视频中其多为 1 只活动，少数成对活动，偶见 3 只活动。

红外相机影像资料表明，狗獾主要在夜间活动，在地面掘土取食。2015 年黄鸡塔 1 台红外相机监测到该种破坏褐马鸡卵的完整影像，表明狗獾是破坏褐马鸡卵的主要天敌(杨向明等，2018)。近年来，庞泉沟红外相机监测调查表明，狗獾主要在春、夏、秋季节活动，冬季休眠。分析影像数据发现，3 月初即见其开始活动，4~5 月活动增多，9 月下旬活动减少，11 月已很少活动，冬季 12 月至翌年 2 月偶见活动。保护区文献记载该种为偶见种(李世广等，2014)，但从本次调查发现来看，狗獾在庞泉沟数量丰富，且分布相当广泛，为常见的中型兽类，本次评定为普通种。

(12)猪獾(*Arctonyx collaris*)

山西省重点保护野生动物。

文献中有记载，庞泉沟保护区标本馆尚无标本收藏，红外相机未获得可靠影像。访问当地居民，似有不同种獾之说，但说法缺乏有力证据。猪獾近年来在太岳山、中条山等地的红外相机监测中有较好的拍摄。

(13)果子狸(*Paguma larvata*)

山西省重点保护野生动物。

庞泉沟保护区早期文献中记载有该种(安文山等，1993)，在之后的本底资源调查专著中一直延续记载，曾用花面狸(*Paguma larvata*)中文名(李世广等，2014)。近年来，红外相机调查在庞泉沟辖区以及周边的关帝山林区未获得任何影像，而该种在吕梁山脉南段的五鹿山、吕梁山西部的石楼县团圆山、太岳山等地红外相机均有很好的拍摄，综合这些情况，该种在庞泉沟的分布状况有待进一步核实。

(14)豹猫(*Prionailurus bengalensis*)

国家二级保护野生动物。

在庞泉沟保护区赤狐、黄喉貂、豹猫 3 种中等体型食肉兽中，豹猫数量最为稀少。本次 27 个样区的 27 台红外相机调查中，有 9 个样区的相机拍摄到豹猫，出现率 33.3%，*RAI* 为 0.24。豹猫以低海拔的针阔混交林地带分布较多，拍摄较多的相机是阳圪台杨坪沟 01 区(9 次)、阳圪台老蛮沟 02 区(3 次)、郝家沟 23 区(3 次)、八水沟 18 区(2 次)、大草坪 20 区(2 次)，其他 4 个样区相机均拍摄到 1 次。拍摄到的所有豹猫视频均为 1 只单独活动，活动主要在夜间。

《中国雉类——褐马鸡》中多记载豹猫为褐马鸡的主要天敌(刘焕金等，1991)。1988—1990 年的冬季在庞泉沟对豹猫的数量及对褐马鸡的危害有专题研究，表明种群密度 0.031 只/平方千米，以低海拔地段的森林环境数量较多(温江等，1992)。保护区早期文献记载该种为常见种(李世广等，2014)，但根据本次调查结果，其远不似狗獾等丰富，定为稀有种。

(15)金钱豹(*Panthera pardus*)

国家一级保护野生动物。

豹(*Panthera pardus*)曾是金钱豹中文名，见于各类文献。目前，国内的金钱豹分为东北豹、华北豹、华南豹等亚种，山西省分布的为华北豹(*Panthera pardus japonensis*)亚种。

金钱豹是大型肉食性动物，处于食物链的顶端，维持其生存需要较大的栖息面积，活动范围大。一旦有分布，是较易发现其踪迹的。1988—1990 年，在保护区开展过豹的冬季生态研究(王建平等，1995)，表明金钱豹主要栖息于区内高山悬崖绝壁地区。这些地区林灌茂密，远离人为干扰。2014—2015 年辖区样线监测调查中，通过足印等信息，认为辖区大沙沟—神尾沟高山和八道沟—八水沟高山是金钱豹的主要栖息地区。2015 年 1 月 8 日，使用红外相机首次在神尾沟前罗板沟沟谷的溪水处，海拔 1984 米，在夜间拍摄到一只个体饮水的照片。之后进行追踪调查发现，该个体为 1 雌和 2 只小豹组成的家族群体。

2018 年以来庞泉沟保护区红外相机监测，几乎每年均能监测到金钱豹的活动。本次 27 个样区的 27 台红外相机调查中，有 5 个样区的相机拍摄到 6 次金钱豹独立事件，分别为西塔沟口 10 区(1 次)、大吉沟 13 区(1 次)、大草坪小安沟 14 区(1 次)、小沙沟 16 区(2 次)、八水沟 18 区(1 次)。所有拍摄到所有金钱豹的视频均为 1 只单独活动，在夜间和白昼均有活动。

(16)野猪(*Sus scrofa*)

野猪成体平均体长为 1.5~2m，世界分布范围极广，涵盖欧亚大陆。中国分布除了青藏高原与戈壁沙漠外，广布各地，且在东北三省及云贵地区、福建、广东分布更为集中。野猪在山西省各大山地及周边地区广泛分布，它也是山西大中型哺乳动物中少数未列入山西省重点保护的野生动物物种之一。

从野外调查发现的拱食痕迹、足迹连、窝迹、粪便等，以及红外相机拍摄情况来看，野猪在本区分布广泛，活动遍及森林环境及亚高山草甸边缘地带。据访问调查，野猪在秋季常到农田危害土豆等农作物。本次 27 个样区的 27 台红外相机调查中，有 18 个样区的相机拍摄到野猪，出现率 66.7%，*RAI* 为 1.72。数量较多的样区有阳圪台老虎圪洞 06 区、阳圪台老蛮沟 02 区、阳圪台洞沟 05 区等。这些数量较多的样区多位于山谷的中下地段，生境以油松、辽东栎、山杨、白桦组成的针阔混交林为主，活动区域多有辽东栎林分布，辽东栎的果实是本区野猪越冬的重要食物。而以华北落叶松、云杉为主的针叶纯林内，野猪活动较少。

红外相机视频资料显示，野猪以单只或成群活动，成群活动的比例很高，以 4~6 只的群体多见，白昼和夜间均有活动，以夜间活动居多。据庞泉沟保护区有关观察(武建勇等，1993)，野猪在 10~11 月交配，母猪妊娠期 160 天，翌年 4~5 月生产，每胎产仔 6~9 头，对农业有较大危害，5 头成年野猪一夜间可危害 7 亩土豆农田。2020 年庞泉沟红外相机调查资料显示，双家寨 S07A 相机 5 月 23 日发现 2 只成猪带 7 只幼崽活动，庞泉沟 P07A 相机 5 月 17 日发现 2 只成猪带 6 只幼崽活动。

(17)原麝(*Moschus moschiferus*)

国家一级保护野生动物。

雄性腹部具麝香腺，可分泌麝香，为名贵中药材，自古就是十分重要的经济动物。根据《山西麝类》(梁小明，2014)研究，其在栖息地中活动路线较为固定，受人为的猎捕，资源下降严重。据庞泉沟保护区相关文献记载，原麝分布于八水沟、八道沟等山地的悬崖绝壁森林环境。在栖息地中活动路线较为固定，受人为“下(铁丝)套”猎捕，资源下降严重，已罕见(郝映红等，1991)。

原麝粪便较狍(*Capreolus pygargus*)的小，黑而发亮，通常 10~30 粒，是样线法调查原麝的主要依据。2014—2016 年庞泉沟样线监测调查，在八道沟南岔华北落叶松、红桦林间小道发现新鲜粪便(杨向明等，2018)。查阅庞泉沟保护区近年内部红外相机监测资料，仅 2018 年 1 月 1 日和 2019 年 6 月 12 日在八道沟 11 区 B 机和八水沟 12 区 B 机各拍摄到 1 次原麝。本次 27 个样区的 27 台红外相机调查中，有 3 个样区的相机拍摄到 5 次原麝独立事件，分别为阳圪台关帝沟 08 区(1 次)、八道沟 11 区(1 次)、小沙沟 16 区(3 次)。样线调查在保护区内关帝沟、大吉沟等也有粪便发现。近年的调查监测表明，庞泉沟地区的原麝资源目前仍十分稀缺，数量在缓慢回升。

(18)狍(*Capreolus pygargus*)

山西省重点保护野生动物。

由于物种分类变化，庞泉沟早期文献中的狍(*Capreolus capreolus*)被分为两个独立种：一是主要分布于欧洲的欧洲狍(*Capreolus capreolus*)，国内无分布；二是我国分布的狍(*Capreolus pygargus*)，一些文献也称为西伯利亚狍。

不论是样线调查，还是红外线相机监测，均能表明狍是辖区发现率最高的大型哺乳动物，而红外相机监测调查的大量可靠数据，能进一步了解狍的生态生物学习性。本次27个样区的27台红外相机调查中，27个样区的相机均拍摄到狍，出现率100%，*RAI*高达11.97。狍的数量最为丰富，是所有哺乳动物中*RAI*最高的。庞泉沟保护区红外相机调查区域为连续大面积的森林或较高大的灌丛，适宜于狍生存。分布数量较多的样区有阳圪台老蛮沟02区、阳圪台老虎圪洞06区、大路峁下09区、阳圪台老蛮沟07区、百草厅东梁15区，狍分布较多的区域为华北落叶松、油松、云杉与杨、桦、辽东栎组成的针阔混交林地带，人为活动较少，阳光充足，草本种类较多。总体上看，处于山坡中、上部的针阔混交林中或阔叶林中狍数量较多，而以云杉、华北落叶松纯林为主或处于山坡下部人为活动较多、放牧严重的森林边缘区域，虽有狍分布，但数量较少。

拍摄视频资料显示，狍多见单独或2~3只呈小群活动，黄昏和早晨活动较多，夜间也见其活动，但中午很少活动。相关文献记载，狍在保护区于8~9月发情交配，通常翌年6月产仔，每年1胎，每胎多为2仔(樊龙锁等，1996)。2018年，保护区阳圪台老虎圪洞06区B相机较好地记录了狍的繁殖情况：6月12日母狍尚未产仔，6月21日发现该母狍带1只出生不久的幼崽，之后直到7月28日的1个月内，多次发现该狍母仔一起活动。

(19)岩松鼠(*Sciurotamias davidianus*)

国家“三有”保护动物。

岩松鼠有冬眠习性，以白昼活动为主，同鸟类一样，可以在样线调查中较好地发现。2022年11月至2023年10月，本次78条样线调查237.6千米，遇见21次21只，遇见率0.0884只/千米。红外相机同样可以较好拍摄该种，本次27个样区的27台红外相机调查中，有19个样区的相机拍摄到岩松鼠，出现率70.4%，*RAI*为4.69，在所有哺乳动物中位居第二位，为优势种。岩松鼠是体型较小的哺乳动物，活动范围远不及其他大型兽类，活动更多依赖于相机布设点位的小生境，分析样线遇见情况和拍摄较多的红外相机点位特点，生境多为针叶或针阔混交林的林间阔地、林缘路边，有多岩石、近水源和阳光充足的特点。

红外相机拍摄的岩松鼠一般见1只或成对活动。2018年，保护区内八水沟19区增B机放置在针叶林间的一块大岩石下，为一个岩松鼠的窝。2018年2月5日至6月10日，较完整地记录了1对岩松鼠的活动情况。该相机资料表明，几乎每日都能拍摄到其活动的1~5个独立事件，主要在白昼活动，偶见夜间活动。最早04:05(2018年2月24日)开始活动，最晚19:30(2018年6月4日)仍在活动。不同季节*RAI*显示，岩松鼠以秋季活动较为剧烈，其他季节均有活动。

(20)北花松鼠(*Tamias sibiricus*)

山西省重点保护野生动物。

花松鼠类的中文名有系统变化。如山西省内中条山分布的豹鼠(*Tamoips swinhoei*)更名为隐纹花松鼠(*Tamoips swinhoei*)。庞泉沟相关文献中花鼠(*Tamias sibiricus*)规范为北花松鼠。

北花松鼠生活在特定的环境，白昼活动，有冬眠习性。2022 年 11 月至 2023 年 10 月，本次 78 条样线调查 237.6 千米，遇见 7 次 8 只，遇见率 0.0337 只/千米。红外相机也可以拍摄该种，本次 27 个样区的 27 台红外相机调查中，有 5 个样区的相机拍摄到北花松鼠，出现率 18.5%，*RAI* 为 0.13。北花松鼠体型较小，活动范围有限，被拍摄的概率较低，综合本区红外相机拍摄的情况来看，北花松鼠数量并不多见，其多度远不及体型相当的岩松鼠，多在森林稀疏、阳光充足的林缘及林间阔地活动。事实上，北花松鼠的分布与栖息环境在山西省较岩松鼠更为广泛，其分布不只是林区，而在山西省广大的黄土高原的丘陵、盆地平川地区，北花松鼠的分布也较常见(樊龙锁等，1986)。

(21)大林姬鼠(*Apodemus peninsulae*)

大林姬鼠主要在夜间活动。本次调查用鼠夹法可以较好地捕获它们，其主要栖息于森林内，基于调查情况，确定为庞泉沟保护区鼠类中的优势种。

喜食营养丰富的植物种子和果实，如松子、榛子、刺玫果，也食昆虫，但很少吃植物的绿色部分。在采食时有挖掘种子的能力，能将没有吃尽的食物用枯枝落叶、土块等掩埋，留作下次觅食时食用。

(22)褐家鼠(*Rattus norvegicus*)

优势种。本次调查用鼠夹法在居民区、林区均有捕获。其栖息地非常广泛，在河边草地、灌丛、庄稼地、荒草地以及林缘池边都有，但大多数在居民区，主要栖居于人的住房和各类建筑物中，特别是在牲畜圈棚、仓库、食堂、屠宰场等处数量最多。

褐家鼠为中国广大农区、城镇和工矿企业的最主要害鼠。它们大量盗食、糟蹋和污染各种粮食及食品，毁坏家具、箱柜、衣物、书籍、仪器、设备和建筑物，咬伤咬死家禽和幼畜，影响畜禽生产，甚至发生咬伤婴儿和瘫痪老人的事件；它们还啃咬电缆，进入高压变电所可能引发停电和引起火灾等事故。此外，它们还传播流行性出血热、鼠疫、恙虫病、血吸虫病、弓形虫病、斑疹伤寒等多种疾病。

(23)北社鼠(*Niviventer confucianus*)

庞泉沟哺乳类重命名种类。

庞泉沟保护区相关文献名录中的社鼠(*Rattus niviventer*)分类有调整。1981 年，Musser 将鼠属(*Rattus*)分成 7 个独立属，鼠属中的白腹鼠亚属提升为白腹鼠属(*Niviventer*)，社鼠的学名变更为 *Niviventer confucianus*，中文名目前基本统一为北社鼠。

社鼠栖息环境多样，是丘陵和山地林区常见鼠类。其取食林木、果树的嫩叶、果实及毗邻的农作物，为林区的主要害鼠之一(樊龙锁等，1986)。本次鼠夹法在郝家沟、麻地沟、八道沟口捕获到该种，生境为低海拔的林缘灌丛和农田地埂。

(24)蒙古兔(*Lepus tolai*)

庞泉沟哺乳类重命名种类。

我国野兔的分类有大的调整。庞泉沟保护区相关文献名录中的草兔(*Lepus capensis*)在我国没有分布，在华北等地广泛分布的野兔是蒙古兔(*Lepus talai*)。蒙古兔也是山西大中型哺乳动物中少数未列入山西省重点保护的野生动物物种之一。

蒙古兔多在黄昏时分活动，主要以杂草、树皮、灌木嫩枝、农作物及树苗等为食，对农作物及苗木有危害。样线调查发现，蒙古兔白昼多在灌丛和草丛隐蔽休息，不宜被发现，仅当人接近时惊出，这给样线调查的遇见率带来一定的困难。2022 年 11 月至 2023 年 10 月，本次 78 条样线调查 237.6 千米，遇见 3 次 3 只，遇见率 0.0126 只/千米。红外相机可以较好地拍摄到该种，本次 27 个样区的 27 台红外相机调查中，有 13 个样区的相机拍摄到蒙古兔，出现率 48.1%，*RAI* 为 1.56。数量较多的相机有阳圪台老蛮沟 02 区和 03 区、百草厅东梁 15 区；郝家沟 23 区、王寺沟 24 区、管理局大院 26 区、关则峁 27 区。调查表明，蒙古兔在本区分布很不均匀，呈现出明显的集群分布。分析上述数量较多区域，多为林间阔地、林缘山脚地带，相机点位生境有丰盛的草地可供蒙古兔取食和隐蔽。

6.7 亚高山草甸专项调查

6.7.1 调查工作组织和开展

6.7.1.1 调查区域

云顶山亚高山草甸属于庞泉沟亚高山灌丛草甸带东部部分。与植物不同的是，动物可以在空间范围内活动，尤其是对于大部分陆生脊椎动物而言，其活动范围较大，云顶山亚高山草甸可能只是某种动物在一定时段取食、短暂停留等栖息地的一部分，更多的动物喜好隐蔽于草甸周边的森林，而取食、短暂停息等活动才出现在草甸。因此，对动物调查范围要比植物调查的区域要大。依据调查实际，结合动物调查主要采取样线、红外相机等方法，动物调查的范围以云顶山亚高山草甸为核心区域，适当扩大到草甸周边的森林地带。

6.7.1.2 样线法调查

云顶山亚高山野生动物样线法调查工作于 2023 年 3 月 16 日开始，2023 年 10 月 24 日结束。由于亚高山草甸海拔高，冬季一般被雪被覆盖，动物极少，且一般为其他季节可以发现的种类，因此调查主要在冬季外的春、夏、秋季节开展，并依据本区域野生动物活动特点等，在不同季节和月份开展调查。调查共计完成 8 条样线，累计调查里程 29.1 千米。

6.7.1.3 红外相机法调查

红外相机布设采用线性法，即根据调查区域海拔、植被分布等特点，大致沿草甸和森林边缘一线呈线形布设 10 台红外相机，相机分为 01、02、03、04、05，共 5 个相机组，每组相机为 2 台，称为 A 机和 B 机，同组两台相机一般间隔 10~30 米，相邻相机组之间间隔 500~1000 米。

相机布设工作时间为 2023 年 4 月 16 日至 2023 年 10 月 24 日。

6.7.2 调查结果

6.7.2.1 动物名录

本次针对云顶山的动物调查，采用样线法、红外相机法等野生动物调查的主流方法，并参阅庞泉沟保护区动物调查亚高山灌丛草甸带的有关文献资料，整理出云顶山陆生脊椎动物 52 种，包括鸟类39种、哺乳类13种，调查未发现两栖类和爬行类。

鸟类调查以样线法为主，调查共遇见鸟类193次，经统计为31种。10台红外相机(其中1台丢失、实际工作的为9台)也可以拍摄到部分地面活动为主的鸟类，共计拍摄117个鸟类视频，记录到鸟类13种，其中有5种鸟类是样线调查中没有发现的种类，分别是斑鸫、宝兴歌鸫、红胁蓝尾鸲、环颈雉、灰头鸫。此外，庞泉沟保护区1980—1984年开展的《关帝山鸟类垂直分布》(刘焕金等，1986)研究报道，云雀、树鹨、红嘴山鸦、金雕、蓝矶鸫5种鸟类是亚高山灌丛草甸带鸟类的代表种类，而本次调查未发现红嘴山鸦、金雕、蓝矶鸫这3种鸟类。

哺乳类调查以红外相机法为主要方法，10台红外相机共拍摄569个哺乳类视频，记录到赤狐、黄喉貂、狗獾、狍、野猪、蒙古兔、岩松鼠、北花松鼠8种哺乳动物。在7条样线调查中共遇见哺乳类14次，包括狗獾、狍、北花松鼠、中华鼢鼠，共计4种。除北花松鼠遇见的为实体外，其他3种动物遇见的均为新鲜粪便、洞穴等。其中，中华鼢鼠是红外相机调查中没有发现的种类。此外，庞泉沟保护区1982—1984年开展的《庞泉沟自然保护区兽类垂直分布特征》(刘焕金等，1987)研究报道，野猪、蒙古兔、藏鼠兔、岩松鼠、北花松鼠、长尾仓鼠、中华鼢鼠、棕背䶄、黑线姬鼠，共9种兽类在亚高山灌丛草甸带有分布，其中藏鼠兔是该区域的代表种类，而本次调查未发现。长尾仓鼠、棕背䶄、黑线姬鼠3种鼠类调查方法主要依靠鼠夹法。

云顶山野生动物名录鸟类采用《中国鸟类分类与分布名录》(第四版)(郑光美，2023)，哺乳动物采用《中国哺乳动物多样性及地理分布》(蒋志刚等，2015)的分类系统编排。

云顶山亚高山野生动物名录

鸟纲 AVES

一、鸡形目 GALLIFORMES

1. 雉科 Phasianidae

(1)褐马鸡 *Crossoptilon mantchuricum*　留　Ⅰ级

(2)环颈雉 *Phasianus colchicus*　留

二、鹰形目 ACCIPITRIFORMES

2. 鹰科 Accipitridae

(3)金雕 *Aquila chrysaetos*　留　Ⅰ级

三、啄木鸟目 PICIFORMES

3. 啄木鸟科 Picidae

(4)黑啄木鸟 *Dryocopus martius*　留　Ⅱ级

(5)灰头绿啄木鸟 *Picus canus*　留　省级

四、隼形目 FALCONIFORMES

4. 隼科 Falconidae

(6)红隼 *Falco tinnunculus*　留　Ⅱ级

五、雀形目 PASSERIFORMES

5. 山椒鸟科 Campephagidae

(7)长尾山椒鸟 *Pericrocotus ethologus*　夏　省级

6. 鸦科 Corvidae		
(8)喜鹊 *Pica pica*	留	
(9)星鸦 *Nucifraga caryocatactes*	留	省级
(10)红嘴山鸦 *Pyrrhocorax pyrrhocorax*	留	省级
(11)大嘴乌鸦 *Corvus macrorhynchos*	留	
7. 山雀科 Paridae		
(12)煤山雀 *Periparus ater*	留	省级
(13)褐头山雀 *Poecile montanus*	留	省级
(14)大山雀 *Parus cinereus*	留	省级
8. 百灵科 Alaudidae		
(15)云雀 *Alauda arvensis*	留	Ⅱ级
9. 柳莺科 Phylloscopidae		
(16)棕眉柳莺 *Phylloscopus armandii*	夏	
(17)云南柳莺 *Phylloscopus yunnanensis*	夏	
(18)黄眉柳莺 *Phylloscopus inornatus*	夏	
(19)乌嘴柳莺 *Phylloscopus magnirostris*	夏	
10. 长尾山雀科 Aegithalidae		
(20)银喉长尾山雀 *Aegithalos glaucogularis*	留	省级
11. 旋木雀科 Certhiidea		
(21)欧亚旋木雀 *Certhia familiaris*	留	
12. 鳾科 Sittidae		
(22)普通鳾 *Sitta europaea*	留	
(23)黑头鳾 *Sitta villosa*	留	
13. 鹪鹩科 Troglodytidae		
(24)鹪鹩 *Troglodytes troglodytes*	留	省级
14. 鸫科 Turdidae		
(25)灰头鸫 *Turdus rubrocanus*	旅	
(26)赤颈鸫 *Turdus ruficollis*	冬	
(27)斑鸫 *Turdus eunomus*	旅	
(28)宝兴歌鸫 *Turdus mupinensis*	夏	
15. 鹟科 Muscicapidae		
(29)白腹短翅鸲 *Luscinia phoenicuroides*	夏	省级
(30)红胁蓝尾鸲 *Tarsiger cyanurus*	夏	省级
(31)祁连山蓝尾鸲 *Tarsiger albocoeruleus*	夏	
(32)蓝矶鸫 *Monticola solitarius*	夏	省级
(33)锈胸蓝姬鹟 *Ficedula sordida*	夏	省级
16. 雀科 Passeridae		

(34)山麻雀 *Passer cinnamomeus*	夏	
17. 鹡鸰科 Motacillidae		
(35)灰鹡鸰 *Motacilla cinerea*	夏	省级
(36)田鹨 *Anthus richardi*	旅	
(37)树鹨 *Anthus hodgsoni*	夏	省级
18. 燕雀科 Fringillidae		
(38)红眉朱雀 *Carpodacus pulcherrimus*	夏	
(39)红交嘴雀 *Loxia curvirostra*	冬	Ⅱ级

哺乳纲 MAMMALIA	
一、食肉目 CARNIVORA	
1. 犬科 Canidae	
(1)赤狐 *Vulpes vulpes*	Ⅱ级
2. 鼬科 Mustelidae	
(2)黄喉貂 *Martes flavigula*	Ⅱ级
(3)狗獾 *Meles leucurus*	省级
二、鲸偶蹄目 CETARTIODACTYLA	
3. 猪科 Suidae	
(4)野猪 *Sus scrofa*	
4. 鹿科 Cervidae	
(5)狍 *Capreolus pygargus*	省级
三、啮齿目 RODENTIA	
5. 松鼠科 Sciuridae	
(6)岩松鼠 *Sciurotamias davidianus*	
(7)北花松鼠 *Tamias sibiricus*	省级
6. 仓鼠科 Cricetidae	
(8)长尾仓鼠 *Cricetulus longicaudatus*	
(9)中华鼢鼠 *Myospalax fontanieri*	
(10)棕背䶄 *Clethrionomys rufocanus*	
7. 鼠科 Muridae	
(11)黑线姬鼠 *Apodemus agrarius*	
四、兔形目 LAGOMORPHA	
8. 鼠兔科 Ochotonidae	
(12)西藏鼠兔 *Ochotona thibetana*	
9. 兔科 Leporidae	
(13)蒙古兔 *Lepus tolai*	

注：

①鸟类居留类型

留代表留鸟；夏代表夏候鸟；冬代表冬候鸟；旅代表旅鸟。

②保护级别

Ⅰ级、Ⅱ级、省级分别表示国家一级、二级和山西省级保护野生动物。

在本次云顶山的动物调查中，经整理确定云顶山鸟类名录为39种，隶属5目18科。其中，雀形目以外的鸟类有6种，隶属4目4科，占鸟种总数的15.4%；雀形目鸟类33种，隶属31科，占鸟种总数的84.6%。

云顶山哺乳动物名录为13种，隶属3目9科。各目哺乳动物种类组成分别是食肉目2科3种，占物种数的23.1%；鲸偶蹄目2科2种，占物种数的15.4%；啮齿目3科11种，占物种数的46.2%；兔形目2科2种，占物种数的15.4%。

在云顶山亚高山鸟类中，鸟类种类和类群构成稀少，物种数仅占到保护区鸟类物种数223种的17.8%，特别是体型较大的非雀形目种类数量更加稀少，仅有6种，而庞泉沟保护区的非雀形目鸟类记载有90种，云顶山6种占比仅为6.7%，且有金雕、蓝矶鸫2种还是文献记载的种类。由此可见，大部分鸟类对生存环境十分敏感。

相对于鸟类，哺乳动物的种类要丰富得多，占到全保护区哺乳动物物种数33种的39.4%。与鸟类不同，哺乳动物没有迁徙的习性，它们在一个区域内繁殖、生存，对环境的适应性更强，几乎所有的常见大中型哺乳动物均同时出现在云顶山调查的红外相机中，没有分布的主要是劳亚食虫目、翼手目两个目小型的哺乳动物，这些种类总体上对环境比较挑剔。

6.7.2.2 分布和数量

6.7.2.2.1 鸟　类

本次调查列出云顶山亚高山鸟类名录39种，其中样线法调查发现的种类为31种。采用固定宽度样线调查方法，依据不同鸟类的生态习性，以可以完全统计鸟类数量为原则，确定样线宽度。对于褐马鸡等体型较大的鸟类，确定样线单侧宽度为100米；对于云雀、大嘴乌鸦、星鸦、喜鹊、红隼等体型中等和多在开阔草甸和林缘活动的鸟类，确定样线单侧宽度为50米；其他大部分小型鸟类，确定样线单侧宽度为25米。将样线调查发现的31种鸟类种群密度计算结果由高到低列入表6-4中。

表6-4　云顶山亚高山样线法调查鸟类种群密度

序号	鸟类名称	遇见数量（只）	样线长度（米）	样线单侧宽度（米）	密度（只/公顷）	数量级
1	红眉朱雀	81	29.1	25	0.557	优势种
2	煤山雀	36	29.1	25	0.247	优势种
3	黄眉柳莺	34	29.1	25	0.234	优势种
4	黑头䴓	33	29.1	25	0.227	优势种
5	红交嘴雀	28	29.1	25	0.192	优势种
6	云南柳莺	28	29.1	25	0.192	优势种

续表

序号	鸟类名称	遇见数量（只）	样线长度（米）	样线单侧宽度（米）	密度（只/公顷）	数量级
7	云雀	43	29.1	50	0.148	优势种
8	田鹨	20	29.1	25	0.137	优势种
9	鹪鹩	19	29.1	25	0.131	优势种
10	锈胸蓝姬鹟	18	29.1	25	0.124	优势种
11	银喉长尾山雀	15	29.1	25	0.103	优势种
12	褐头山雀	13	29.1	25	0.089	普通种
13	欧亚旋木雀	12	29.1	25	0.082	普通种
14	乌嘴柳莺	12	29.1	25	0.082	普通种
15	灰鹡鸰	10	29.1	25	0.069	普通种
16	长尾山椒鸟	10	29.1	25	0.069	普通种
17	树鹨	9	29.1	25	0.062	普通种
18	大山雀	8	29.1	25	0.055	普通种
19	大嘴乌鸦	14	29.1	50	0.048	普通种
20	普通䴓	5	29.1	25	0.034	普通种
21	星鸦	10	29.1	50	0.034	普通种
22	喜鹊	8	29.1	50	0.027	普通种
23	棕眉柳莺	4	29.1	25	0.027	普通种
24	红隼	5	29.1	50	0.017	稀有种
25	白腹短翅鸲	2	29.1	25	0.014	稀有种
26	黑啄木鸟	2	29.1	25	0.014	稀有种
27	祁连山蓝尾鸲	2	29.1	25	0.014	稀有种
28	山麻雀	2	29.1	25	0.014	稀有种
29	赤颈鸫	1	29.1	25	0.007	稀有种
30	灰头绿啄木鸟	1	29.1	25	0.007	稀有种
31	褐马鸡	2	29.1	100	0.003	稀有种

实际工作的 9 台红外相机（布设 10 台，丢失 1 台）共拍摄到鸟类 13 种，但红外相机拍摄到的鸟类仅限于地面活动的种类，其数量数据没有样线法调查的客观。因此，只将样线法调查没有发现的 5 种红外相机拍摄的种类进行分析，将调查结果列入表 6-5 中。

表 6-5　云顶山亚高山红外相机拍摄鸟类统计

序号	鸟类名称	视频数	相机台数（台）	有分布相机台数（台）	有分布相机名称			
1	环颈雉	18	9	4	Y02A	Y03B	Y05A	Y05B
2	斑鸫	6	9	2	Y02A	Y05B		
3	灰头鸫	40	9	4	Y02A	Y03B	Y05A	Y05B
4	宝兴歌鸫	1	9	1	Y03B			
5	红胁蓝尾鸲	1	9	1	Y03B			

虽然红外相机拍摄的鸟类数量仅供参考，但从相机的拍摄点位出现率、拍摄视频的数量，也不难评定和划分鸟类的数量级。

此外，还有金雕、蓝矶鸫、红嘴山鸦 3 种文献中记载的亚高山灌丛草甸代表性种类在调查中没有发现，这 3 种鸟类目前在整个保护区内数量稀少。

(1)优势种

在样线法数量统计计算的 31 种鸟类中，将种群密度大于 0.1 只/公顷的 11 种鸟类作为云顶山亚高山区域鸟类的优势种。按种群密度由高到低排序，这 11 种优势种分别是红眉朱雀、煤山雀、黄眉柳莺、黑头䴓、红交嘴雀、云南柳莺、云雀、田鹨、鹪鹩、锈胸蓝姬鹟、银喉长尾山雀。

11 种优势种鸟类均属于雀形目小型鸟类，这些鸟类首先是在其居留季节，一般一次调查能重复发现数次，它们是构成亚高山区域鸟类多样性的主要成分，包括在庞泉沟有繁殖的煤山雀、黑头䴓、云雀、鹪鹩、银喉长尾山雀 5 种留鸟和红眉朱雀、黄眉柳莺、云南柳莺、锈胸蓝姬鹟 4 种夏候鸟共 9 种鸟类。另外，2 种没有繁殖的鸟类是红交嘴雀和田鹨，红交嘴雀为冬候鸟，在 8~10 月于气温凉爽的云顶山亚高山地带较易发现，遇见频次共计 7 次，单次遇见数量为 2~10 只。田鹨为旅鸟，虽然仅在 10 月遇见 1 次，但群体较大，为 20 只的集群。

(2)普通种

在样线法数量统计的 31 种鸟类中，将种群密度为 0.02~0.1 只/公顷的 12 种鸟类作为云顶山亚高山区域鸟类的普通种。此外，红外相机拍摄的 5 种鸟类中，拍摄数量较多的灰头鸫、环颈雉、斑鸫 3 种鸟类也作为普通种。按种群密度由高到低排序，15 种普通种分别是褐头山雀、欧亚旋木雀、乌嘴柳莺、灰鹡鸰、长尾山椒鸟、树鹨、大山雀、大嘴乌鸦、普通䴓、星鸦、喜鹊、棕眉柳莺、灰头鸫、环颈雉、斑鸫。

除环颈雉外，其余 14 种普通种均属于雀形目小型鸟类。鸟类数量级中的优势种和普通种只是云顶山亚高山区域鸟类物种中的一个相对多少的概念。对于雀形目鸟类而言，大多数种类的生存依赖于小生境，分布范围有广有窄，如褐头山雀、长尾山椒鸟、大山雀、大嘴乌鸦、星鸦、喜鹊、棕眉柳莺、环颈雉等，在庞泉沟保护区广泛分布、数量较多，是庞泉沟地区的优势种，而其在云顶山亚高山区域反而没有低海拔的其他地区数量丰富。而树鹨作为庞泉沟保护区的夏候鸟，在低海拔地区夏季较为少见，反而在高海拔的亚高山区域较易见。

(3)稀有种

在样线法数量统计的 31 种鸟类中，将种群密度低于 0.02 只/公顷的 8 种鸟类作为云顶山亚高山区域鸟类的稀有种。此外，红外相机拍摄 5 种鸟类中拍摄数量较少的宝兴歌鸫、红胁蓝尾鸲 2 种鸟类也属于稀有种。文献中记载金雕、蓝矶鸫、红嘴山鸦 3 种同样为稀有种。上述 13 种稀有种分别是红隼、白腹短翅鸲、黑啄木鸟、祁连山蓝尾鸲、山麻雀、赤颈鸫、灰头绿啄木鸟、褐马鸡、宝兴歌鸫、红胁蓝尾鸲、金雕、蓝矶鸫、红嘴山鸦。

在 13 种稀有种中，白腹短翅鸲、祁连山蓝尾鸲、山麻雀、赤颈鸫、灰头绿啄木鸟、褐马鸡、红胁蓝尾鸲 7 种鸟类在庞泉沟保护区内并不稀有，只是在云顶山亚高山区域相对稀少。红隼、黑啄木鸟、宝兴歌鸫、金雕、蓝矶鸫、红嘴山鸦 6 种鸟类，在庞泉沟保护区内数量并不丰富，特别是文献记载的亚高山草甸代表性种类的金雕、蓝矶鸫、红嘴山鸦，在整个保护区内目前都十分稀缺。

6.7.2.2.2　哺乳类

依据传统惯例，哺乳动物的数量级与鸟类一样，同样可划分为优势种、普通种和稀有种 3 个数量级，但具体情况与鸟类有所不同，哺乳动物数量级的划分一般按两个类群分别对待。一类是体型较大的大中型哺乳动物，包括食肉目、鲸偶蹄目、兔形目等种类；另一类是体型较小的啮齿类（鼠类）等小型哺乳动物。二者数量级判定一般没有绝对的可比性。

目前，大中型哺乳动物主要使用红外相机技术开展调查。相较于传统样线法主要依靠哺乳动物的粪便、足印、洞穴等活动痕迹的调查，红外相机调查可以较好地拍摄记录大中型哺乳动物，取得的数据量大且客观准确。同时，依据相机点位出现率和相对多样性指数（*RAI*），为数量级判定提供了极大方便。本次调查 10 台红外相机（其中 1 台丢失、实际工作的为 9 台）布设工作时间为 2023 年 4 月 16 日至 10 月 24 日，每台相机工作日为 191 天，9 台相机累计工作日 1719 天。经统计，共计拍摄到 569 个哺乳类视频，属于 506 个独立事件，记录到哺乳动物 8 种。

表 6-6 列出红外相机拍摄哺乳动物数量计算情况，通过动物在相机点位的出现率和 *RAI* 数值，可以较好地判断大中型哺乳动物的数量级。

表 6-6　云顶山亚高山红外相机拍摄哺乳动物数量

序号	动物名称	红外相机分布			*RAI* 计算		
		布设台数（台）	有分布（台）	出现率（%）	独立事件数	工作日	*RAI*
1	赤狐	9	8	88.9	91	1719	5.29
2	黄喉貂	9	2	22.2	2	1719	0.12
3	狗獾	9	8	88.9	56	1719	3.26
4	狍	9	9	100.0	279	1719	16.23
5	野猪	9	3	33.3	6	1719	0.35
6	蒙古兔	9	7	77.8	64	1719	3.72
7	岩松鼠	9	1	11.1	1	1719	0.06
8	北花松鼠	9	4	44.4	7	1719	0.41

虽然本次调查没有开展鼠类专题调查，但依据样线调查及庞泉沟保护区近年来生物多样性补充调查采用的捕鼠夹日法和文献资料对云顶山小型哺乳动物的记载，同样可以判定鼠类等小型哺乳动物的情况。

除上述红外相机可以记录到的 8 种哺乳动物外，本次样线调查发现中华鼢鼠地下打洞拱起的土堆。文献记载有藏鼠兔、长尾仓鼠、中华鼢鼠、棕背䶄、黑线姬鼠 4 种小型哺乳动物在亚高山灌丛草甸带有分布。上述 5 种小型动物中，藏鼠兔在保护区多年的监测调查中未发现。长尾仓鼠、棕背䶄、黑线姬鼠 3 种鼠类在保护区近年来生物多样性补充调查中主要依靠鼠夹法，有较好的发现，在庞泉沟保护区内广泛分布，数量较多，均为普通种和优势种。鼠类红外相机也可以记录，虽然一般难以鉴定到种类，但 9 台红外相机仅拍摄到 1 次的鼠类记录，表明在云顶山亚高山区域鼠类数量并不丰富。

（1）优势种

将红外相机拍摄 *RAI* 大于 10 的狍作为云顶山亚高山地区哺乳类中的优势种。近年来，保护区红外相机的调查监测表明，狍同样广泛分布于庞泉沟保护区内的森林，是保护区大型哺乳动物中分布最广和数量最多的种类，其可以出现在云顶山亚高山地区的森林，甚至活动于林线边缘，足见其的丰富程度。

(2)普通种

将红外相机拍摄 *RAI* 介于 1~10 的哺乳动物定为云顶山亚高山地区普通种，共包括赤狐、狗獾、蒙古兔 3 种。这 3 种大中型哺乳动物在保护区内数量同样丰富。鼠类中的长尾仓鼠、中华鼢鼠、棕背䶄、黑线姬鼠 4 种小型哺乳动物依据近年来保护区生物多样性补充调查结果和其生态习性，均定为普通种。

(3)稀有种

将红外相机拍摄 *RAI* 小于 1 的哺乳动物定为云顶山亚高山地区稀有种，包括黄喉貂、野猪、岩松鼠、北花松鼠 4 种。与上述优势种、普通种不同的是，云顶山亚高山地区稀有种中的野猪、岩松鼠在庞泉沟保护区内数量丰富，岩松鼠甚至为优势种，其数量要远高于生态习性类似的北花松鼠，而在云顶山高海拔的亚高山地区，北花松鼠却高于岩松鼠的数量，这一现象同样可以在样线调查中证实。至于文献记载中的西藏鼠兔，近多年已成为保护区关注的种类，但一直未能发现，包括本次布设数量相对密集的红外相机调查。其目前是否有分布都值得质疑，即使是有分布，但毫无疑问已属于稀有种类。

6.7.2.3 栖息地

云顶山亚高山地区的野生动物栖息地以亚高山灌丛和草甸为核心，延伸到草甸周边的华北落叶松、云杉为主的针叶林，样线调查实际记录的海拔为 2180~2516 米，这一海拔最低线比吕梁山脉主脊线在庞泉沟保护区的分水岭大路峁还要高。对于大部分动物而言，云顶山亚高山这一狭小的区域，仅是其栖息地中的一部分，许多动物的活动区域远不止这片地区。亚高山独特的高海拔环境，是某些动物特定的栖身之所，尤其是在气温最高的 7~8 月，亚高山草甸气温凉爽，特别适合个别种类的生存。依据植被和动物活动情况，云顶山亚高山地区动物栖息地类型还可以进一步划分为草甸(包括少量灌丛)、林缘和森林三个类型。

(1)草　甸

亚高山草甸是一个特殊的植被类型，出现海拔一般在 2400 米之上。由于缺少良好的高层植被构成的隐蔽环境，大多数哺乳动物并不在此活动，仅见北花松鼠活动于有乱石滩的草甸，在草甸的阳坡见中华鼢鼠、狗獾的洞穴。因为 02B(丢失)、03A、03B、05A、05B 红外相机是沿草甸周边的林线布设的，红外相机可以拍摄到蒙古兔、赤狐等，而这两种动物的习性也喜好活动于草地、灌丛。文献中记载的藏鼠兔活动于该区域。草甸地带活动的鸟类主要有大嘴乌鸦、红眉朱雀、红隼、灰鹡鸰、树鹨、田鹨、喜鹊、云雀等，这些鸟类将草甸主要作为其取食地，并多活动于气温较高的 7~9 月。

(2)林　缘

草甸周边是华北落叶松幼树或小老树形成的林缘，由于群落交错，物种多样性较高，林缘的动物种类最为丰富，几乎所有的哺乳动物均活动于此环境。鸟类则以环颈雉、红眉朱雀、煤山雀、棕眉柳莺、褐头山雀、红交嘴雀、赤颈鸫、大山雀、大嘴乌鸦、黑头䴓、黄眉柳莺、云南柳莺、灰鹡鸰、星鸦、长尾山椒鸟等多见。

(3)森　林

云顶山亚高山地区的森林主要为华北落叶松及少量的青杆，森林概貌为针叶林，其间夹杂少量的红桦、白桦等阔叶树种。云顶山缺乏天然水源，夏季充沛的降雨会在草甸和侵蚀沟形成小的水潭，冬季积雪较厚，雪被保存时间长，因此在大的沟谷会形成较厚的冰层，在4~5月冰雪消融的季节，低海拔的其他地区水源较缺，而云顶山的冰雪融水水源充足。森林中哺乳动物种类丰富，01A、01B、02A、04A、04B红外相机布设在森林内，距草甸200~2000米距离不等，红外相机拍摄的种类和保护区内的其他区域基本一致，几乎所有的哺乳动物均有分布。鸟类中的白腹短翅鸲、大山雀、大嘴乌鸦、褐马鸡、褐头山雀、黑头鳾、黑啄木鸟、红交嘴雀、黄眉柳莺、鹪鹩、煤山雀、普通鳾、祁连山蓝尾鸲、山麻雀、乌嘴柳莺、星鸦、锈胸蓝姬鹟、欧亚旋木雀、银喉长尾山雀、云南柳莺、长尾山椒鸟、灰头绿啄木鸟、灰头鸫、宝兴歌鸫等，都是亚高山地区典型的森林鸟类。

6.8 野生动物资源评估

6.8.1 物种多样性组成

6.8.1.1 野生动物多样性概况

本次庞泉沟保护区陆生野生动物调查，系统研究了保护区陆生脊椎动物多样性组成，每个物种名录的出现都有明确的数据来源，主要形成以下4方面的调查新结论。

①经整理确定，庞泉沟保护区陆生野生动物共有274种。其中，两栖类5种，隶属1目3科；爬行类13种，隶属3目5科；鸟类223种，隶属18目56科；哺乳类33种，隶属6目15科。

②与历史文献中野生动物名录比较，共发现31个物种新记录，全部为鸟类。

③与历史文献中野生动物名录比较，共对28个物种进行重命名，分别是爬行类1种、鸟类20种、哺乳类7种。

④依据新的分类系统，对不同类群的野生动物名录重新进行编排，其中鸟类和哺乳类分类系统发生较大的变化。通过本次调查研究，确立了与国内学术主流相一致的各个动物类群的分类框架。

物种新记录的发现是深入调查和数据积累的结果。物种新记录的发现得益于调查人员较强的野外识别技能和大量的资料积累，以及调查人员丰富的野外工作经验。这是准确判定新记录物种的关键，也是调查数据可靠性、成效显著的基础。此外，交通工具的普及和长焦专业相机的使用，极大地助力了新记录的发现。大中型湿地鸟类分布广、栖息地固定，交通工具的发展提升了野外调查的空间范围和效率。长焦相机能拍摄清晰照片，为物种准确鉴定提供依据。鸫科鸟类较多新记录的发现是本次调查一个大的突破，这很大程度上归功于近年来保护区大量红外相机影像资料的积累。鸫科鸟类体长约25厘米，在雀形目鸟类中属于体型较大类群，多数生性机警、活动隐蔽，不易观察，特别是稀有种类在野外并不易拍摄到好的照片，而红外相机如果布设合理，可以用“等待”方式，获得意想不到的拍摄效果。

在国际上，生物物种以学名为准。本次调查对大量物种进行了重命名，这是一项将不同类群野生动物分类研究最新成果和庞泉沟野生动物历史文献资料相结合的专业工作。

6.8.1.2 野生动物名录变化

庞泉沟保护区野生动物资源本底的摸清，是长期持续科研工作的结果。在保护区建立初期，以山西省动物学前辈专家——山西省生物研究所刘焕金研究员为代表的团队，1982—1997年在庞泉沟坚持开展科研调查，以采集动物标本实体为依据，奠定了庞泉沟保护区野生动物名录基础。之后，保护区科研工作者，不断探索与积累，使得野生动物名录不断完善。表6-7列出庞泉沟保护区野生动物名录变化情况。

表6-7　庞泉沟保护区野生动物名录变化情况

文献	两栖类	爬行类	鸟类	哺乳类
刘焕金等，1986			143	
刘焕金等，1987				30
刘焕金等，1991			166	
安文山等，1993			181	32
樊龙锁等，1998	5	12		
庞泉沟保护区，1999	5	12	189	32
李世广等，2014	5	12	189	32
杨向明等，2018	5	13	192	33
本次调查，2023	5	13	223	33

在表6-7中，涉及不同类群野生动物研究的以下关键文献资料。

①论文：《关帝山鸟类垂直分布》(刘焕金等，1986)。

②论文：《庞泉沟自然保护区兽类垂直分布特征》(刘焕金等，1987)。

③专著：《中国雉类——褐马鸡》(刘焕金等，1991)。

④专著：《庞泉沟猛禽研究》(安文山等，1993)。

⑤专著：《山西两栖爬行类》(樊龙锁等，1998)。

⑥专著：《山西庞泉沟国家级自然保护区(1980—1999)》(山西庞泉沟国家级自然保护区，1999)。

⑦专著：《山西庞泉沟国家级自然保护区生物多样性保护与管理》(李世广等，2014)。

⑧专著：《庞泉沟陆生野生动物资源监测研究》(杨向明等，2018)

科学地说，保护区内野生动物种类组成并非持续增加就是保护成效变好。物种的增加，客观地讲，更多的是科学研究不断发现的结果，而生态环境的转变往往是一个大环境的变化。当然，科研发现也不是一直在增加，通过本次调查，我们发现，区域内个别物种的分布情况存疑，可能是环境变迁等导致的物种的下降，也可能是早期种类鉴定或某次调查数据可靠性等问题。因此，本次调查秉持宁缺毋滥的原则，谨慎对待每一种物种的发现，尤其是新记录物种或稀缺种，均列出了详细原始资料。

庞泉沟保护区是山西省野生动物科研工作开展较好的地区，其野生动物名录一经报道，多会成为省内其他地区的引用文献(如总体规划、地方志等)，名录的不慎或引用文献的不严谨，往往会造成疑存种和同一种类重复出现等问题。在此需要说明的是，除本次名录整理出的28种重命名种类外，庞泉沟保护区历史文献中野生动物名录修订均值得关注。

《庞泉沟自然保护区兽类垂直分布特征》(刘焕金等，1987)报道庞泉沟保护区兽类种类为30种，指出获得标本的27种，未获得标本的有猪獾、黄喉貂、果子狸3种，排除了早期文献中记载的梅花鹿、林麝、石貂3个种。《山西庞泉沟国家级自然保护区(1980—1999)》指出，棕眉柳莺(*Phylloscopus armandii*)是对异色树莺(*Cettia flavolivacea*)的重命名，锈胸蓝姬鹟(*Muscicapella hodgsonii*)是对鸲姬鹟(*Ficedula mugimaki*)的重命名等。《庞泉沟猛禽研究》(安文山等，1993)等名录中的灰背伯劳(*Lanius tephronotus*)、短翅树莺(*Cettia diphone*)在《庞泉沟陆生野生动物资源监测研究》(杨向明等，2018)已指明庞泉沟没有确切分布的原因。

6.8.1.3 调查未发现种类探讨

本次调查发现的各类陆生野生动物共274种，新记录31种、重命名28种，共59种，占物种总数的21.5%，是对庞泉沟保护区野生动物名录一次大的修订。尽管如此，调查尚有2种两栖类、5种爬行类、47种鸟类、9种哺乳类没有发现，共计63种，占物种总数的23.0%，分别占两栖类5种的40.0%、爬行类13种的38.5%、鸟类223种的21.1%、哺乳类33种的27.3%。这为持续开展庞泉沟地区野生动物资源调查和监测研究提供了充足的空间。

(1)两栖类

两栖类在山西省内种类不多，庞泉沟保护区仅5种，名录源自专著《山西两栖爬行类》(樊龙锁等，1998)，这是对庞泉沟保护区两栖类的笼统记载。对两栖类而言，生活离不开水，其野生分布区有一定规律，即一个物种也不可能孤立出现在某个区域，如北方狭口蛙，虽然广布于我国华北、东北广大地区，但其分布海拔50~1200米，对于海拔较高的庞泉沟保护区来说，多年监测调查并未发现该物种。

(2)爬行类

爬行类为变温动物，活动与温暖阳光有关，种类较多的是蛇类。庞泉沟保护区爬行类最初报道为12种，名录源自专著《山西两栖爬行类》(樊龙锁等，1998)，这是对庞泉沟地区爬行类的笼统记载。近年来尚能发现新记录赤峰锦蛇，且通过本次调查发现其在庞泉沟数量较多。事实上，由于庞泉沟保护区并未开展过爬行类的专项调查，爬行类名录一直依靠早期《山西两栖爬行类》的传承。因此，具体到每一个物种的数量、分布等详情一直比较模糊，仅在《庞泉沟陆生野生动物资源监测研究》(杨向明等，2018)和本次调查，才对区域爬行类物种情况有了一定的具体调查数据。本次调查未发现的爬行类均为稀有种，物种的发现带有很大的偶然性，进一步摸清爬行类的资源情况，需要一定规模专项调查和时间的积累。

(3)鸟　类

鸟类是陆生脊椎动物中种类最多、生态习性最为复杂的类群，其有飞翔习性，活动的范围较广，尤其是旅鸟。本次调查看似发现176种鸟类，与223种鸟类名录还有一定的差距，但这正是庞泉沟地区鸟类种类的客观反映。

站在山西全省鸟类研究的角度，庞泉沟保护区作为吕梁山脉中段的一个观察样点，鸟类研究工作走在全省的前列，这样才能够在工作中不断发现新记录，同时又有相当部分文献记录鸟类物种在调查中未被发现，这表明山西省鸟类多样性研究尚有较大的拓展空间。这一现象并非仅存在于庞泉沟保护区，保护区以外的其他地区更为显著。这些地区缺乏较新的鸟类本底调查资料，开展相关工作不仅极为必要，而且在获取成果方面空间更大。

与庞泉沟文献资料相比，调查没有发现的鸟类总体上来说数量稀少甚至是罕见的，这些种类主要是旅鸟。分析原因，不外乎一些候鸟种类本身就是迷鸟偶然途经，一些种类数量存在严重下降，当然也包括调查的偶然性等。事实上，庞泉沟保护区鸟类种类厘清是一个长时间积累的过程，保护区在建立40年的鸟类研究中，鸟类物种数从建立初期的143种，增加到本次调查的223种，其中最主要的变化是有迁徙行为的候鸟。候鸟中相当一部分是偶尔途经庞泉沟保护区高海拔的森林和区域几处水库，其本身数量稀少，或者庞泉沟保护区并非其迁徙的主要线路。

(4)哺乳类

由于红外相机的普遍使用，大型、中型哺乳动物的分布和数量现状有了全新的定论，这一数据来源不只是庞泉沟保护区自身，而很大程度依赖庞泉沟保护区以外其他地区的数据。对于没有迁徙行为的哺乳动物而言，它们在空间上的分布是有规律的，而这一规律更易被发现。早期哺乳动物研究依靠动物活动痕迹和偶然获得的实体标本等数据是十分单薄的，而且哺乳动物种类、数量在庞泉沟保护区建立40多年来，也有一定的变迁。例如，早期普遍分布的狼等，目前在整个山西省都十分罕见。本次调查发现庞泉沟保护区24种哺乳动物，尚有9种文献记载的种类没有发现，其中包括一些红外相机应该能够拍摄到的大中型哺乳动物种类。相信随着山西省各地哺乳动物红外相机数据的陆续公布，本次调查的24种哺乳动物结论，在不久的将来会进一步得到证实。

6.8.2 主要保护对象生存状况

6.8.2.1 褐马鸡及其分布

褐马鸡，鸡形目雉科马鸡属鸟类。成鸟高约60厘米，体长80~120厘米，体重平均2~3千克。翅短，不善飞行，只能从山上向下滑翔式地飞行。两腿粗壮，善于奔跑。头侧连目有一对白色的角状羽簇伸出头后，像一对白犄角，因而又得名“角鸡”。尾羽共计22片，中央两对特别长而且很大，被称为“马鸡翎”，外边羽毛披散如发并下垂，又像马尾。褐马鸡雄鸡有距，雌鸡无距，这也是雄雌之间不易察觉的唯一外观区别。

褐马鸡是生活在森林地带的一种大型鸟类，属于我国特产的珍稀雉类，我国古代称为“鶡”和“鶡鸡”，对其记载见于众多的古籍，并在古代动物学专著《禽经》总结为“鶡，毅鸟也，毅不知死”，是古代勇士的象征。

褐马鸡化石发现于新生代北京周口店地层中，距今大约六千万年。《山海经·中山经》中记有：“辉诸之山，其上多桑，其兽多闾麋，其鸟多鶡。”在开启中华文明史、实现中华民族第一次大统一的炎帝与黄帝的阪泉之战中(约公元前26世纪)，战国时期《列子·黄帝》这样记述：“黄帝与炎帝战于阪泉之野，帅熊、罴、狼、豹、貙、虎为前驱，雕、鶡、鹰、鸢为旗帜，此以力使禽兽者也。”1995年，在山西省吉县发现了伏羲岩画，画像伏羲头上所饰之3根翎羽，应是最原始的皇冠，分析为褐马鸡尾羽，此结论将褐马鸡的文化历史推向了更为古老的华夏人祖时代(李世广等，2012)。

“文化大革命”之前，我国对褐马鸡的研究甚少，仅在少数文献对其分布状况有零星记载。改革开放后，随着我国自然保护事业的兴起，山西省作为褐马鸡有明确分布记载的省份，于1980年在吕梁山脉北部和中部建立了芦芽山、庞泉沟两处自然保护区；1983年11月，河北省小五台山自然保护区建立，这是我国最初建立的3个褐马鸡自然保护区。与此同时，国家和山西省在不同层面开展了褐马鸡的研究工作。

大多数学者研究认为，褐马鸡是华北地区特有鸟类(王福麟等，1985)，但也有不同意见(何业恒等，1990），认为褐马鸡的历史分布不仅在山西、河北，部分省份分布范围要比现在广泛、丰富，而且东北、陕西、甘肃，甚至南方的部分省份也曾有褐马鸡的分布。随着历史的变迁，特别是清代中后期以来仅一二百年时间里，褐马鸡在许多地区绝迹，分布范围愈来愈窄，数量愈加稀少，至20世纪70年代，褐马鸡在我国只有山西、河北的部分地区才有分布。

作为全球现存分布区较为狭窄的鸟类之一，褐马鸡被我国列为国家一级保护野生动物。在国际上，褐马鸡被誉为“东方宝石”，与“国宝”大熊猫等珍稀物种齐名。1994年被世界自然联盟（IUCN）列为濒危级鸟类，1995年被列入《濒危野生动植物种国际贸易公约》（*CITES*），1998年被列入《中国濒危动物红皮书：鸟类》，现为易危级物种。世界雉类协会的会徽上也有它的形象。1984年，山西省人民政府将褐马鸡定为省鸟。

鉴于褐马鸡的珍稀状况，全国对褐马鸡的研究不断发展。1998年，在陕西黄龙山发现了褐马鸡的分布踪迹。根据相关研究（张正旺等，2000），全国褐马鸡分布范围大约在13600平方千米，其分布区域涵盖4个省份35个区县，即河北小五台山及附近地区（蔚县、涿鹿、涞源、涞水）；北京（东灵山、门头沟地区）；山西的吕梁山脉（沿线27个县）；陕西黄龙山（黄龙、宜川、韩城）等。由于地理屏障（黄河）和自然植被（太行山植被）的破坏，其分布区已被严重分割成3个区域，即山西的吕梁山脉，河北小五台山和北京的东灵山，陕西黄龙山。

在山西省境内，褐马鸡的分布范围北起神池县的三丛林林场，沿吕梁山主脉南下，直到稷山县北部的马家沟林场，即内长城以南、黄河以东、汾河以西的吕梁山脉。其中，芦芽山、关帝山和五鹿山是褐马鸡分布集中且数量较多的区域。由于吕梁山森林种类、密度分布的不同，部分地区森林中断或狭窄，使褐马鸡在部分地区分布中断（静乐—岚县）或狭窄（交口—石楼），在地理分布上呈典型的岛屿状。因此，褐马鸡在山西可以分为三个地理种群（张龙胜，1999），即吕梁山北段种群，包括神池、宁武、五寨、岢岚、兴县、岚县、静乐；吕梁山中段种群，包括古交、娄烦、交城、方山、文水、汾阳、孝义、临县、离石、中阳、交口、石楼；吕梁山南段种群，包括隰县、汾西、大宁、蒲县、吉县、乡宁、临汾、稷山等县。调查研究发现，洪洞、太原市的晋源、忻府、保德4个县（区）为褐马鸡的新分布区，核实了大宁县确实有褐马鸡的分布（杨向明，2020）。

值得一提的是，在山西省汾河之东的太岳山林区等地区，近年来陆续发现褐马鸡的分布记录。虽然古代太行山区曾是褐马鸡的分布区，但20世纪相关研究都认为山西太行山已无褐马鸡分布。1993年，山西省以“保护油松母树林”为主建立了灵空山自然保护区。随后有关人员在太岳山发现了褐马鸡，并以灵空山保护区较为多见。

6.8.2.2 庞泉沟褐马鸡生存现状

庞泉沟保护区地处吕梁山脉中段，为褐马鸡最大野生种群分布的中心地区。历经40多年的建设，在褐马鸡保护、研究和人工饲养等方面取得了显著成绩。20世纪80~90年代，以山西省生物研究所刘焕金研究员为首的团队，承担了山西省自然科学基金项目“山西省褐马鸡的生态与生物学研究”，研究工作主要在庞泉沟保护区开展，先后发表了《庞泉沟自然保护区褐马鸡的繁殖与生长》《山西省褐马鸡现今地理分布》等10余篇论文。1990年，山西省自然保护区管理站出版了专著《珍禽褐马鸡》。1991年，刘焕金等出版了专著《中国雉类——褐马鸡》，对褐马鸡的生态生物学习性进行了较为系统且全面的总结。1995年后，北京师范大学以张正旺教授等为首的团队，在山西多个国家级自然保护区开展了褐马鸡“巢址选择”“异地再引入”等研究工作，有效地推动了褐马鸡研究工作向纵深发展。

庞泉沟保护区一直以来对褐马鸡的种群数量进行着持续的监测调查。在保护区辖区内，褐马鸡的数量波动在558只(1990年)至1796只(2010年)(李世广等，2014)。2016年4~11月的数量调查，是保护区建立以来，规模最大、精度较高的一次调查。调查样线130条，累计调查里程717.2千米。其中，春夏季(种群数量理论低谷)调查样线77条，样线里程434.6千米；冬季(种群数量理论高峰)调查样线53条，样线里程282.6千米。经统计计算，褐马鸡样线宽度92.4±17.2米，遇见褐马鸡总数为1051只，庞泉沟保护区的褐马鸡种群数量平均为1656只，在可靠性95%的情况下，其数量在1396~2035只。多年监测研究表明，庞泉沟保护区褐马鸡种群数量保持稳定，环境容纳量和种群数量保持动态平衡，褐马鸡种群有明显的向外扩散的现象。

褐马鸡是栖息于山地森林环境，以植物性食物为主的地面活动鸟类。近年来，红外相机也可以较好地拍摄记录到褐马鸡。2018年，27个样区27台红外相机监测中，有19个样区的相机拍摄到褐马鸡，出现率70.4%。本次调查27个样区27台红外相机，共有20台红外相机拍摄到褐马鸡，出现率74.1%。对比2018年和本次调查的没有拍摄到褐马鸡的样区，并不存在较大的重叠，由此说明褐马鸡在庞泉沟森林中分布的广泛性。

近年来，庞泉沟保护区及其周边开展基于红外相机的褐马鸡栖息地研究，通过在31个样区布设62处不同点位的红外相机，并对相机点位的褐马鸡栖息地植被样方进行调查，结果显示：在庞泉沟保护区及其周边地区，褐马鸡适宜栖息地一般有常绿针叶树青杄或油松的分布。海拔2000~2400米的以青杄为主的中高山地带森林和保护区之外1600米以下以油松林为主的针阔混交林地带，是庞泉沟地区褐马鸡适宜栖息地，这些森林一般位于向阳和半向阳的坡面，森林不盛茂密，但中下层隐蔽较好，多位于山坡的中部和上部。褐马鸡活动在选择适宜栖息地的同时，又适宜于区域不同的森林环境，在生境选择上表现出具有很强的广泛性和适应性，其不仅在华北落叶松、云杉、油松、白桦、山杨、辽东栎、青杨、茶条槭等组成的不同森林类型内广泛分布，而且上限可达到海拔2400米以上的林缘亚高山草甸，向下接近于森林边缘灌丛地带。然而，褐马鸡不喜旅游、家畜活动等人类活动频繁的区域。褐马鸡随季节变化，在不同海拔的森林之间垂直迁动明显，冬季喜欢海拔1800米以下的森林，夏秋季多活动在海拔2000~2400米的中高山地带森林。

2020年，在保护区及周边关帝山地区红外相机调查中，沿整个关帝山文峪河段规划120个2千米×2千米样区，调查区域覆盖吕梁山脉主峰地区—关帝山的东西两侧全部林区，相机海拔最低处在西社村文峪河W32样区，为956米；海拔最高在孝文山X21样区市庄村木虎沟山顶，为2089米。120个样区中，有35个样区有褐马鸡分布，样区分布出现率为29.17%。研究表明，褐马鸡不只是分布于传统的高海拔庞泉沟地区的华北落叶松、云杉林环境中，在整个关帝山林区的大面积油松林内，褐马鸡分布很普遍，几乎看不出褐马鸡在庞泉沟保护区地区集中分布的任何优势。

通过红外相机调查发现，褐马鸡栖息地中的竞争物种主要有野猪和环颈雉。褐马鸡在选择适宜栖息地时，避开野猪活动频繁的区域。褐马鸡适宜栖息地中，同样有环颈雉分布，环颈雉相机出现率为65%，*RAI*也达甚至略高于褐马鸡。庞泉沟栖息地中的天敌以赤狐数量最高，其次是黄喉貂，豹猫、黄鼬、金钱豹等数量稀少。传统研究认为，鸟类中的大嘴乌鸦对褐马鸡卵的破坏率很大，为褐马鸡的主要天敌(刘焕金等，1991)。近年来监测发现，区域内的大嘴乌鸦数量不似以前那样丰富，因此，对褐马鸡卵已构不成主要危害。近年监测发现，狗獾有破坏褐马鸡卵行为，且狗獾在区域内数量丰富，应将其列为褐马鸡的天敌。

6.8.3 主要指示物种现状

6.8.3.1 金钱豹

金钱豹，猫科豹属，是全球四种大型猫科动物(其余三种为狮、虎及美洲豹)中体型最小一种，头圆、耳短、四肢强健有力，为我国国家一级保护野生动物，被列入《濒危野生动植物种国际贸易公约》(*CITES*)附录物种。《世界自然保护联盟濒危物种红色名录》将其保护等级列为近危(NT)。目前，全世界的豹分为多个亚种，广泛分布于东非和亚洲大部分地区。庞泉沟保护区分布的是金钱豹的亚种——华北豹。

金钱豹栖息于山地、丘陵、荒漠和草原，尤喜茂密的树林或大森林，有领地意识，无固定巢穴，单独活动，昼伏夜出。作为生态系统里最高级的捕食者，它扮演着调节猎物种群、维持生态平衡的重要角色，对栖息地的破坏也极为敏感，是所生活区域的基石物种、伞物种及旗舰物种。

金钱豹是大型肉食性动物，处于食物链的顶端，维持其生存需要较大的面积，活动范围大。一旦有分布，是较易发现其踪迹的。金钱豹足印大而呈梅花形，粪便中通常有难以消化的兽毛，这些是开展金钱豹野外调查的重要基础知识。庞泉沟保护区建区早期通过内部科研课题的方式，对金钱豹开展过调查研究。2014 年以来，庞泉沟保护区开展的样线监测调查中，多次发现豹的踪迹(足印和新鲜粪便)。2015 年 1 月 8 日使用红外相机监测，在保护区内首次获得金钱豹的图片资料。

2017 年 12 月 3 日至 2022 年 12 月 26 日，庞泉沟保护区辖区红外相机监测调查，27 个样区 54 台相机 5 年的连续监测(2022 年增加柴逯沟 28、29、20 号 30 个样区)，共拍摄到 38 个金钱豹独立事件视频影像，具体拍摄情况见表 6-8。

表 6-8　2018—2022 年庞泉沟保护区辖区红外相机拍摄金钱豹 *RAI* 汇总

年度	监测样区数(个)	布设相机台数(台)	独立事件数	相机总工作日(天)	*RAI*
2018	27	54	9	19710	0.0457
2019	27	54	1	19710	0.0051
2020	27	54	12	19710	0.0609
2021	27	54	5	19710	0.0254
2022	30	60	11	20334	0.0541
合计		276	38	99174	0.0383

由表 6-8 可看出，2018—2022 年度庞泉沟保护区金钱豹的 *RAI* 平均为 0.0383，这一数值客观反映出庞泉沟保护区金钱豹的数量多度水平，是与省内其他监测区域比对的重要参数。除 2019 年外，不同年份的 *RAI* 变化并不大，表明区域金钱豹基本能够稳定生存。2019 年，在相机布设上同 2018 年的点位一致，但较低的拍摄率，也反映出区域金钱豹活动的不稳定性。

2022 年庞泉沟保护区开展生物多样性补充调查，将人为活动较少、人迹罕至的核心区高山峻岭地带作为金钱豹调查的重点区域，增加布设 18 台红外相机，工作时间从 2022 年 5 月 1 日起至 2022 年 10 月 24 日结束，共拍摄到 16 个金钱豹独立事件视频。

金钱豹等体侧中部、头部、后肢外侧以及尾部花纹都具有很大的个体差异性，十分适合进行个体识别。对2022年庞泉沟调查和监测拍摄到的27个金钱豹清晰影像进行花纹比对发现，在庞泉沟保护区内，至少有3只不同金钱豹个体，其中以2号个体活动最为稳定，且区域较大；1号个体也多次出现；3号个体仅有一次清晰的判定。金钱豹在庞泉沟保护区虽然能够较好地生存，但数量并不多，保护区内主要以1号和2号两只金钱豹活动为主，活动区域范围很大。如2号金钱豹为一只雄性个体，2018年在26区(庞泉沟保护区管理局后院)出现，2022年主要在10区(西塔沟顶)至15区(牛圈沟顶)活动，甚至在05区(阳圪台洞沟)出现，26区和05区间直线距离12.8千米。

金钱豹在庞泉沟空间活动上并不均匀。如2022年重点区域西塔沟顶10Z2相机，正好处于金钱豹活动的核心区域(布设时间2022年5月3日至10月7日)，从2022年5月9日首次拍摄到金钱豹到2022年9月29日共拍摄到10次金钱豹的独立事件，平均拍摄间隔16.22天，最短间隔0.52天，最长间隔54.79天就有一次金钱豹拍摄，该相机拍摄金钱豹*RAI*指数高达6.37。另一方面，2018—2022年27个样区54台相机连续监测中，共在12个样区拍摄到38次金钱豹，有金钱豹分布样区的出现率达44.4%，其中仅有1次拍摄到样区占到8个，在出现样区中比例占到66.7%，这一点又反映出金钱豹在整个区域栖息地具有广泛性。

庞泉沟保护区内金钱豹主要出现在以八道沟(11区)—西塔沟(10区)—牛圈沟(15区)为核心的高山峻岭一带，活动区域相对稳定。除以上区域外，金钱豹分布遍布吕梁山脉东部的大吉沟(13区)、大草坪小安沟(14区)、牛圈沟(15区)、八水沟(18区、19区、22区)、23区(郝家沟)、24区(王寺沟南山)、25区(姚家沟)、26区(回回沟)等地；2022—2023年，在吕梁山脉西部的洞沟(05区)、东石门(07区)也拍摄到金钱豹的视频影像。

近年来红外相机调查监测在S320公路东侧的大沙沟等地并未布设较多的相机，但S320公路以东的马林背(21区)属于以吕梁山脉主峰孝文山为中心的神尾沟—大沙沟—牛圈沟、木后沟(15区、16区)地区，该样区也有较多金钱豹的拍摄，但在不同年份表现出不稳定的特点，这可能与该区域距离黄鸡塔村较近、人为活动相对较多有关。综合近年来调查、文献资料，以及2015年在神尾沟首次拍摄到华北豹等信息推测，以吕梁山脉主峰孝文山为中心的神尾沟—大沙沟—牛圈沟、木后沟地区，也极其有可能是本区华北豹活动的另一个中心地区。

综合分析庞泉沟金钱豹的出现点位，其栖息地及活动规律有以下特点：

①金钱豹活动的中心区域依托高山峻岭，人为活动相对较小。

②金钱豹有明显的上山和下山活动趋向，活动路线多山脊线、林间小路、旧林道等。

③活动路线林下灌木相对稀疏，多有林间阔地，便于行走。

④活动区域非开阔大面积农田、草地，有较好的隐蔽条件。

⑤食物相对丰富地段。即植被类型丰富，物种多样性较高，多为生境交错地段。

6.8.3.2 原 麝

麝类动物麝科(Moschidae)麝属(*Moschus*)，是亚洲东部的特有的野生动物。目前，全世界共有7种，我国分布有6种。麝是现存最原始的鹿类，无角而有发达的獠牙，后肢明显长于前肢，善于跳跃，有时可爬上树木，属小型反刍有蹄类。栖居山地森林，喜食嫩枝叶，是森林生态系统健康状态的指示性物种。麝在山西省的分布记载有原麝(*Moschus moschiferus*)和林麝(*Moschus berezovskii*)2种，但传统文献一般认为以原麝为主。

麝不仅在物种演化史上具有特殊意义，而且还具有很高的经济价值。麝因雄性脐部和生殖器之间有香囊，可以分泌和储存麝香而著称。早在2000多年前的汉代，麝香已经作为宝贵的中药材用于疾病治疗。东汉时期的《神农本草经》对麝香入药做了详细的记载。李时珍在《本草纲目》中称其有“除百病”的功效，能“治一切恶气及惊恐”之症。同时，麝香还是一种良好的天然定香剂，为四大动物香料(麝香、龙涎香、灵猫香、海狸香)之冠。

庞泉沟保护区在建区早年的1982—1987年开展过原麝生态调查，当初原麝在保护区内吕梁山脉以东的各大沟谷基本都有分布，但数量逐年下降严重(郝映红等，1991)。

2017年12月3日至2021年12月8日，庞泉沟保护区在辖区27个2千米×2千米的监测样区，每个样区布设2台红外相机，连续4年不间断开展野生动物监测，仅在2018年1月4日在八道沟11区和2019年6月12日八水沟13区共拍摄到2个原麝的视频影像。

2022—2023年，庞泉沟保护区在保护区内及邻近的孝文山林场、文峪河湿地公园、真武山林场，开展原麝专项调查和监测，共在规划的45个2千米×2千米样区，布设106台红外相机。布设分为两个批次，即基础布设(第一次红外相机布设)和加密布设(第二次红外相机布设)。基础布设：每个样区中布设1对红外相机，45个样区共计布设红外相机90台。相机布设工作从2022年3月30日起至2023年7月10日结束。加密布设：调查过程中，依据已取得的初步资料情况，对于原麝可能分布的样区，每个样区增加1对红外相机，作为加密调查样区。实际工作中共选定庞泉沟保护区内10、11、12、15、16、17、18、19区共8个加密调查样区，每个样区新增布设2台相机，共计加密布设红外相机16台，相机布设工作从2022年9月17日起至2023年7月8日结束。

2022—2023年，庞泉沟保护区开展针对原麝的专项调查和监测，红外相机共拍摄到哺乳动物的视频总数为11724个，其中拍摄到原麝视频37个，占视频总数的0.3%，由此可以粗略地看出原麝在调查区域哺乳动物中的稀缺程度。37个原麝视频中36个为单独活动，1个为成对活动，因此，共计拍摄到原麝38头(次)，其中21头(次)为雌性个体，11头(次)有明显的獠牙，确定为雄性个体，6头(次)性别未知。拍摄到情况有路过、取食、跳跃、停留、用蹄刨地标记等行为。

原麝调查拍摄的37个视频，属于35次独立事件。调查布设的106台相机中，有13台相机拍摄到原麝，占有率为12.3%；106台相机累计工作日37507天，*RAI*指数为0.093。按45个样区划分，13台拍摄到原麝的相机属于10个样区，占比22.2%。有原麝拍摄的相机累计工作日4788天，*RAI*指数为0.73(0.27~3.23)。

在原麝专项调查和监测期间，同时共完成36条样线调查，样线累计里程147.7千米。调查没有发现原麝实体，共在8条样线上发现11处原麝粪堆，排粪点密度为0.042处/公顷。

综合2022—2023年红外相机调查和监测拍摄、样线调查，以及2018年以来庞泉沟保护区监测中发现的原麝事件，庞泉沟保护区及周边原麝出现在以下两个互补相连的独立分布区域。

庞泉沟保护区辖区内：以吕梁山脉主脊线为中心，在吕梁山脉东部的西塔沟—东石门沟(10区)、八道沟(11区、12区)、八水沟(12区、13区、18区)、木后沟(15区)、小沙沟(16区)、犁牛沟(17区)的高山峻岭一带，在吕梁山脉西部的东石门沟(10区)、关帝沟(08区)、煤洞山(06区)、洞沟(05区)，共计11个样区，总面积为44平方千米。

庞泉沟保护区外木虎沟：为文峪河湿地公园的木虎沟(14区、15区、20区、21区)，在该山谷人为活动较小的中后部到山脊的各条主要沟谷，均有原麝的分布。其中，中部地区的 X14A 红外相机拍摄率也相对较高，有分布样区共计 4 个，总面积为 16 平方千米。

2022—2023 年调查发现，原麝在保护区内数量虽少，但尚有一定的分布范围，分布范围较早年有较大的压缩。但调查发现在吕梁山脉西部也有原麝的分布，这是早年调查中未提及的有原麝分布的区域。

原麝栖息生存依赖于庞泉沟保护区的森林植被环境，但其对栖息地的利用却有所偏好。通过深入分析研究发现原麝的点位，其栖息地有如下特点：

①原麝适宜活动区域依托高山峻岭，活动区域多有陡峭的山体景观，人为活动相对较小。

②原麝多在山坡的中上部至山脊地段活动，在沟谷和下部活动较少。

③原麝活动区域坡度相对陡峭，在本区域中以 30°~35°陡坡居多，而区域坡度一般为 25°左右。

④原麝在各个坡面都有活动，但以东南、南、西南的向阳坡面活动较多，尤其是冬季更为明显。

在有原麝拍摄的庞泉沟保护区辖区和文峪湿地公园木虎沟共 15 个相机点位的 15 个 10 米×10 米原麝典型栖息地样方中，森林多以针阔混交林和阔叶林为主，乔木平均 12.1 株，其中阔叶树占 8.1 株，针叶树占 4.0 株。乔木层郁闭度平均为 0.8(0.4~0.85)，隐蔽较好；灌木层比较稀疏，平均盖度 25.0%(10%~30%)；地面植被覆盖良好，草本层平均盖度 80.7%(50%~95%)。在调查区域面积较大的华北落叶松、云杉和油松纯林中，相机并不能很好地拍摄到原麝。

15 个原麝典型栖息地样方中，高层乔木表现出特别的特征：样方中以辽东栎所占的比例最高，15 个样方中 10 个样方有分布。辽东栎是典型落叶阔叶林，主要分布在我国温带、暖温带地区，在调查区域分布面积不大，但其却成为构成原麝栖息地高层乔木的重要成分。青杄在 15 个样方中 6 个有分布，青杄多生长在庞泉沟保护区内海拔较高的地段，为常绿针叶树种，其数量远不及同区域的针叶树华北落叶松。红桦在 15 个样方中 5 个有分布，红桦分布线比白桦较高，为庞泉沟高海拔地区的主要阔叶树种，该树种较多地出现在原麝典型栖息地样方中。油松在 15 个样方中 5 个有分布，油松分布海拔比华北落叶松、青杄要低，是山西森林的主要类型，主要出现在庞泉沟保护区之外木虎沟的各个样方中。华北落叶松作为区域的主要树种，15 个样方中仅 3 个样方有分布。在 15 个典型栖息地样方中，同时分布有山杨、白桦、茶条槭、青杨、山柳等阔叶树，这些阔叶树除青杨比较高大外，其他树种一般处于乔木层相对较低的层次。

鉴于原麝在活动区域和路线较为固定，有“舍命不舍山”的生活习性特点，参考庞泉沟原麝栖息地活动范围为 12.6 公顷初步推断(郝映红等，1991)，结合红外相机拍摄情况、样线调查排粪点分布特点，庞泉沟调查区域原麝数量估测 37~69 头。其中，庞泉沟保护区辖区内 26~49 头，庞泉沟保护区外木虎沟 11~20 头。调查区域原麝的分布面积为 45 个样区总面积(180 平方千米)排除其中农耕区域面积(经 GIS 勾绘计算为 15.0 平方千米)，即 165 平方千米，因此，庞泉沟原麝的种群密度为 0.22~0.42 头/平方千米。

6.8.4 栖息地保护成效和威胁

6.8.4.1 庞泉沟栖息地特征

栖息地是生物生活或居住的范围和环境，栖息地类型和质量直接决定着物种的种类和数量，食物、水源、隐蔽是构成野生动物栖息地的主要因子。庞泉沟保护区是以保护世界珍禽褐马鸡及华北落叶松、云杉天然次生林为主的森林及野生动物为主的森林和野生动物类型自然保护区。保护区地处吕梁山脉中段最高区域，森林植被保存完好，被誉为黄土高原上的“绿色明珠”，华北落叶松天然林在境内集中分布，素有“华北落叶松故乡”之称。保护区及其周边的关帝山林区是汾河一级支流文峪河和黄河支流北川河的主要水源地，是山西省黄河流域生态保护关键地区。

根据野生动物的生态习性，结合植被实地调查情况，庞泉沟保护区的野生动物栖息地大致可以划分为以下 4 个类型。

(1)山地森林

庞泉沟保护区两栖类、爬行类动物较少，尤其在高海拔的中高山茂密林内，由于缺少两栖类生活的水环境，两栖类几乎无分布。林内隐蔽，缺乏充足阳光，爬行类中较常见的山地麻蜥、中介腹等蛇类只能生存在林缘道边、乱石堆等特定的环境。

庞泉沟保护区鸟类种类繁多，森林为许多鸟类提供了生存的家园。留鸟中的星鸦、松鸦、红嘴蓝鹊等鸦科鸟类，煤山雀、褐头山雀、大山雀等山雀科鸟类，欧亚旋木雀、鳾鹈、大斑啄木鸟等数量最多，是森林四季主人。褐马鸡、雀鹰等珍稀鸟类也主要栖息于森林。鸟类夏季则以雀形目中云南柳莺、黄眉柳莺、冠纹柳莺占主导，长尾山椒鸟、白腹短翅鸲、红胁蓝尾鸲、祁连山蓝尾鸲、绣胸蓝姬鹟等鹟科鸟类较常见，非雀形目体型较大的鸟类则以大鹰鹃、中杜鹃为主，夜间有红角鸮、普通夜鹰等，这些在低海拔森林，以及丘陵、草地、农耕区等并不常见的森林鸟类，在庞泉沟保护区却有较好的繁殖。冬季候鸟中赤颈鸫、燕雀等常见。庞泉沟的森林还为众多的迁徙鸟类提供了短暂栖息地，许多夏季繁殖在我国东北等地的森林鸟类，必须沿着我国地形的第二阶梯，沿着植被较好的山西省太行、吕梁两大山脉，才能实现南北迁飞。

大部分哺乳动物以森林为中心生活。金钱豹、原麝、黄喉貂、狍等动物活动范围一般不会离开森林。森林中较常见的有野猪、狗獾、赤狐等大中型哺乳动物，以及岩松鼠、北花松鼠、大林姬鼠等小型动物。

(2)湿　地

文峪河作为汾河上游重要的一级支流，发源于关帝山主峰下的庞泉沟。在吕梁山区，其水系构成类型具有典型性和全面性，包括了主河道、支流、库塘和溪流 4 种类型。水文特征受大的气候影响，每年 7~8 月为洪水期。文峪河流域植被较好，尤其是水源区的植被覆盖率高达 90%以上。庞泉沟保护区缺乏地下水，受小气候影响，降水充沛，林木和草灌发挥着显著的水源涵养作用，地表水源充足，沟谷常年溪流不断。文峪河主河道水量较大，建有柏叶口水库和文峪河水库两座水库。北川河为三川河的主要支流，发源于方山县北赤坚岭，北川河上建有横泉水库。横泉水库和柏叶口水库是 21 世纪新建的水库，经过十余年生态自然修复与发展，已逐步形成稳定的底层生物群落。

文峪河、北川河水量稳定，水质清澈，底层生物丰富，文峪河水库、柏叶口水库、横泉水库等三处大面积人工湿地，形成多种野生动物新的栖息环境。两栖类主要栖息于湿地环境，其中以中国林蛙分布最广、数量最多。爬行类中以虎斑颈槽蛇较多，常出现在阳光充足的河流及附近。除两栖类外，庞泉沟保护区的河流、水库中还生活有多种鱼类，使得黑鹳、苍鹭、普通秋沙鸭、蓝翡翠、普通翠鸟等以肉食性为主的鸟类能够较好地生存并繁殖。鸳鸯、鹮嘴鹬等珍稀鸟类也在庞泉沟有繁殖，以及雁鸭类、鸻鹬类等湿地常见的鸟类，在庞泉沟河流、水库也有发现，且经常为物种新记录。

大中型哺乳动物如野猪、黄鼬等经常光顾河流等水源地区，至于森林中的山涧溪流、小水潭等处，则是几乎所有鸟类、哺乳动物，尤其是体型较大种类生活的必要条件，不过庞泉沟地区水源相对充足，没有哪一个特定的区域显得特别重要。

(3)农耕区

文峪河两侧为20~2000米的河谷地段，地势相对平缓，村庄零星分布，一般每隔2~5千米有一个小型自然村，形成农耕区。保护区西部的北川河河谷地区，森林从保护区辖区西边的阳圪台村到北川河主河道的麻地会乡逐渐减少，以土石山为主，农田逐渐占主要成分。庞泉沟地区人口相对较少，工矿企业极少，自然村均保持相对原始的生产方式，生态环境接近自然。农耕区一般农田灌丛交错，在村庄、公路两旁，普遍栽植有杨、柳树等绿化树种，为鸟类提供了栖息场所。农耕区的边缘，农田和山地森林交错和接壤，植被组成复杂，灌木丛高大，以沙棘、山楂、山荆子、稠李、黄刺玫等居多，野生动物多样性更加丰富。

农耕区除两栖类较少外，由于阳光充足，在农田和山地森林接壤地段，爬行类中的山地麻蜥、多种蛇类等在此可以发现。农耕区鸟类种类较多，尤其是在农田与森林接壤的地带。留鸟中常见的有环颈雉、灰头绿啄木鸟、喜鹊、大嘴乌鸦、红嘴蓝鹊、大山雀、银喉长尾山雀、棕头鸦雀、山鹛、山噪鹛、北红尾鸲、麻雀、长尾雀、金翅雀、灰眉岩鹀等。夏候鸟有红脚隼、灰椋鸟、戴胜、白鹡鸰、黄喉鹀类、棕眉柳莺、小鹀、黄喉鹀等，冬季大鵟等猛禽在此地带更易捕食，燕雀、棕眉山岩鹨常见。在人类居住区，以珠颈斑鸠、喜鹊、家燕、金腰燕等常见。哺乳动物大中型种类有野猪、狗獾、赤狐、蒙古兔等在此地带活动，小型动物可见岩松鼠、北花松鼠、中华鼢鼠等。人类居住区常见动物有褐家鼠、小家鼠等。

(4)亚高山灌丛草甸

主要是海拔2400米之上云顶山和吕梁山脉主峰的少数高山地段，接近森林的上限，高层植被缺乏，形成亚高山灌丛草甸。灌木有鬼箭锦鸡儿、高山绣线菊、金露梅等。该区域面积和范围不大，夏季气候凉爽，冬季寒冷。野生动物种类较少，鸟类以夏季栖息为主，个别留鸟和夏候鸟在此繁殖，以喜鹊、大嘴乌鸦、树鹨、云雀、红隼、环颈雉等多见。哺乳动物见有蒙古兔、狗獾、赤狐、北花松鼠、中华鼢鼠等。

6.8.4.2 栖息地保护成效

庞泉沟保护区位于吕梁山脉中段的关帝林区，森林保存完好，为山西省内重要的野生动物和森林生态系统保护区域。1980年，为了保护世界珍禽褐马鸡，经山西省人民政府批准，在关帝山林区阳圪台林场和孝文山林场的基础上，以吕梁山脉主脊线为中心，划定建立庞泉沟自然保护区。

在保护区建立初期，特别是20世纪90年代，保护区周边的国营林场，都是关帝山林区主要木材生产大林场，林场每年都有大量的木材采伐任务，甚至庞泉沟保护区也有森林抚育项目。再加上林区群众靠山吃山，偷砍滥伐林木的案件时有发生，防止林木盗伐一度曾是林场和保护区的主要工作任务。据有关资料记载(武建勇等，1997)，保护区周围5个国营林场(阳圪台、孝文山、云顶山、千年、双家寨)年合理采伐量高达数百万立方米。保护区每年没收偷砍的木材近百立方米。保护区及周边9个自然村，所需燃料主要靠砍伐木材，一年共消耗90万千克木材。对森林资源的采伐，严重影响到野生动物的正常活动，对野生动物的栖息地造成极大的破坏。

自1998年山西省启动天然林资源保护工程，天然林停止采伐政策全面落实。2012年，根据国家林业局、国家发展和改革委员会、财政部、人力资源社会保障部印发的《关于继续组织实施长江上游黄河上中游地区和东北内蒙古等重点国有林区天然林资源保护工程的通知》精神，由山西省林业厅会同省发展和改革委员会、省财政厅、省人力资源社会保障厅组织编制了《天然林资源保护工程二期山西省实施方案》，经省人民政府批准，山西省进入天然林资源保护二期工程期。整个林区的森林资源得到休养生息并实现恢复性增长，生态状况逐步好转，生物多样性得到恢复和发展，野生动物的生存处于较好的环境之中。

庞泉沟保护区地处吕梁山脉的深山腹地，位于交城、方山两县交界，地处偏远，人口稀少，人为活动对栖息地的影响相对较小。庞泉沟保护区核心区和缓冲区一直无常住人口，自然村均在实验区内，由于土地权属清晰，保护工作一直受到上级部门和社会各界的关注，保护区内没有出现开矿、挖沙、采石等大的破坏活动和生态问题，保持完好的自然生态。

近年来，庞泉沟保护区管理局在多个关键领域持续发挥着极为重要的作用，致力于国家濒危物种保护、生物多样性维护、自然资源和自然环境保护，为维护生态安全、推动生态文明、实现经济社会全面协调可持续发展及构建和谐社会贡献力量。

在生态环境保护方面，组建了3支巡护队，聘用了15名天然林资源保护护林员参与保护区的日常管护工作，积极与当地政府开展森林防火、野生动植物保护的联防联治，每年召开工作例会，政府在各自然村均安排有护林员，共同担负起维护庞泉沟生态安全的重任。坚持自然恢复为主，人工干预相结合的原则，植树种草，开展植被恢复，自然生态保持良好，森林覆盖率增加，农田、建设用地均呈现逐年减少的趋势，生态系统结构更加安全。

在社会效益方面，庞泉沟保护区积极开展科学研究，组织开展多项科研项目，出版多部专著。同时，为国内大专院校、科研院所提供野外研究和教学实习基地等。每年开展形式多样、内容丰富的宣传教育及研学教育活动。不断提升国家级保护区形象，进一步扩大对外影响。积极参与周边社区环境整治工作，实施道路维修维护项目，改善社区人居环境，缓解社区矛盾。以访客中心为基地，常年针对当地社区开展科普宣教活动，提高群众护林防火及野生动植物保护意识，丰富群众精神生活，增进社区关系，携手建设美丽乡村意识，工作得到当地社区和社会公众的广泛好评和支持。

6.8.4.3 栖息地受威胁因素

(1)公路和当地居民生产活动

庞泉沟虽然地处吕梁山脉的深山腹地，人口密度相对较低，但由于S320公路和横下公路横穿调查区域，沿公路每隔2~5千米仍然有一个自然村。以人口密度最低的庞泉沟保护区辖区为例，目前区内仍有5个自然村，人口1000人左右。虽然当地居民开展日常的农耕生产活动在森林之外，对大多数野生动物的直接影响不大，但公路过境，车辆来往不断，以及沿公路的农耕区已改变了森林植被的原始面貌，使得野生动物的栖息地隔离和破碎化。此外，当地居民上山采菌、采药材、砍柴等活动，对野生动物的生存存在一定影响。

(2)旅游活动

庞泉沟保护区自1985年起，一直开展生态旅游。凭借距省城太原市较近的地理优势等，成为山西省内知名的生态旅游区。庞泉沟保护区已制定生态旅游总体规划，且划定了八道沟—八水沟前部的实验区为目前生态旅游的主要区域，旅游路线较为固定，范围也相对较小。但红外相机监测和样线调查发现，仍有个别游客，在八水沟后部、西塔沟等不属于旅游区的深山老林，进行旅游探险活动，影响到原麝、金钱豹和其他野生动物正常栖息。

(3)放　牧

近年来，庞泉沟地区家畜养殖数量较多，养殖对象主要是牛和马，且主要是采取野放方式。由于养殖数量较多，家畜野放几乎遍布庞泉沟的各条山谷，特别是夏季，随着气温升高，牛马的活动也从山谷底部向山谷中上部凉爽地带转移，在褐马鸡、原麝、金钱豹等珍稀野生动物的活动区域，虽然家畜活动较少，但仍有活动。家畜野放同食草动物、褐马鸡等争夺地面食物资源，虽然没有直接对原麝等动物影响研究，但从家畜和原麝对食物的喜好性来看，存在影响是肯定的。这一点可以从保护区外文峪河湿地公园的木虎沟原麝的情况得到启发，该沟谷是调查区内少有的实行封闭管理的沟谷，没有放牧现象，而原麝在此分布较多。

6.8.5　资源监测研究与资源变化

6.8.5.1　早期监测研究

(1)野生动物监测研究发展历程

庞泉沟保护区建立于1980年，是山西省最早建立的两个自然保护区之一。1986经国务院批准晋升为国家级，为山西省第一个国家级保护区。从1982年开始，山西省生物研究所承担的山西省自然科学基金项目“褐马鸡生态与生物学研究”在庞泉沟保护区开展，在科研单位专家影响和指导下，保护区成立了科研技术室，聘请山西省生物研究所刘焕金研究员为学术顾问。从此至1998年，刘焕金先生十年如一日，每月准时10天在庞泉沟指导工作，从不间断。带领众弟子从“听鸣声、看形影”的野外识别鸟类起步，到设计课题、开展调查、积累数据、撰写论文、编写专著……，精心培养科研技术人员，在野生动物监测研究方面给保护区的后续发展带来深远的影响。

1998年后，刘焕金先生去世。庞泉沟保护区继续广泛地同有关科研教学单位开展科研合作，包括山西农业大学、中国林业科学研究院、北京师范大学、山西大学等。完善发表论文奖励制度，派科技人员参加各类学术会议，形成“请进来，走出去”的工作模式。

进入21世纪，全国自然保护区基础设施建设快速发展，保护区的管理职能逐步明确。庞泉沟保护区科研人员大多在管理岗位上兼职或重点承担管理工作，科研工作面临后备力量不足、经费缺乏等新的困惑。保护区积极引进项目、引入资金、挖掘科研人员潜力，建立项目共享与成果分享机制，与北京师范大学合作开展国家“十一五”科技支撑项目“濒危雉类(褐马鸡)人工繁育技术与示范”等，在广度和深度上推进专题研究。同时，将野生动物监测逐步纳入保护区日常工作的范畴，在骨干科研人员的带动下，积极在管护人员中推进巡护中的监测。2005年，庞泉沟国家级野生动物疫源疫病监测站建立，候鸟监测工作逐步成为保护区科研工作的一项重要内容。此外，野生动物科学研究工作着力为公众宣传教育提供技术支撑，通过建设生态宣教小径、“访问者中心”，拍摄科普电视专题片、编写科普图书，开展各类科普宣传活动等，扩大保护区社会影响力，提高知名度。

(2)主要成果和特点

扎实推进生态科普工作，累计建成100余块宣传版面。2012年，把动植物标本馆升级改造成访问者中心，强化生态保护科普功能并免费开放。摄制《褐马鸡》科普专题片、编写《走进庞泉沟》科普图书，以多元形式展现保护区生物特色。同时，全力建设“全国科普教育基地”等十多个科普平台，夯实工作基础。借助保护区自然风光、动植物标本和褐马鸡繁育基地，每年开展“爱鸟周”“国际野生动植物日”等主题活动，有效提升保护区知名度和社会影响力，让科研监测更好服务于自然保护管理。

专著编撰：保护区主持编写出版《庞泉沟猛禽研究》（安文山等，1993）、《山西省重点保护陆栖脊椎动物调查报告》（李世广等，1999）、《山西庞泉沟国家级自然保护区（1980—1999）》（山西庞泉沟国家级自然保护区，1999）、《山西庞泉沟国家级自然保护区生物多样性保护与管理》（李世广等，2014）4 部专著。参与《珍禽褐马鸡》（山西省自然保护区管理站，1990）、《中国雉类——褐马鸡》（刘焕金等，1991）、《山西兽类》（樊龙锁等，1996）、《山西两栖爬行类》（樊龙锁等，1998）、《山西鸟类》（樊龙锁等，2008）、《山西麝类》（梁小明等，2014）6 部专著的编撰工作。

论文发表：在野生动物研究方面，保护区科研工作者独立和参与发表的论文达 150 多篇。其中，对主要保护对象褐马鸡的研究论文有 40 多篇，内容涉及褐马鸡的生物学习性、生态特征、人工饲养、生理、保护等各个方面。国家一级保护野生动物金雕的研究论文 3 篇。涉及鸟类名录调查、群落结构、鸦科、雉科、湿地鸟类等的综合生态研究论文 22 篇。研究最多的是鸟类单一种的生态研究，共计有论文 80 多篇，先后对红腹红尾鸲、白头鹀、燕雀、贺兰山红尾鸲、红尾水鸲、黑啄木鸟、星鸦、鹪鹩、长尾山椒鸟、黑背燕尾（白额燕尾）、棕眉山岩鹨、树鹨、松鸦、燕雀、牛头伯劳、雀鹰、旋木雀、喜鹊、白眉姬鹟、红角鸮、燕隼、山麻雀、雕鸮、毛脚鵟、鹮嘴鹬、山斑鸠、冠鱼狗、苍鹭、红隼、黄脚三趾鹑、棕头鸦雀、纵纹腹小鸮、大嘴乌鸦、黄眉姬鹟（绿背姬鹟）、黄眉柳莺、四川柳莺、冠纹柳莺、棕眉柳莺、北红尾鸲、白鹡鸰、短翅鸲、山噪鹛、长尾雀、红嘴山鸦、褐头山雀、大山雀、煤山雀、银喉长尾山雀、环颈雉、蓝翡翠共计 52 种鸟的生态习性进行了观察研究，填补了国内这一研究领域的空白。在哺乳动物方面主要对金钱豹、原麝、野猪、豹猫等大型动物开展了调查研究工作，发表论文 10 余篇。

成果意义：庞泉沟保护区建区以来对野生动物，尤其是重点保护对象褐马鸡开展了大量的研究，为我国褐马鸡的科学保护提供了大量的数据支撑。保护区鸟类、兽类资源本底相对清晰，物种名录确定可靠，来源脉络清晰。对众多野生动物资源物种开展的生态研究，填补了国内空白，有力地促进了保护区的保护和管理工作，成为保护区工作的一大亮点。

6.8.5.2 近年监测研究

党的十八大以后，生态文明建设被提到新的政治高度。全国对自然保护区的管理工作进一步规范，以专项调查与监测、公众宣教为主要内容的保护区科研工作，重新被明确为保护区的核心工作，科研工作资金投入逐步有了保障，工作保持良好的发展势头。GPS、红外相机、长焦相机等新的仪器设备以及机动车的普遍使用，改进了调查技术，提高调查功效。

在林业国家级自然保护区补助资金等的支持下，专项调查与监测项目的开展成为保护区内部科研工作发展的主流。2014—2015 年，开展辖区野生动物样线监测调查，完成 5 千米的 GPS 调查样线 58 条。2015—2016 年，开展“庞泉沟保护区褐马鸡样线调查”项目，完成 120 条 5 千米的 GPS 调查样线。2014—2018 年，承担山西省第二次陆生野生动物资源调查——“吕梁山地野生动物及褐马鸡专项的调查”，完成吕梁山地55个10千米×10千米样区的1200多条5千米的GPS调查样线，在全省起到示范和推广作用。

2017年之后，保护区逐步引入红外相机技术开展野生动物调查和日常监测工作。在保护区内规划27个2千米×2千米样区，每个样区布设2台红外相机，持续开展野生动物的监测，同时利用红外相机技术开展了2020年“关帝山林区兽类垂直分布”、2021年“庞泉沟原麝调查与监测”、2022年“基于红外相机技术对褐马鸡栖息地研究”等项目，取得了大量可信数据和确切的研究成果。

保护区科研人员编写《庞泉沟陆生野生动物资源监测研究》(杨向明等，2018)专著，对庞泉沟每一种野生动物的现状做了具体的总结研究，参与《文峪河国家湿地公园生物多样性调查研究》(张乃祯等，2019)专著的撰写工作，发表《山西省鸟类分布与名录的新发现》(赵占合等，2017)、《山西省鸟类新记录3种》(杨向明等，2020)等论文。

6.8.5.3 资源变化

庞泉沟保护区建立40年来，持续对野生动物的监测研究，积累了宝贵的资料，使得对资源变化分析有据可依。对于大多数野生动物，特别是在保护区内有繁殖的动物来说，其种类和数量相对稳定，种群在不同年份发生的波动属于正常情况。但是个别种类变化情况是持续的，甚至是不可逆的。为此，根据本次调查对近年来庞泉沟野生动物资源现状总结，结合早年的实地调查情况和参阅文献资料，从以下三个方面对庞泉沟野生动物资源有明显变化的情况逐一论述。

(1)大型珍稀动物的数量变化

庞泉沟保护区森林植被保存相对完好，是多种珍稀物种的集中储源地。野生动物对环境变化极其敏感，尤其是处于食物链顶端的食肉动物、体型较大的珍稀物种。褐马鸡、金钱豹、原麝、金雕是国家一级保护野生动物，在庞泉沟区内有繁殖。狼和赤狐是2021年国家新提升的国家二级保护野生动物，它们属于食肉兽类，没有迁徙习性，生存区域相对固定。秃鹫是猛禽中体型最大的鸟类，为旅鸟，活动范围很大。这些体型较大珍稀物种，是保护区最具有代表性的野生动物，也是保护区建区以来一直重点关注的物种，不同时期的第一手调查资料相对完整，它们的数量在保护区建立40年来经历了复杂的变化，这些变化也可以间接反映出庞泉沟野生动物资源变化的总体情况。

褐马鸡：20世纪全国建立褐马鸡保护区之前，褐马鸡在全国的分布认为残存在山西吕梁山脉和河北小五台山地区。庞泉沟保护区建立初期558只的数量调查，一直被认为是保护区褐马鸡数量的最低基数。1986年，在亚高山草甸带至低海拔的针阔混交林4个植被带，全年12月样线调查研究，保护区内褐马鸡数量为812只，在亚高山草甸带未发现褐马鸡的分布(刘焕金等，1988)。2016年4~11月130条样线717.2千米调查，计算出数量为1656只。1986年和2016年两次调查，方法类似，调查精度较高，具有较好的可比性，反映出庞泉沟保护区褐马鸡数量显著增长的变化结果。近年来监测研究发现，褐马鸡与早期亚高山草甸无分布的观察不同，也较多地出现在亚高山草甸的林缘。在保护区之外的各个林场普遍分布，在吕梁山脉东部森林边缘，如交城县洪相乡玄中寺等有稳定繁殖，2015年有文水县开栅镇北峪口村民救助褐马鸡送归保护区事件。在山西省内，汾河以东一直认为无褐马鸡分布(刘焕金等，1990)。目前，褐马鸡广泛出现在汾河以东的太岳山区，种群有不断扩散的趋势，被各类媒体和官方报道。种种迹象表明，褐马鸡在庞泉沟保护区乃至于整个山西省数量是增加的。褐马鸡生存离不开森林，显然，20世纪对森林的采伐及《中华人民共和国野生动物保护法》颁布前对褐马鸡的猎捕，是导致褐马鸡数量下降的重要原因。

金钱豹：1982—1989年的调查显示，在云顶山、八道沟、老蛮沟等地普遍发现金钱豹的活动踪迹（刘焕金等，1988），冬季主要集中在6个人迹罕至的高山林区（王建平等，1990）。之后20多年数量下降，访问调查罕见于八道沟、神尾沟（李世广等，2014）。2015年，红外相机在神尾沟首次拍摄到影像，证实其分布的存在。2018年以来通过红外相机的持续监测，取得了50多个独立事件影像。庞泉沟的金钱豹以早年有分布的高山地区为中心，至少有2只个体稳定生存，其活动踪迹遍布保护区全区及周边地区，甚至2018年出现在保护区管理局大院的森林边缘。金钱豹稳定生存，反映出庞泉沟生态环境总体向好的发展趋势。

原麝：在保护区建区初期的1982年，广泛分布于保护区内20个不同的沟谷，当时数量达56头。由于人为非法下铁丝套盗猎的原因，原麝分布区域面积缩小、种群密度严重下降，至1987年原麝数量为29头（郝映红等，1990）。之后多年鲜见其踪迹。2018年以来，以红外相机监测和样线调查为主的研究，发现原麝以吕梁山脉主脊线为中心，在吕梁山脉东部的西塔沟、犁牛沟、八道沟、八水沟、木后沟、小沙沟，西部的东石门沟、煤洞山、关帝沟、洞沟等高山峻岭一带，尚有分布，分布区面积约44平方千米，数量26~49头，种群正在缓慢恢复。

金雕和秃鹫：1988—1889年，对二合庄—大路峁、二合庄—梅窑会、二合庄—神尾沟3条10千米样线进行全年调查，在大多数10千米样线上可遇见金雕1~5只，也有少数调查未发现。大多数10千米样线遇见数量平均可达1.8只。之后数量逐渐下降。本次调查总结近5年来资料，在东西跨度100千米的关帝山地区，未发现金雕的踪迹。与之相反的是，与金雕体型相当的大型猛禽秃鹫，在1993年之前保护区并无分布，但近年来每年监测均可发现，且在2019年、2023年，保护区均有救助的个体。大型猛禽活动范围大，对栖息地自然环境条件、食物等要求严格，金雕和秃鹫两种鸟类群落顶极物种的数量变化，值得持续关注。

狼和赤狐：在庞泉沟保护区建立之初，狼在庞泉沟以及山西省内还普遍有分布，之后数量锐减，目前在山西省内多年未见。与狼相对应的是体型相当的赤狐，二者在食性上有很大的相似性。在保护区早期的调查和监测中，赤狐一直被认为是稀有种类，本次调查大量红外相机的监测影像表明，赤狐在庞泉沟保护区内数量非常丰富。在某种程度上，似乎是赤狐取代了狼作为猎食者的生态地位。

（2）优势种和常见种的数量变化

鸟类对环境变化特别敏感，由于鸟类分布广泛，种类和数量繁多，相对于其他动物，对鸟类的观测比较方便，可以运用的调查研究方法也比较完善。因此，大多数学者都认为鸟类是较理想的生物环境监测对象。

据《庞泉沟保护区鸟类近十七年变化情况的研究》（武建勇等，1997）记载，在庞泉沟保护区建立初期的1983年前，在保护区管理局附近的灌丛与农田接壤地段，每当风和日丽的下午，每步行4千米，可遇见上千只环颈雉觅食，场面颇为壮观；傍晚时分，一群群数量百只以上的喜鹊归巢栖息；岩鸽结群飞翔和觅食。早晨，百只以上的大嘴乌鸦聚会，达乌里寒鸦、红嘴山鸦结群觅食，十分常见。

根据对鸦科鸟类的有关观察研究，1980—1984年达乌里寒鸦为山西省鸦科鸟类数量最多的种类，平均每两小时在2千米范围，就能遇见40只之多（刘焕金等，1986）。1992年在庞泉沟保护区管理局周边杨树上，达乌里寒鸦与喜鹊打斗占据喜鹊新巢，这一现象也成为研究繁殖习性的重要资料（杨向明等，1994)。红嘴山鸦在保护区管理局附近的农耕区非常普遍，在土壁洞穴、山崖峭壁缝等处筑巢繁殖，1985—1991 年 3~12 月数量 3.96~4.20 只/千米(武建勇等，1996)。大嘴乌鸦 1982—1984 年在农耕区 2 千米/小时遇见数达 10.13~12.46 只(刘焕金等，1988)。

然而，由于对经济动物环颈雉的枪击、套杀，特别是 1990 年后，每年冬季个别不法分子采用农药久效灵浸泡玉米、莜麦配制成毒饵猎捕环颈雉，不但将环颈雉毒杀，其他鸟类如大嘴乌鸦、达乌寒鸦、喜鹊及山雀科、雀科等鸟类亦被毒死。1993 年在会立乡中庄村某山谷地段，一次就发现有 98 只达乌里寒鸦被毒杀(武建勇等，1997)。

农药的使用对鸟类等动物影响很大。在北川河农耕地段，果农、菜农们为了追求增产增收，主要使用石硫合剂、波尔多液、1059、1605、3911、久效灵等有机磷农药灭虫，每年要喷药 2~3 次。1995 年 4 月在方山县大武、峪口等村调查，喷药前有大山雀、树麻雀、三道眉草鹀、北红尾鸲等各种小型鸟类 28 只，喷药后相隔 4 天统计，遇见总数量降为 15 只。由于食物大量减少，使这些食虫鸟向林区转移或迁入其他地方。

上述生态问题对鸟类的影响案例看似发生在庞泉沟地区，但事实上，类似情况曾经是普遍存在的事实。一个区域的资源一旦遭到破坏，恢复相当漫长，甚至是不可逆的。在 20 世纪 90 年代初毒杀环颈雉事件后的 10 多年，庞泉沟环颈雉数量虽有所恢复，但与早年的丰富度无法相比，特别是近 10 年来庞泉沟已不再种植莜麦这一环颈雉喜好的食物，环颈雉分布多出现在林间阔地等处，与褐马鸡的栖息地有更多的重叠。目前，庞泉沟保护区已多年未见到乌里寒鸦的踪迹，红嘴山鸦从优势种变为稀有种，岩鸽仅见于柏叶口水库附近零星地区，大嘴乌鸦虽有分布，但数量明显不似早年那样丰富。相反，鸦科鸟类中的红嘴蓝鹊在早年并不丰富，而目前分布较广，数量丰富，已发展为庞泉沟保护区鸟类中的优势种。

调查还发现，像家燕这种居民区常见的鸟类，早年在庞泉沟保护区内的居民区并未见其营巢繁殖，繁殖地点以保护区 30 千米以外、海拔 1400 米以下的会立乡等地区更为普遍。近年来，保护区内及附近的二合庄、长立、黄鸡塔村庄等也见家燕繁殖，海拔已达 1650 米以上。这类现象是否与全球气温变化有关系，尚无更多的研究证据，但对这些变化情况的总结与反映，正是保护区监测工作的职责所在。

对于哺乳动物而言，它们大多没有迁徙行为，长期在固定区域生存繁衍。森林采伐直接对它们的栖息地造成破坏，曾严重威胁到它们的生存。此外，对哺乳动物，尤其是体型较大经济动物的猎捕，也是导致物种数量变化的重要因素。对庞泉沟保护区兽类建区 15 年变化的研究(武建勇，1997)表明，保护区及周边群众在历史上就有狩猎习惯，9 个自然村的猎枪由 1980 年的 7 支，增加到 1992 年的 40 支。从 1980 年到 1996 年，大中型经济动物的数量发生了较大的变化，狍、狗獾从普通种变为稀有种，野猪、蒙古兔数量从优势种变为普通种。随着天然林资源的全面保护、《中华人民共和国野生动物保护法》深入贯彻落实及公安部门对枪支的加强管理，近 20 多年来，上述经济动物在保护区内已经得到了较好的恢复。本次调查表明，狍已广泛分布在庞泉沟保护区不同的森林环境，数量发展为优势种，狗獾、野猪、蒙古兔等的分布也相当广泛，数量显著增加。

(3)新记录和稀有种的变化

对于庞泉沟保护区这样一个资源本底比较清晰的地区来说，物种新记录的发现应该是比较困难的事情。但本次调查仍然有 31 种鸟类新记录被发现，种类主要是活动区域和范围更大的旅鸟。新记录发现主要是保护区近年来卓有成效的科研监测积累的结果。新记录种类大多数为稀有种类，发现带有很大的偶然性，但也不外乎一些种类或是因自身种群增长，或是庞泉沟栖息地条件改善等引起的变化。

本次调查发现的31种鸟类新记录中，13种与湿地环境有关。事实上，近10年来，庞泉沟保护区内因河流治理等在长立村八水沟口、大草坪等地新出现一些较大的水塘，这些水塘经过10余年的生态自然修复，藻类、浮游生物、水生昆虫、鱼、蛙等生物已经相当丰富，形成新的栖息地类型，豆雁、白琵鹭、绿鹭、大白鹭、黑翅长脚鹬、反嘴鹬、灰头麦鸡、北极鸥这些新记录种类，就是在这些水塘中发现的。在文峪河、北川河上新建的柏叶口水库、横泉水库等大型水面和食物丰富的滩涂，发现小天鹅、赤麻鸭、凤头䴙䴘、白鹭、鹗这些新记录种类。上述这些种类，虽然不少是湿地鸟类中常见的种类，它们的生存与水域环境密切相关，但在庞泉沟以往的调查中并没有发现，它们的出现，反映出庞泉沟地区环境变化对湿地鸟类产生的吸引力。

新记录中的一些种类的出现反映出某些种类的种群扩散现象。如白头鹎是主要分布于我国南方地区的种类，是近年来新扩散到本区的物种，2016年在交城县平川地区出现，近年已经比较常见，不仅繁殖，而且个别个体在冬季也有居留的现象，近年来不断向吕梁山区发展，2023年在保护区管理局大院也观察到该种。

新记录中的灰头灰雀、乌嘴柳莺、远东树莺、灰头鸫、褐头鸫、灰背鸫等也有类似白头鹎的扩散迹象，但缺乏更多的观察数据。但庞泉沟另一些不是新记录的种类情况，也反映出鸟类的扩散情况。如红脚隼早年多见于海拔较低的文峪河水库至中庄一带繁殖，而本次在庞泉沟保护区辖区附近的庞泉沟镇横尖村，观察到一巢繁殖的个体。鸳鸯、普通秋沙鸭、黄喉鹀一直被认为是旅鸟，但本次调查也在区域内观察到繁殖的情况。还有红交嘴雀一直被视作冬候鸟中的稀有种，而本次调查在夏季不同月份在保护区内海拔2000米以上高海拔地区也有较多的发现。戴菊一直是稀有的旅鸟，多年监测未见，但近年来却有较多的发现，几乎在冬季各月均可发现。

还有不少曾经在庞泉沟数量丰富的种类，近年来数量却有明显的下降，它们先是变为稀有种，最后在本次调查中成为近年来未发现的文献记载种类。比较典型的是黄胸鹀和贺兰山红尾鸲，这两个物种均是2021年国家新公布的国家一级和国家二级保护野生动物。贺兰山红尾鸲在庞泉沟早年曾有专题调查研究（刘焕金等，1986），调查表明，该种为冬候鸟，主要活动在山地灌丛，在1982—1983年10月至翌年4月均可以见到，在低山、中山到亚高山草甸均有发现，2千米遇见数量可达0.9~1.7只。黄胸鹀在1980—1984年"关帝山鸟类垂直分布调查"（刘焕金等，1986）有明确记载：该种为春季迁徙比较常见的旅鸟，在庞泉沟最晚迁徙过境，直到5月中旬还能发现它们的踪迹。黄胸鹀和贺兰山红尾鸲在我国广泛分布，其数量的下降，已受到我国政府的积极关注。

参考文献

安文山，1994. 鹮嘴鹬生态的调查研究[C]. 纪念陈桢教授诞辰100周年论文集：359-363.

安文山，薛恩祥，刘焕金，1993. 庞泉沟猛禽研究[M]. 北京：中国林业出版社.

安文山，薛杰森，薛林旺，等，1997. 北红尾鸲的繁殖习性[J]. 动物学杂志(3)：30-34.
段文科，张正旺，2017. 中国鸟类图志[M]. 北京：中国林业出版社.
樊龙锁，等，2008. 山西鸟类[M]. 北京：中国林业出版社.
樊龙锁，郭萃文，刘焕金，1998. 山西两栖爬行类[M]. 北京：中国林业出版社.
樊龙锁，刘焕金，1996. 山西兽类[M]. 北京：中国林业出版社.
费梁，叶昌媛，江建平，2012. 中国两栖动物及其分布彩色图鉴[M]. 成都：四川科技出版社.
高玮，1991. 中国鸟类学研究[M]. 北京：科学出版社.
郝映红，安文山，1994. 青鼬种群密度的研究[C]. 中国动物学会成立60年纪念论文摘要汇编：71.
郝映红，等，1994. 冠鱼狗种群密度及其食性的研究[C]. 中国动物学会成立60周年纪念论文集：319-323.
郝映红，武建勇，王俊田，等，1991. 庞泉沟自然保护区原麝的生态研究[J]. 生态学杂志，10(6)：16-19.
何业恒，何文君，1990. 试论褐马鸡地理分布的历史变迁[J]. 湖南师范大学：自然科学学报，13(3)：275-280.
黄松，2021. 中国蛇类图鉴[M]. 福州：海峡书局.
蒋志刚，2015. 中国哺乳动物多样性及地理分布[M]. 北京：科学出版社.
李萍，2018. 灵空山自然保护区野生褐马鸡现状调查分析[J]. 山西林业，252(1)：22-23.
李晟，王大军，肖治术，等，2014. 红外相机技术在我国野生动物研究与保护中的应用与前景[J]. 生物多样性，22(6)：685-695.
李世广，郝映红，等，2011. 山西庞泉沟国家级自然保护区蓝翡翠繁殖习性研究[C]. 西安：中国鸟类学研究，154.
李世广，刘焕金，1999. 山西省重点保护陆栖脊椎动物调查报告[M]. 北京：中国林业出版社.
李世广，杨向明，2014. 走进庞泉沟[M]. 北京：中国林业出版社.
李世广，杨向明，武建勇，1998. 中华叶柳莺的繁殖习性[J]. 四川动物(1)：43.
李世广，杨向明，周震宇，2012. 中国褐马鸡古考与现状[J]. 科学之友(2)：140-141.
李世广，张峰，2014. 山西庞泉沟国家级自然保护区生物多样性与保护管理[M]. 北京：中国林业出版社.
梁小明，郝映红，2014. 山西麝类[M]. 太原：山西科学出版社.
刘东来，等，1996. 中国自然保护区[M]. 上海：上海科技教育出版社.
刘焕金，等，1994. 山西省苍鹭的生态调查研究[C]. 中国动物学会成立60年纪念论文摘要汇编：169.
刘焕金，卢欣，兰玉田，等，1988. 庞泉沟自然保护区豹的数量及其保护[J]. 山西林业科技(2)：29-31.
刘焕金，申守义，任建强，等，1988. 庞泉沟自然保护区大嘴乌鸦的数量动态[J]. 动物学杂志(2)：13-15.
刘焕金，申守义，王俊田，等，1988. 庞泉沟自然保护区黑啄木鸟的繁殖生态[J]. 四川动物(3)：21-23.

刘焕金，申守义，吴运仁，等，1988. 庞泉沟自然保护区野猪的数量及其利用[J]. 山西林业科技(4)：10–13.
刘焕金，苏化龙，陈林娜，等，1985. 白头鹀[J]. 野生动物(2)：16–17.
刘焕金，苏化龙，等，1991. 中国雉类——褐马鸡[M]. 北京：中国林业出版社.
刘焕金，苏化龙，冯敬义，等，1985. 庞泉沟自然保护区燕雀冬春季生态初步观察[J]. 四川动物(2)：22–24.
刘焕金，苏化龙，冯敬义，等，1985. 山西省黑鹳的数量分布[J]. 生态学报(5)：193–194.
刘焕金，苏化龙，郭萃文，1990. 山西省褐马鸡现今地理分布[J]. 运城高专学报(4)：48–53.
刘焕金，苏化龙，郭翠文，等，1990. 山西省褐马鸡现今地理分布[J]. 运城高专学报(4)：48–53.
刘焕金，苏化龙，兰玉田，等，1986. 红尾水鸲的繁殖生态[J]. 野生动物(6)：34–38.
刘焕金，苏化龙，任建强，1986. 山西省鸦科鸟类的初步观察[J]. 四川动物(3)：31–33.
刘焕金，苏化龙，申守义，等，1986. 山西省金雕的地理分布[J]. 国土与自然资源研究(3)：36–40.
刘焕金，苏化龙，申守义，等，1987. 赤颈鸫冬季种群结构及其食性分析[J]. 山西大学学报(4)：90–98.
刘焕金，苏化龙，申守义，等，1988. 关帝山鹪鹩繁殖生态的初步研究[J]. 动物学杂志(6)：8–12.
刘焕金，苏化龙，申守义，等，1990. 棕眉山岩鹨冬季生态的初步观察[J]. 动物学杂志(1)：18–22.
刘焕金，武建勇，1989. 山西庞泉沟长尾山椒鸟种群数量[J]. 四川动物(1)：44–45.
陆帅，李建强，宋刚，等，2018. 山西芦芽山和历山发现灰头鸫[J]. 动物学杂志，53(3)：455.
彭培英，郭宪国，2014. 社鼠的研究现状及进展[J]. 四川环境，33(5)：792–800.
任建强，安文山，1992. 长尾山椒鸟的巢及营巢环境[J]. 四川动物(1)：41–42.
任建强，贯建军，郭小明，等，1986. 黄眉柳莺繁殖期种群数量动态的观察[J]. 四川动物(2)：16–18.
任建强，兰玉田，1989. 黑背燕尾繁殖生态的观察[J]. 动物学杂志(3)：28–29.
任建强，温江，1991. 白头鹀冬季种群特征及其食性分析[J]. 山西师大学报(3)：44–50.
山西庞泉沟国家级自然保护区，1999. 山西庞泉沟国家级自然保护区(1980—1999)[M]. 北京：中国林业出版社.
山西省自然保护区管理站，1990. 珍禽褐马鸡[M]. 太原：山西教育出版社.
孙悦华，毕中霖，2003. 四川柳莺实为云南柳莺的同物异名[J]. 动物学杂志，38(6)：109.
王福麟，陈进明，赖荣兴，1985. 褐马鸡古今地理分布的研究[J]. 山西大学学报(自然科学版)(3)：86–89.
王建平，郝映红，王俊田，等，1995. 豹冬季生态的初步研究[J]. 动物学杂志(5)：41–44.
王建平，康继忠，1990. 树鹨的数量及繁殖的初步观察[J]. 四川动物(3)：39–40.
王建平，张军，1992. 旋木雀的繁殖生态观察[J]. 四川动物(1)：16–18.
王俊田，赵文丽，杨向明，1993. 白眉[姬]鹟生态的初步研究[J]. 动物学杂志(1)：20–22.
温江，王俊田，盖强，1992. 庞泉沟保护区豹猫种群数量及对褐马鸡的危害[J]. 山西大学学报(2)：

36-40.
武建勇，1997. 庞泉沟自然保护区白鹡鸰繁殖生态观察[J]. 动物学杂志(3)：35-39.
武建勇，1998. 短翅鸲迁徙动态及种群密度[J]. 动物学杂志(2)：19-21.
武建勇，安文山，薛恩祥，等，1996. 红嘴山鸦繁殖生物学的研究[J]. 生态学杂志(5)：27-30，40.
武建勇，等，1994. 山斑鸠种群密度及繁殖生态[C]. 中国动物学会成立60周年纪念论文集：296-303.
武建勇，任建强，宋丽萍，1993. 野猪及其利用[J]. 大自然(3)：28.
武建勇，王俊田，等，1993. 山麻雀繁殖生态研究[J]. 太原师专学报(4)：24-26.
武建勇，张龙胜，刘焕金，1997. 庞泉沟保护区鸟类近十七年变化情况的研究[J]. 山西林业科技(2)：19-24.
武建勇，周继莲，1997. 庞泉沟保护区建区十五年兽类研究概述[J]. 中国生物圈保护区(1)：39-42.
杨向明，1993. 红角鸮的生态观察[J]. 四川动物(3)：30-31.
杨向明，1993. 陪外宾观鸟记——兼记柳莺一新种[J]. 大自然(4)：9-10.
杨向明，1994. 棕眉柳莺的生态观察[C]. 中国动物学会成立60周年纪念论文集：336-339.
杨向明，1995. 红隼的生态和繁殖生物学观察[J]. 动物学杂志(1)：23-26，373.
杨向明，1999. 庞泉沟保护区鸟类名录调查[J]. 跨世纪教育教学论(二)，185-187.
杨向明，1999. 庞泉沟冠纹柳莺繁殖习性的观察[J]. 四川动物(2)：77.
杨向明，2020. 山西省褐马鸡的分布[J]. 野生动物学报，41(4)：1085-1090.
杨向明，安晓红，梁小明，2002. 山西庞泉沟自然保护区长尾雀繁殖习性观察[J]. 四川动物(2)：99.
杨向明，安晓平，1994. 寒鸦繁殖习性的初步观察[J]. 四川动物(3)：129-134.
杨向明，安晓平，1996. 黄眉姬鹟繁殖生态观察[J]. 动物学杂志(2)：13-16.
杨向明，等. 庞泉沟四种柳莺生态习性的比较[C]. 第三届海峡两岸鸟类学术研讨会论文集. 1996，297-301.
杨向明，李长远，李艳，2005. 庞泉沟山雀科鸟类集群行为的研究[C]. 海口：中国鸟类学研究，137-140.
杨向明，李世广，1998. 山噪鹛繁殖习性的观察[J]. 动物学杂志(2)：35-37.
杨向明，武保平，郭玉永，2018. 庞泉沟陆生野生动物资源监测研究[M]. 北京：中国林业出版社.
约翰·马敬能，菲利普斯，卢和芬，2000. 中国鸟类野外手册[M]. 长沙：湖南教育出版社.
张龙胜，1999. 褐马鸡的分布现状[J]. 野生动物，20(2)：18.
张荣祖，2019. 中国动物地理[M]. 北京：科学出版社.
张正旺，张国钢，宋杰，2000. 褐马鸡的种群现状与保护对策[C]. 中国鸟类学研究一第四届海峡两岸鸟类学术研讨会文集，50-53.
郑光美，2023. 中国鸟类分类与分布名录[M]. 4版. 北京：科学出版社.
中国野生动物保护协会，2002. 中国爬行动物图鉴[M]. 郑州：河南科学技术出版社.

中国野生动物保护协会，2005. 中国哺乳动物图鉴[M]. 郑州：河南科学技术出版社.
中国野生动物保护协会，2020. 中国陆生野生动物保护管理法律法规文件汇编[M]. 北京：中国农业出版社.
朱淑怡，段菲，李晟，2017. 基于红外相机网络促进我国鸟类多样性监测现状、问题与前景[J]. 生物多样性，25(10)：1114-1122.

附 表

表1 山西庞泉沟国家级自然保护区土地资源及利用统计

单位：公顷

土地分类	合计			核心区			缓冲区			实验区		
	小计	国有	集体	小计	国有	集体	小计	国有	集体	小计	国有	集体
合计	10443.50	9745.47	698.03	3542.60	3542.60		1307.60	1298.02	9.58	5593.30	4904.85	688.45
一、林地	10347.94	9745.06	602.88	3542.60	3542.60		1307.60	1298.02	9.58	5497.74	4904.44	593.30
(一)乔木林地	8427.12	7996.89	430.23	3178.32	3178.32		1104.96	1095.38	9.58	4143.84	3723.19	420.65
白桦	1328.88	1324.31	4.57	850.15	850.15		167.98	167.98		310.75	306.18	4.57
云杉	911.26	911.26	0.00	444.12	444.12		150.14	150.14		317.00	317.00	
华北落叶松	3888.08	3548.22	339.86	956.08	956.08		323.99	321.26	2.73	2608.01	2270.88	337.13
辽东栎	34.48	34.48	0.00				32.19	32.19		2.29	2.29	
山杨	1177.75	1172.35	5.40	768.03	768.03		299.63	294.55	5.08	110.09	109.77	0.32
杨类	111.09	103.63	7.46							111.09	103.63	7.46
油松	975.58	902.64	72.94	159.94	159.94		131.03	129.26	1.77	684.61	613.44	71.17
(二)疏林地	472.40	445.61	26.79	110.11	110.11		89.80	89.80		272.49	245.70	26.79
(三)灌木林地	1030.21	950.56	79.65	198.50	198.50		9.60	9.60		822.11	742.46	79.65
(四)未成林造林地	18.71	0.00	18.71							18.71		18.71
(五)宜林荒山荒地	31.75	3.35	28.40							31.75	3.35	28.40
(六)其他无立木林地	367.75	348.65	19.10	55.67	55.67		103.24	103.24		208.84	189.74	19.10
二、非林地	95.56	0.41	95.15							95.56	0.41	95.15
未利用地	29.17	0.00	29.17							29.17		29.17
牧草地		0.00	0.00									
耕地	42.37	0.00	42.37							42.37		42.37
建设用地	13.17	0.00	13.17							13.17		13.17
临时占用	0.41	0.41	0.00							0.41	0.41	
其他用地	9.12	0.00	9.12							9.12		9.12
水域	1.32	0.00	1.32							1.32		1.32

注：引自《山西庞泉沟国家级自然保护区总体规划(2021—2030)》。

表 2　山西庞泉沟国家级自然保护区乔木林面积、蓄积量按起源、优势树种和龄组统计

单位：公顷、立方米

有林地												
合计	乔木林											
	小计		幼龄林		中龄林		近熟林		成熟林		过熟林	
树种	面积	蓄积量	面积	蓄积量	面积	蓄积量	面积	蓄积量	面积	蓄积量	面积	蓄积量
合计	8205.03	1975294.56	426.42	71113.92	4375.92	1171325.53	3032.10	677733.02	270.71	45623.29	99.88	9498.80
落叶松	3329.27	846658.63	35.45	6239.73	2127.43	528402.06	1145.53	310980.10	20.86	1036.74		
油松	1406.00	276223.52	161.99	25150.20	275.94	59614.54	968.07	191458.78				
云杉	1577.00	508545.46	119.21	28676.04	1457.79	479869.42						
辽东栎	482.12	86924.88	90.66	9782.24	223.36	50153.98	168.10	26988.66				
白桦	1239.35	240244.17	5.36	344.91	233.74	47007.23	750.40	148305.48	249.85	44586.55		
山杨	171.29	16697.90	13.75	920.80	57.66	6278.30					99.88	9498.80

注：山西庞泉沟国家级自然保护区森林活立木总蓄积量为 2050847.74 立方米。

表 3　山西庞泉沟国家级自然保护区拍摄的电视片一览

序号	片名	内容提要	片长(分钟)	拍摄及播出情况
1	瑰丽的庞泉沟	庞泉沟瑰丽的自然风光及旅游宣传	15	1998 年
2	走进庞泉沟	系统介绍了庞泉沟美丽的自然风光和十大旅游奇景	45	2002 年
3	前进中的庞泉沟	反映庞泉沟保护区的保护价值和管理建设等情况	29	2002 年
4	勇士归来	以褐马鸡这个古代的“勇士”为主线，在山西庞泉沟国家级自然保护区等工作者的保护下，数量不断回升，昔日的“勇士”走出了濒临灭绝的困境，重新归来	20	2004 年 11 月 26 日 16:36 由 CCTV-7 套《科技苑》栏目首播
5	褐马鸡的乐园	介绍山西、河北、北京、陕西 7 家褐马鸡姊妹保护区的基本情况	30	2009 年中国褐马鸡姊妹保护区秘书处联合摄制
6	褐马鸡纪事之拯救	记录一只褐马鸡被庞泉沟保护区救助的故事	24	2008 年 9 月 4 日 19:59 由 CCTV-10 套在《百科探秘》栏目首播
7	褐马鸡纪事之野放	记录庞泉沟保护区救助褐马鸡重返大自然的故事	24	2008 年 9 月 5 日 19:59 由 CCTV-10 套《百科探秘》栏目首播
8	褐马鸡历险记	记录庞泉沟保护区一窝褐马鸡小生命，经过野化训练放归自然的故事	20	2009 年 3 月 26 日 21:00 在 CCTV-1 套《讲诉》栏目首播
9	山西庞泉沟国家级自然保护区“十一五”工作汇报	系统介绍“十一五”期间庞泉沟国家级自然保护区工作经验与成就	15	2010 年
10	褐马鸡生存调查	以新闻调查的形式反映庞泉沟、芦芽山国家级自然保护区褐马鸡保护现状及保护区工作中存在的问题等	11	2011 年 1 月 18 日在山西卫视《记者调查》栏目首播
11	褐马鸡	系统介绍了褐马鸡的保护价值、生态生物学习性、保护现状等	25	2011 年
12	鹖鸡王国——庞泉沟	庞泉沟国家级自然保护区及褐马鸡的科普介绍	15	2016 年
13	庞泉沟大型兽类	红外相机拍摄下的庞泉沟大型兽类	6	2018 年
14	探秘庞泉沟	庞泉沟国家级自然保护区的生态地位和保护价值	15	2022 年
15	山西庞泉沟国家级自然保护区	山西庞泉沟国家级自然保护区基本情况	15	2022 年

表 4　山西庞泉沟国家级自然保护区各类基地统计

序号	基地名称	挂牌单位	挂牌时间(年)
1	绿色自然与人类活动观察站	山西省生态经济学会	1995
2	山西省爱国主义教育基地	山西省委、省政府	1995
3	吕梁市地级文明单位	吕梁市委、市政府	1996
4	文明单位	交城县委、县政府	1997
5	教学实习基地	山西农业大学	1998
6	山西省德育教育基地	山西省委教育工作委员会	1999
7	全国科普教育基地	中国科学技术协会	1999
8	全国保护母亲河行动教育示范基地	全国保护母亲河行动小组	2000
9	环保教育基地	山西省聋人学校	2003
10	环保教育基地	山西省盲童学校	2003
11	中国青少年探险基地	中国探险家协会	2005
12	全国野生动物疫源疫病监测站	国家林业局	2005
13	生物学教学实习基地	山西大学	2007
14	医学教学基地	山西医科大学	2008
15	鸟类研究基地	中国鸟类学会	2016
16	教学实习基地	太原师范大学	2022
17	教学实习基地	榆林学院	2017
18	全国林草科普基地	国家林业和草原局	2023

表 5 山西庞泉沟国家级自然保护区苔藓植物名录

中文名	学名	濒危等级*	备注
一、叶苔科	Jungermanniaceae		
1. 叶苔属	*Jungermannia*		本期新增
(1)叶苔	*Jungermannia atiovirens*	DD	本期新增
2. 圆叶苔属	*Jamesoniella*		
(2)圆叶苔	*Jamesoniella autumnalis*		
二、羽苔科	Plagiochilaceae		
3. 羽苔属	*Plagiochila*		
(3)中华羽苔	*Plagiochila asplenioides*	LC	
三、耳叶苔科	Frullaniaceae		
4. 耳叶苔属	*Frullania*		
(4)盔瓣耳叶苔	*Frullania muscicola*	LC	
四、蛇苔科	Conocephalaceae		
5. 蛇苔属	*Conocephalum*		
(5)蛇苔	*Conocephalum conicum*	LC	
(6)小蛇苔	*Conocephalum supradecompositum*	LC	
五、地钱科	Marchantiaceae		本期新增
6. 地钱属	*Marchantia*		本期新增
(7)地钱	*Marchantia polymorpha*	LC	本期新增
六、钱苔科	Ricciaceae		本期新增
7. 钱苔属	*Riccia*		本期新增
(8)钱苔	*Riccia glauca*	LC	本期新增
(9)叉钱苔	*Riccia fluitans*	LC	本期新增
七、冠瘤苔科	Grimaldiaceae		
8. 石地钱属	*Reboulia*		
(10)石地钱	*Reboulia hemisphaerica*	LC	
9. 紫背苔属	*Plagiochasma*		
(11)无纹紫背苔	*Plagiochasma intermedium*	LC	
八、大萼苔科	Cephaloziaceae		
10. 拳叶苔属*	*Nowellia*		本期新增
(12)拳叶苔*	*Nowellia curvifolia*	LC	本期新增
九、黑藓科	Andreaeacea		
11. 黑藓属	*Andreaea*		
(13)王氏黑藓	*Andreaea wangiana*	NT	
十、牛毛藓科	Ditrichaceae		
12. 对叶藓属	*Distichium*		
(14)对叶藓	*Distichium capillaceum*	LC	
13. 牛毛藓属	*Ditrichum*		

续表

中文名	学名	濒危等级*	备注
(15)细叶牛毛藓	*Ditrichum pusillum*	LC	
14. 角齿藓属	*Ceratodon*		
(16)角齿藓	*Ceratodon purpureus*	LC	
十一、曲尾藓科	Dicranaceae		
15. 小曲尾藓属	*Dicranella*		本期新增
(17)小曲尾藓	*Dicranella grevilleana*	DD	本期新增
16. 曲背藓属	*Oncophorus*		
(18)曲背藓	*Oncophorus wahlenbergii*	LC	
17. 合睫藓属	*Symblepharis*		本期新增
(19)合睫藓	*Symblepharis vaginata*	LC	本期新增
十二、凤尾藓科	Fissidentaceae		
18. 凤尾藓属	*Fissidens*		
(20)凤尾藓	*Fissidens bryoides*	DD	
十三、大帽藓科	Encalyptaceae		本期新增
19. 大帽藓属	*Encalypta*		本期新增
(21)高山大帽藓	*Encalypta ciliata*	LC	本期新增
十四、丛藓科	Pottiaceac		
20. 丛本藓属	*Anoectangium*		本期新增
(22)扭叶丛本藓	*Anoectangium stracheyanum*	LC	本期新增
21. 净口藓属	*Gymnostomum*		
(23)铜绿净口藓	*Gymnastomum aeruginosum*	LC	
(24)钩喙净口藓	*Gymnastomum recurvirostre*		本期新增
22. 小石藓属	*Weissia*		
(25)缺齿小石藓	*Weissia edentula*	LC	
23. 纽藓属	*Tortella*		
(26)长叶纽藓	*Torella tortuosa*	LC	
24. 拟合睫藓属	*Pseudosymblepharis*		
(27)狭叶拟合睫藓	*Pseudosymblepharis angustata*	LC	
25. 扭口藓属	*Barbula*		
(28)土生扭口藓	*Barbula vinealis*		
(29)扭口藓	*Barbula unguiculata*	LC	
26. 对齿藓属	*Didymodon*		
(30)硬叶对齿藓	*Didymodon rigidulus*		
(31)短叶对齿藓	*Didymodon tectorum*	LC	
(32)尖叶对齿藓	*Didymodon consteictus*		
27. 锯齿藓属	*Prionidium*		
(33)粗锯齿藓	*Prionidium eroso-denticulatum*		
28. 红叶藓属	*Bryoerythraphyllum*		

续表

中文名	学名	濒危等级*	备注
(34)红叶藓	*Bryoerythrophyllum recurrirostrum*	LC	
(35)云南红叶藓	*Bryoerythrophyllum yunnanense*		本期新增
29. 墙藓属	*Tortula*		
(36)大墙藓	*Tortula princeps*		
(37)墙藓	*Tortula subulata*	LC	本期新增
(38)疏齿墙藓	*Tortula norvegica*		
(39)树生墙藓	*Tortula laevipila*		
(40)短尖墙藓	*Tortula schmidii*		
(41)中华墙藓	*Tortula sinensis*		
(42)无疣墙藓	*Tortula mucronifolia*	LC	
30. 薄齿藓属	*Lepodonium*		
(43)薄齿藓	*Lepodonium viticulosoides*	LC	
31. 酸土藓属	*Oxystegus*		
(44)酸土藓	*Oxystegus tenuirostris*		
十五、缩叶藓科	Ptychomitriaceae		本期新增
32. 缩叶藓属	*Ptychomitrium*		本期新增
(45)狭叶缩叶藓	*Ptychomitrium linearifolium*	LC	本期新增
十六、紫萼藓科	Grimmiaceae		
33. 紫萼藓属	*Grimmia*		
(46)毛尖紫萼藓	*Grimmia pilifera*	LC	
(47)山地紫萼藓	*Grimmia montana*		
(48)厚边紫萼藓	*Grimmia unicolor*	LC	
34. 连轴藓属	*Schistidium*		本期新增
(49)圆蒴连轴藓	*Schistidium apocarpum*	LC	本期新增
十七、葫芦藓科	Funariaceae		
35. 立碗藓属	*Physcomitrium*		
(50)立碗藓	*Physcomitrium sphaericum*	LC	
36. 葫芦藓属	*Funaria*		
(51)葫芦藓	*Funaria hygrometrica*	LC	
(52)小口葫芦藓	*Funaria microstoma*	LC	
十八、真藓科	Bryaceac		
37. 平蒴藓属	*Plagiobryum*		
(53)平萌藓	*Plagiobryum zierii*		
38. 真藓属	*Bryum*		
(54)真藓	*Bryum argenteum*	LC	
(55)垂萌真藓	*Bryum uliginosum*		
(56)双色真藓	*Bryum bicolie*	LC	
(57)丛生真藓	*Bryum caespiticium*	LC	

续表

中文名	学名	濒危等级*	备注
(58)沼生真藓	*Bryum knowltonii*	LC	
(59)湿地真藓	*Bryum schleicheri*		
(60)刺叶真藓	*Bryum cirrhatum*	LC	
(61)球萌真藓	*Bryum turbinatum*		
(62)拟三列叶真藓	*Bryum pseudotriquetrum*		本期新增
39. 银藓属	*Anomobryum*		本期新增
(63)银藓	*Anomobryum julaceum*	LC	本期新增
十九、提灯藓科	Mniaceae		
40. 提灯藓属	*Mnium*		
(64)具缘提灯藓	*Mnium marginatum*	LC	本期新增
(65)平肋提灯藓	*Mnium laevinerre*	LC	本期新增
(66)刺叶提灯藓	*Mnium spinosum*	LC	
(67)异叶提灯藓	*Mnium heterophyllum*	LC	
(68)寒地提灯藓	*Mnium afine*		
(69)扇叶提灯藓	*Mnium punctatum*		
41. 葡灯藓属	*Plagiomnium*		
(70)匐灯藓	*Plagiomnium cuspidatum*	LC	
(71)全缘匐灯藓	*Plagiomnium integrum*	LC	本期新增
(72)皱叶匐灯藓	*Plagiomnium arbusculum*	LC	本期新增
(73)圆叶匐灯藓	*Plagiomnium vesicatum*		
(74)缘边锐尖匐灯藓	*Plagiomnium acutum*		
(75)长尖匐灯藓	*Plagiomnium medium*		
42. 毛灯藓属	*Rhizomnium*		本期新增
(76)大叶毛灯藓	*Rhizomnium magnifolium*	LC	本期新增
二十、木灵藓科	Orthotrichaceae		
43. 木灵藓属	*Orthotrichum*		
(77)木灵藓	*Orthotrichum anomalum*	LC	
(78)拟木灵藓	*Orthotrichum affine*	LC	
二十一、白齿藓科	Leucodontaceae		
44. 白齿藓属	*Leucodon*		
(79)白齿藓	*Leucodon sciurodies*	LC	
二十二、平藓科	Neckeraceac		
45. 平藓属	*Neckera*		
(80)平藓	*Neckera pennata*	LC	
(81)多枝平藓	*Neckera polyclada*	LC	本期新增
二十三、鳞藓科	Theliaceae		本期新增
46. 小鼠尾藓属	*Myurella*		本期新增
(82)小鼠尾藓	*Myurella julacea*	LC	本期新增

续表

中文名	学名	濒危等级*	备注
二十四、羽藓科	Thuidiaceae		
47. 小羽藓属	*Haplocladium*		
(83)狭叶小羽藓	*Haplocladium angustifolium*	LC	
(84)东亚小羽藓	*Haplocladium strictulum*	LC	本期新增
48. 羽藓属	*Thuidium*		
(85)毛尖羽藓	*Thuidium philibertii*	NT	
(86)大羽藓(羽藓)	*Thuidium cymbifolium*		
(87)绿羽藓	*Thuidium pycnothallum*	LC	本期新增
49. 山羽藓属	*Abietinella*		
(88)山羽藓	*Abietinella abietina*	LC	
50. 硬羽藓属	*Rauiella*		本期新增
(89)东亚硬羽藓	*Rauiella fujisana*	LC	本期新增
二十五、牛舌藓科	Anomodontaceae		本期新增
51. 牛舌藓属	*Anomodon*		本期新增
(90)小牛舌藓	*Anomodon minor*	LC	本期新增
(91)小牛舌藓全缘亚种	*Anomodon minor* ssp. *integerrimus*		本期新增
52. 羊角藓属	*Herpetineuron*		
(92)羊角藓	*Herpetineuron toccoae*	LC	
二十六、柳叶藓科	Amblystegiaceae		
53. 湿柳藓属	*Hygroamblystegium*		
(93)沼生湿柳藓	*Hygroamblystegium noterophilum*		
54. 柳叶藓属	*Amblystegium*		
(94)湿生柳叶藓刺叶变种	*Amblystegium tenax*	DD	
、(95)柳叶藓长叶变种	*Amblystegium serpens* var. *juratzkamum*	LC	
(96)多姿柳叶藓	*Amblystegium varium*	LC	
55. 镰刀藓属	*Drepanoclodns*		
(97)镰刀藓	*Drepanoclodns aduncus*		本期新增
(98)镰刀藓直叶变种	*Drepanoclodns adunces* var. *pseudofluitans*	LC	
(99)镰刀藓短叶变种	*Drepanoclodns aduncus* var. *kneiffii*		
(100)钩枝镰刀藓	*Drepanoclodns uninatus*		
二十七、青藓科	Brachytheciaceae		
56. 青藓属	*Brachythecium*		
(101)弯叶青藓	*Brachythecium reflexum*	LC	本期新增
(102)褶叶青藓	*Brachythecium salebrosum*	LC	
(103)羽枝青藓	*Brachythecium plumosum*	LC	
(104)羽枝青藓狭叶变种	*Brachythecium plumasum* var. *mimmayae*		
(105)皱叶青藓	*Brachythecium kuroishicum*	LC	
(106)多褶青藓	*Brachythecium buchananii*	LC	

续表

中文名	学名	濒危等级*	备注
(107)青藓	*Brachythecium albicans*	LC	
(108)圆枝青藓	*Brachythecium garovaglioides*	LC	
(109)长肋青藓	*Brachythecium populeum*	LC	
(110)粗枝青藓	*Brachythecium helminthocladum*		本期新增
(111)钩叶青藓	*Brachythecium uncinifolium*	LC	本期新增
57. 鼠尾藓属	*Myuroclada*		
(112)鼠尾藓	*Myuroclada maximoviczii*	LC	
58. 毛尖藓属	*Cirriphyllum*		
(113)毛尖藓	*Cirriphyllum cirrhosum*	LC	
59. 燕尾藓属	*Bryhnia*		本期新增
(114)燕尾藓	*Bryhnia novae-angliae*	LC	本期新增
60. 长喙藓属	*Rhynchostegium*		本期新增
(115)卵叶长喙藓	*Rhynchostegium ovzlifolium*	LC	本期新增
61. 褶叶藓属	*Palamocladium*		本期新增
(116)深绿褶叶藓	*Palamocladium euchloron*	LC	本期新增
二十八、绢藓科	Entodontaceae		
62. 绢藓属	*Entodon*		
(117)厚角绢藓	*Entodon concinnus*	LC	
(118)狭叶绢藓	*Entodon macropodus*		
(119)荫地绢藓	*Entodon caliginosus*		
(120)深绿绢藓	*Entodon luridus*	LC	
(121)绢藓	*Entodon cladorrhizans*	LC	
(122)密叶绢藓	*Entodon compressus*		
(123)亮叶绢藓	*Entodon aeruginosus*	LC	本期新增
(124)钝叶绢藓	*Entodon obtusatus*	LC	本期新增
(125)广叶绢藓	*Entodon flavescens*	LC	本期新增
(126)＊绿叶绢藓	*Entodon viridulus*	LC	本期新增
二十九、灰藓科	Hyonaceae		
63. 金灰藓属	*Pylaisiella*		
(127)金灰藓	*Pylaisiella polyantha*	LC	
(128)东亚金灰藓	*Pylaisiella motheri*	LC	
(129)北方金灰藓	*Pylaisiella selwynii*	LC	
64. 毛灰藓属	*Homomallium*		
(130)毛灰藓	*Homomallium incurvatum*	LC	
(131)东亚毛灰藓	*Homomallium connexum*	LC	
(132)细叶毛灰藓	*Homomallium leptothallum*		
(133)华中毛灰藓	*Homomallium plagiangium*	LC	本期新增
65. 腐木藓属	*Callicladium*		

续表

中文名	学名	濒危等级*	备注
(134)腐木藓	*Callicladium haldanianum*	LC	
66. 灰藓属	*Hypnum*		
(135)大灰藓	*Hypnum plumaeforme*	LC	
(136)灰藓	*Hypnum cupressiforme*	LC	
(137)尖叶灰藓	*Hypnum callichroum*	LC	
(138)弯叶灰藓	*Hypnum hamulosum*	LC	本期新增
67. 美灰藓属	*Eurohypnum*		本期新增
(139)美灰藓	*Eurohypnum leptothallum*	LC	本期新增
68. 鳞叶藓属	*Taxiphyllum*		
(140)鳞叶藓	*Taxiphyllum taxirameum*	LC	
三十、垂枝藓科	Rhytidiaceae		
69. 垂枝藓属	*Rhytidium*		
(141)垂枝藓	*Rhytidium rugosum*	LC	
三十一、塔藓科	Hylocomiaceae		
70. 拟垂枝藓属	*Rhytidiadephus*		
(142)拟垂枝藓	*Rhytidiadephus triquetrus*	LC	
三十二、金发藓科	Polytrichaceae		本期新增
71. 仙鹤藓属	*Atrichum*		本期新增
(143)仙鹤藓	*Atrichum undulatum*		本期新增
三十三、棉藓科	Plagiotheciaceae		本期新增
72. 棉藓属	*Plagiothecium*		本期新增
(144)扁平棉藓	*Plagiothecium neckeroideum*		本期新增
三十四、万年藓科	Climaciaceae		本期新增
73. 万年藓属	*Climacium*		本期新增
(145)东亚万年藓	*Climacium japonicum*	LC	本期新增

注：*代表山西新纪录。*濒危等级源于《中国生物多样性红色名录》(2020)关于物种濒危状况的评估结果：EN 为濒危，VU 为易危，NT 为近危，LC 为无危，DD 数据缺乏；下同。

表 6　山西庞泉沟国家级自然保护区蕨类植物名录

中文名	学名	濒危等级	备注
一、卷柏科	Selaginellaceae		
1. 卷柏属	*Selaginella*		
(1)中华卷柏	*Selaginella sinensis*	LC	
(2)红枝卷柏	*Selaginella sanguinolenta*	LC	本期新增
二、木贼科	Equisetaceae		
2. 木贼属	*Equisetum*		
(3)问荆	*Equisetum arvense*	LC	
(4)草问荆	*Equisetum pratense*	LC	本期新增
(5)林问荆	*Equisetum sylvaticum*	DD	
(6)犬问荆	*Equisetum palustre*	LC	
(7)木贼	*Equisetum hyemale*	LC	本期新增
(8)节节草	*Equisetum ramosissimum*	LC	本期新增
三、蕨科	Pteridiaceae		
3. 蕨属	*Pteridium*		
(9)蕨	*Pteridium aquilinum* var. *latiusculum*	LC	
四、中国蕨科	Sinopteridaceae		
4. 粉背蕨属	*Aleuritopteris*		
(10)银粉背蕨	*Aleuritopteris argentea*	LC	
五、裸子蕨科	Hemionitidaceae		
5. 金毛裸蕨属	*Gymnopteris*		
(11)欧洲金毛裸蕨	*Gymnopteris marantae*	LC	
六、蹄盖蕨科	Athyriaceae		
6. 羽节蕨属	*Gymnocarpium*		
(12)羽节蕨	*Gymnocarpium jessoense*	LC	
(13)欧洲羽节蕨	*Gymnocarpium dryopteris*	LC	本期新增
7. 冷蕨属	*Cystopteris*		
(14)冷蕨	*Cystopteris fragilis*	LC	
(15)欧洲冷蕨	*Cystopteris sudetica*	LC	
8. 蹄盖蕨属	*Athyrium*		
(16)中华蹄盖蕨	*Athyrium sinense*	LC	
(17)东北蹄盖蕨	*Athyrium brevifrons*	LC	
9. 短肠蕨属	*Allantodia*		
(18)黑鳞短肠蕨	*Allantodia crenata*	LC	
七、铁角蕨科	Aspleniaceae		
10. 铁角蕨属	*Asplenium*		
(19)北京铁角蕨	*Asplenium pekinense*	LC	
八、球子蕨科	*Onocleaceae*		本期新增

续表

中文名	学名	濒危等级	备注
11. 荚果蕨属	*Matteuccia*		本期新增
(20)荚果蕨	*Matteuccia struthiopteris*	LC	本期新增
九、岩蕨科	Woodsiaceae		
12. 岩蕨属	*Woodsia*		
(21)华北岩蕨	*Woodsia hancockii*	LC	异名
十、水龙骨科	Polypodiaceae		
13. 瓦韦属	*Lepisorus*		
(22)网眼瓦韦	*Lepisorus clathratus*	LC	
14. 石韦属	*Pyrrosia*		
(23)华北石韦	*Pyrrosia davidii*	LC	

注：蕨类植物按秦仁昌(1978)中国蕨类植物分类系统排序。

表 7　山西庞泉沟国家级自然保护区种子植物名录

中文名	学名	濒危等级	备注
一、松科	Pinaceae		
1. 云杉属	*Picea*		
(1)白杄	*Picea meyeri*	NT	
(2)青杄	*Picea wilsonii*	LC	
2. 落叶松属	*Larix*		
(3)华北落叶松	*Larix principis-rupprechtii*	VU	
3. 松属	*Pinus*		
(4)油松	*Pinus tabulaeformis*	LC	
二、柏科	Cupressaceae		
4. 侧柏属	*Platycladus*		
(5)侧柏	*Platycladus orientalis*	LC	
三、杨柳科	Salicaceae		
5. 杨属	*Populus*		
(6)辽杨	*Populus maximowiczii*	LC	
(7)青杨	*Populus cathayana*	LC	
(8)山杨	*Populus davidiana*	LC	
(9)小青杨	*Populus pseudo-simonii*	LC	
(10)小叶杨	*Populus simonii*	LC	
(11)毛白杨	*Populus tomentosa*	LC	
(12)新疆杨	*Populus alba* var. *pyramidalis*		
(13)北京杨	*Populus* × *beijingensis*		
6. 柳属	*Salix*		
(14)崖柳	*Salix floderusii*		
(15)筐柳	*Salix linearistipularis*	LC	
(16)河北柳	*Salix taishanensis* var. *hebeinica*	LC	
(17)小叶柳	*Salix hypoleuca*	LC	
(18)周至柳	*Salix tangii*	LC	
(19)红皮柳	*Salix sinopurpurea*	LC	
(20)小叶山毛柳	*Salix pseudopermollis*	VU	
(21)光子房泰山柳	*Salix taishanensis* var. *glabra*	NT	
(22)川滇柳	*Salix rehderiana*	LC	
(23)密齿柳	*Salix characta*	LC	
(24)关帝柳	*Salix sinica* var. *semiconnexa*		
(25)齿叶黄花柳	*Salix sinica* var. *dentata*	NT	
(26)中华柳	*Salix cathayana*	LC	
(27)皂柳	*Salix wallichiana*	LC	
(28)康定柳	*Salix paraplesia*	LC	

续表

中文名	学名	濒危等级	备注
(29)垂柳	*Salix babylonica*	LC	
(30)乌柳	*Salix cheilophila*	LC	
(31)紫枝柳	*Salix heterochroma*	LC	
(32)旱柳	*Salix matsudana*	LC	
(33)中国黄花柳	*Salix sinica*	LC	
四、胡桃科	Juglandaceae		
7. 胡桃属	*Juglans*		
(34)胡桃楸	*Juglans mandshurica*	LC	
五、桦木科	Betulaceae		
8. 桦木属	*Betula*		
(35)黑桦	*Betula dahurica*	LC	
(36)红桦	*Betula albosinensis*	LC	
(37)白桦	*Betula platyphylla*	LC	
9. 榛属	*Corylus*		
(38)榛	*Corylus heterophylla*	LC	
(39)毛榛	*Corylus mandshurica*	LC	
10. 虎榛子属	*Ostryopsis*		
(40)虎榛子	*Ostryopsis davidiana*	LC	
六、壳斗科	Fagaceae		
11. 栎属	*Quercus*		
(41)辽东栎	*Quercus wutaishanica*	LC	
七、榆科	Ulmaceae		
12. 榆属	*Ulmus*		
(42)黑榆	*Ulmus davidiana*	LC	
(43)春榆	*Ulmus davidiana* var. *japonica*	LC	
(44)大果榆	*Ulmus macrocarpa*	LC	
(45)榆树	*Ulmus pumila*	LC	
13. 刺榆属	*Hemiptelea*		
(46)刺榆	*Hemiptelea davidii*	LC	
八、桑科	Moraceae		
14. 桑属	*Morus*		
(47)桑	*Morus alba*	LC	
(48)蒙桑	*Morus mongolica*	LC	
(49)鸡桑	*Morus australis*	LC	
15. 葎草属	*Humulus*		
(50)葎草	*Humulus scandens*	LC	
(51)华忽布	*Humulus lupulus* var. *cordifolius*		
16. 大麻属	*Cannabis*		本期新增

续表

中文名	学名	濒危等级	备注
(52)大麻	*Cannabis sativa*	LC	本期新增
九、荨麻科	Urticaceae		
17. 荨麻属	*Urtica*		
(53)麻叶荨麻	*Urtica cannabina*	LC	
(54)狭叶荨麻	*Urtica angustifolia*	LC	
(55)宽叶荨麻	*Urtica laetevirens*	LC	
18. 蝎子草属	*Girardinia*		
(56)蝎子草	*Girardinia suborbiculata*	LC	
19. 墙草属	*Parietaria*		本期新增
(57)墙草	*Parietaria micrantha*	LC	本期新增
十、檀香科	Santalaceae		
20. 百蕊草属	*Thesium*		
(58)百蕊草	*Thesium chinense*	LC	
(59)急折百蕊草	*Thesium refractum*	LC	
十一、桑寄生科	Loranthaceae		
21. 槲寄生属	*Viscum*		
(60)槲寄生	*Viscum coloratum*	LC	
22. 桑寄生属	*Loranthus*		
(61)北桑寄生	*Loranthus tanakae*	LC	
十二、马兜铃科	Aristolochiaceae		
23. 马兜铃属	*Aristolochia*		
(62)北马兜铃	*Aristolochia contorta*	LC	
十三、蓼科	Polygonaceae		
24. 荞麦属	*Fagopyrum*		
(63)苦荞麦	*Fagopyrum tataricum*		
25. 何首乌属	*Fallopia*		本期新增
(64)卷茎蓼	*Fallopia convolvulus*	LC	本期新增
(65)齿翅蓼	*Fallopia dentatoalata*	LC	本期新增
26. 蓼属	*Polygonum*		
(66)两栖蓼	*Polygonum amphibium*	LC	
(67)珠芽蓼	*Polygonum viviparum*	LC	
(68)尼泊尔蓼	*Polygonum nepalense*	LC	
(69)箭叶蓼	*Polygonum sieboldii*	LC	
(70)萹蓄	*Polygonum aviculare*	LC	
(71)拳蓼	*Polygonum bistorta*	LC	
(72)柳叶刺蓼	*Polygonum bungeanum*	LC	
(73)酸模叶蓼	*Polygonum lapathifolium*	LC	
(74)红蓼	*Polygonum orientale*	LC	

续表

中文名	学名	濒危等级	备注
(75)习见蓼	*Polygonum plebeium*	LC	
(76)西伯利亚蓼	*Polygonum sibiricum*	LC	
(77)支柱蓼	*Polygonum suffultum*	LC	
(78)冰川蓼	*Polygonum glaciale*	LC	本期新增
27. 翼蓼属	*Pteroxygonum*		
(79)翼蓼	*Pteroxygonum giraldii*	LC	
28. 大黄属	*Rheum*		
(80)华北大黄	*Rheum franzenbachii*	LC	
29. 酸模属	*Rumex*		
(81)酸模	*Rumex acetosa*	LC	
(82)皱叶酸模	*Rumex crispus*	LC	
(83)巴天酸模	*Rumex patientia*	LC	
(84)毛脉酸模	*Rumex gmelinii*	LC	
十四、藜科	Chenopodiaceae		
30. 轴藜属	*Axyris*		
(85)轴藜	*Axyris amaranthoides*	LC	
31. 虫实属	*Corispermum*		
(86)绳虫实	*Corispermum declinatum*	LC	
32. 沙蓬属	*Agriophyllum*		
(87)沙蓬	*Agriophyllum squarrosum*	LC	
33. 藜属	*Chenopodium*		
(88)东亚市藜	*Chenopodium urbicum*	LC	
(89)藜	*Chenopodium album*	LC	
(90)刺藜	*Chenopodium aristatum*	LC	
(91)菊叶香藜	*Chenopodium foetidum*	LC	
(92)灰绿藜	*Chenopodium glaucum*	LC	
(93)小藜	*Chenopodium serotinum*	LC	
(94)圆头藜	*Chenopodium strictum*	LC	
(95)杂配藜	*Chenopodium hybridum*		
(96)尖头叶藜	*Chenopodium acuminatum*	LC	
34. 地肤属	*Kochia*		
(97)地肤	*Kochia scoparia*	LC	
(98)碱地肤	*Kochia scoparia* var. *sieversiana*	LC	
35. 猪毛菜属	*Salsola*		
(99)猪毛菜	*Salsola collina*	LC	
(100)无翅猪毛菜	*Salsola komarovii*	LC	
36. 碱蓬属	*Suaeda*		
(101)碱蓬	*Suaeda glauca*	LC	

续表

中文名	学名	濒危等级	备注
十五、苋科	Amaranthaceae		
37. 苋属	*Amaranthus*		
(102)反枝苋	*Amaranthus retroflexus*		
(103)尾穗苋	*Amaranthus caudatus*		
(104)苋	*Amaranthus tricolor*		
(105)凹头苋	*Amaranthus lividus*	LC	
十六、马齿苋科	Portulacaceae		
38. 马齿苋属	*Portulaca*		
(106)马齿苋	*Portulaca oleracea*	LC	
十七、石竹科	Caryophyllaceae		
39. 卷耳属	*Cerastium*		
(107)簇生卷耳	*Cerastium fontanum* subsp. *triviale*	LC	
(108)卷耳	*Cerastium arvense*	LC	
40. 无心菜属	*Arenaria*		
(109)灯心草蚤缀	*Arenaria juncea*	LC	异名
(110)蚤缀	*Arenaria serpyllifolia*	LC	异名
41. 狗筋蔓属	*Cucubalus*		
(111)狗筋蔓	*Cucubalus baccifer*	LC	
42. 石竹属	*Dianthus*		
(112)石竹	*Dianthus chinensis*	LC	
(113)瞿麦	*Dianthus superbus*	LC	
43. 种阜草属	*Moehringia*		
(114)种阜草	*Moehringia lateriflora*	LC	
44. 鹅肠菜属	*Myosoton*		
(115)鹅肠菜	*Myosoton aquaticum*	LC	
45. 石头花属	*Gypsophila*		
(116)霞草	*Gypsophila oldhamiana*	LC	异名
46. 孩儿参属	*Pseudostellaria*		本期新增
(117)蔓孩儿参	*Pseudostellaria davidii*	LC	本期新增
(118)异花孩儿参	*Pseudostellaria heterantha*	LC	本期新增
(119)细叶孩儿参	*Pseudostellaria sylvatica*	LC	本期新增
47. 蝇子草属	*Silene*		
(120)麦瓶草	*Silene conoidea*	LC	
(121)喜马拉雅蝇子草	*Silene himalayensis*	LC	
(122)粗壮女娄菜	*Silene firma*	LC	异名
(123)蔓茎蝇子草	*Silene repens*	LC	
(124)石生蝇子草	*Silene tatarinowii*	LC	
(125)女娄菜	*Silene aprica*	LC	

续表

中文名	学名	濒危等级	备注
(126)旱麦瓶草	*Silene jenisseensis*	LC	异名
48. 繁缕属	*Stellaria*		
(127)中国繁缕	*Stellaria chinensis*	LC	
(128)繁缕	*Stellaria media*	LC	
(129)内曲繁缕	*Stellaria infracta*	LC	异名
十八、毛茛科	Ranunculaceae		
49. 乌头属	*Aconitum*		
(130)牛扁	*Aconitum barbatum* var. *puberulum*	LC	
(131)北乌头	*Aconitum kusnezoffii*	LC	
(132)华北乌头	*Aconitum soongaricum*	LC	
(133)高乌头	*Aconitum sinomontanum*	LC	
(134)松潘乌头	*Aconitum sungpanense*	LC	
(135)山西乌头	*Aconitum smithii*	LC	
(136)低矮华北乌头	*Aconitum soongaricum* var. *jeholense*	LC	
50. 类叶升麻属	*Actaea*		
(137)红果类叶升麻	*Actaea erythrocarpa*	LC	
(138)类叶升麻	*Actaea asiatica*	LC	
51. 银莲花属	*Anemone*		
(139)银莲花	*Anemone cathayensis*	LC	
(140)小花草玉梅	*Anemone rivularis* var. *flore-minore*	LC	
(141)大火草	*Anemone tomentosa*	LC	
(142)疏齿银莲花	*Anemone obtusiloba* subsp. *ovalifolia*	LC	
(143)阿尔泰银莲花	*Anemone altaica*	LC	
52. 耧斗菜属	*Aquilegia*		
(144)耧斗菜	*Aquilegia viridiflora*	LC	
(145)华北耧斗菜	*Aquilegia yabeana*		
53. 美花草属	*Callianthemum*		本期新增
(146)川甘美花草	*Callianthemum cuneilobum*		本期新增
54. 升麻属	*Cimicifuga*		
(147)兴安升麻	*Cimicifuga dahurica*	LC	
(148)单穗升麻	*Cimicifuga simplex*	LC	
(149)升麻	*Cimicifuga foetida*	LC	
55. 铁线莲属	*Clematis*		
(150)芹叶铁线莲	*Clematis aethusifolia*	LC	
(151)短尾铁线莲	*Clematis brevicaudata*	LC	
(152)半钟铁线莲	*Clematis ochotensis*	LC	
(153)长瓣铁线莲	*Clematis macropetala*	LC	
(154)白花长瓣铁线莲	*Clematis macropetala* var. *albiflora*	LC	

续表

中文名	学名	濒危等级	备注
(155)石生长瓣铁线莲	*Clematis macropetala* var. *rupestris*		
(156)黄花铁线莲	*Clematis intricata*	LC	
(157)灌木铁线莲	*Clematis fruticosa*	LC	
(158)粉绿铁线莲	*Clematis glauca*	LC	
(159)宽萼圆锥铁线莲	*Clematis terniflora*	LC	
56. 翠雀属	*Delphinium*		
(160)细须翠雀花	*Delphinium siwanense* var. *leptopogon*	LC	
(161)翠雀	*Delphinium grandiflorum*	LC	
57. 碱毛茛属	*Halerpestes*		
(162)长叶碱毛茛	*Halerpestes ruthenica*	LC	
58. 芍药属	*Paeonia*		
(163)芍药	*Paeonia lactiflora*	LC	
(164)草芍药	*Paeonia obovata*	LC	
59. 白头翁属	*Pulsatilla*		
(165)白头翁	*Pulsatilla chinensis*	LC	
60. 毛茛属	*Ranunculus*		
(166)茴茴蒜	*Ranunculus chinensis*	LC	
(167)毛茛	*Ranunculus japonicus*	LC	
(168)高原毛茛	*Ranunculus tanguticus*	LC	
(169)单叶毛茛	*Ranunculus monophyllus*		
61. 驴蹄草属	*Caltha*		
(170)驴蹄草	*Caltha palustris*	LC	
62. 唐松草属	*Thalictrum*		
(171)长喙唐松草	*Thalictrum macrorhynchum*	LC	
(172)亚欧唐松草	*Thalictrum minus*	LC	
(173)长柄唐松草	*Thalictrum przewalskii*	LC	
(174)短梗箭头唐松草	*Thalictrum simplex*	DD	
(175)贝加尔唐松草	*Thalictrum baicalense*	LC	
(176)东亚唐松草	*Thalictrum minus* var. *hypoleucum*	LC	
(177)唐松草	*Thalictrum aquilegifolium* var. *sibiricum*	LC	
(178)瓣蕊唐松草	*Thalictrum petaloideum*	LC	
(179)展枝唐松草	*Thalictrum squarrosum*	LC	
(180)直梗高山唐松草	*Thalictrum alpinum*	LC	
(181)腺毛唐松草	*Thalictrum foetidum*	LC	
63. 金莲花属	*Trollius*		
(182)金莲花	*Trollius chinensis*	LC	
十九、小檗科	Berberidaceae		
64. 小檗属	*Berberis*		

续表

中文名	学名	濒危等级	备注
(183)直穗小檗	*Berberis dasystachya*	LC	
(184)首阳小檗	*Berberis dielsiana*	LC	
(185)细叶小檗	*Berberis poiretii*	LC	
(186)黄芦木	*Berberis amurensis*	LC	
(187)短柄小檗	*Berberis brachypoda*	LC	
二十、防己科	Menispermaceae		
65. 蝙蝠葛属	*Menispermum*		
(188)蝙蝠葛	*Menispermum dauricum*	LC	
二十一、木兰科	Magnoliaceae		
66. 五味子属	*Schisandra*		
(189)五味子	*Schisandra chinensis*	LC	
二十二、罂粟科	Papaveraceae		
67. 白屈菜属	*Chelidonium*		
(190)白屈菜	*Chelidonium majus*	LC	
68. 紫堇属	*Corydalis*		
(191)地丁草	*Corydalis bungeana*	LC	
(192)曲花紫堇	*Corydalis curviflora*	LC	
(193)小黄紫堇	*Corydalis raddeana*	LC	
(194)全叶延胡索	*Corydalis repens*	LC	
(195)齿瓣延胡索	*Corydalis turtschaninovii*	LC	
69. 角茴香属	*Hypecoum*		
(196)角茴香	*Hypecoum erectum*	LC	
(197)细果角茴香	*Hypecoum leptocarpum*	LC	本期新增
70. 罂粟属	*Papaver*		
(198)野罂粟	*Papaver nudicaule*	LC	
二十三、十字花科	Brassicaceae		
71. 南芥属	*Arabis*		
(199)硬毛南芥	*Arabis hirsuta*	LC	
(200)垂果南芥	*Arabis pendula*	LC	
72. 荠属	*Capsella*		
(201)荠菜	*Capsella bursa-pastoris*	LC	异名
73. 碎米荠属	*Cardamine*		
(202)白花碎米荠	*Cardamine leucantha*	LC	
(203)紫花碎米荠	*Cardamine tangutorum*	LC	
74. 离子芥属	*Chorispora*		
(204)离子芥	*Chorispora tenella*	LC	
75. 播娘蒿属	*Descurainia*		
(205)播娘蒿	*Descurainia sophia*	LC	

续表

中文名	学名	濒危等级	备注
76. 花旗杆属	*Dontostemon*		
(206)花旗杆	*Dontostemon dentatus*	LC	
77. 异蕊芥属	*Dimorphostemon*		
(207)山西异蕊芥	*Dimorphostemon shanxiensis*		
78. 葶苈属	*Draba*		
(208)葶苈	*Draba nemorosa*	LC	
(209)光果葶苈	*Draba nemorosa* var. *leiocarpa*		
(210)苞序葶苈	*Draba ladyginii*	LC	
(211)毛葶苈	*Draba eriopoda*	LC	
(212)蒙古葶苈	*Draba mongolica*	LC	
79. 糖芥属	*Erysimum*		
(213)糖芥	*Erysimum bungei*	LC	
(214)小花糖芥	*Erysimum cheiranthoides*	LC	
80. 大蒜芥属	*Sisymbrium*		
(215)垂果大蒜芥	*Sisymbrium heteromallum*	LC	
81. 独行菜属	*Lepidium*		
(216)独行菜	*Lepidium apetalum*	LC	
(217)光果宽叶独行菜	*Lepidium latifolium*	LC	
(218)抱茎独行菜	*Lepidium perfoliatum*	LC	
82. 双果荠属	*Megadenia*		本期新增
(219)双果荠	*Megadenia pygmaea*	LC	本期新增
83. 蔊菜属	*Rorippa*		
(220)沼生蔊菜	*Rorippa islandica*	LC	
84. 菥蓂属	*Thlaspi*		本期新增
(221)菥蓂	*Thlaspi arvense*	LC	本期新增
二十四、景天科	Crassulaceae		
85. 瓦松属	*Orostachys*		
(222)瓦松	*Orostachys fimbriatus*	LC	
86. 八宝属	*Hylotelephium*		
(223)八宝	*Hylotelephium erythrostictum*	LC	
(224)白八宝	*Hylotelephium pallescens*	LC	
(225)狭穗八宝	*Hylotelephium angustum*	LC	
(226)华北八宝	*Hylotelephium tatarinowii*	LC	本期新增
87. 红景天属	*Rhodiola*		
(227)狭叶红景天	*Rhodiola kirilowii*	LC	
(228)小丛红景天	*Rhodiola dumulosa*	LC	
(229)红景天	*Rhodiola rosea*	VU	
88. 景天属	*Sedum*		

续表

中文名	学名	濒危等级	备注
(230)费菜	*Sedum aizoon*	LC	
(231)垂盆草	*Sedum sarmentosum*	LC	
(232)堪察加景天	*Sedum kamtschaticum*	LC	
二十五、虎耳草科	Saxifragaceae		
89. 梅花草属	*Parnassia*		
(233)梅花草	*Parnassia palustris*	LC	
(234)细叉梅花草	*Parnassia oreophila*	LC	
90. 落新妇属	*Astilbe*		
(235)落新妇	*Astilbe chinensis*	LC	异名
91. 金腰属	*Chrysosplenium*		
(236)互叶金腰	*Chrysosplenium alternifolium* var. *sibiricum*		
(237)柔毛金腰	*Chrysosplenium pilosum* var. *valdepilosum*	LC	
(238)五台金腰	*Chrysosplenium serreanum*	LC	本期新增
(239)中华金腰	*Chrysosplenium sinicum*	LC	
92. 溲疏属	*Deutzia*		
(240)大花溲疏	*Deutzia grandiflora*	LC	
93. 绣球属	*Hydrangea*		
(241)东陵绣球	*Hydrangea bretschneideri*	LC	
94. 山梅花属	*Philadelphus*		
(242)太平花	*Philadelphus pekinensis*	LC	
(243)疏花山梅花	*Philadelphus laxiflorus*	LC	
(244)毛萼山梅花	*Philadelphus dasycalyx*	LC	
(245)山梅花	*Philadelphus incanus*	LC	
95. 茶藨子属	*Ribes*		
(246)大刺茶藨子	*Ribes alpestre* var. *gigantem*	LC	本期新增
(247)刺果茶藨子	*Ribes burejense*	LC	异名
(248)瘤糖茶藨子	*Ribes himalense*	LC	
(249)腺毛茶藨子	*Ribes giraldii*	LC	
(250)冰川茶藨子	*Ribes glaciale*	LC	本期新增
(251)长白茶藨子	*Ribes komarovii*	LC	
(252)东北茶藨子	*Ribes mandshuricum*	LC	
(253)疏毛东北茶藨子	*Ribes mandshuricum* var. *subglabrum*	LC	异名
(254)美丽茶藨子	*Ribes pulchellum*	LC	
96. 虎耳草属	*Saxifraga*		
(255)球茎虎耳草	*Saxifraga sibirica*	LC	
(256)五台虎耳草	*Saxifraga unguiculata* var. *limprichtii*	LC	
二十六、蔷薇科	Rosaceae		
97. 龙牙草属	*Agrimonia*		

续表

中文名	学名	濒危等级	备注
(257)龙牙草	*Agrimonia pilosa*	LC	
(258)黄龙尾	*Agrimonia pilosa* var. *nepalensis*	LC	
98. 樱属	*Cerasus*		
(259)毛樱桃	*Cerasus tomentosa*	LC	
99. 路边青属	*Geum*		
(260)路边青	*Geum aleppicum*	LC	
100. 地蔷薇属	*Chamaerhodos*		
(261)地蔷薇	*Chamaerhodos erecta*	LC	
(262)灰毛地蔷薇	*Chamaerhodos canescens*	LC	
101. 栒子属	*Cotoneaster*		
(263)水栒子	*Cotoneaster multiflorus*	LC	
(264)西北栒子	*Cotoneaster zabelii*	LC	
(265)灰栒子	*Cotoneaster acutifolius*	DD	
(266)毛叶水栒子	*Cotoneaster submultiflorus*	LC	
102. 山楂属	*Crataegus*		
(267)华中山楂	*Crataegus wilsonii*	LC	
(268)辽宁山楂	*Crataegus sanguinea*	LC	
(269)甘肃山楂	*Crataegus kansuensis*	LC	
(270)山楂	*Crataegus pinnatifida*	LC	
103. 蛇莓属	*Duchesnea*		
(271)蛇莓	*Duchesnea indica*	LC	
104. 草莓属	*Fragaria*		
(272)东方草莓	*Fragaria orientalis*	LC	
105. 苹果属	*Malus*		
(273)山荆子	*Malus baccata*	LC	
106. 稠李属	*Padus*		
(274)稠李	*Padus racemosa*	LC	
(275)毛叶稠李	*Padus racemosa* var. *pubescens*	LC	
107. 委陵菜属	*Potentilla*		
(276)鹅绒委陵菜	*Potentilla anserina*	LC	
(277)委陵菜	*Potentilla chinensis*	LC	
(278)翻白草	*Potentilla discolor*	LC	
(279)金露梅	*Potentilla fruticosa*	LC	
(280)银露梅	*Potentilla glabra*	DD	
(281)白毛银露梅	*Potentilla glabra* var. *mandshurica*	LC	
(282)皱叶委陵菜	*Potentilla ancistrifolia*	LC	
(283)多茎委陵菜	*Potentilla multicaulis*	LC	
(284)掌叶多裂委陵菜	*Potentilla multifida*	LC	

续表

中文名	学名	濒危等级	备注
(285)绢毛匍匐委陵菜	*Potentilla reptans* var. *sericophylla*	LC	别字
(286)钉柱委陵菜	*Potentilla saundersiana*	LC	
(287)丛生钉柱委陵菜	*Potentilla saundersiana* var. *caespitosa*	LC	
(288)西山委陵菜	*Potentilla sischanensis*	DD	
(289)二裂叶委陵菜	*Potentilla bifurca*	LC	异名
(290)腺毛委陵菜	*Potentilla longifolia*	LC	
(291)朝天委陵菜	*Potentilla supina*	LC	
(292)三叶委陵菜	*Potentilla freyniana*	LC	
(293)菊叶委陵菜	*Potentilla tanacetifolia*	LC	
(294)等齿委陵菜	*Potentilla simulatrix*	LC	
108. 梨属	*Pyrus*		
(295)杜梨	*Pyrus betulifolia*	LC	
109. 李属	*Prunus*		
(296)山桃	*Prunus davidiana*	LC	
(297)李	*Prunus salicina*	LC	
(298)山杏	*Prunus sibirica*		
(299)榆叶梅	*Prunus triloba*	LC	
110. 蔷薇属	*Rosa*		
(300)美蔷薇	*Rosa bella*	LC	
(301)山刺玫	*Rosa davurica*	LC	
(302)钝叶蔷薇	*Rosa sertata*	LC	
(303)黄刺玫	*Rosa xanthina*	LC	
(304)黄蔷薇	*Rosa hugonis*	LC	
111. 悬钩子属	*Rubus*		
(305)牛叠肚	*Rubus crataegifolius*	LC	
(306)弓茎悬钩子	*Rubus flosculosus*	LC	
(307)覆盆子	*Rubus idaeus*	LC	
(308)华北覆盆子	*Rubus idaeus* var. *borealisinensis*		
(309)茅莓	*Rubus parvifolius*	LC	
112. 地榆属	*Sanguisorba*		
(310)地榆	*Sanguisorba officinalis*	LC	
(311)长叶地榆	*Sanguisorba officinalis* var. *longifolia*	LC	
113. 羽衣草属	*Alchemilla*		
(312)纤细羽衣草	*Alchemilla gracilis*	LC	
114. 珍珠梅属	*Sorbaria*		
(313)华北珍珠梅	*Sorbaria kirilowii*	LC	
115. 花楸属	*Sorbus*		
(314)北京花楸	*Sorbus discolor*	LC	

续表

中文名	学名	濒危等级	备注
(315)花楸树	*Sorbus pohuashanensis*	LC	
116. 绣线菊属	*Spiraea*		
(316)蒙古绣线菊	*Spiraea mongolica*	LC	
(317)土庄绣线菊	*Spiraea pubescens*	LC	
(318)三裂绣线菊	*Spiraea trilobata*	LC	
(319)疏毛绣线菊	*Spiraea hirsuta*	LC	
(320)绢毛绣线菊	*Spiraea sericea*	LC	
(321)耧斗叶绣线菊	*Spiraea aquilegifolia*	LC	异名
(322)毛果绣线菊	*Spiraea trichocarpa*	LC	
二十七、豆科	Fabaceae		
117. 黄芪属	*Astragalus*		
(323)灰叶黄芪	*Astragalus discolor*	LC	
(324)直立黄芪	*Astragalus adsurgens*	LC	
(325)草珠黄芪	*Astragalus capillipes*		本期新增
(326)背扁黄芪	*Astragalus complanatus*	LC	
(327)达乌里黄芪	*Astragalus dahuricus*	LC	
(328)草木樨状黄芪	*Astragalus melilotoides*	LC	
(329)糙叶黄芪	*Astragalus scaberrimus*	LC	
(330)小果黄芪	*Astragalus tataricus*	LC	
(331)鸡峰黄芪	*Astragalus kifonsanicus*	LC	
(332)黄芪	*Astragalus membranaceus*	LC	
(333)蒙古黄芪	*Astragalus membranaceus* var. *mongholicus*	VU	
118. 杭子梢属	*Campylotropis*		
(334)杭子梢	*Campylotropis macrocarpa*	LC	
119. 锦鸡儿属	*Caragana*		
(335)狭叶锦鸡儿	*Caragana stenophylla*	LC	
(336)鬼箭锦鸡儿	*Caragana jubata*	LC	
(337)柠条锦鸡儿	*Caragana korshinskii*	LC	
(338)小叶锦鸡儿	*Caragana microphylla*	LC	
(339)甘蒙锦鸡儿	*Caragana opulens*	LC	
120. 木蓝属	*Indigofera*		
(340)河北木蓝	*Indigofera bungeana*	LC	异名
121. 米口袋属	*Gueldenstaedtia*		
(341)米口袋	*Gueldenstaedtia verna* subsp. *multiflora*	LC	
(342)狭叶米口袋	*Gueldenstaedtia stenophylla*		
122. 甘草属	*Glycyrrhiza*		
(343)甘草	*Glycyrrhiza uralensis*	NT	
123. 山黧豆属	*Lathyrus*		

续表

中文名	学名	濒危等级	备注
(344)矮香豌豆	*Lathyrus humilis*	LC	异名
124. 胡枝子属	*Lespedeza*		
(345)尖叶铁扫帚	*Lespedeza juncea*	LC	
(346)胡枝子	*Lespedeza bicolor*	LC	
(347)达乌里胡枝子	*Lespedeza davurica*	LC	异名
(348)多花胡枝子	*Lespedeza floribunda*	LC	
125. 苜蓿属	*Medicago*		
(349)天蓝苜蓿	*Medicago lupulina*	LC	
(350)小苜蓿	*Medicago minima*	LC	
(351)野苜蓿	*Medicago falcata*	LC	
(352)紫苜蓿	*Medicago sativa*		
(353)花苜蓿	*Medicago ruthenica*	LC	
126. 草木樨属	*Melilotus*		
(354)白花草木樨	*Melilotus albus*	LC	
(355)黄香草木樨	*Melilotus officinalis*	LC	
127. 棘豆属	*Oxytropis*		
(356)二色棘豆	*Oxytropis bicolor*	LC	异名
(357)蓝花棘豆	*Oxytropis coerulea*	LC	
(358)硬毛棘豆	*Oxytropis hirta*	LC	
(359)砂珍棘豆	*Oxytropis racemosa*	LC	
128. 槐属	*Sophora*		
(360)槐	*Sophora japonica*		
(361)苦参	*Sophora flavescens*	LC	
129. 野决明属	*Thermopsis*		异名
(362)披针叶野决明	*Thermopsis lanceolata*	LC	异名
130. 野豌豆属	*Vicia*		
(363)山野豌豆	*Vicia amoena*	LC	
(364)大花野豌豆	*Vicia bungei*	LC	异名
(365)广布野豌豆	*Vicia cracca*	LC	
(366)歪头菜	*Vicia unijuga*	LC	
(367)大野豌豆	*Vicia gigantea*	LC	
二十八、酢浆草科	Oxalidaceae		
131. 酢浆草属	*Oxalis*		
(368)酢浆草	*Oxalis corniculata*	LC	
二十九、牻牛儿苗科	Geraniaceae		
132. 牻牛儿苗属	*Erodium*		
(369)牻牛儿苗	*Erodium stephanianum*	LC	
133. 老鹳草属	*Geranium*		

续表

中文名	学名	濒危等级	备注
(370)毛蕊老鹳草	*Geranium platyanthum*	LC	
(371)粗根老鹳草	*Geranium dahuricum*	LC	异名
(372)鼠掌老鹳草	*Geranium sibiricum*	LC	
(373)草地老鹳草	*Geranium pratense*	LC	异名
(374)灰背老鹳草	*Geranium wlassowianum*	LC	
三十、旱金莲科	Tropaeolaceae		
134. 旱金莲属	*Tropaeolum*		
(375)旱金莲	*Tropaeolum majus*	LC	
三十一、亚麻科	Linaceae		
135. 亚麻属	*Linum*		
(376)野亚麻	*Linum stelleroides*	LC	
三十二、蒺藜科	Zygophyllaceae		
136. 蒺藜属	*Tribulus*		
(377)蒺藜	*Tribulus terrester*	LC	
三十三、苦木科	Simaroubaceae		
137. 臭椿属	*Ailanthus*		
(378)臭椿	*Ailanthus altissima*	LC	
三十四、远志科	Polygalaceae		
138. 远志属	*Polygala*		
(379)西伯利亚远志	*Polygala sibirica*	LC	
(380)远志	*Polygala tenuifolia*	LC	
三十五、大戟科	Euphorbiaceae		
139. 雀舌木属	*Leptopus*		
(381)雀儿舌头	*Leptopus chinensis*	LC	异名
140. 大戟属	*Euphorbia*		
(382)乳浆大戟	*Euphorbia esula*	LC	
(383)大戟	*Euphorbia pekinensis*	LC	
(384)钩腺大戟	*Euphorbia sieboldiana*	LC	
(385)地锦	*Euphorbia humifusa*	LC	
141. 地构叶属	*Speranskia*		
(386)地构叶	*Speranskia tuberculata*	LC	
142. 铁苋菜属	*Acalypha*		
(387)铁苋菜	*Acalypha australis*	LC	
三十六、漆树科	Anacardiaceae		
143. 黄栌属	*Cotinus*		
(388)黄栌	*Cotinus coggygria* var. *pubescens*		
三十七、卫矛科	Celastraceae		
144. 卫矛属	*Euonymus*		

续表

中文名	学名	濒危等级	备注
(389)白杜	*Euonymus maackii*	LC	异名
(390)小卫矛	*Euonymus nanoides*	LC	
(391)八宝茶	*Euonymus semenovii*		
(392)卫矛	*Euonymus alatus*		
(393)毛脉卫矛	*Euonymus alatus* var. *pubescens*		
三十八、槭树科	Aceraceae		
145. 槭属	*Acer*		
(394)色木槭	*Acer mono*	LC	异名
(395)元宝槭	*Acer truncatum*	LC	异名
(396)茶条槭	*Acer ginnala*	LC	
三十九、凤仙花科	Balsaminaceae		
146. 凤仙花属	*Impatiens*		
(397)水金凤	*Impatiens noli-tangere*	LC	
四十、鼠李科	Rhamnaceae		
147. 鼠李属	*Rhamnus*		
(398)鼠李	*Rhamnus davurica*	LC	
(399)圆叶鼠李	*Rhamnus globosa*	LC	
(400)黑桦树	*Rhamnus maximovicziana*	LC	
(401)毛冻绿	*Rhamnus utilis* var. *hypochrysa*	LC	
(402)小叶鼠李	*Rhamnus parvifolia*	LC	
(403)柳叶鼠李	*Rhamnus erythroxylon*		
(404)冻绿	*Rhamnus utilis*	LC	
148. 雀梅藤属	*Sageretia*		
(405)少脉雀梅藤	*Sageretia paucicostata*	LC	
149. 枣属	*Ziziphus*		
(406)酸枣	*Ziziphus jujuba* var. *spinosa*	LC	
四十一、葡萄科	Vitaceae		
150. 蛇葡萄属	*Ampelopsis*		
(407)乌头叶蛇葡萄	*Ampelopsis aconitifolia*	LC	
(408)掌裂草葡萄	*Ampelopsis aconitifolia* var. *palmiloba*	LC	
(409)葎叶蛇葡萄	*Ampelopsis humulifolia*	LC	
151. 葡萄属	*Vitis*		
(410)山葡萄	*Vitis amurensis*	LC	
四十二、椴树科	Tiliaceae		
152. 椴树属	*Tilia*		
(411)蒙椴	*Tilia mongolica*	LC	
153. 扁担杆属	*Grewia*		
(412)小花扁担杆	*Grewia biloba* var. *parviflora*	LC	

续表

中文名	学名	濒危等级	备注
四十三、锦葵科	Malvaceae		
154. 苘麻属	*Abutilon*		
(413)苘麻	*Abutilon theophrasti*	LC	
155. 木槿属	*Hibiscus*		
(414)野西瓜苗	*Hibiscus trionum*	LC	
156. 锦葵属	*Malva*		
(415)野葵	*Malva verticillata*	LC	
(416)冬葵	*Malva crispa*	LC	
四十四、藤黄科	Clusiaceae		
157. 金丝桃属	*Hypericum*		
(417)黄海棠	*Hypericum ascyron*	LC	
(418)赶山鞭	*Hypericum attenuatum*	LC	
(419)突脉金丝桃	*Hypericum przewalskii*	LC	本期新增
四十五、柽柳科	Tamaricaceae		
158. 柽柳属	*Tamarix*		
(420)甘蒙柽柳	*Tamarix austromongolica*	LC	
(421)柽柳	*Tamarix chinensis*	LC	
四十六、堇菜科	Violaceae		
159. 堇菜属	*Viola*		
(422)早开堇菜	*Viola prionantha*	LC	
(423)鸡腿堇菜	*Viola acuminata*	LC	
(424)球果堇菜	*Viola collina*	LC	
(425)南山堇菜	*Viola chaerophylloides*	LC	
(426)裂叶堇菜	*Viola dissecta*	LC	
(427)双花堇菜	*Viola biflora*	LC	
(428)蒙古堇菜	*Viola mongolica*	LC	
(429)紫花地丁	*Viola philippica*	LC	
(430)斑叶堇菜	*Viola variegata*	LC	本期新增
四十七、瑞香科	Thymelaeaceae		
160. 瑞香属	*Daphne*		
(431)黄瑞香	*Daphne giraldii*	LC	
161. 狼毒属	*Stellera*		
(432)狼毒	*Stellera chamaejasme*	LC	
四十八、胡颓子科	Elaeagnaceae		
162. 沙棘属	*Hippophae*		
(433)沙棘	*Hippophae rhamnoides*	LC	
163. 胡颓子属	*Elaeagnus*		
(434)牛奶子	*Elaeagnus umbellata*		

续表

中文名	学名	濒危等级	备注
四十九、柳叶菜科	Onagraceae		
164. 露珠草属	*Circaea*		
(435)高山露珠草	*Circaea alpina*	LC	
165. 柳叶菜属	*Epilobium*		
(436)毛脉柳叶菜	*Epilobium amurense*	LC	
(437)柳兰	*Epilobium angustifolium*	LC	
(438)柳叶菜	*Epilobium hirsutum*	LC	
(439)沼生柳叶菜	*Epilobium palustre*	LC	
(440)小花柳叶菜	*Epilobium parviflorum*	LC	
五十、五加科	Araliaceae		
166. 五加属	*Acanthopanax*		
(441)刺五加	*Acanthopanax senticosus*	LC	
五十一、伞形科	Apiaceae		
167. 当归属	*Angelica*		
(442)白芷	*Angelica dahurica*	LC	
168. 山芹属	*Ostericum*		本期新增
(443)大齿山芹	*Ostericum grosseserratum*	LC	本期新增
169. 柴胡属	*Bupleurum*		
(444)秦岭柴胡	*Bupleurum longicaule*	LC	
(445)北柴胡	*Bupleurum chinense*	LC	
(446)红柴胡	*Bupleurum scorzonerifolium*	LC	
(447)黑柴胡	*Bupleurum smithii*	LC	
170. 峨参属	*Anthriscus*		
(448)峨参	*Anthriscus sylvestris*	LC	
171. 葛缕子属	*Carum*		
(449)田葛缕子	*Carum buriaticum*	LC	
(450)葛缕子	*Carum carvi*	LC	
172. 蛇床属	*Cnidium*		
(451)蛇床	*Cnidium monnieri*	LC	
173. 胡萝卜属	*Daucus*		
(452)野胡萝卜	*Daucus carota*		
174. 独活属	*Heracleum*		
(453)山西独活	*Heracleum schansianum*		
(454)短毛独活	*Heracleum moellendorffii*	LC	本期新增
175. 藁本属	*Ligusticum*		
(455)辽藁本	*Ligusticum jeholense*	LC	
(456)岩茴香	*Ligusticum tachiroei*	LC	本期新增
176. 棱子芹属	*Pleurospermum*		

续表

中文名	学名	濒危等级	备注
(457)棱子芹	*Pleurospermum camtschaticum*	LC	
177. 羌活属	*Notopterygium*		
(458)宽叶羌活	*Notopterygium forbesii*	LC	
178. 防风属	*Saposhnikovia*		
(459)防风	*Saposhnikovia divaricata*	LC	
179. 前胡属	*Peucedanum*		
(460)华北前胡	*Peucedanum harry-smithii*	LC	
180. 茴芹属	*Pimpinella*		
(461)羊红膻	*Pimpinella thellungiana*	LC	
181. 变豆菜属	*Sanicula*		
(462)变豆菜	*Sanicula chinensis*	LC	
182. 迷果芹属	*Sphallerocarpus*		
(463)迷果芹	*Sphallerocarpus gracilis*	LC	
183. 窃衣属	*Torilis*		
(464)小窃衣	*Torilis japonica*	LC	
五十二、山茱萸科	Cornaceae		
184. 梾木属	*Swida*		
(465)沙梾	*Swida bretschneideri*	LC	
(466)卷毛沙梾	*Swida bretschneideri* var. *crispa*	LC	
(467)梾木	*Swida macrophylla*	LC	
五十三、鹿蹄草科	Pyrolaceae		
185. 独丽花属	*Moneses*		本期新增
(468)独丽花	*Moneses uniflora*	LC	本期新增
186. 水晶兰属	*Monotropa*		
(469)松下兰	*Monotropa hypopitys*	LC	
(470)毛花松下兰	*Monotropa hypopitys* var. *hirsuta*		
187. 鹿蹄草属	*Pyrola*		
(471)鹿蹄草	*Pyrola calliantha*	LC	
(472)红花鹿蹄草	*Pyrola incarnata*	LC	
(473)山西鹿蹄草	*Pyrola shanxiensis*	LC	
五十四、杜鹃花科	Ericaceae		本期新增
188. 杜鹃属	*Rhododendron*		本期新增
(474)照山白	*Rhododendron micranthum*	LC	本期新增
五十五、报春花科	Primulaceae		
189. 七瓣莲属	*Trientalis*		
(475)七瓣莲	*Trientalis europaea*	LC	
190. 点地梅属	*Androsace*		
(476)小点地梅	*Androsace gmelinii*	LC	

续表

中文名	学名	濒危等级	备注
(477)东北点地梅	*Androsace filiformis*	LC	
(478)北点地梅	*Androsace septentrionalis*	LC	
(479)点地梅	*Androsace umbellata*	LC	
191. 假报春属	*Cortusa*		
(480)河北假报春	*Cortusa matthioli* subsp. *Pekinensis*	LC	
192. 珍珠菜属	*Lysimachia*		
(481)狼尾花	*Lysimachia barystachys*	LC	异名
(482)狭叶珍珠菜	*Lysimachia pentapetala*	LC	
193. 报春花属	*Primula*		
(483)胭脂花	*Primula maximowiczii*	LC	
(484)岩生报春	*Primula saxatilis*	VU	
五十六、木樨科	Oleaceae		异名
194. 梣属	*Fraxinus*		
(485)小叶梣	*Fraxinus bungeana*	LC	
195. 丁香属	*Syringa*		
(486)暴马丁香	*Syringa reticulata* var. *amurensis*	LC	
五十七、龙胆科	Gentianaceae		
196. 龙胆属	*Gentiana*		
(487)达乌里秦艽	*Gentiana dahurica*	LC	
(488)大花秦艽	*Gentiana macrophylla* var. *fetissowii*		
(489)假水生龙胆	*Gentiana pseudo-aquatica*	LC	
(490)灰绿龙胆	*Gentiana yokusai*	LC	
(491)秦艽	*Gentiana macrophylla*	LC	
(492)鳞叶龙胆	*Gentiana squarrosa*	LC	
(493)笔龙胆	*Gentiana zollingeri*	LC	本期新增
197. 扁蕾属	*Gentianopsis*		
(494)湿生扁蕾	*Gentianopsis paludosa*	LC	
(495)卵叶扁蕾	*Gentianopsis paludosa* var. *ovatodeltoidea*	LC	
(496)扁蕾	*Gentianopsis barbata*	LC	
198. 肋柱花属	*Lomatogonium*		
(497)辐状肋柱花	*Lomatogonium rotatum*	LC	
199. 喉毛花属	*Comastoma*		
(498)皱边喉毛花	*Comastoma polycladum*	LC	
200. 假龙胆属	*Gentianella*		
(499)尖叶假龙胆	*Gentianella acuta*	LC	
201. 花锚属	*Halenia*		
(500)花锚	*Halenia corniculata*	LC	
(501)椭圆叶花锚	*Halenia elliptica*	LC	

续表

中文名	学名	濒危等级	备注
202. 翼萼蔓属	*Pterygocalyx*		
(502)翼萼蔓	*Pterygocalyx volubilis*	LC	
203. 獐牙菜属	*Swertia*		
(503)红直獐牙菜	*Swertia erythrosticta*	LC	
(504)华北獐牙菜	*Swertia wolfangiana*	LC	
(505)北方獐牙菜	*Swertia diluta*	LC	
(506)瘤毛獐牙菜	*Swertia pseudochinensis*	LC	
(507)獐牙菜	*Swertia bimaculata*	LC	
(508)歧伞獐牙菜	*Swertia dichotoma*	LC	
五十八、萝藦科	Asclepiadaceae		
204. 杠柳属	*Periploca*		
(509)杠柳	*Periploca sepium*	LC	
205. 鹅绒藤属	*Cynanchum*		
(510)鹅绒藤	*Cynanchum chinense*	LC	
(511)牛皮消	*Cynanchum auriculatum*	LC	
(512)白首乌	*Cynanchum bungei*	DD	
(513)竹灵消	*Cynanchum inamoenum*	LC	
(514)华北白前	*Cynanchum hancockianum*	LC	
(515)太行白前	*Cynanchum taihangense*	LC	
(516)地梢瓜	*Cynanchum thesioides*	LC	
五十九、旋花科	Convolvulaceae		
206. 打碗花属	*Calystegia*		
(517)打碗花	*Calystegia hederacea*	LC	
(518)旋花	*Calystegia sepium*	LC	
207. 旋花属	*Convolvulus*		
(519)田旋花	*Convolvulus arvensis*	LC	
208. 菟丝子属	*Cuscuta*		
(520)菟丝子	*Cuscuta chinensis*	LC	
(521)南方菟丝子	*Cuscuta australis*	LC	
(522)欧洲菟丝子	*Cuscuta europaea*	LC	本期新增
(523)日本菟丝子	*Cuscuta japonica*	LC	异名
六十、花荵科	Polemoniaceae		
209. 花荵属	*Polemonium*		
(524)花荵	*Polemonium coeruleum*	LC	
六十一、紫草科	Boraginaceae		
210. 鹤虱属	*Lappula*		
(525)鹤虱	*Lappula myosotis*	LC	
(526)异刺鹤虱	*Lappula heteracantha*	LC	

续表

中文名	学名	濒危等级	备注
(527)山西鹤虱	*Lappula shanhsiensis*	LC	
211. 琉璃草属	*Cynoglossum*		
(528)大果琉璃草	*Cynoglossum divaricatum*	LC	
212. 车前紫草属	*Sinojohnstonia*		
(529)短蕊车前紫草	*Sinojohnstonia moupinensis*	LC	
213. 斑种草属	*Bothriospermum*		
(530)斑种草	*Bothriospermum chinense*	LC	
214. 肺草属	*Pulmonaria*		
(531)腺毛肺草	*Pulmonaria mollissima*	LC	
215. 狼紫草属	*Lycopsis*		
(532)狼紫草	*Lycopsis orientalis*	LC	
216. 紫草属	*Lithospermum*		
(533)田紫草	*Lithospermum arvense*	LC	
217. 滨紫草属	*Mertensia*		本期新增
(534)大叶滨紫草	*Mertensia sibirica*	LC	本期新增
218. 附地菜属	*Trigonotis*		
(535)附地菜	*Trigonotis peduncularis*	LC	
(536)钝萼附地菜	*Trigonotis amblyosepala*	LC	
219. 勿忘草属	*Myosotis*		
(537)勿忘草	*Myosotis silvatica*	LC	
六十二、唇形科	Lamiaceae		
220. 筋骨草属	*Ajuga*		
(538)筋骨草	*Ajuga ciliata*	LC	
(539)白苞筋骨草	*Ajuga lupulina*	LC	
221. 水棘针属	*Amethystea*		
(540)水棘针	*Amethystea caerulea*	LC	
222. 青兰属	*Dracocephalum*		
(541)香青兰	*Dracocephalum moldavica*	LC	
(542)毛建草	*Dracocephalum rupestre*	LC	
223. 香薷属	*Elsholtzia*		
(543)香薷	*Elsholtzia ciliata*	LC	
(544)密花香薷	*Elsholtzia densa*	LC	
(545)细穗密花香薷	*Elsholtzia densa* var. *ianthina*		
224. 夏至草属	*Lagopsis*		
(546)夏至草	*Lagopsis supina*	LC	
225. 野芝麻属	*Lamium*		
(547)短柄野芝麻	*Lamium album*	LC	
(548)野芝麻	*Lamium barbatum*	LC	

续表

中文名	学名	濒危等级	备注
226. 紫苏属	*Perilla*		
(549)紫苏	*Perilla frutescens*		
227. 益母草属	*Leonurus*		
(550)细叶益母草	*Leonurus sibiricus*	LC	
(551)益母草	*Leonurus artemisia*	LC	
(552)大花益母草	*Leonurus macranthus*	LC	
228. 薄荷属	*Mentha*		
(553)薄荷	*Mentha haplocalyx*	LC	
229. 荆芥属	*Nepeta*		
(554)荆芥	*Nepeta cataria*	LC	
(555)康藏荆芥	*Nepeta prattii*	LC	
230. 风轮菜属	*Clinopodium*		
(556)麻叶风轮菜	*Clinopodium urticifolium*	LC	异名
231. 糙苏属	*Phlomis*		
(557)糙苏	*Phlomis umbrosa*		
(558)大花糙苏	*Phlomis megalantha*		
232. 香茶菜属	*Rabdosia*		
(559)蓝萼香茶菜	*Rabdosia japonica* var. *glaucocalyx*		
(560)溪黄草	*Rabdosia serra*	LC	
233. 鼠尾草属	*Salvia*		
(561)荫生鼠尾草	*Salvia umbratica*	LC	
(562)丹参	*Salvia miltiorrhiza*	LC	
234. 裂叶荆芥属	*Schizonepeta*		
(563)裂叶荆芥	*Schizonepeta tenuifolia*	LC	
235. 黄芩属	*Scutellaria*		
(564)黄芩	*Scutellaria baicalensis*	LC	
(565)并头黄芩	*Scutellaria scordifolia*	LC	
(566)山西黄芩	*Scutellaria shansiensis*	EN	
(567)粘毛黄芩	*Scutellaria viscidula*	LC	
236. 水苏属	*Stachys*		
(568)水苏	*Stachys japonica*		
(569)毛水苏	*Stachys baicalensis*	LC	
(570)甘露子	*Stachys sieboldii*	LC	
(571)蜗儿菜	*Stachys arrecta*	LC	
237. 百里香属	*Thymus*		
(572)百里香	*Thymus mongolicus*	LC	
六十三、茄科	Solanaceae		
238. 茄属	*Solanum*		

续表

中文名	学名	濒危等级	备注
(573)青杞	*Solanum septemlobum*	LC	
(574)龙葵	*Solanum nigrum*	LC	
239. 枸杞属	*Lycium*		
(575)枸杞	*Lycium chinense*	LC	
240. 曼陀罗属	*Datura*		
(576)曼陀罗	*Datura stramonium*		
241. 天仙子属	*Hyoscyamus*		
(577)天仙子	*Hyoscyamus niger*	LC	
六十四、玄参科	Scrophulariaceae		
242. 马先蒿属	*Pedicularis*		
(578)华北马先蒿	*Pedicularis tatarinowii*	LC	
(579)轮叶马先蒿	*Pedicularis verticillata*	LC	
(580)山西马先蒿	*Pedicularis shansiensis*	LC	
(581)穗花马先蒿	*Pedicularis spicata*	LC	
(582)红纹马先蒿	*Pedicularis striata*	LC	
(583)短茎马先蒿	*Pedicularis artselaeri*	LC	
(584)返顾马先蒿	*Pedicularis resupinata*	LC	
(585)藓生马先蒿	*Pedicularis muscicola*	LC	
(586)中国马先蒿	*Pedicularis chinensis*	LC	
243. 阴行草属	*Siphonostegia*		
(587)阴行草	*Siphonostegia chinensis*	LC	
244. 大黄花属	*Cymbaria*		
(588)光药大黄花	*Cymbaria mongolica*	LC	
245. 柳穿鱼属	*Linaria*		
(589)柳穿鱼	*Linaria vulgaris*		
246. 婆婆纳属	*Veronica*		
(590)北水苦荬	*Veronica anagallis-aquatica*	LC	
(591)光果婆婆纳	*Veronica rockii*	LC	
(592)水蔓菁	*Veronica linariifolia* subsp. *dilatata*	LC	
247. 腹水草属	*Veronicastrum*		
(593)草本威灵仙	*Veronicastrum sibiricum*	LC	本期新增
248. 小米草属	*Euphrasia*		
(594)小米草	*Euphrasia pectinata*	LC	
(595)小米草高枝亚种	*Euphrasia pectinata* subsp. *simplex*	LC	
(596)短腺小米草	*Euphrasia regelii*	LC	
249. 山罗花属	*Melampyrum*		
(597)山罗花	*Melampyrum roseum*	LC	
250. 疗齿草属	*Odontites*		

续表

中文名	学名	濒危等级	备注
(598)疗齿草	*Odontites serotina*	LC	
251. 地黄属	*Rehmannia*		
(599)地黄	*Rehmannia glutinosa*	LC	
六十五、紫葳科	Bignoniaceae		
252. 角蒿属	*Incarvillea*		
(600)角蒿	*Incarvillea sinensis*	LC	
六十六、列当科	Orobanchaceae		
253. 列当属	*Orobanche*		
(601)列当	*Orobanche coerulescens*	LC	
(602)黄花列当	*Orobanche pycnostachya*	LC	
六十七、车前科	Plantaginaceae		
254. 车前属	*Plantago*		
(603)大车前	*Plantago major*	LC	
(604)车前	*Plantago asiatica*	LC	
(605)平车前	*Plantago depressa*	LC	
六十八、茜草科	Rubiaceae		
255. 拉拉藤属	*Galium*		
(606)猪殃殃	*Galium aparine* var. *tenerum*	LC	异名
(607)山猪殃殃	*Galium pseudoasprellum*	LC	本期新增
(608)四叶葎	*Galium bungei*	LC	
(609)蓬子菜	*Galium verum*	LC	
(610)北方拉拉藤	*Galium boreale*	LC	
(611)林猪殃殃	*Galium paradoxum*	LC	本期新增
(612)显脉拉拉藤	*Galium kinuta*	LC	本期新增
(613)喀喇套拉拉藤	*Galium karataviense*	LC	本期新增
256. 茜草属	*Rubia*		
(614)茜草	*Rubia cordifolia*	LC	
(615)膜叶茜草	*Rubia membranacea*	LC	
(616)林生茜草	*Rubia sylvatica*	LC	本期新增
六十九、忍冬科	Caprifoliaceae		
257. 忍冬属	*Lonicera*		
(617)蓝果忍冬	*Lonicera caerulea*	LC	
(618)金花忍冬	*Lonicera chrysantha*	LC	
(619)葱皮忍冬	*Lonicera ferdinandii*	LC	
(620)刚毛忍冬	*Lonicera hispida*	LC	
(621)金银忍冬	*Lonicera maackii*	LC	
(622)小叶忍冬	*Lonicera microphylla*	LC	本期新增
(623)四川忍冬	*Lonicera szechuanica*		

续表

中文名	学名	濒危等级	备注
(624)唐古特忍冬	*Lonicera tangutica*	LC	本期新增
(625)忍冬	*Lonicera japonica*	LC	
258. 接骨木属	*Sambucus*		
(626)接骨木	*Sambucus williamsii*	LC	
259. 莛子藨属	*Triosteum*		
(627)莛子藨	*Triosteum pinnatifidum*	LC	异名
260. 荚蒾属	*Viburnum*		
(628)鸡树条荚蒾	*Viburnum opulus* var. *calvescens*	LC	异名
(629)陕西荚蒾	*Viburnum schensianum*	LC	
(630)蒙古荚蒾	*Viburnum mongolicum*	LC	
七十、五福花科	Adoxaceae		本期新增
261. 五福花属	*Adoxa*		本期新增
(631)五福花	*Adoxa moschatellina*	LC	本期新增
七十一、败酱科	Valerianaceae		
262. 败酱属	*Patrinia*		
(632)败酱	*Patrinia scabiosaefolia*	LC	
(633)岩败酱	*Patrinia rupestris*	LC	
(634)糙叶败酱	*Patrinia rupestris* subsp. *scabra*	LC	
(635)异叶败酱	*Patrinia heterophylla*	LC	异名
263. 缬草属	*Valeriana*		
(636)缬草	*Valeriana officinalis*	LC	
七十二、川续断科	Dipsacaceae		
264. 蓝盆花属	*Scabiosa*		
(637)华北蓝盆花	*Scabiosa tschiliensis*	LC	
265. 川续断属	*Dipsacus*		
(638)日本续断	*Dipsacus japonicus*	LC	
七十三、葫芦科	Cucurbitaceae		
266. 赤瓟属	*Thladiantha*		
(639)赤瓟	*Thladiantha dubia*	LC	
七十四、桔梗科	Campanulaceae		
267. 沙参属	*Adenophora*		
(640)狭叶沙参	*Adenophora gmelinii*	LC	
(641)杏叶沙参	*Adenophora hunanensis*	LC	
(642)泡沙参	*Adenophora potaninii*	LC	
(643)狭长花沙参	*Adenophora elata*	LC	
(644)长柱沙参	*Adenophora stenanthina*	LC	
(645)展枝沙参	*Adenophora divaricata*	LC	
(646)细叶沙参	*Adenophora paniculata*	LC	

续表

中文名	学名	濒危等级	备注
(647)石沙参	*Adenophora polyantha*	LC	
268. 风铃草属	*Campanula*		
(648)紫斑风铃草	*Campanula puncatata*	LC	
269. 党参属	*Codonopsis*		
(649)羊乳	*Codonopsis lanceolata*	LC	
(650)党参	*Codonopsis pilosula* subsp. *pilosula*	LC	
七十五、菊科	Asteraceae		
270. 蒿属	*Artemisia*		
(651)猪毛蒿	*Artemisia scoparia*	LC	
(652)牡蒿	*Artemisia japonica*	LC	
(653)狭叶牡蒿	*Artemisia angustissima*	LC	
(654)大籽蒿	*Artemisia sieversiana*	LC	
(655)魁蒿	*Artemisia princeps*	LC	
(656)红足蒿	*Artemisia rubripes*	LC	
(657)宽叶山蒿	*Artemisia stolonifera*	LC	
(658)华北米蒿	*Artemisia giraldii*	LC	
(659)冷蒿	*Artemisia frigida*	LC	
(660)白莲蒿	*Artemisia sacrorum*	LC	
(661)裂叶蒿	*Artemisia tanacetifolia*	LC	
(662)黄花蒿	*Artemisia annua*	LC	
(663)山蒿	*Artemisia brachyloba*	LC	
(664)黄毛蒿	*Artemisia velutina*	LC	
(665)艾	*Artemisia argyi*	LC	
(666)野艾蒿	*Artemisia lavandulaefolia*	LC	
(667)南艾蒿	*Artemisia verlotorum*	LC	
(668)歧茎蒿	*Artemisia igniaria*	LC	
(669)蒙古蒿	*Artemisia mongolica*	LC	
(670)白叶蒿	*Artemisia leucophylla*	LC	
(671)辽东蒿	*Artemisia verbenacea*	LC	
(672)蒌蒿	*Artemisia selengensis*	LC	
(673)无齿蒌蒿	*Artemisia selengensis* var. *shansiensis*	LC	
(674)五月艾	*Artemisia indica*	LC	
(675)阴地蒿	*Artemisia sylvatica*	LC	
(676)多花蒿	*Artemisia myriantha*	LC	
(677)南毛蒿	*Artemisia chingii*	LC	
(678)牛尾蒿	*Artemisia dubia*	LC	
(679)沙蒿	*Artemisia desertorum*	LC	
(680)无毛牛尾蒿	*Artemisia dubia* var. *subdigitata*	LC	

续表

中文名	学名	濒危等级	备注
(681)莳萝蒿	*Artemisia anethoides*	LC	
(682)茵陈蒿	*Artemisia capillaris*	LC	
(683)南牡蒿	*Artemisia eriopoda*	LC	
271. 紫菀属	*Aster*		
(684)紫菀	*Aster tataricus*	LC	
(685)三脉紫菀	*Aster ageratoides*	LC	
(686)异叶三脉紫菀	*Aster ageratoides* var. *heterophyllus*	LC	
(687)高山紫菀	*Aster alpinus*	LC	
(688)萎软紫菀	*Aster flaccidus*	LC	
(689)狭苞紫菀	*Aster farreri*	LC	
272. 鬼针草属	*Bidens*		
(690)狼杷草	*Bidens tripartita*	LC	异名
(691)小花鬼针草	*Bidens parviflora*	LC	
(692)鬼针草	*Bidens pilosa*		异名
(693)婆婆针	*Bidens bipinnata*	LC	
273. 翠菊属	*Callistephus*		
(694)翠菊	*Callistephus chinensis*	LC	
274. 短星菊属	*Brachyactis*		
(695)短星菊	*Brachyactis ciliata*	LC	
275. 飞廉属	*Carduus*		
(696)节毛飞廉	*Carduus acanthoides*	LC	
(697)丝毛飞廉	*Carduus crispus*	LC	
276. 天名精属	*Carpesium*		
(698)烟管头草	*Carpesium cernuum*	LC	
(699)天名精	*Carpesium abrotanoides*	LC	
277. 蓟属	*Cirsium*		
(700)刺儿菜	*Cirsium setosum*	LC	
(701)牛口刺	*Cirsium shansiense*	LC	
(702)烟管蓟	*Cirsium pendulum*	LC	
(703)魁蓟	*Cirsium leo*	LC	
278. 还阳参属	*Crepis*		
(704)还阳参	*Crepis crocea*	LC	
279. 菊属	*Dendranthema*		
(705)小红菊	*Dendranthema chanetii*	LC	
(706)甘菊	*Dendranthema lavandulifolium*	LC	
(707)紫花野菊	*Dendranthema zawadskii*		
(708)委陵菊	*Dendranthema potentilloides*	LC	
280. 蓝刺头属	*Echinops*		

续表

中文名	学名	濒危等级	备注
(709)砂蓝刺头	*Echinops gmelini*	LC	
(710)驴欺口	*Echinops latifolius*	LC	
281. 鳢肠属	*Eclipta*		
(711)鳢肠	*Eclipta prostrata*		
282. 飞蓬属	*Erigeron*		
(712)飞蓬	*Erigeron acer*	LC	
(713)堪察加飞蓬	*Erigeron kamtschaticus*	LC	
283. 泽兰属	*Eupatorium*		
(714)林泽兰	*Eupatorium lindleyanum*	LC	
284. 泥胡菜属	*Hemistepta*		
(715)泥胡菜	*Hemistepta lyrata*	LC	
285. 狗娃花属	*Heteropappus*		
(716)阿尔泰狗娃花	*Heteropappus altaicus*	LC	
(717)狗娃花	*Heteropappus hispidus*	LC	
(718)千叶阿尔泰狗娃花	*Heteropappus altaicus* var. *millefolius*	LC	异名
(719)砂狗娃花	*Heteropappus meyendorffii*	LC	
286. 旋覆花属	*Inula*		
(720)旋覆花	*Inula japonica*	LC	
(721)线叶旋覆花	*Inula lineariifolia*	LC	
(722)多毛旋覆花	*Inula japonica* f. *giraldii*		
(723)蓼子朴	*Inula salsoloides*	LC	
(724)欧洲旋覆花	*Inula britanica*	LC	异名
287. 小苦荬属	*Ixeridium*		
(725)中华苦荬菜	*Ixeridium chinense*	LC	异名
(726)抱茎苦荬菜	*Ixeridium sonchifolium*	LC	
288. 马兰属	*Kalimeris*		
(727)山马兰	*Kalimeris lautureana*	LC	
289. 大丁草属	*Gerbera*		
(728)大丁草	*Gerbera anandria*	LC	
290. 款冬属	*Tussilago*		
(729)款冬	*Tussilago farfara*	LC	
291. 火绒草属	*Leontopodium*		
(730)火绒草	*Leontopodium leontopodioides*	LC	
(731)绢茸火绒草	*Leontopodium smithianum*	LC	
(732)长叶火绒草	*Leontopodium longifolium*	LC	
292. 橐吾属	*Ligularia*		
(733)齿叶橐吾	*Ligularia dentata*	LC	
(734)狭苞橐吾	*Ligularia intermedia*	LC	

续表

中文名	学名	濒危等级	备注
(735)蹄叶橐吾	*Ligularia fischeri*	LC	
(736)掌叶橐吾	*Ligularia przewalskii*	LC	
(737)黄毛橐吾	*Ligularia xanthotricha*	LC	
(738)橐吾	*Ligularia sibirica*	LC	
293. 乳苣属	*Mulgedium*		
(739)乳苣	*Mulgedium tataricum*	LC	
294. 蚂蚱腿子属	*Myripnois*		
(740)蚂蚱腿子	*Myripnois dioica*	LC	
295. 猬菊属	*Olgaea*		异名
(741)猬菊	*Olgaea lomonosowii*	LC	异名
(742)火媒草	*Olgaea leucophylla*	LC	
296. 蟹甲草属	*Parasenecio*		
(743)两似蟹甲草	*Parasenecio ambiguus*	LC	
(744)山尖子	*Parasenecio hastatus*	LC	
(745)无毛山尖子	*Parasenecio hastatus* var. *glaber*	LC	
297. 蜂斗菜属	*Petasites*		本期新增
(746)毛裂蜂斗菜	*Petasites tricholobus*	LC	本期新增
298. 福王草属	*Prenanthes*		
(747)福王草	*Prenanthes tatarinowii*	LC	
(748)多裂福王草	*Prenanthes macrophylla*	LC	
299. 毛连菜属	*Picris*		
(749)毛连菜	*Picris hieracioides*	LC	
300. 风毛菊属	*Saussurea*		
(750)紫苞风毛菊	*Saussurea iodostegia*	LC	
(751)风毛菊	*Saussurea japonica*	LC	
(752)草地风毛菊	*Saussurea amara*	LC	
(753)狭翼风毛菊	*Saussurea frondosa*	LC	
(754)蒙古风毛菊	*Saussurea mongolica*	LC	
(755)篦苞风毛菊	*Saussurea pectinata*	LC	
(756)昂头风毛菊	*Saussurea sobarocephala*	LC	
(757)美花风毛菊	*Saussurea pulchella*	LC	
(758)银背风毛菊	*Saussurea nivea*	LC	
(759)乌苏里风毛菊	*Saussurea ussuriensis*	LC	
(760)小花风毛菊	*Saussurea parviflora*	LC	
301. 鸦葱属	*Scorzonera*		
(761)鸦葱	*Scorzonera austriaca*	LC	
(762)桃叶鸦葱	*Scorzonera sinensis*	LC	
(763)拐轴鸦葱	*Scorzonera divaricata*	LC	

续表

中文名	学名	濒危等级	备注
(764)蒙古鸦葱	*Scorzonera mongolica*	LC	
(765)华北鸦葱	*Scorzonera albicaulis*	LC	
302. 千里光属	*Senecio*		
(766)琥珀千里光	*Senecio ambraceus*	LC	
(767)额河千里光	*Senecio argunensis*	LC	
(768)林荫千里光	*Senecio nemorensis*	LC	
303. 麻花头属	*Serratula*		
(769)多花麻花头	*Serratula polycephala*	LC	
(770)钟苞麻花头	*Serratula cupuliformis*	LC	
(771)麻花头	*Serratula centauroides*	LC	
304. 豨莶属	*Siegesbeckia*		
(772)腺梗豨莶	*Siegesbeckia pubescens*	LC	
305. 苦苣菜属	*Sonchus*		
(773)苦苣菜	*Sonchus oleraceus*		
(774)苣荬菜	*Sonchus brachyotus*	LC	
306. 山柳菊属	*Hieracium*		
(775)山柳菊	*Hieracium umbellatum*	LC	
307. 漏芦属	*Rhaponticum*		
(776)漏芦	*Rhaponticum uniflorum*	LC	
308. 兔儿伞属	*Syneilesis*		
(777)兔儿伞	*Syneilesis aconitifolia*	LC	
309. 蒲公英属	*Taraxacum*		
(778)蒲公英	*Taraxacum mongolicum*	LC	
(779)白缘蒲公英	*Taraxacum platypecidum*	LC	
(780)垂头蒲公英	*Taraxacum nutans*	DD	
(781)白花蒲公英	*Taraxacum leucanthum*	LC	
(782)华蒲公英	*Taraxacum borealisinense*	LC	
310. 狗舌草属	*Tephroseris*		
(783)狗舌草	*Tephroseris kirilowii*	LC	
(784)红轮狗舌草	*Tephroseris flammea*	LC	
311. 碱菀属	*Tripolium*		
(785)碱菀	*Tripolium vulgare*	LC	
312. 女菀属	*Turczaninowia*		
(786)女菀	*Turczaninowia fastigiata*	LC	
313. 华蟹甲属	*Sinacalia*		
(787)华蟹甲	*Sinacalia tangutica*	LC	异名
314. 苍耳属	*Xanthium*		
(788)苍耳	*Xanthium sibiricum*	LC	

续表

中文名	学名	濒危等级	备注
(789)近无刺苍耳	*Xanthium sibiricum* var. *subinerme*		
315. 蓍属	*Achillea*		
(790)高山蓍	*Achillea alpina*	LC	
(791)云南蓍	*Achillea wilsoniana*	LC	
316. 和尚菜属	*Adenocaulon*		
(792)和尚菜	*Adenocaulon himalaicum*	LC	
317. 香青属	*Anaphalis*		
(793)铃铃香青	*Anaphalis hancockii*	LC	
(794)疏叶香青	*Anaphalis sinica* var. *remota*	LC	
318. 牛蒡属	*Arctium*		
(795)牛蒡	*Arctium lappa*	LC	
319. 苍术属	*Atractylodes*		
(796)苍术	*Atractylodes lancea*	LC	
七十六、眼子菜科	Potamogetonaceae		本期新增
320. 眼子菜属	*Potamogeton*		本期新增
(797)小眼子菜	*Potamogeton pusillus*	LC	本期新增
七十七、禾本科	Poaceae		
321. 芨芨草属	*Achnatherum*		
(798)远东芨芨草	*Achnatherum extremiorientale*		
(799)芨芨草	*Achnatherum splendens*	LC	本期新增
(800)朝阳芨芨草	*Achnatherum nakaii*	LC	本期新增
(801)京芒草	*Achnatherum pekinense*	LC	
(802)羽茅	*Achnatherum sibiricum*	LC	
322. 雀麦属	*Bromus*		
(803)无芒雀麦	*Bromus inermis*	LC	
(804)雀麦	*Bromus japonicus*	LC	
323. 冰草属	*Agropyron*		本期新增
(805)冰草	*Agropyron cristatum*	LC	本期新增
324. 剪股颖属	*Agrostis*		
(806)西伯利亚剪股颖	*Agrostis sibirica*	LC	
(807)巨序剪股颖	*Agrostis gigantea*	LC	
325. 荩草属	*Arthraxon*		
(808)荩草	*Arthraxon hispidus*	LC	
(809)矛叶荩草	*Arthraxon lanceolatus*	LC	
326. 针茅属	*Stipa*		
(810)长芒草	*Stipa bungeana*	LC	
(811)狼针草	*Stipa baicalensis*	LC	
327. 落芒草属	*Oryzopsis*		

续表

中文名	学名	濒危等级	备注
(812)中华落芒草	*Oryzopsis chinensis*	LC	
328. 燕麦属	*Avena*		
(813)野燕麦	*Avena fatua*		
329. 孔颖草属	*Bothriochloa*		
(814)白羊草	*Bothriochloa ischaemum*	LC	
330. 异燕麦属	*Helictotrichon*		
(815)异燕麦	*Helictotrichon schellianum*	LC	
331. 菵草属	*Beckmannia*		
(816)菵草	*Beckmannia syzigachne*	LC	
332. 拂子茅属	*Calamagrostis*		本期新增
(817)假苇拂子茅	*Calamagrostis pseudophragmites*	LC	本期新增
333. 虎尾草属	*Chloris*		
(818)虎尾草	*Chloris virgata*	LC	
334. 隐子草属	*Cleistogenes*		
(819)糙隐子草	*Cleistogenes squarrosa*	LC	
(820)北京隐子草	*Cleistogenes hancei*	LC	
(821)朝阳隐子草	*Cleistogenes hackelii*	LC	
335. 野青茅属	*Deyeuxia*		
(822)野青茅	*Deyeuxia arundinacea*	LC	
(823)糙毛野青茅	*Deyeuxia arundinacea* var. *hirsuta*		
(824)大叶章	*Deyeuxia langsdorffii*	LC	
336. 马唐属	*Digitaria*		
(825)马唐	*Digitaria sanguinalis*	LC	
(826)止血马唐	*Digitaria ischaemum*	LC	
(827)紫马唐	*Digitaria violascens*	LC	
(828)升马唐	*Digitaria ciliaris*	LC	
337. 稗属	*Echinochloa*		
(829)稗	*Echinochloa crus-galli*	LC	本期新增
(830)无芒稗	*Echinochloa crusgalli* var. *mitis*	LC	
338. 穇属	*Eleusine*		
(831)牛筋草	*Eleusine indica*	LC	
339. 披碱草属	*Elymus*		
(832)老芒麦	*Elymus sibiricus*	LC	
(833)披碱草	*Elymus dahuricus*	LC	
(834)肥披碱草	*Elymus excelsus*	LC	
(835)麦賓草	*Elymus tangutorum*	LC	
340. 画眉草属	*Eragrostis*		
(836)大画眉草	*Eragrostis cilianensis*	LC	

续表

中文名	学名	濒危等级	备注
(837)画眉草	*Eragrostis pilosa*	LC	
341. 羊茅属	*Festuca*		
(838)羊茅	*Festuca ovina*	LC	
(839)紫羊茅	*Festuca rubra*	LC	
342. 九顶草属	*Enneapogon*		异名
(840)九顶草	*Enneapogon borealis*	LC	异名
343. 茅香属	*Hierochloe*		
(841)茅香	*Hierochloe odorata*	LC	
344. 赖草属	*Leymus*		
(842)赖草	*Leymus secalinus*	LC	
(843)羊草	*Leymus chinensis*	LC	
345. 臭草属	*Melica*		
(844)广序臭草	*Melica onoei*	LC	
(845)细叶臭草	*Melica radula*	LC	
(846)臭草	*Melica scabrosa*	LC	
(847)大臭草	*Melica turczaninowiana*	LC	
(848)抱草	*Melica virgata*	LC	
346. 狼尾草属	*Pennisetum*		
(849)白草	*Pennisetum centrasiaticum*	LC	
347. 白茅属	*Imperata*		
(850)白茅	*Imperata cylindrica*	LC	
348. 早熟禾属	*Poa*		
(851)细叶早熟禾	*Poa angustifolia*	LC	
(852)多叶早熟禾	*Poa plurifolia*	DD	
(853)华灰早熟禾	*Poa sinoglauca*		
(854)早熟禾	*Poa annua*		
(855)林地早熟禾	*Poa nemoralis*	LC	
(856)疑早熟禾	*Poa incerta*	DD	
(857)草地早熟禾	*Poa pratensis*	LC	
(858)硬质早熟禾	*Poa sphondylodes*	LC	
(859)堇色早熟禾	*Poa ianthina*	LC	
349. 鹅观草属	*Roegneria*		
(860)鹅观草	*Roegneria kamoji*	LC	
(861)缘毛鹅观草	*Roegneria pendulina*	LC	
(862)纤毛鹅观草	*Roegneria ciliaris*	LC	
(863)直穗鹅观草	*Roegneria turczaninovii*	LC	
350. 三毛草属	*Trisetum*		
(864)穗三毛	*Trisetum spicatum*	LC	

续表

中文名	学名	濒危等级	备注
(865)西伯利亚三毛草	*Trisetum sibiricum*	LC	
351. 芦苇属	*Phragmites*		
(866)芦苇	*Phragmites australis*	LC	
352. 狗尾草属	*Setaria*		
(867)金色狗尾草	*Setaria glauca*	LC	
(868)狗尾草	*Setaria viridis*	LC	
353. 洽草属	*Koeleria*		
(869)洽草	*Koeleria cristata*	LC	
七十八、莎草科	Cyperaceae		
354. 扁穗草属	*Blysmus*		
(870)华扁穗草	*Blysmus sinocompressus*	LC	
355. 薹草属	*Carex*		
(871)绿穗薹草	*Carex chlorostachys*	LC	
(872)点叶薹草	*Carex hancockiana*	LC	
(873)寸草	*Carex duriuscula*	LC	
(874)紫喙薹草	*Carex serreana*	LC	
(875)膨囊薹草	*Carex lehmanii*	LC	
(876)东陵薹草	*Carex tangiana*	LC	异名
(877)异穗薹草	*Carex heterostachya*	LC	
(878)尖嘴薹草	*Carex leiorhyncha*	LC	
(879)大披针薹草	*Carex lanceolata*	LC	异名
(880)宽叶薹草	*Carex siderosticta*	LC	本期新增
356. 莎草属	*Cyperus*		
(881)香附子	*Cyperus rotundus*	LC	
(882)异型莎草	*Cyperus difformis*	LC	
357. 飘拂草属	*Fimbristylis*		
(883)双穗飘拂草	*Fimbristylis subbispicata*	LC	
358. 荸荠属	*Heleocharis*		本期新增
(884)具刚毛荸荠	*Heleocharis valleculosa* f. *setosa*	LC	本期新增
359. 藨草属	*Scirpus*		
(885)藨草	*Scirpus triqueter*	LC	异名
(886)东方藨草	*Scirpus orientalis*	LC	
360. 嵩草属	*Kobresia*		
(887)嵩草	*Kobresia myosuroides*	LC	
七十九、灯芯草科	Juncaceae		
361. 灯芯草属	*Juncus*		
(888)小灯芯草	*Juncus bufonius*	LC	异名
(889)小花灯芯草	*Juncus articulatus*	LC	异名

续表

中文名	学名	濒危等级	备注
(890)扁茎灯芯草	*Juncus compressus*	LC	异名
八十、百合科	Liliaceae		
362. 黄精属	*Polygonatum*		
(891)玉竹	*Polygonatum odoratum*	LC	
(892)大苞黄精	*Polygonatum megaphyllum*	NT	
(893)轮叶黄精	*Polygonatum verticillatum*	NT	
(894)黄精	*Polygonatum sibiricum*	LC	
(895)二苞黄精	*Polygonatum involucratum*	LC	
(896)热河黄精	*Polygonatum macropodium*	LC	
363. 舞鹤草属	*Maianthemum*		
(897)舞鹤草	*Maianthemum bifolium*	LC	
364. 鹿药属	*Smilacina*		
(898)鹿药	*Smilacina japonica*	LC	
365. 天门冬属	*Asparagus*		
(899)兴安天门冬	*Asparagus dauricus*	LC	
(900)攀援天门冬	*Asparagus brachyphyllus*	LC	
(901)长花天门冬	*Asparagus longiflorus*	LC	
(902)羊齿天门冬	*Asparagus filicinus*	LC	
(903)龙须菜	*Asparagus schoberioides*	LC	
(904)曲枝天门冬	*Asparagus trichophyllus*	LC	
366. 菝葜属	*Smilax*		
(905)鞘柄菝葜	*Smilax stans*	LC	
367. 葱属	*Allium*		
(906)长柱韭	*Allium longistylum*	LC	
(907)天蒜	*Allium paepalanthoides*	LC	
(908)多叶韭	*Allium plurifoliatum*	LC	
(909)天蓝韭	*Allium cyaneum*	LC	
(910)砂韭	*Allium bidentatum*	LC	
(911)矮韭	*Allium anisopodium*	LC	
(912)茖葱	*Allium victorialis*	LC	
(913)对叶韭	*Allium victorialis* var. *listera*	DD	
(914)野韭	*Allium ramosum*	LC	
(915)山韭	*Allium senescens*		
(916)细叶韭	*Allium tenuissimum*	LC	
(917)球序韭	*Allium thunbergii*	LC	
(918)薤白	*Allium macrostemon*	LC	
368. 铃兰属	*Convallaria*		
(919)铃兰	*Convallaria majalis*	LC	

续表

中文名	学名	濒危等级	备注
369. 贝母属	*Fritillaria*		
(920)川贝母	*Fritillaria cirrhosa*	NT	
370. 顶冰花属	*Gagea*		
(921)小顶冰花	*Gagea hiensis*	LC	
371. 萱草属	*Hemerocallis*		
(922)黄花菜	*Hemerocallis citrina*	DD	
(923)萱草	*Hemerocallis fulva*	LC	
(924)小黄花菜	*Hemerocallis minor*	LC	
(925)北黄花菜	*Hemerocallis lilioasphodelus*	DD	
372. 百合属	*Lilium*		
(926)渥丹	*Lilium concolor*	LC	
(927)山丹	*Lilium pumilum*	LC	
373. 藜芦属	*Veratrum*		
(928)藜芦	*Veratrum nigrum*	LC	
374. 重楼属	*Paris*		
(929)北重楼	*Paris verticillata*	LC	
八十一、薯蓣科	Dioscoreaceae		
375. 薯蓣属	*Dioscorea*		
(930)穿龙薯蓣	*Dioscorea nipponica*	LC	
八十二、鸢尾科	Iridaceae		
376. 鸢尾属	*Iris*		
(931)马蔺	*Iris lactea* var. *chinensis*	LC	
(932)野鸢尾	*Iris dichotoma*	LC	
(933)细叶鸢尾	*Iris tenuifolia*	LC	
八十三、兰科	Orchidaceae		
377. 手参属	*Gymnadenia*		
(934)手参	*Gymnadenia conopsea*	EN	
378. 绶草属	*Spiranthes*		
(935)绶草	*Spiranthes sinensis*	LC	
379. 角盘兰属	*Herminium*		
(936)角盘兰	*Herminium monorchis*	NT	
(937)裂瓣角盘兰	*Herminium alaschanicum*	NT	
380. 舌唇兰属	*Platanthera*		
(938)二叶舌唇兰	*Platanthera chlorantha*		
(939)细距舌唇兰	*Platanthera metabifolia*	LC	
(940)蜻蜓舌唇兰	*Platanthera souliei*		
381. 杓兰属	*Cypripedium*		
(941)紫点杓兰	*Cypripedium guttatum*	EN	

续表

中文名	学名	濒危等级	备注
(942)大花杓兰	*Cypripedium macranthum*	EN	
(943)山西杓兰	*Cypripedium shanxiense*	VU	
382. 兜被兰属	*Neottianthe*		
(944)二叶兜被兰	*Neottianthe cucullata*	NT	
383. 火烧兰属	*Epipactis*		
(945)火烧兰	*Epipactis helleborine*	LC	
384. 对叶兰属	*Listera*		
(946)对叶兰	*Listera puberula*	LC	
385. 沼兰属	*Malaxis*		
(947)原沼兰	*Malaxis monophyllos*	LC	
386. 鸟巢兰属	*Neottia*		本期新增
(948)尖唇鸟巢兰	*Neottia acuminata*	LC	本期新增
387. 羊耳蒜属	*Liparis*		
(949)羊耳蒜	*Liparis japonica*	LC	
388. 珊瑚兰属	*Corallorhiza*		
(950)珊瑚兰	*Corallorhiza trifida*	NT	
389. 凹舌兰属	*Dactylorhiza*		
(951)凹舌兰	*Dactylorhiza viridis*	LC	

表 8　山西庞泉沟国家级自然保护区古树调查结果

序号	树种	小地名	X 坐标	Y 坐标	海拔（米）	树高（米）	胸径（厘米）	冠幅（平方米）	坡向	坡度（°）	坡位	树龄（年）	生长势
1	旱柳	长立村	4188961	542780	1676	18.2	106	9	无	1	平地	220	正常
2	旱柳	长立村	4188928	542767	1676	16.5	102	10	无	2	平地	220	衰弱
3	旱柳	长立村	4188915	542764	1676	14.2	96	9	无	2	平地	200	正常
4	旱柳	长立村	4189184	542669	1686	15.8	107	11	无	2	平地	230	正常
5	旱柳	王氏沟村	4185386	540111	1738	8.3	95	8	无	2	平地	200	衰弱
6	榆树	大草坪村	4185134	539561	1762	17.4	92	13	南	10	下部	110	正常
7	旱柳	阳圪台村	4197478	533483	1537	17.8	107	14	无	1	平地	230	正常
8	青杨	八水沟	4187974	540300	1869	23.6	88	12	无	5	山谷	130	正常
9	青杨	八水沟	4188046	540152	1889	17.5	92	10	南	28	下部	140	濒危
10	白杆	八水沟	4188085	539942	1910	22.8	65	7	无	3	山谷	110	正常
11	青杆	八水沟	4188160	539899	1952	23.8	64	11	南	26	中部	130	正常
12	青杨	八水沟	4188089	539891	1912	20.3	104	9	无	4	山谷	160	衰弱
13	青杨	八水沟	4188090	539886	1911	20.5	118	13	无	3	山谷	170	正常
14	青杨	八水沟	4188097	539884	1912	21.6	82	15	无	4	山谷	130	正常
15	青杨	八水沟	4188127	539828	1921	21.7	84	12	无	3	山谷	130	正常
16	青杨	八水沟	4188157	539795	1931	22.4	84	13	南	26	下部	130	正常
17	青杨	八水沟	4188156	539738	1935	22.8	121	14	无	3	山谷	180	正常
18	青杆	八水沟	4188191	539741	1954	22.6	60	10	南	33	下部	130	正常
19	青杆	八水沟	4188231	539684	1970	22.8	62	10	南	31	下部	130	正常
20	青杆	八水沟	4188282	539644	1989	22.7	72	13	南	32	下部	130	正常
21	青杨	八水沟	4188347	539500	1984	22.6	119	17	无	3	山谷	170	正常
22	青杆	八水沟	4188173	539524	1961	25.4	61	7	南	30	下部	130	正常
23	青杆	八水沟	4188221	539373	1987	23.4	63	8	无	3	山谷部	130	正常
24	华北落叶松	八水沟	4188279	538709	2083	27.3	74	12	南	20	下部	120	正常
25	青杨	八水沟	4188079	539900	1910	20.5	129	16	无	3	山谷部	190	正常
26	白杆	八水沟	4188222	538655	2075	22.3	67	10	无	3	山谷部	110	正常
27	华北落叶松	八水沟	4188272	538612	2090	27.4	80	12	南	21	下部	140	正常
28	华北落叶松	八水沟	4188276	538577	2096	28.7	73	12	南	6	下部	120	正常
29	青杆	八水沟	4188247	539575	1961	25.3	64	12	东北	30	下部	130	正常
30	青杆	八水沟	4188247	539533	1982	25.4	63	9	东北	30	中部	130	正常
31	青杨	八水沟	4188358	539481	1987	18.5	101	10	无	4	山谷部	150	正常
32	青杆	八水沟	4188457	539423	2007	25.0	71	14	西南	46	下部	130	正常
33	青杆	八水沟	4188590	539365	2041	27.5	62	9	西南	36	下部	130	正常
34	华北落叶松	八水沟	4188350	538253	2128	22.0	71	10	南	20	下部	120	正常
35	白杆	八水沟	4188431	538206	2155	23.0	67	8	南	30	下部	110	正常
36	华北落叶松	八水沟	4188444	538233	2167	20.5	72	8	南	38	中部	120	正常
37	华北落叶松	八水沟	4188424	538246	2158	21.5	88	8	南	38	中部	160	正常

续表

序号	树种	小地名	X 坐标	Y 坐标	海拔（米）	树高（米）	胸径（厘米）	冠幅（平方米）	坡向	坡度（°）	坡位	树龄（年）	生长势
38	华北落叶松	八水沟	4188448	537967	2165	20.5	71	7	南	22	下部	120	正常
39	华北落叶松	八水沟	4188446	538004	2161	20.0	74	10	南	23	下部	120	正常
40	华北落叶松	八水沟	4188434	538018	2157	22.0	70	10	南	22	下部	120	正常
41	白杄	八水沟	4188440	538049	2156	23.0	69	12	南	11	下部	120	正常
42	华北落叶松	八水沟	4188427	537744	2194	23.5	154	10	南	42	下部	360	正常
43	红桦	八水沟	4188444	537742	2201	13.5	62	12	南	38	中部	110	正常
44	华北落叶松	八水沟	4188460	537741	2210	23.0	182	12	南	40	上部	480	正常
45	白杄	八水沟	4188489	537736	2225	25.0	66	10	南	14	山脊部	110	正常
46	华北落叶松	八水沟	4188451	537713	2212	17.0	126	10	南	40	中部	260	正常
47	白杄	八水沟	4188490	537633	2252	23.0	65	8	南	41	上部	110	正常
48	白杄	八水沟	4188502	537609	2251	24.0	69	9	南	42	上部	120	正常
49	青杨	八水沟	4189027	539324	2178	17.0	94	16	东南	35	中部	140	正常
50	青杨	八水沟	4188924	539363	2112	20.0	84	12	北	20	中部	120	正常
51	青杨	八水沟	4188908	539393	2151	20.0	87	14	北	25	中部	120	正常
52	青杄	八水沟	4188874	539397	2112	20.0	63	9	东北	25	中部	130	正常
53	青杄	八水沟	4188877	539382	2132	23.0	62	9	北	25	中部	130	正常
54	青杄	八水沟	4188606	539319	2022	21.0	60	10	北	20	下部	130	正常
55	青杄	八水沟	4188462	539348	2033	22.0	64	8	西	28	下部	130	正常
56	青杨	八水沟	4188440	539407	2018	22.0	94	12	西	10	下部	140	正常
57	白杄	八水沟	4188411	539423	2022	22.0	68	8	西	15	下部	120	正常
58	华北落叶松	八水沟	4187678	539933	2018	23.0	74	10	西南	15	中部	120	正常
59	旱柳	八水沟	4187690	539972	2028	11.0	99	12	西北	20	中部	210	正常
60	青杨	八水沟	4187732	540011	2013	21.0	102	9	西	15	中部	150	正常
61	青杨	八水沟	4188265	540761	1829	22.0	85	8	西北	5	山谷部	120	正常
62	青杨	八水沟	4188352	540844	1805	16.0	86	11	无	3	山谷部	120	正常
63	华北落叶松	八水沟	4188651	537111	2342	10.8	72	9	南	26	下部	120	濒危
64	白杄	八水沟	4188672	537106	2353	16.9	71	9	东	28	中部	120	正常
65	华北落叶松	八水沟	4188722	537117	2359	10.8	110	8	东	20	中部	210	衰弱
66	白杄	八水沟	4188629	537433	2299	24.8	74	8	东	29	中部	130	正常
67	白杄	八水沟	4188578	537445	2290	26.0	65	8	东南	22	中部	110	正常
68	白杄	八水沟	4188558	537452	2271	24.9	68	10	东南	23	下部	120	正常
69	华北落叶松	八水沟	4188524	537537	2242	25.9	101	11	东南	17	中部	190	正常
70	青杨	八水沟	4187922	540110	1924	22.3	82	10	北	28	中部	130	正常
71	青杨	八水沟	4188026	540065	1885	19.4	85	10	无	1	山谷部	130	正常
72	青杨	八水沟	4188054	540028	1890	16.4	85	7	无	0	山谷部	130	衰弱
73	青杨	八水沟	4188056	539934	1906	21.0	115	7	北	3	山谷部	170	正常
74	青杨	八水沟	4188125	539805	1928	24.2	126	10	无	0	山谷部	180	正常

续表

序号	树种	小地名	X 坐标	Y 坐标	海拔（米）	树高（米）	胸径（厘米）	冠幅（平方米）	坡向	坡度（°）	坡位	树龄（年）	生长势
75	青杆	八水沟	4188145	539662	1969	23.3	62	8	北	28	下部	130	正常
76	青杨	八水沟	4188132	539565	1966	23.6	81	12	北	28	下部	120	正常
77	青杨	八水沟	4188041	540025	1899	18.8	89	9	无	1	山谷部	140	正常
78	青杨	八水沟	4188208	539386	1987	21.9	84	8	无	2	山谷部	130	正常
79	青杨	八水沟	4188177	539190	2027	21.3	84	8	无	2	山谷部	130	正常
80	华北落叶松	八水沟	4187999	539238	2070	24.9	74	6	北	28	中部	120	正常
81	白杆	八水沟	4188162	538832	2072	22.7	66	5	东北	8	下部	110	正常
82	白杆	八水沟	4188149	538880	2079	24.7	66	8	东北	8	下部	110	衰弱
83	青杆	八水沟	4188155	538911	2071	26.4	60	6	北	21	下部	130	正常
84	白杆	八水沟	4188143	538915	2073	24.1	72	7	东北	12	下部	120	正常
85	白杆	八水沟	4187872	538695	2191	27.1	65	7	东北	20	上部	110	正常
86	华北落叶松	八水沟	4187876	538720	2184	26.6	70	8	东北	20	上部	120	正常
87	白杆	八水沟	4188196	538660	2079	26.3	66	8	西北	30	下部	110	正常
88	白杆	八水沟	4187829	538454	2260	25.8	71	8	北	39	上部	120	正常
89	白杆	八水沟	4187875	538253	2203	26.6	65	8	东北	34	上部	110	正常
90	白杆	八水沟	4187908	538238	2220	25.6	67	8	东北	32	上部	110	正常
91	白杆	八水沟	4188226	538393	2143	23.5	71	8	东北	15	下部	120	正常
92	华北落叶松	八水沟	4188240	538417	2098	23.5	82	9	东北	15	下部	140	正常
93	华北落叶松	八水沟	4187796	540703	1911	22.7	71	8	西	14	中部	120	正常
94	青杆	八水沟	4187648	540781	1940	26.8	60	10	北	12	中部	130	正常
95	青杆	八水沟	4187409	540698	2020	25.1	74	8	东北	24	上部	130	正常
96	青杆	八水沟	4187405	540674	2031	24.2	64	7	东北	23	上部	130	正常
97	青杆	八水沟	4187779	540428	1918	24.3	67	7	北	18	中部	130	正常
98	青杨	八水沟	4187969	540425	1863	17.4	89	12	无	4	山谷部	130	正常
99	白杆	八水沟	4187923	537796	2360	23.5	65	8	东北	20	上部	110	正常
100	白杆	八水沟	4188352	537152	2321	24.9	70	9	东	30	中部	120	正常
101	白杆	八水沟	4188337	537143	2335	24.4	66	8	东	21	中部	110	正常
102	青杨	八道沟	4190445	539307	1945	20.5	94	12	无	1	山谷部	140	正常
103	青杨	八道沟	4190442	539304	1935	21.1	82	12	无	2	山谷部	130	正常
104	华北落叶松	八道沟	4190864	538930	2011	29.0	72	7	西南	21	下部	120	正常
105	华北落叶松	八道沟	4191018	538938	2045	30.5	71	10	西南	24	下部	120	正常
106	华北落叶松	八道沟	4190283	537831	2179	24.0	72	9	东北	7	中部	120	正常
107	白杆	八道沟	4190186	537755	2202	24.3	71	10	无	4	中部	120	正常
108	华北落叶松	八道沟	4190175	537900	2174	26.4	77	11	北	8	山谷部	130	正常
109	青杨	八道沟	4190854	538892	2004	19.8	156	13	无	4	山谷部	270	正常
110	华北落叶松	八道沟	4191002	538470	2085	25.5	70	10	东南	26	下部	120	正常
111	华北落叶松	八道沟	4190902	538357	2119	26.1	84	11	东南	16	山谷部	150	正常

续表

序号	树种	小地名	X坐标	Y坐标	海拔（米）	树高（米）	胸径（厘米）	冠幅（平方米）	坡向	坡度（°）	坡位	树龄（年）	生长势
112	白杄	八道沟	4190935	538341	2112	25.8	70	9	东	12	下部	120	正常
113	白杄	八道沟	4190222	537581	2236	25.8	66	11	无	4	山脊部	110	正常
114	白杄	八道沟	4190097	539058	2049	25.8	65	7	东北	10	上部	110	正常
115	华北落叶松	八道沟	4190270	539124	2020	25.2	85	10	东北	8	中部	150	正常
116	青杄	八道沟	4190421	539147	1967	26.0	63	8	东北	20	下部	130	正常
117	青杨	八道沟	4190440	539216	1955	23.8	85	13	无	4	山谷部	130	正常
118	华北落叶松	八道沟	4190320	539059	2013	25.5	71	8	东北	14	中部	120	正常
119	华北落叶松	八道沟	4190309	539050	2023	26.0	76	8	东北	22	中部	130	正常
120	白杄	八道沟	4190246	538893	2081	25.8	66	6	东北	15	上部	110	正常
121	白杄	八道沟	4190461	539044	1980	25.0	67	9	东	23	下部	110	正常
122	白杄	八道沟	4190389	538873	2029	27.2	65	7	北	28	中部	110	正常
123	白杄	八道沟	4190376	538891	2027	26.4	68	9	北	28	中部	120	正常
124	白杄	八道沟	4190384	538850	2049	27.9	70	9	北	27	中部	120	正常
125	白杄	八道沟	4190362	538840	2041	26.8	68	9	北	11	中部	120	正常
126	白杄	八道沟	4190347	538866	2050	25.4	70	6	北	18	中部	120	正常
127	白桦	八道沟	4190356	538866	2055	21.2	60	9	北	12	中部	110	正常
128	白杄	八道沟	4190467	539854	1919	27.0	66	11	北	22	下部	110	正常
129	青杄	八道沟	4190447	539838	1904	27.3	65	13	北	22	下部	130	正常
130	青杨	八道沟	4190460	539656	1896	24.0	140	18	无	4	山谷部	230	正常
131	青杨	八道沟	4190451	539616	1916	20.2	97	9	无	4	山谷部	140	正常
132	青杨	八道沟	4190451	539607	1910	24.2	94	17	无	5	山谷部	140	正常
133	青杨	八道沟	4190446	539328	1919	20.0	80	11	无	5	山谷部	110	正常
134	青杨	八道沟	4190425	539340	1928	22.0	130	8	无	4	山谷部	210	正常
135	青杨	八道沟	4190431	539376	1912	21.0	95	10	无	5	山谷部	140	正常
136	青杨	八道沟	4190697	540859	1792	22.0	80	8	无	3	山谷部	110	正常
137	青杨	八道沟	4190697	540862	1800	18.0	90	13	无	3	山谷部	130	正常
138	青杨	八道沟	4190689	540849	1780	20.6	88	7	无	4	山谷部	130	正常
139	白杄	八道沟	4189723	539390	2100	24.2	71	10	东南	32	中部	120	正常
140	白杄	八道沟	4189699	539383	2109	26.2	71	7	东	20	中部	120	正常
141	白杄	八道沟	4189557	539341	2157	26.4	67	8	东北	27	中部	110	正常
142	白杄	八道沟	4189850	539824	2092	24.3	66	9	东北	14	中部	110	正常
143	青杨	八道沟	4190370	538380	2040	21.7	91	14	无	3	山谷部	130	正常
144	白杄	八道沟	4190381	538312	2079	27.7	66	7	东	10	中部	110	正常
145	青杨	八道沟	4190419	538188	2110	22.1	92	11	东	10	中部	130	衰弱
146	白杄	八道沟	4191040	538689	2025	24.4	69	8	无	4	山谷部	120	正常
147	白杄	八道沟	4190784	537996	2170	21.9	71	9	东北	10	山谷部	120	正常
148	白杄	末后沟	4193660	539415	1991	17.0	65	9	西	21	下部	110	正常

续表

序号	树种	小地名	X坐标	Y坐标	海拔（米）	树高（米）	胸径（厘米）	冠幅（平方米）	坡向	坡度（°）	坡位	树龄（年）	生长势
149	青杆	末后沟	4193715	539385	1979	21.0	60	10	西	24	下部	130	正常
150	白杆	末后沟	4193726	539376	1974	25.5	67	8	西	23	下部	110	正常
151	青杆	末后沟	4193687	539360	1963	26.0	61	9	西	17	下部	130	正常
152	青杆	末后沟	4193696	539456	2004	25.5	61	8	西	22	下部	130	正常
153	青杆	末后沟	4193706	539520	2026	25.0	60	8	西	22	下部	130	正常
154	青杆	末后沟	4193822	539401	1985	26.0	63	9	西	34	下部	130	正常
155	青杆	末后沟	4193849	539405	1984	25.0	69	7	西	32	下部	130	正常
156	华北落叶松	末后沟	4193910	539428	2001	26.0	84	11	西	38	下部	150	正常
157	青杆	末后沟	4193964	539483	2005	26.5	66	8	西	28	下部	130	正常
158	白杆	末后沟	4194067	539654	2040	26.0	69	7	西北	26	下部	120	正常
159	白杆	末后沟	4193928	539553	2047	26.0	72	8	西北	26	下部	120	正常
160	青杆	末后沟	4193584	539356	1947	25.5	61	9	西	27	下部	130	正常
161	青杆	末后沟	4193429	539248	1937	24.0	61	8	无	3	山谷部	130	正常
162	青杆	末后沟	4193630	539114	1945	25.0	60	9	无	4	山谷部	130	正常
163	白杆	末后沟	4193380	539250	1928	25.0	71	8	无	2	山谷部	120	正常
164	白杆	末后沟	4193314	539254	1924	25.0	65	8	无	2	山谷部	110	正常
165	青杆	末后沟	4193290	539251	1923	26.0	69	9	无	2	山谷部	130	正常
166	白杆	末后沟	4193266	539289	1919	26.5	65	8	无	3	山谷部	110	正常
167	白杆	末后沟	4193846	538997	1951	25.8	67	9	东北	4	山谷部	110	正常
168	青杆	末后沟	4193876	538991	1976	25.1	71	8	西	27	山谷部	130	正常
169	白杆	末后沟	4193924	538948	1984	26.9	67	7	西南	3	山谷部	110	正常
170	白杆	末后沟	4194019	538941	1994	27.8	66	8	西南	2	山谷部	110	正常
171	青杨	末后沟	4194192	539025	2019	18.6	89	11	南	4	山谷部	130	正常
172	青杨	末后沟	4194158	539044	2006	22.2	83	11	东	5	山谷部	120	正常
173	白杆	末后沟	4194127	539044	2012	27.8	65	7	西北	2	山谷部	110	正常
174	华北落叶松	末后沟	4194705	540750	2331	27.0	74	11	西	11	上部	130	正常
175	华北落叶松	末后沟	4194672	540749	2316	26.5	70	9	西	29	中部	110	正常
176	华北落叶松	末后沟	4194672	540735	2303	25.9	70	11	西	20	中部	120	正常
177	华北落叶松	末后沟	4194626	540743	2310	27.4	71	10	西	23	中部	120	正常
178	华北落叶松	末后沟	4194230	540632	2317	20.2	70	7	无	3	山脊部	110	正常
179	华北落叶松	末后沟	4194188	540530	2299	20.0	84	7	无	1	山脊部	150	衰弱
180	青杆	末后沟	4194040	540407	2273	26.0	62	9	无	2	山脊部	130	正常
181	青杆	末后沟	4194054	540405	2280	26.3	64	8	西	7	山脊部	130	正常
182	华北落叶松	末后沟	4193931	540394	2251	24.4	75	11	东南	12	上部	130	正常
183	华北落叶松	末后沟	4193876	540343	2256	26.1	73	10	东南	21	上部	120	正常
184	青杆	末后沟	4193451	539271	1942	23.0	64	7	东	41	中部	130	正常
185	青杆	末后沟	4193452	539289	1934	24.0	60	7	东	10	下部	130	正常

续表

序号	树种	小地名	X 坐标	Y 坐标	海拔（米）	树高（米）	胸径（厘米）	冠幅（平方米）	坡向	坡度（°）	坡位	树龄（年）	生长势
186	青杄	末后沟	4193496	539291	1949	24.0	60	11	东	24	下部	130	正常
187	青杄	末后沟	4193531	539342	1952	25.0	64	8	无	2	山谷部	130	正常
188	青杄	末后沟	4193567	539328	1949	24.0	61	7	东	38	下部	130	正常
189	青杄	末后沟	4193655	539326	1960	26.5	64	11	无	3	山谷部	130	正常
190	青杄	末后沟	4193711	539328	1960	25.5	66	10	无	4	山谷部	130	正常
191	白杄	末后沟	4194029	539065	2018	26.1	66	9	西	10	下部	110	正常
192	青杄	末后沟	4194034	539051	2028	25.9	67	9	西	8	下部	130	正常
193	白杄	末后沟	4194453	539951	2109	25.0	67	8	西北	18	下部	110	正常
194	白杄	末后沟	4194478	539948	2075	25.5	70	9	西北	6	下部	120	正常
195	白杄	末后沟	4194470	539993	2098	26.7	71	11	西北	14	下部	120	正常
196	白杄	末后沟	4194468	540008	2093	26.9	67	9	西北	23	下部	110	正常
197	白杄	末后沟	4194481	540072	2123	24.4	66	8	西北	28	中部	110	正常
198	白杄	末后沟	4194496	540073	2126	24.6	65	7	西北	18	下部	110	衰弱
199	白杄	末后沟	4194569	540201	2113	25.1	68	9	西北	28	下部	110	正常
200	白杄	末后沟	4194566	540182	2131	24.2	65	9	西北	27	下部	110	正常
201	华北落叶松	末后沟	4195046	540548	2201	24.8	70	9	西	27	山谷部	120	正常
202	青杨	末后沟	4195090	540563	2208	21.2	110	13	西	8	山谷部	170	正常
203	白桦	末后沟	4195124	540578	2206	18.9	67	16	无	2	山谷部	110	正常
204	华北落叶松	末后沟	4195210	540861	2323	25.0	73	8	西	13	中部	120	正常
205	华北落叶松	末后沟	4195030	540830	2308	24.3	71	9	西南	24	中部	120	正常
206	白杄	末后沟	4193568	540050	2201	27.9	76	10	西北	10	中部	130	正常
207	白杄	末后沟	4193521	540092	2214	27.0	69	8	西北	22	上部	120	正常
208	华北落叶松	末后沟	4193602	540036	2203	25.1	70	10	西北	16	中部	120	正常
209	白杄	末后沟	4193646	540044	2198	24.7	71	10	西北	10	中部	120	正常
210	青杄	末后沟	4193628	540007	2180	26.1	60	8	西北	12	中部	130	正常
211	白杄	末后沟	4193574	540013	2184	24.8	69	8	西北	22	中部	120	正常
212	青杄	末后沟	4193555	540008	2192	25.5	61	9	西北	23	中部	130	正常
213	青杨	西塔沟	4193966	538587	1982	15.0	120	7	无	5	山谷部	190	正常
214	白杄	西塔沟	4194009	538521	1994	24.0	65	8	南	15	下部	110	正常
215	白杄	西塔沟	4193799	538007	2050	20.0	65	8	南	15	中部	110	正常
216	白杄	西塔沟	4193817	537833	2067	25.4	67	6	东北	20	中部	110	正常
217	白杄	西塔沟	4193812	538777	1984	25.2	80	8	东北	8	下部	140	正常
218	白杄	西塔沟	4194717	537795	2134	25.3	71	8	东北	14	中部	120	正常
219	华北落叶松	西塔沟	4194518	538062	2062	28.2	87	10	东北	20	下部	150	正常
220	白杄	西塔沟	4194510	538058	2053	24.8	75	9	东	6	山谷部	130	正常
221	白杄	西塔沟	4193888	537479	2198	19.0	72	7	无	5	山脊部	120	正常
222	白杄	西塔沟	4193820	537363	2199	21.0	76	9	无	5	山脊部	130	正常

续表

序号	树种	小地名	X 坐标	Y 坐标	海拔（米）	树高（米）	胸径（厘米）	冠幅（平方米）	坡向	坡度（°）	坡位	树龄（年）	生长势
223	白杆	西塔沟	4193831	537339	2194	19.0	72	8	西	10	山脊部	120	正常
224	白杆	西塔沟	4193783	537393	2210	20.5	74	8	北	35	上部	130	正常
225	白杆	西塔沟	4193774	537394	2183	18.5	70	8	西	30	上部	120	正常
226	白杆	西塔沟	4193698	537348	2192	19.5	66	9	西	35	山脊部	110	正常
227	白杆	西塔沟	4193673	537362	2180	24.5	80	8	西	30	上部	130	正常
228	白杆	西塔沟	4193587	537307	2161	25.5	72	8	西北	35	山脊部	120	正常
229	白杆	西塔沟	4193202	537250	2280	23.0	70	7	南	20	上部	120	正常
230	白杆	西塔沟	4193205	537268	2273	18.0	67	8	无	10	山脊部	110	正常
231	白杆	西塔沟	4193185	537296	2281	24.0	81	8	西	30	上部	140	正常
232	白杆	西塔沟	4193104	537349	2246	21.0	70	7	西	25	上部	120	正常
233	青杆	西塔沟	4193118	537638	2168	22.5	64	6	西	10	中部	130	正常
234	白杆	西塔沟	4193223	537756	2155	19.5	68	9	无	10	山脊部	120	正常
235	青杆	西塔沟	4193305	537815	2145	26.5	64	7	西北	30	上部	130	正常
236	白杆	西塔沟	4193776	538282	2012	27.7	65	13	无	2	山谷部	110	正常
237	华北落叶松	西塔沟	4193737	538283	2042	22.8	71	11	无	1	山谷部	120	正常
238	华北落叶松	西塔沟	4193774	538294	2016	28.6	70	9	无	4	山谷部	120	正常
239	白杆	西塔沟	4193695	538224	2018	27.9	65	12	南	2	山谷部	110	正常
240	白杆	西塔沟	4193435	538230	2069	29.3	69	10	南	24	下部	120	正常
241	白杆	西塔沟	4194127	538488	2007	25.0	68	5	无	3	山谷部	120	正常
242	白杆	西塔沟	4194329	538283	2034	25.4	68	7	无	3	山谷部	120	正常
243	青杨	西塔沟	4194386	538241	2059	18.2	98	9	无	3	山谷部	150	正常
244	白杆	西塔沟	4194368	538028	2068	22.6	68	8	无	3	山谷部	120	正常
245	青杨	西塔沟	4194241	5377634	2102	20.5	89	9	东北	30	中部	130	正常
246	白杆	西塔沟	4194197	537655	2151	25.6	73	7	东	25	上部	120	正常
247	白杆	西塔沟	4194208	537626	2143	24.6	68	7	东	10	山脊部	120	正常
248	白杆	西塔沟	4194145	537551	2158	25.3	66	6	东北	8	山脊部	110	正常
249	白杆	西塔沟	4194129	537544	2169	24.5	66	6	东北	15	山脊部	110	正常
250	青杨	西塔沟	4194121	537542	2148	22.4	81	12	东北	15	山脊部	110	正常
251	青杨	西塔沟	4194120	537566	2140	18.0	108	11	东北	15	山脊部	160	正常
252	白杆	西塔沟	4194222	537548	2147	25.4	71	7	无	6	山脊部	120	正常
253	白杆	西塔沟	4194488	537599	2150	27.6	72	10	南	31	上部	120	正常
254	青杆	西塔沟	4194406	537605	2146 0	27.3	63	7	北	23	上部	130	正常
255	白杆	西塔沟	4194295	537610	2156	25.6	67	10	南	30	上部	110	正常
256	青杆	西塔沟	4194289	537612	2158	27.8	63	10	南	20	上部	130	正常
257	白杆	西塔沟	4194287	537576	2146	27.9	68	10	南	15	上部	120	正常
258	白杆	西塔沟	4194264	537607	2161	28.2	73	11	南	16	上部	120	正常
259	白杆	西塔沟	4194344	538353	2036	24.8	67	8	西	7	山谷部	110	正常

续表

序号	树种	小地名	X 坐标	Y 坐标	海拔（米）	树高（米）	胸径（厘米）	冠幅（平方米）	坡向	坡度（°）	坡位	树龄（年）	生长势
260	青杨	齐冲沟	4192885	539330	1923	20.0	94	10	无	4	山谷部	140	正常
261	青杆	齐冲沟	4192823	539134	1962	27.0	63	7	东南	45	下部	130	正常
262	青杆	齐冲沟	4192798	539111	1965	24.0	62	7	东南	45	下部	130	正常
263	青杨	齐冲沟	4192643	538952	1981	21.0	80	9	无	4	山谷部	120	正常
264	青杆	齐冲沟	4192994	539490	1907	25.5	60	8	无	2	平地部	130	正常
265	青杆	齐冲沟	4193013	539472	1904	26.5	62	9	无	2	平地部	130	正常
266	白杆	齐冲沟	4192536	538209	2246	25.4	65	8	东北	27	上部	110	正常
267	白杆	齐冲沟	4192599	538351	2182	22.9	70	12	东南	30	上部	120	正常
268	青杆	齐冲沟	4192901	539351	1921	25.6	66	10	无	2	山谷部	130	正常
269	青杨	齐冲沟	4192781	539164	1967	22.6	84	13	无	3	山谷部	130	正常
270	白杆	齐冲沟	4192675	539151	1990	26.4	65	10	南	10	下部	110	正常
271	白杆	齐冲沟	4192565	539118	2027	28.6	73	11	南	12	下部	120	正常
272	青杆	齐冲沟	4192542	539104	2025	28.3	66	13	南	12	下部	130	正常
273	青杆	齐冲沟	4192530	539105	2033	27.4	61	11	南	13	中部	130	正常
274	白杆	齐冲沟	4192489	538836	2029	27.3	65	10	南	12	下部	110	正常
275	白杆	齐冲沟	4192318	538676	2080	28.7	67	11	南	11	中部	110	正常
276	白杆	齐冲沟	4192378	538804	2049	28.8	70	9	南	10	中部	120	正常
277	青杆	齐冲沟	4192381	538972	2062	27.8	61	11	南	30	中部	130	正常
278	青杆	齐冲沟	4192408	538979	2074	28.8	66	11	南	32	上部	130	正常
279	青杆	齐冲沟	4192424	539025	2023	29.2	66	8	南	35	上部	130	正常
280	青杆	齐冲沟	4191775	539932	1904	24.9	64	9	北	28	上部	130	正常
281	华北落叶松	齐冲沟	4191685	539832	1936	26.2	72	7	无	0	山脊部	120	正常
282	白杆	齐冲沟	4191570	539513	2032	27.7	67	7	东北	21	上部	110	正常
283	青杆	齐冲沟	4191685	539561	1977	25.7	60	8	东北	12	中部	130	正常
284	青杆	齐冲沟	4191724	539567	1969	28.1	72	10	东	9	中部	130	正常
285	青杆	齐冲沟	4191775	539635	1964	27.1	65	11	东北	6	下部	130	正常
286	青杨	老虎圪洞	4194260	536435	1885	20.0	86	14	无	3	山谷部	120	正常
287	白杆	老虎圪洞	4194276	536560	1901	28.0	72	7	无	3	山谷部	120	正常
288	白杆	老虎圪洞	4194633	537213	2083	24.2	67	8	西	24	下部	110	正常
289	华北落叶松	老虎圪洞	4194808	537263	2110	19.7	71	9	东南	22	下部	120	正常
290	白杆	老虎圪洞	4194877	537476	2141	28.0	67	11	西北	13	中部	110	正常
291	青杆	老虎圪洞	4195045	537357	2115	28.0	60	10	西北	40	中部	130	正常
292	青杆	老虎圪洞	4195396	537270	2009	28.0	61	9	北	28	下部	130	正常
293	白杆	老虎圪洞	4195043	537707	2096	25.8	65	8	东北	36	中部	110	正常
294	青杆	老虎圪洞	4195089	537624	2105	24.2	66	9	东北	36	中部	130	正常
295	青杨	老虎圪洞	4194816	537611	2170	14.3	89	9	南	15	山脊部	130	正常
296	华北落叶松	老虎圪洞	4195235	537539	2087	20.7	76	10	东北	39	上部	130	正常

续表

序号	树种	小地名	X 坐标	Y 坐标	海拔（米）	树高（米）	胸径（厘米）	冠幅（平方米）	坡向	坡度（°）	坡位	树龄（年）	生长势
297	青杄	老虎圪洞	4194885	537636	2162	29.8	61	12	东北	30	上部	130	正常
298	青杄	老虎圪洞	4194905	537632	2147	28.8	60	7	东北	29	上部	130	正常
299	白杄	老虎圪洞	4194878	537589	2168	25.8	73	9	无	10	山脊部	120	正常
300	油松	老虎圪洞	4194885	535459	1790	23.0	62	7	东北	37	中部	110	正常
301	青杨	老虎圪洞	4195141	535078	1699	24.0	109	11	无	3	山谷部	170	正常
302	青杨	抗洞子沟	4186576	536937	1969	17.3	82	11	无	1	山谷部	120	正常
303	白桦	抗洞子沟	4186991	537219	2119	15.3	63	11	西	24	上部	110	正常
304	青杨	抗洞子沟	4186681	537605	1957	23.0	89	16	无	3	山谷部	140	正常
305	白桦	抗洞子沟	4186264	537531	1945	15.0	61	10	东	32	下部	110	正常
306	白桦	抗洞子沟	4185914	537671	1877	18.0	60	12	无	3	山谷部	110	正常
307	白桦	抗洞子沟	4186685	536869	1976	15.0	62	11	无	4	山谷部	110	正常
308	青杨	老蛮沟	4194294	535063	1778	27.0	83	9	东北	27	下部	120	正常
309	青杨	老蛮沟	4194426	535083	1749	27.0	89	12	无	3	山谷部	130	正常
310	油松	老蛮沟	4194542	534995	1757	18.5	61	7	东北	27	下部	110	正常
311	油松	老蛮沟	4194672	535023	1735	25.0	73	8	东北	30	下部	130	正常
312	青杨	老蛮沟	4196187	534638	1623	22.0	132	14	无	3	山谷部	210	正常
313	青杨	老蛮沟	4196607	534385	1595	24.0	83	10	无	3	山谷部	120	正常
314	白杄	分水岭	4195006	538240	2185	24.9	68	8	南	28	上部	120	正常
315	白杄	分水岭	4195015	538238	2186	24.7	74	9	南	20	上部	120	正常
316	白杄	分水岭	4195015	538255	2187	18.4	89	8	南	26	上部	150	濒危
317	华北落叶松	分水岭	4195016	538429	2185	27.2	75	11	东南	14	上部	130	正常
318	青杨	分水岭	4196361	537539	1794	21.5	130	11	无	3	山谷部	210	正常
319	青杄	庞泉沟	4193336	539016	1984	23.0	61	8	北	45	下部	130	正常
320	青杄	庞泉沟	4193313	538970	1986	26.0	65	8	北	25	下部	130	正常
321	青杄	庞泉沟	4193306	538932	1993	23.0	64	8	西	10	下部	130	正常
322	青杄	庞泉沟	4193317	538913	2001	23.0	60	8	西	15	下部	130	正常
323	青杄	庞泉沟	4193348	538848	2014	22.0	66	8	西北	10	下部	130	正常
324	青杄	庞泉沟	4193331	538827	2014	24.0	70	8	西	15	下部	130	正常
325	青杄	庞泉沟	4193335	538818	2016	23.0	72	8	西北	10	下部	130	正常
326	青杄	庞泉沟	4193340	538820	2014	23.0	70	8	北	10	下部	130	正常
327	青杄	庞泉沟	4193347	538821	2015	23.0	72	7	北	10	下部	130	正常
328	青杄	庞泉沟	4193374	5388389	2028	23.0	64	6	东北	10	下部	130	正常
329	青杄	庞泉沟	4193350	538799	2031	23.0	66	6	西	20	下部	130	正常
330	青杄	庞泉沟	4193390	538804	2027	22.0	68	8	西北	25	下部	130	正常
331	青杄	庞泉沟	4193366	538774	20323	22.0	70	6	西	15	下部	130	正常
332	青杄	庞泉沟	4193209	538513	2076	21.0	64	6	西南	25	中部	130	正常
333	白杄	庞泉沟	4193152	538426	2089	20.0	75	8	西	35	中部	130	正常

续表

序号	树种	小地名	X 坐标	Y 坐标	海拔（米）	树高（米）	胸径（厘米）	冠幅（平方米）	坡向	坡度（°）	坡位	树龄（年）	生长势
334	青杨	庞泉沟	4193055	538350	2120	20.0	80	8	西	25	上部	110	正常
335	白杆	庞泉沟	4192888	538164	2148	20.0	72	6	南	8	山脊部	120	正常
336	青杨	庞泉沟	4192785	538132	2213	19.0	87	9	南	15	上部	130	正常
337	青杨	庞泉沟	4193517	538502	2126	15.0	81	10	北	30	山脊部	110	正常
338	青杆	庞泉沟	4193581	538615		22.0	60	8	东南	20	上部	130	正常
339	青杆	庞泉沟	4193393	539107	1969	18.0	62	8	西	30	下部	130	正常
340	青杆	庞泉沟	4193285	538972	1996	23.3	61	9	东	32	下部	130	正常
341	青杆	庞泉沟	4193246	538866	2016	26.4	61	8	东	12	下部	130	正常
342	青杆	庞泉沟	4193224	538827	2025	26.5	78	9	东	14	中部	130	正常
343	青杆	庞泉沟	4193207	538819	2037	24.7	66	9	东	18	中部	130	正常
344	青杆	庞泉沟	4193235	538782	2028	27.7	63	10	东	10	中部	130	正常
345	白杆	庞泉沟	4193162	538853	2030	25.9	67	8	东	13	中部	110	正常
346	青杆	庞泉沟	4193188	538856	2031	26.1	68	9	东	10	中部	130	正常
347	青杆	庞泉沟	4193189	538888	2031	26.3	70	10	东	10	中部	130	正常
348	华北落叶松	庞泉沟	4193004	538617	2118	26.2	71	9	东	12	中部	120	正常
349	白杆	庞泉沟	4192997	538602	2108	24.2	76	12	东	10	中部	130	正常
350	白杆	庞泉沟	4192986	538600	2118	25.3	68	12	东	10	中部	120	正常
351	白杆	庞泉沟	4192985	538595	2114	24.9	71	12	东	10	中部	120	正常
352	华北落叶松	庞泉沟	4192962	538626	2128	26.4	79	13	东	10	中部	140	正常
353	白杆	庞泉沟	4192948	538632	2123	13.9	79	10	东	10	上部	130	衰弱
354	青杨	庞泉沟	4192831	538408	2134	21.8	94	13	东	10	上部	140	正常
355	白杆	庞泉沟	4192857	538397	2154	23.8	68	12	东	10	上部	120	正常
356	白杆	庞泉沟	4192847	538334	2168	24.4	75	8	东	10	上部	130	正常
357	白杆	庞泉沟	4192874	538300	2178	24.3	67	8	东	6	上部	110	正常
358	白杆	庞泉沟	4192886	538278	2165	24.7	72	8	东	8	上部	120	正常
359	白杆	庞泉沟	4192854	538258	2194	23.8	76	8	东	9	上部	130	正常
360	白杆	庞泉沟	4192842	538185	2204	25.8	70	10	东	11	上部	120	正常
361	白杆	庞泉沟	4192796	538196	2212	24.5	72	10	东	14	上部	120	正常
362	白杆	庞泉沟	4192756	5381971	2211	26.3	69	9	东北	19	上部	120	正常
363	青杆	大沙沟	4192904	540108	1937	25.9	62	9	东南	18	下部	130	正常
364	青杨	大沙沟	4192755	539923	1885	19.2	104	11	东南	12	下部	160	正常
365	青杆	大沙沟	4192595	539914	1865	24.7	64	9	无	2	平地部	130	正常

注：平面直角坐标系：CGCS2000。Y 坐标投影：高斯-克吕格投影 3°分带(中央子午线 111°)。高程：采用 1985 国家高程基准。

表 9　野生动物调查 27 台红外相机基本信息

序号	样区	相机名	小地名	相机型号	东经	北纬	海拔（米）	布设日期	结束日期	布设天数（天）
1	01	N01B	杨坪沟后	东方红鹰 E1B	111°23′30. 034″	37°55′6. 413″	1666. 6	2022 年 4 月 22 日	2023 年 5 月 17 日	390
2	02	N02A	老蛮沟前	东方红鹰 E1B	111°23′29. 66″	37°54′3. 71″	1599. 2	2022 年 7 月 9 日	2023 年 10 月 13 日	461
3	03	N03A	老蛮沟中	东方红鹰 E1B	111°23′46. 428″	37°53′20. 076″	1688. 2	2022 年 4 月 23 日	2023 年 7 月 18 日	451
4	04	N04B	西石门尽头	东方红鹰 E1B	111°23′36. 852″	37°52′32. 164″	1888. 2	2022 年 7 月 18 日	2023 年 10 月 13 日	452
5	05	N05A	洞沟后	东方红鹰 E1B	111°24′52. 229″	37°54′26. 719″	1746. 7	2022 年 7 月 24 日	2023 年 9 月 19 日	422
6	06	N06A	老虎圪洞	东方红鹰 E1B	111°24′11. 99″	37°53′14. 96″	1691. 2	2022 年 7 月 18 日	2023 年 10 月 13 日	452
7	07	N07B	东石门旧庄	东方红鹰 E1B	111°24′13. 543″	37°52′26. 508″	1874. 1	2022 年 10 月 2 日	2023 年 7 月 18 日	289
8	08	N08A	关帝沟北	东方红鹰 E1B	111°26′35. 416″	37°53′51. 432″	1949. 6	2022 年 7 月 24 日	2023 年 9 月 19 日	422
9	09	09A	大路峁下大柳树	夜鹰 SG-990V	111°25′53. 911″	37°52′51. 038″	2067. 1	2022 年 7 月 3 日	2023 年 7 月 7 日	369
10	10	H10B	西塔沟口溪边	易安卫士 710	111°26′28. 176″	37°52′33. 942″	1982. 0	2022 年 8 月 31 日	2023 年 9 月 18 日	383
11	11	11B	八道沟南岔沟底	夜鹰 SG-990V	111°26′10. 849″	37°50′43. 213″	2055. 7	2022 年 7 月 2 日	2023 年 7 月 7 日	370
12	12	H12B	八水沟庄子前中山	东方红鹰 E3H	111°26′7. 055″	37°49′36. 602″	2141. 3	2022 年 9 月 17 日	2023 年 9 月 21 日	369
13	13	H13B	八水沟直道坡上	东方红鹰 E3H	111°26′9. 010″	37°49′30. 299″	2132. 0	2022 年 9 月 17 日	2023 年 9 月 21 日	369
14	14	14A	小安沟西坡	夜鹰 SG-990V	111°25′31. 768″	37°48′0. 641″	1903. 5	2022 年 6 月 27 日	2023 年 6 月 30 日	368
15	15	T15A	百草厅山脊	东方红鹰 E1B	111°26′34. 094″	37°52′52. 619″	2119. 0	2022 年 5 月 2 日	2023 年 7 月 8 日	432
16	16	H16D	小沙沟山脊	夜鹰 SG-990V	111°27′20. 743″	37°51′56. 434″	1945. 7	2022 年 9 月 16 日	2023 年 7 月 6 日	293
17	17	H17A	八道沟广场西沟下	易安卫士 710	111°27′13. 475″	37°50′53. 736″	1907. 3	2022 年 8 月 31 日	2023 年 9 月 18 日	383
18	18	18A	八水沟高山崖东沟	夜鹰 SG-990V	111°27′41. 843″	37°49′49. 876″	1867. 3	2022 年 7 月 4 日	2023 年 7 月 4 日	365
19	19	19A	肉锅崖沟	夜鹰 SG-990V	111°27′24. 401″	37°49′29. 212″	1920. 1	2022 年 7 月 5 日	2023 年 7 月 4 日	364
20	20	H20B	大草坪北坡小山脊	东方红鹰 E3H	111°27′12. 848″	37°48′2. 545″	1764. 2	2022 年 10 月 19 日	2023 年 9 月 23 日	339
21	21	21A	马林背溪南	夜鹰 SG-990V	111°28′19. 945″	37°51′19. 562″	1844. 8	2022 年 7 月 3 日	2023 年 7 月 2 日	364
22	22	22B	谷地渠山崖下	夜鹰 SG-990V	111°28′10. 751″	37°50′2. 569″	1795. 3	2022 年 7 月 4 日	2023 年 7 月 4 日	365
23	23	H23A	郝家沟西岔小道	夜鹰 SG-990V	111°28′20. 107″	37°48′50. 573″	1796. 9	2022 年 10 月 5 日	2023 年 10 月 7 日	367
24	24	H24B	杨庄西沟针阔混交林	东方红鹰 E3H	111°28′22. 364″	37°48′20. 930″	1734. 7	2022 年 10 月 19 日	2023 年 10 月 7 日	353
25	25	25B	后回回沟南坡下	夜鹰 SG-990V	111°30′0. 446″	37°49′47. 262″	1797. 1	2022 年 7 月 1 日	2023 年 7 月 1 日	365
26	26	26A	前回回沟下	夜鹰 SG-990V	111°29′44. 866″	37°49′32. 747″	1726. 4	2022 年 9 月 15 日	2023 年 7 月 1 日	289
27	27	H27B	关则峁落叶松林缘	东方红鹰 E3H	111°30′28. 789″	37°48′5. 116″	1682. 7	2022 年 10 月 19 日	2023 年 9 月 23 日	339

表 10　鸟类稀有种(新记录外)调查明细

日期	数量	东经	北纬	海拔(米)	时间	发现地点	调查方法
(1)石鸡 *Alectoris chukar*							
2023 年 1 月 3 日	2	111°47′26.372″	37°38′28.961″	1119.2	10:59	柏叶口水库	直接计数法
2023 年 5 月 18 日	2	111°47′25.228″	37°38′38.641″	1131.1	9:45	柏叶口水库	直接计数法
2023 年 6 月 29 日	3	111°47′2.069″	37°39′46.951″	1109.7	16:16	柏叶口水库	直接计数法
2023 年 7 月 4 日	2	111°48′9.544″	37°37′34.324″	1127.3	11:33	柏叶口水库	直接计数法
(2)斑翅山鹑 *Perdix dauurica*							
2018 年 3 月 31 日	1	111°29′45.485″	37°47′49.956″	1698.0	19:05	大草坪 P27A 相机	历史红外相机
(3)针尾鸭 *Anas acuta*							
2022 年 9 月 6 日	3	111°13′25.785″	37°51′00.543″	1104.1	10:30	横泉水库	样线外调查
(4)绿翅鸭 *Anas crecca*							
2023 年 10 月 23 日	4	111°29′1.036″	37°50′5.953″	1689.3	17:01	八水沟口	直接计数法
2022 年 11 月 25 日	3	111°59′15.432″	37°32′3.883″	810.7	8:37	文峪河水库	直接计数法
2023 年 9 月 23 日	1	111°45′13.662″	37°39′4.770″	1117.9	10:55	石沙庄	样线外调查
(5)红头潜鸭 *Aythya ferina*							
2022 年 10 月 14 日	8	111°13′25.785″	37°51′00.543″	1104.1	10:00	横泉水库	样线外调查
(6)灰斑鸠 *Streptopelia decaocto*							
2023 年 4 月 14 日	1	111°40′5.646″	37°39′31.399″	1196.1	9:52	石沙庄	样线外调查
2023 年 5 月 16 日	1	111°43′7.777″	37°43′32.527″	1262.3	18:27	西葫芦	样线外调查
2023 年 5 月 18 日	1	111°40′1.574″	37°39′39.031″	1206.5	10:42	新南沟	样线外调查
2023 年 6 月 29 日	1	111°44′24.612″	37°39′2.081″	1122.6	16:30	石沙庄	样线外调查
(7)普通夜鹰 *Caprimulgus indicus*							
2022 年 6 月 9 日	1	111°24′11.99″	37°53′14.96″	1691.2	2:22	老虎圪洞 P06A 相机	红外相机法
2022 年 6 月 24 日	1	111°26′34.094″	37°52′52.619″	2119.0	19:38	木后沟 T15A 相机	红外相机法
2022 年 6 月 25 日	1	111°26′34.094″	37°52′52.619″	2119.0	20:50	木后沟 T15A 相机	红外相机法
2022 年 6 月 25 日	1	111°26′34.094″	37°52′52.619″	2119.0	4:18	木后沟 T15A 相机	红外相机法
(8)普通雨燕 *Apus apus*							
2022 年 6 月 24 日	2	112°12′14.742″	37°32′53.887″	743.3	17:44	西社	样线外调查
(9)小杜鹃 *Cuculus poliocephalus*							
2023 年 7 月 7 日	2	111°25′33.910″	37°50′40.927″	2285.3	9:27	卧牛坪-八道沟南岔	样线法
2023 年 7 月 9 日	1	111°26′56.677″	37°49′36.206″	2015.5	7:46	八水沟-八道沟	样线法
(10)四声杜鹃 *Cuculus micropterus*							
2023 年 5 月 16 日	1	111°29′48.059″	37°48′1.372″	1601.1	8:21	大草坪口	样线外调查
2023 年 5 月 19 日	1	111°29′28.590″	37°49′15.337″	1665.6	4:50	二合庄	样线外调查
2023 年 5 月 26 日	1	111°28′55.939″	37°50′03.377″	1696.3	8:05	八水沟口-石桥	样线法
2023 年 6 月 23 日	1	111°28′35.544″	37°49′01.944″	1727.5	9:31	机关-郝家沟	样线法

续表

日期	数量	东经	北纬	海拔（米）	时间	发现地点	调查方法
（11）大杜鹃 *Cuculus canorus*							
2022 年 6 月 11 日	1	111°37′3.097″	37°40′23.052″	1267.9	10:15	新南沟风电口	样线外调查
（12）黑水鸡 *Gallinula chloropus*							
2022 年 5 月 1 日	1	111°59′5.694″	37°31′54.833″	832.0	9:48	曲里文峪河水库西	样线外调查
（13）黄斑苇鳽 *Ixobrychus sinensis*							
2023 年 5 月 18 日		111°49′22.523″	37°36′44.251″	1014.7	9:35	会立	样线外调查
（14）鹮嘴鹬 *Ibidorhyncha struthersii*							
2023 年 5 月 30 日	2	111°29′58.465″	37°47′56.736″	1593.8	8:53	大草坪桥-杨庄	样线法
（15）丘鹬 *Scolopax rusticola*							
2022 年 5 月 3 日	1	111°23′40.596″	37°53′33.601″	1669.8	14:05	老蛮沟	样线外调查
2022 年 9 月 18 日	1	111°31′52.208″	37°45′3.121″	1637.4	5:45	木虎沟 X15B 相机	历史红外相机
2022 年 9 月 30 日	1	111°33′25.484″	37°43′0.898″	1397.0	16:03	偏梁 X28B 相机	历史红外相机
（16）扇尾沙锥 *Gallinago gallinago*							
2022 年 8 月 9 日	1	111°28′54.636″	37°50′02.921″	1688.8	8:45	八水沟水塘	样线外调查
2022 年 4 月 21 日	2	111°37′26.25″	37°40′24.86″	1339.0	9:35	翟家庄河道转弯处	样线外调查
（17）白腰草鹬 *Tringa ochropus*							
2022 年 9 月 12 日	2	111°52′8.497″	37°34′18.289″	950.3	8:50	田家沟	样线外调查
2023 年 4 月 28 日	3	111°29′55.865″	37°47′57.676″	1595.4	8:45	杨庄-大草坪桥	样线法
（18）矶鹬 *Actitis hypoleucos*							
2023 年 8 月 13 日	1	111°28′58.937″	37°50′4.970″	1678.4	7:20	八水沟口	直接计数法
（19）红角鸮 *Otus sunia*							
2022 年 6 月 8 日	1	111°23′30.034″	37°55′6.413″	1666.6	21:33	杨坪沟 N01B 相机	红外相机法
2023 年 7 月 22 日	1	111°29′28.590″	37°49′15.337″	1665.6	23:12	二合庄	样线外调查
（20）雕鸮 *Bubo bubo*							
2022 年 6 月 18 日	1	111°15′42.257″	37°56′39.268″	1209.2	17:11	麻地会桥	样线外调查
2018 年 12 月 17 日	1	111°29′39.462″	37°49′15.913″	1680.8	19:30	管理局大院 P26B 相机	历史红外相机
（21）纵纹腹小鸮 *Athene noctua*							
2017 年 6 月 14 日	1	111°29′55.01″	37°49′15.68″	1661.0	7:20	管理局大院	样线外调查
（22）长耳鸮 *Asio otus*							
2019 年 4 月 15 日	1	111°26′52.141″	37°49′26.519″	2041.4	20:24	八水沟 P12B 相机	历史红外相机
（23）秃鹫 *Aegypius monachus*							
2023 年 3 月 24 日	2	111°30′24.257″	37°47′0.179″	1554.1	8:44	金蟾湾	样线外调查
（24）草原雕 *Aquila nipalensis*							
2022 年 8 月 2 日	1	111°15′42.257″	37°56′39.268″	1209.2	11:00	方山县马坊乡	救助
（25）苍鹰 *Accipiter gentilis*							
2023 年 9 月 18 日	1	111°29′34.127″	37°49′14.945″	1603.7	12:30	二合庄	样线外调查

续表

日期	数量	东经	北纬	海拔（米）	时间	发现地点	调查方法
2023 年 9 月 22 日	1	111°30′9. 558″	37°48′55. 130″	1668. 8	10:49	柴逯沟前	样线外调查
(26)白尾鹞 *Circus cyaneus*							
2023 年 9 月 23 日	1	111°36′37. 613″	37°40′51. 452″	1273. 9	9:46	青禾谷	样线外调查
2023 年 1 月 24 日	1	111°46′2. 118″	37°38′39. 721″	1139. 0	12:36	柏叶口水库	直接计数法
(27)鸢 *Milvus migrans*							
2023 年 7 月 10 日	1	111°48′47. 448″	37°29′13. 038″	1375. 2	13:20	二道川	样线外调查
2023 年 7 月 10 日	1	111°51′3. 960″	37°29′26. 556″	1299. 2	13:34	二道川	样线外调查
(28)大鵟 *Buteo hemilasius*							
2023 年 3 月 19 日	1	111°30′28. 195″	37°49′9. 466″	1684. 2	13:10	柴逯沟前	样线外调查
2023 年 4 月 14 日	1	111°33′25. 794″	37°43′6. 701″	1362. 8	10:28	偏梁	样线外调查
(29)普通鵟 *Buteo japonicus*							
2023 年 10 月 25 日	1	111°42′31. 914″	37°39′41. 303″	1164. 2	9:26	石沙庄	样线外调查
(30)戴胜 *Upupa epops*							
2022 年 9 月 3 日	1	111°29′20. 584″	37°44′37. 050″	1487. 5	11:47	营房沟中部-沟口	样线法
2023 年 4 月 14 日	1	111°39′27. 209″	37°39′55. 436″	1213. 1	9:56	石沙庄	样线外调查
2023 年 7 月 6 日	1	111°28′34. 385″	37°50′34. 105″	1711. 3	6:34	黄鸡塔	样线外调查
2023 年 8 月 14 日	1	111°28′18. 822″	37°48′8. 280″	1672. 4	17:29	大草坪	样线外调查
(31)蓝翡翠 *Halcyon pileata*							
2023 年 6 月 2 日	1	111°40′9. 358″	37°39′25. 312″	1207. 9	9:55	青禾谷	样线外调查
2023 年 6 月 8 日	1	111°52′15. 701″	37°34′19. 340″	954. 0	9:26	田家沟	样线外调查
2023 年 6 月 8 日	1	111°33′27. 698″	37°43′7. 748″	1366. 7	10:58	偏梁	样线外调查
2023 年 7 月 5 日	1	111°49′51. 208″	37°35′50. 622″	1006. 3	9:54	田家沟	样线外调查
(32)星头啄木鸟 *Dendrocopos canicapillus*							
2023 年 7 月 21 日	2	111°28′28. 337″	37°49′55. 592″	1720. 8	10:42	小庞泉沟口	样线外调查
(33)游隼 *Falco peregrinus*							
2022 年 4 月 19 日	2	111°59′5. 852″	37°31′54. 710″	830. 3	8:14	文峪河水库西岸	样线外调查
(34)黑枕黄鹂 *Oriolus chinensis*							
2022 年 8 月 20 日	1	112°00′08. 926″	37°31′26. 572″	830. 0	14:40	文峪河水库大坝	样线外调查
(35)黑卷尾 *Dicrurus macrocercus*							
2023 年 8 月 15 日	2	111°17′36. 002″	37°58′1. 222″	1229. 8	11:42	北川河	样线外调查
(36)牛头伯劳 *Lanius bucephalus*							
2023 年 8 月 14 日	1	111°27′35. 878″	37°48′4. 237″	1717. 0	17:25	大草坪	样线外调查
2023 年 7 月 8 日	2	111°26′58. 211″	37°53′10. 370″	2306. 3	9:17	西塔沟口-木后沟后	样线法
(37)红尾伯劳 *Lanius cristatus*							
2022 年 3 月 28 日	1	111°59′03. 205″	37°32′08. 875″	811. 0	10:45	曲里水库滩涂	样线外调查
(38)灰伯劳 *Lanius excubitor*							

续表

日期	数量	东经	北纬	海拔（米）	时间	发现地点	调查方法
2023 年 1 月 27 日	1	111°27′16. 733″	37°47′50. 186″	1733. 0	10:58	大草坪	样线外调查
(39)红嘴山鸦 *Pyrrhocorax pyrrhocorax*							
2022 年 10 月 21 日	2	111°59′44. 819″	37°30′33. 617″	840. 3	16:55	文峪河水库	样线外调查
2023 年 5 月 26 日	2	111°58′53. 972″	37°25′50. 840″	851. 5	15:31	文水县凤城镇靛头	样线外调查
2023 年 6 月 2 日	2	111°27′52. 560″	37°35′45. 751″	1386. 1	11:23	离石区信义康家岭	样线外调查
(40)云雀 *Alauda arvensis*							
2023 年 7 月 1 日	2	111°33′28. 602″	37°52′42. 254″	2434. 3	9:34	云顶山下-云顶山	样线法
2023 年 7 月 1 日	2	111°33′30. 859″	37°52′41. 678″	2441. 4	9:36	云顶山下-云顶山	样线法
2023 年 7 月 1 日	2	111°33′15. 023″	37°52′42. 128″	2444. 4	9:51	云顶山下-云顶山	样线法
2023 年 7 月 1 日	2	111°33′12. 589″	37°52′36. 602″	2432. 2	9:56	云顶山下-云顶山	样线法
(41)毛脚燕 *Delichon urbicum*							
2023 年 7 月 9 日		111°26′32. 132″	37°50′5. 561″	2295. 2	9:38	八水沟-八道沟	样线法
(42)黄腰柳莺 *Phylloscopus proregulus*							
2023 年 6 月 22 日	4	111°26′57. 344″	37°50′45. 313″	1907. 3	9:51	八道沟景区大门-木桥	样线法
2023 年 6 月 22 日	5	111°28′02. 388″	37°50′55. 778″	1780. 2	8:46	八道沟景区大门-木桥	样线法
(43)暗绿绣眼鸟 *Zosterops japonicus*							
2023 年 7 月 5 日	1	111°45′3. 643″	37°38′57. 620″	1116. 0	10:55	柏叶口水库	直接计数法
(44)宝兴歌鸫 *Turdus mupinensis*							
2023 年 6 月 9 日	1	111°24′0. 994″	37°54′27. 565″	1626. 9	10:05	公司上	样线外调查
2023 年 7 月 7 日	1	111°25′47. 359″	37°50′53. 207″	2199. 4	8:58	八道沟北岔-卧牛坪	样线法
2023 年 6 月 22 日	1	111°27′54. 329″	37°50′54. 464″	1787. 8	9:02	八道沟景区大门-木桥	样线法
2023 年 7 月 10 日	2	111°28′24. 560″	37°44′6. 288″	1624. 2	7:56	营房沟口-营房沟	样线法
(45)蓝歌鸲 *Larvivora cyane*							
2022 年 6 月 17 日	1	111°35′16. 778″	37°41′35. 596″	1341. 3	19:28	代家庄坟沟 S01A 相机	历史红外相机
2020 年 5 月 18 日	1	111°50′17. 934″	37°34′43. 421″	1085. 4	7:00	文峪河区 W15B 相机	历史红外相机
2020 年 5 月 18 日	1	111°52′7. 284″	37°34′25. 939″	1052. 1	8:38	文峪河区 W21A 相机	历史红外相机
(46)红喉歌鸲 *Calliope calliope*							
2020 年 5 月 3 日	1	111°52′7. 284″	37°34′25. 939″	1052. 1	9:24	文峪河区 W21A 相机	历史红外相机
2020 年 5 月 3 日	1	111°52′7. 284″	37°34′25. 939″	1052. 1	9:53	文峪河区 W21A 相机	历史红外相机
2020 年 5 月 8 日	1	111°54′40. 349″	37°32′56. 713″	985. 4	7:45	文峪河区 W30A 相机	历史红外相机
(47)红腹红尾鸲 *Phoenicurus erythrogastrus*							
2022 年 10 月 21 日	1	111°28′51. 928″	37°50′1. 360″	1695. 0	8:47	八水沟口	样线外调查
2022 年 10 月 23 日	3	111°49′47. 989″	37°35′50. 647″	1018. 7	15:50	田家沟	样线外调查
2022 年 12 月 9 日	1	111°28′46. 225″	37°49′7. 565″	1696. 9	9:02	管理局-郝家沟南岔	样线法
(48)紫啸鸫 *Myophonus caeruleus*							
2023 年 7 月 9 日	1	111°26′59. 780″	37°50′42. 824″	1910. 2	16:06	八道沟木桥-七七渠	样线法

续表

日期	数量	东经	北纬	海拔（米）	时间	发现地点	调查方法
(49)黑喉石䳭 *Saxicola maurus*							
2023年5月16日	1	111°27′27.482″	37°47′58.286″	1719.1	8:38	大草坪	样线外调查
2023年8月14日	1	111°28′41.912″	37°48′7.873″	1653.7	17:34	大草坪	样线外调查
(50)白顶䳭 *Oenanthe pleschanka*							
2023年5月26日		111°58′53.972″	37°25′50.840″	851.5	15:31	陷家沟-南峪口	样线外调查
(51)蓝矶鸫 *Monticola solitarius*							
2023年6月2日	1	111°47′58.654″	37°37′47.341″	1123.8	8:37	柏叶口水库	直接计数法
2023年6月2日	1	111°47′14.953″	37°39′7.754″	1127.9	8:43	柏叶口水库	直接计数法
2023年6月8日	1	111°48′1.440″	37°37′43.381″	1133.0	9:51	柏叶口水库	直接计数法
2023年7月4日	1	111°47′59.330″	37°37′45.174″	1118.1	11:31	柏叶口水库	直接计数法
(52)北灰鹟 *Muscicapa dauurica*							
2022年7月13日	1	111°31′3.054″	37°46′59.531″	1711.2	5:18	阳坡山脊 X13A 相机	历史红外相机
2022年7月19日	1	111°31′3.054″	37°46′59.531″	1711.2	8:13	阳坡山脊 X13A 相机	历史红外相机
2022年7月16日	1	111°31′3.054″	37°46′59.531″	1711.2	7:54	阳坡山脊 X13A 相机	历史红外相机
2022年8月27日	1	111°31′3.054″	37°46′59.531″	1711.2	16:35	阳坡山脊 X13A 相机	历史红外相机
(53)白眉姬鹟 *Ficedula zanthopygia*							
2023年7月9日	2	111°26′56.677″	37°49′36.206″	2015.5	7:46	八水沟-八道沟	样线法
2023年5月26日	2	111°28′06.474″	37°49′42.389″	1771.7	9:07	八水沟口-石桥	样线法
(54)红喉姬鹟 *Ficedula albicilla*							
2020年8月6日	1	111°38′6.67″	37°42′35.44″	1424.0	12:43	双家寨区 S10A 相机	历史红外相机
(55)太平鸟 *Bombycilla garrulus*							
2023年1月28日	30	111°29′16.71″	37°50′5.83″	1700.0	10:00	八水沟口	直接计数法
2023年3月26日	50	111°27′35.174″	37°50′47.901″	1826.2	9:04	水塘-八水沟石桥	样线法
(56)黄鹡鸰 *Motacilla tschutschensis*							
2022年4月22日	1	111°29′0.758″	37°50′5.762″	1704.4	8:07	八水沟水塘	样线外调查
(57)黄头鹡鸰 *Motacilla citreola*							
2022年5月4日	2	111°37′0.865″	37°40′23.959″	1260.1	8:44	新南沟风电沟口	样线外调查
2022年5月1日	1	111°36′59.717″	37°40′24.089″	1256.1	11:07	新南沟风电沟口	样线外调查
(58)田鹨 *Anthus richardi*							
2023年10月23日	1	111°28′17.069″	37°48′10.667″	1674.1	15:42	王寺沟桥-横尖	样线法
2023年10月23日	2	111°29′1.036″	37°50′5.953″	1689.3	17:01	八水沟口	直接计数法
2023年10月24日	20	111°33′28.444″	37°52′43.244″	2439.9	10:15	云顶山下-云顶山	样线法
(59)水鹨 *Anthus spinoletta*							
2022年12月8日	1	111°49′12.572″	37°36′58.230″	1021.6	10:56	田家沟	样线外调查
2022年11月25日	3	111°59′17.146″	37°32′0.902″	813.2	8:39	文峪河水库	直接计数法
2022年12月8日	3	111°59′14.489″	37°32′2.699″	816.8	9:55	文峪河水库	直接计数法

续表

日期	数量	东经	北纬	海拔（米）	时间	发现地点	调查方法
2023年4月14日	7	111°28′55.659″	37°50′03.181″	1689.9	8:10	八水沟口-石桥	样线法
(60)锡嘴雀 *Coccothraustes coccothraustes*							
2018年1月10日	1	111°28′51.996″	37°50′1.316″	1696.7	15:04	八水沟	样线外调查
(61)北朱雀 *Carpodacus roseus*							
2023年1月30日	1	111°23′30.034″	37°55′6.413″	1666.6	9:34	杨坪沟 N01B 相机	红外相机法
2023年12月16日	1	111°27′32.900″	37°50′48.329″	1837.4	11:00	八道沟褐马鸡饲养棚	救助
(62)铁爪鹀 *Calcarius lapponicus*							
2022年7月2日	1	111°41′29.342″	37°41′40.830″	1366.5	14:53	王家沟最后 S21NA 相机	历史红外相机
2022年7月7日	1	111°41′29.342″	37°41′40.830″	1366.5	10:01	王家沟最后 S21NA 相机	历史红外相机
2022年6月14日	1	111°28′10.301″	37°43′57.626″	1686.7	5:55	营房沟 X06A 相机	历史红外相机
(63)白头鹀 *Emberiza leucocephalos*							
2021年11月17日	8	111°45′05.068″	37°39′02.553″	1115.1	10:00	上长斜	样线外调查
(64)白眉鹀 *Emberiza tristrami*							
2020年5月1日	1	111°50′17.934″	37°34′43.421″	1085.4	12:55	文峪河区 W15B 相机	历史红外相机
2020年5月1日	1	111°50′17.934″	37°34′43.421″	1085.4	17:45	文峪河区 W15B 相机	历史红外相机
(65)田鹀 *Emberiza rustica*							
2022年4月21日	1	111°25′37.153″	37°48′2.228″	1880.5	9:32	炕洞子沟	样线外调查
(66)灰头鹀 *Emberiza spodocephala*							
2023年6月30日	2	111°27′22.997″	37°47′54.917″	1723.4	6:47	王寺沟-大草坪(小安沟)	样线法
(67)苇鹀 *Emberiza pallasi*							
2022年4月21日	2	111°59′03.205″	37°32′08.875″	811.0	11:45	曲里水库滩涂	样线外调查

表 11　红外相机法调查哺乳动物独立事件汇总

序号	相机名	赤狐	黄喉貂	黄鼬	香鼬	狗獾	豹猫	金钱豹	原麝	狍	野猪	蒙古兔	岩松鼠	北花松鼠	实际工作时间(天)
1	N01B	12	5	0	0	2	9	0	0	56	16	4	79	4	390
2	N02A	34	8	0	0	9	3	0	0	109	23	38	6	0	461
3	N03A	46	0	0	0	15	0	0	0	46	14	20	0	0	238
4	N04B	1	2	0	0	4	0	0	0	61	4	0	14	0	452
5	N05A	5	1	0	0	7	1	0	0	54	25	1	8	0	306
6	N06A	17	3	0	0	22	0	0	0	87	38	0	14	0	452
7	N07B	11	1	0	0	9	1	0	0	137	15	0	8	0	289
8	N08A	9	0	0	0	2	1	0	1	24	12	0	29	0	422
9	09A	29	2	0	0	8	1	0	0	124	2	0	1	0	369
10	H10B	17	3	0	0	18	0	1	0	18	0	2	115	0	383
11	11B	1	0	0	0	2	0	0	1	16	0	0	0	0	370
12	H12B	14	0	0	0	1	0	0	0	24	1	0	17	2	369
13	H13B	4	0	0	0	9	0	1	0	56	2	0	0	0	369
14	14A	8	0	0	0	4	0	1	0	16	4	0	0	0	368
15	T15A	8	0	0	0	5	0	0	0	78	2	15	1	0	432
16	H16D	7	5	0	1	14	0	2	3	21	1	0	13	0	293
17	H17A	5	1	0	0	23	0	0	0	29	0	0	24	0	383
18	18A	18	1	1	0	100	2	1	0	8	1	0	29	0	365
19	19A	0	0	0	0	9	0	0	0	13	0	1	7	0	364
20	H20B	13	0	0	0	4	2	0	0	11	0	7	0	0	236
21	21A	5	5	0	0	41	0	0	0	11	0	0	11	0	239
22	22B	0	2	0	0	0	0	0	0	2	0	0	31	0	365
23	H23A	27	0	0	0	13	3	0	0	14	2	16	37	3	367
24	H24B	7	0	0	0	1	0	0	0	8	1	15	0	1	264
25	25B	8	0	0	0	3	0	0	0	38	1	2	3	2	365
26	26A	21	0	0	0	2	0	0	0	27	0	16	0	0	289
27	H27B	18	0	0	0	0	0	0	0	54	0	12	0	0	339
合计		345	39	1	1	327	23	6	5	1142	164	149	447	12	9539

表 12　样线法和零星调查法调查哺乳动物明细

序号	日期	动物名称	实体	粪便	足印	巢穴	尸体	东经	北纬	海拔（米）	地点	调查方法
1	2022 年 5 月 22 日	东北刺猬	1				1	112°5′29. 252″	37°31′46. 016″	766. 0	洪相村附近	实体鉴定
2	2015 年 7 月 29 日	山东小麝鼩						111°25′47. 474″	37°50′53. 470″	2200. 0	八道沟卧牛坪前	实体鉴定
3	2023 年 8 月 20 日	东方蝙蝠	2					111°29′32. 885″	37°49′9. 289″	1658. 8	二合庄村	实体鉴定
4	2023 年 10 月 25 日	香鼬	1					111°45′23. 735″	37°39′10. 080″	1112. 0	柏叶口水库-田家沟	样线外调查
5	2023 年 6 月 29 日	狗獾				1		111°29′22. 812″	37°45′35. 370″	1564. 3	煤窑会西桥-西沟	样线法
6	2023 年 7 月 4 日	狗獾	1					111°27′41. 598″	37°49′47. 989″	1864. 0	肉锅-八水沟口	样线外调查
7	2023 年 7 月 4 日	狗獾				1		111°27′24. 574″	37°49′28. 128″	1924. 3	肉锅-八水沟口	样线外调查
8	2023 年 7 月 8 日	狗獾		1				111°27′41. 184″	37°53′12. 487″	2226. 8	木后沟后-木后沟口	样线法
9	2023 年 8 月 14 日	狗獾				1		111°33′10. 364″	37°52′50. 480″	2480. 8	云顶山流水沟-云顶山	样线法
10	2023 年 9 月 20 日	狗獾		1				111°28′22. 717″	37°49′25. 640″	1942. 0	郝家沟南岔	样线外调查
11	2023 年 9 月 21 日	狗獾		1				111°26′59. 179″	37°49′30. 875″	1953. 5	八水沟-八水沟后	样线法
12	2023 年 10 月 24 日	狗獾				1		111°33′25. 873″	37°52′43. 421″	2437. 4	云顶山下-云顶山	样线法
13	2022 年 11 月 12 日	豹猫			1			111°28′6. 474″	37°50′59. 140″	1770. 0	八道沟停车场	样线外调查
14	2023 年 1 月 25 日	金钱豹			1			111°27′17. 557″	37°51′41. 774″	1846. 8	大沙沟口-齐冲沟口	样线法
15	2023 年 5 月 16 日	野猪			1			111°24′59. 663″	37°47′56. 767″	1916. 6	大草坪口-杨水沟口	样线法
16	2023 年 7 月 9 日	野猪					1	111°26′41. 435″	37°49′51. 301″	2095. 2	八水沟-八道沟	样线法
17	2023 年 7 月 22 日	野猪					1	111°24′4. 871″	37°53′16. 235″	1733. 1	大路峁-老虎圪洞	样线法
18	2023 年 9 月 21 日	野猪			5			111°26′20. 728″	37°49′33. 780″	2079. 6	八水沟后-八水沟前	样线法
19	2023 年 5 月 15 日	原麝		1				111°29′47. 414″	37°49′31. 332″	1756. 7	管理局-回回沟后	样线法
20	2023 年 5 月 19 日	原麝		1				111°30′39. 668″	37°42′59. 162″	1487. 5	交城-市庄南沟	样线外调查
21	2023 年 10 月 5 日	原麝		1				111°26′20. 076″	37°48′39. 827″	2072. 3	大吉沟-大草坪	样线法
22	2023 年 10 月 5 日	原麝		1				111°26′15. 212″	37°48′27. 986″	2036. 7	大吉沟-大草坪	样线法
23	2023 年 10 月 8 日	原麝		1				111°25′26. 749″	37°53′19. 694″	2083. 7	公司上-大路峁	样线法
24	2022 年 11 月 12 日	狍	2					111°30′57. 298″	37°47′1. 068″	1711. 4	阳坡-阳坡南山	样线法
25	2022 年 11 月 13 日	狍	1				1	111°36′7. 279″	37°40′23. 963″	1325. 3	代家庄南沟-果老峰口	样线外调查
26	2022 年 12 月 8 日	狍		1				111°30′57. 265″	37°46′31. 552″	1617. 6	金蟾湾西坡	样线法
27	2023 年 1 月 28 日	狍	1					111°28′58. 699″	37°49′10. 873″	1671. 3	管理局-郝家沟	样线法
28	2023 年 3 月 19 日	狍				1		111°28′22. 980″	37°49′16. 691″	1853. 1	二合庄桥-芦草圪洞山顶	样线法
29	2023 年 3 月 23 日	狍		1				111°27′21. 719″	37°52′3. 122″	1942. 0	管理局-大沙沟口	样线法
30	2023 年 3 月 23 日	狍		1				111°27′22. 471″	37°52′1. 776″	1945. 6	管理局-大沙沟口	样线法
31	2023 年 3 月 24 日	狍		1				111°30′52. 096″	37°46′29. 939″	1567. 5	管理局-煤窑会桥	样线外调查
32	2023 年 4 月 14 日	狍		1				111°27′41. 483″	37°49′49. 091″	1879. 2	木虎沟口-八水沟	样线外调查
33	2023 年 4 月 15 日	狍					1	111°26′56. 530″	37°49′37. 232″	2008. 1	八水沟前-八水沟后	样线法
34	2023 年 4 月 15 日	狍		2				111°27′22. 018″	37°49′27. 239″	1921. 7	八水沟前-八水沟后	样线法
35	2023 年 4 月 15 日	狍		1				111°26′32. 942″	37°49′31. 231″	2063. 8	八水沟前-八水沟后	样线法
36	2023 年 4 月 15 日	狍		1				111°26′15. 742″	37°49′32. 092″	2101. 8	八水沟前-八水沟后	样线法

续表

序号	日期	动物名称	实体	粪便	足印	巢穴	尸体	东经	北纬	海拔(米)	地点	调查方法
37	2023年4月15日	狍		1				111°26′3.746″	37°49′36.473″	2126.1	八水沟后-八水沟前	样线法
38	2023年4月15日	狍		1				111°26′10.799″	37°49′29.276″	2136.7	八水沟后-八水沟前	样线法
39	2023年4月15日	狍		1				111°26′49.574″	37°49′29.399″	2031.1	八水沟后-八水沟前	样线法
40	2023年4月15日	狍	1					111°26′19.684″	37°49′30.472″	2071.5	八水沟前-八水沟后庄子	样线法
41	2023年4月16日	狍		1				111°32′42.050″	37°52′19.657″	2281.2	云顶山第1台相机-弯道	样线法
42	2023年4月16日	狍		1				111°32′51.187″	37°52′23.772″	2311.2	云顶山第1台相机-弯道	样线法
43	2023年4月16日	狍		1				111°32′57.606″	37°52′28.499″	2352.7	云顶山第1台相机-弯道	样线法
44	2023年4月16日	狍		1				111°33′8.683″	37°52′30.403″	2410.8	云顶山第1台相机-弯道	样线法
45	2023年4月16日	狍		1				111°32′54.053″	37°52′27.912″	2377.0	云顶山第1台相机-弯道	样线法
46	2023年6月30日	狍	1					111°25′37.988″	37°48′2.333″	1884.9	大草坪-真武山南沟	样线外调查
47	2023年7月1日	狍	1					111°32′47.864″	37°52′27.437″	2327.9	云顶山下-云顶山	样线法
48	2023年7月2日	狍		1				111°26′44.459″	37°51′34.546″	2041.2	犁牛沟-小庞泉沟	样线法
49	2023年7月6日	狍		1				111°25′54.721″	37°52′48.490″	2082.4	西塔沟口-西岔	样线法
50	2023年7月6日	狍	1					111°25′41.797″	37°52′12.644″	2168.4	西塔沟口-西岔	样线法
51	2023年7月6日	狍					1	111°25′39.594″	37°52′16.759″	2146.5	西塔沟口-西岔	样线法
52	2023年7月7日	狍		1				111°26′7.897″	37°50′34.915″	2127.7	卧牛坪-八道沟南岔	样线法
53	2023年7月7日	狍		1				111°26′11.033″	37°50′42.511″	2050.9	卧牛坪-八道沟南岔	样线法
54	2023年7月9日	狍		1				111°26′30.984″	37°50′6.968″	2298.3	八水沟-八道沟	样线法
55	2023年7月9日	狍	1					111°28′0.959″	37°50′41.813″	1811.1	八道沟木桥-七七渠	样线法
56	2023年7月21日	狍	1				1	111°28′27.840″	37°49′55.402″	1724.9	大路峁-八水沟前	样线外调查
57	2023年7月22日	狍	1					111°24′25.207″	37°52′58.512″	1816.3	大路峁-老虎圪洞	样线法
58	2023年8月13日	狍					1	111°24′8.770″	37°52′4.955″	1899.0	老虎圪洞口-西石门	样线法
59	2023年9月20日	狍	1					111°28′43.723″	37°49′22.508″	1828.7	郝家沟山脊-管理局	样线法
60	2023年9月23日	狍	1					111°35′4.031″	37°41′56.328″	1306.9	青崖沟口-新南沟	样线外调查
61	2023年10月5日	狍	2					111°26′5.503″	37°48′35.672″	1944.7	大吉沟-大草坪	样线法
62	2023年10月5日	狍	3					111°26′5.665″	37°48′35.777″	1945.6	大吉沟-大草坪	样线法
63	2023年10月7日	狍	1					111°28′33.668″	37°48′31.907″	1808.3	郝家沟-王寺沟	样线法
64	2023年10月24日	狍		1				111°33′2.844″	37°52′16.158″	2263.2	云顶山下-云顶山	样线法
65	2022年7月3日	岩松鼠	2					111°27′16.484″	37°51′41.324″	1865.2	犁牛沟口	鼠夹法
66	2022年11月13日	岩松鼠	1					111°34′34.871″	37°42′42.016″	1325.2	二合庄-代家庄	样线外调查
67	2022年11月25日	岩松鼠	1					111°31′58.163″	37°45′30.589″	1693.2	木虎沟山顶-沟口	样线外调查
68	2022年11月27日	岩松鼠	1					111°29′28.252″	37°45′34.146″	1540.1	煤窑会西沟口-西沟	样线法
69	2022年11月27日	岩松鼠	1					111°29′14.399″	37°45′34.114″	1577.8	煤窑会西沟口-西沟	样线法
70	2023年3月19日	岩松鼠	1					111°28′28.340″	37°49′12.068″	1779.7	二合庄-芦草圪洞山顶	样线法
71	2023年3月22日	岩松鼠	1					111°32′0.287″	37°45′31.396″	1702.3	木虎沟20区前-16区	样线法
72	2023年3月26日	岩松鼠	1					111°27′51.230″	37°49′33.881″	1819.0	八道沟景区大门-木桥	样线法
73	2023年4月14日	岩松鼠	1					111°27′22.019″	37°50′49.045″	1855.0	八道沟景区大门-木桥	样线法

续表

序号	日期	动物名称	实体	粪便	足印	巢穴	尸体	东经	北纬	海拔(米)	地点	调查方法
74	2023年5月16日	岩松鼠	1					111°24′54.803″	37°47′57.091″	1889.0	大草坪口-杨水沟口	样线法
75	2023年5月26日	岩松鼠	1					111°27′40.149″	37°50′48.959″	1819.6	八道沟景区大门-木桥	样线法
76	2023年6月29日	岩松鼠	1					111°29′16.228″	37°45′34.186″	1579.9	煤窑会西桥-西沟	样线法
77	2023年6月29日	岩松鼠	1					111°29′22.042″	37°45′35.536″	1569.2	煤窑会西桥-西沟	样线法
78	2023年6月29日	岩松鼠	1					111°29′23.978″	37°45′35.100″	1558.2	煤窑会西桥-西沟	样线法
79	2023年7月2日	岩松鼠	1					111°27′17.896″	37°51′42.203″	1854.8	犁牛沟-小庞泉沟	样线法
80	2023年7月2日	岩松鼠	1					111°28′11.672″	37°51′0.490″	1772.8	七七渠-八道沟林道	样线法
81	2023年7月2日	岩松鼠	1					111°28′5.408″	37°50′37.324″	1787.3	七七渠-八道沟林道	样线法
82	2023年7月10日	岩松鼠	1					111°28′14.264″	37°43′57.878″	1657.1	营房沟口-营房沟	样线法
83	2023年7月22日	岩松鼠	1					111°24′11.502″	37°53′12.718″	1774.2	大路峁-老虎圪洞	样线法
84	2023年8月13日	岩松鼠	1					111°24′10.408″	37°52′2.996″	1906.7	老虎圪洞口-西石门	样线法
85	2023年8月14日	岩松鼠	1					111°32′55.882″	37°52′10.240″	2191.6	管理局-云顶山下	样线外调查
86	2023年8月15日	岩松鼠	1					111°26′21.383″	37°53′43.328″	1949.7	管理局-公司上	样线外调查
87	2023年8月15日	岩松鼠	1					111°24′14.785″	37°54′19.541″	1649.6	瓦窑沟-阳圪台	样线法
88	2023年9月19日	岩松鼠	1					111°23′12.613″	37°54′47.203″	1589.4	洞沟-杨坪沟	样线外调查
89	2023年9月21日	岩松鼠	1					111°26′47.814″	37°49′31.746″	1989.3	八水沟-八水沟后	样线法
90	2023年9月21日	岩松鼠	1					111°26′51.540″	37°49′27.610″	2016.2	八水沟后-八水沟前	样线法
91	2023年9月21日	岩松鼠	1					111°30′13.244″	37°45′51.005″	1502.6	金蟾湾-苏家湾	样线外调查
92	2023年9月23日	岩松鼠	1					111°47′8.509″	37°39′21.629″	1128.2	新南沟-文峪河水库	样线外调查
93	2023年10月5日	岩松鼠	1					111°25′54.221″	37°48′22.716″	1896.0	大吉沟-大草坪	样线法
94	2023年10月25日	岩松鼠	1					111°44′4.070″	37°39′12.809″	1132.9	石沙庄-柏叶口水库	样线外调查
95	2023年5月15日	北花松鼠	1					111°29′35.520″	37°49′19.628″	1648.0	管理局-回回沟后	样线法
96	2023年5月16日	北花松鼠	2					111°24′44.773″	37°47′58.711″	1848.6	大草坪口-杨水沟口	样线法
97	2023年5月26日	北花松鼠	1					111°28′02.913″	37°49′40.618″	1781.3	八水沟口-石桥	样线法
98	2023年7月1日	北花松鼠	1					111°32′56.818″	37°52′3.788″	2191.5	云顶山下-云顶山	样线法
99	2023年7月1日	北花松鼠	1					111°32′45.802″	37°52′22.472″	2277.7	云顶山下-云顶山	样线法
100	2023年7月10日	北花松鼠	1					111°28′12.911″	37°43′54.667″	1665.4	营房沟口-营房沟	样线法
101	2023年8月14日	北花松鼠	1					111°32′55.669″	37°52′16.093″	2218.8	云顶山流水沟-云顶山	样线法
102	2022年7月5日	长尾仓鼠	1					111°28′9.361″	37°50′3.023″	1809.9	八水沟	鼠夹法
103	2022年8月26日	长尾仓鼠	2					111°29′43.454″	37°48′53.028″	1642.2	麻地沟	鼠夹法
104	2022年9月3日	长尾仓鼠	1					111°27′13.475″	37°50′53.736″	1907.3	八道沟广场山脚	鼠夹法
105	2022年9月18日	长尾仓鼠	1					111°27′59.126″	37°50′59.824″	1776.6	八道沟沟口	鼠夹法
106	2022年10月21日	长尾仓鼠	2					111°28′51.996″	37°50′1.316″	1696.7	八水沟口	鼠夹法
107	2023年10月24日	中华鼢鼠				1		111°33′26.690″	37°52′43.280″	2437.8	云顶山下-云顶山	样线法
108	2022年6月20日	棕背䶄	1					111°25′53.911″	37°52′51.038″	2067.1	大路峁	鼠夹法
109	2022年7月25日	棕背䶄	1					111°27′27.284″	37°51′28.354″	1823.4	小庞泉沟口	鼠夹法
110	2022年8月29日	棕背䶄	1					111°29′49.041″	37°48′56.838″	1650.0	麻地沟山坡	鼠夹法

续表

序号	日期	动物名称	实体	粪便	足印	巢穴	尸体	东经	北纬	海拔(米)	地点	调查方法
111	2022年6月20日	大林姬鼠	1					111°25′53.911″	37°52′51.038″	2067.1	大路峁	鼠夹法
112	2022年7月3日	大林姬鼠	2					111°27′16.484″	37°51′41.324″	1865.2	犁牛沟口	鼠夹法
113	2022年7月5日	大林姬鼠	1					111°28′9.361″	37°50′3.023″	1809.9	八水沟	鼠夹法
114	2022年7月25日	大林姬鼠	6					111°27′27.284″	37°51′28.354″	1823.4	小庞泉沟口	鼠夹法
115	2022年8月29日	大林姬鼠	9					111°29′49.041″	37°48′56.838″	1650.0	麻地沟山坡	鼠夹法
116	2022年9月3日	大林姬鼠	4					111°27′13.475″	37°50′53.736″	1907.3	八道沟广场山脚	鼠夹法
117	2022年9月18日	大林姬鼠	4					111°27′59.126″	37°50′59.824″	1776.6	八道沟沟口	鼠夹法
118	2022年10月10日	大林姬鼠	1					111°28′11.248″	37°51′0.918″	1771.3	马林背口	鼠夹法
119	2022年7月3日	黑线姬鼠	1					111°27′16.484″	37°51′41.324″	1865.2	犁牛沟口	鼠夹法
120	2022年8月26日	黑线姬鼠	2					111°29′43.454″	37°48′53.028″	1642.2	麻地沟	鼠夹法
121	2022年8月29日	黑线姬鼠	1					111°29′49.041″	37°48′56.838″	1650.0	麻地沟山坡	鼠夹法
122	2022年8月11日	褐家鼠	1					111°29′33.666″	37°49′14.513″	1679.5	管理局厨房	鼠夹法
123	2022年8月29日	褐家鼠	1					111°29′49.041″	37°48′56.838″	1650.0	麻地沟山坡	鼠夹法
124	2022年9月3日	小家鼠	1					111°29′32.885″	37°49′9.289″	1658.8	二合庄村	鼠夹法
125	2022年8月14日	北社鼠	1					111°29′25.199″	37°49′11.586″	1675.6	郝家沟口	鼠夹法
126	2022年8月26日	北社鼠	1					111°29′43.454″	37°48′53.028″	1642.2	麻地沟	鼠夹法
127	2022年9月18日	北社鼠	1					111°27′59.126″	37°50′59.824″	1776.6	八道沟口	鼠夹法
128	2023年6月22日	蒙古兔	1					111°27′45.274″	37°50′52.646″	1807.3	八道沟景区大门-木桥	样线法
129	2023年6月23日	蒙古兔	1					111°28′44.945″	37°49′06.808″	1705.8	机关-郝家沟	样线法
130	2023年6月30日	蒙古兔	1					111°24′17.597″	37°46′59.027″	1844.8	大草坪-真武山南沟	样线外调查
131	2023年7月10日	蒙古兔	1					111°28′20.316″	37°44′1.666″	1642.2	营房沟口-营房沟	样线法

叶苔

蛇苔

拳叶苔

地钱

墙藓

小凤尾藓

小曲尾藓

合睫藓

图 1　山西庞泉沟国家级自然保护区苔藓植物

荚果蕨

银粉背蕨

图 2 山西庞泉沟国家级自然保护区蕨类植物

双果荠

大叶滨紫草

紫点杓兰

二叶兜被兰

对叶兰

火烧兰

图3 山西庞泉沟国家级自然保护区种子植物（1）

华北落叶松

白杄

青杄

蔓孩儿参

长瓣铁线莲

金莲花

黄芦木

五味子

图 3　山西庞泉沟国家级自然保护区种子植物（2）

紫花碎米荠

华北八宝

东陵绣球

大果茶藨子

山荆子

鹅绒委陵菜

银露梅

土庄绣线菊

图3 山西庞泉沟国家级自然保护区种子植物（3）

草珠黄耆

胡枝子

草地老鹳草

双花堇菜

康藏荆芥

喀喇套拉拉藤

黄毛橐吾

北重楼

图3 山西庞泉沟国家级自然保护区种子植物（4）

华北落叶松林

青杆林

白杆林

华北落叶松、白桦混交林

油松林

辽东栎林

白桦林

红桦林

图 4 山西庞泉沟国家级自然保护区主要植被类型（1）

山杨林

青杨林

沙棘灌丛

黄刺玫灌丛

黄芦木灌丛

黄瑞香灌丛

银露梅灌丛

薹草草甸

图4　山西庞泉沟国家级自然保护区主要植被类型（2）

亚高山草甸（云顶山）

高中山针叶林（大路峁）

华北落叶松林（八道沟卧牛坪）

林间小溪（庞泉沟）

农田灌丛带（八水沟）

农耕区（长立村）

针阔混交林（阳圪台笔架山）

图5　山西庞泉沟国家级自然保区景观与生境

图 6　树轮和树芯样本

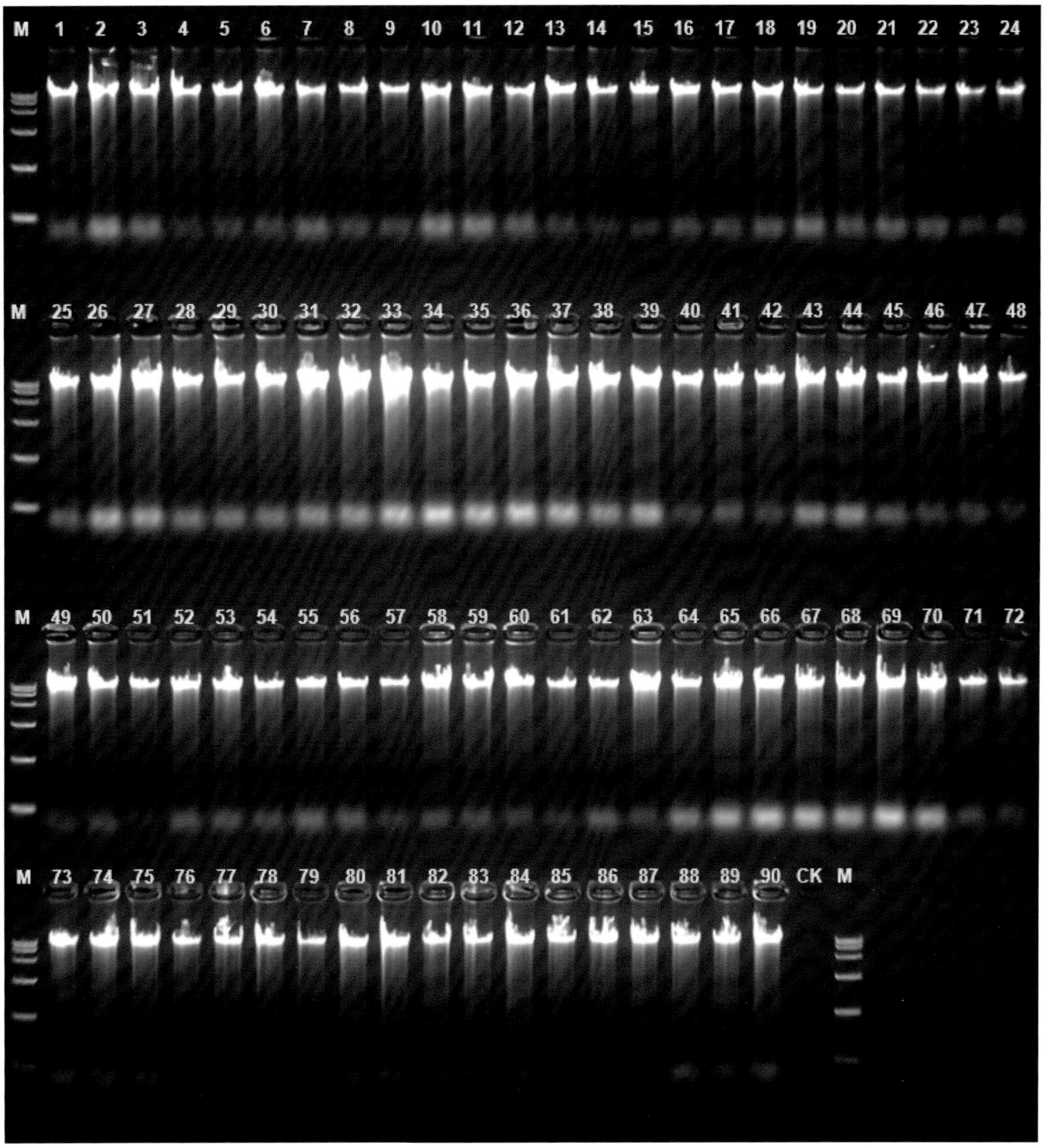

图7 琼脂糖凝胶电泳检测结果

注：图中的数字代表所有子样本的编号。每个子样本重复3次。

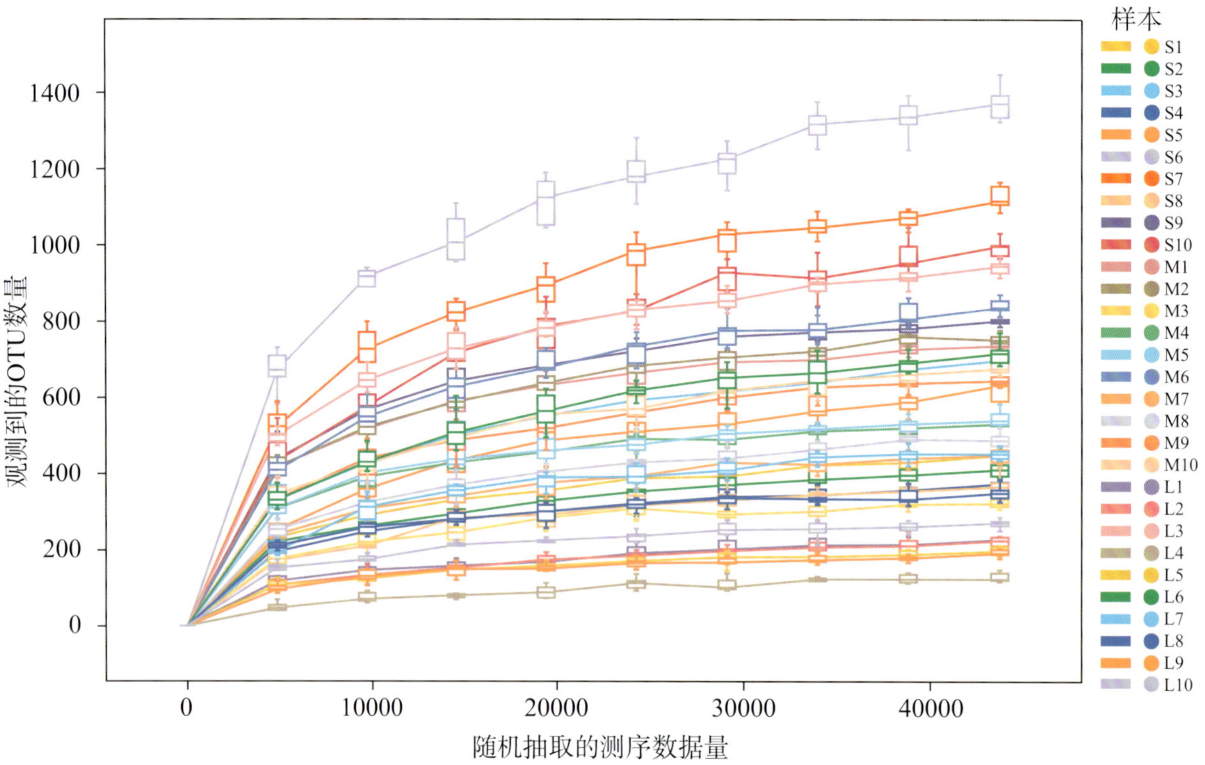

图 8　COI 基因稀疏曲线

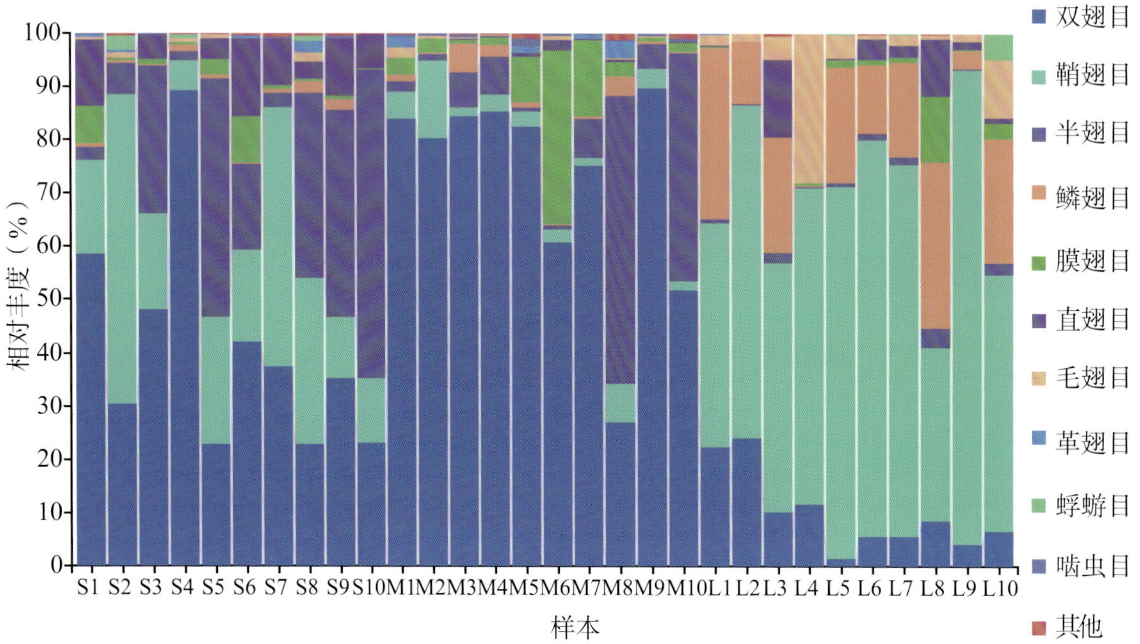

图 9　各样本在目水平上的相对丰度

注：图例从上到下依次为山西庞泉沟国家级自然保护区内昆虫丰度排名前十的目。

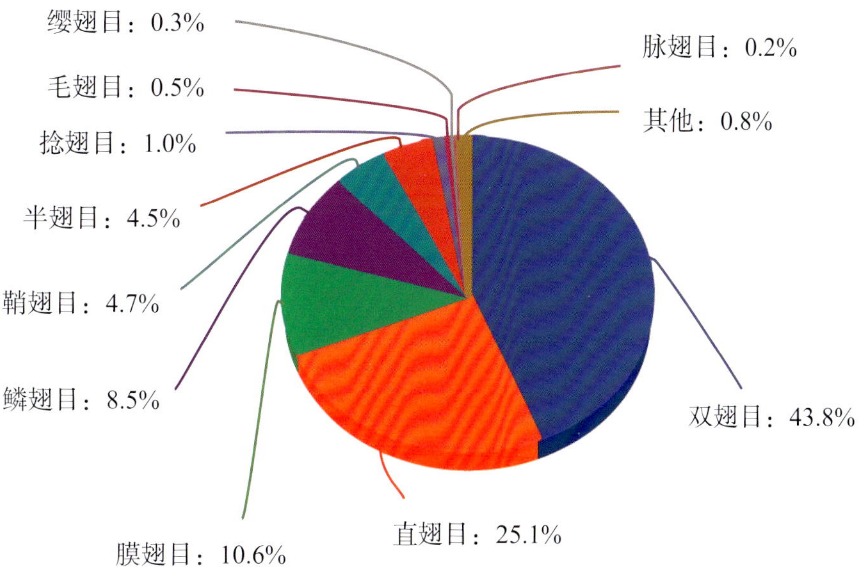

图 10　山西庞泉沟国家级自然保护区昆虫纲中排名前十的目所占的比例

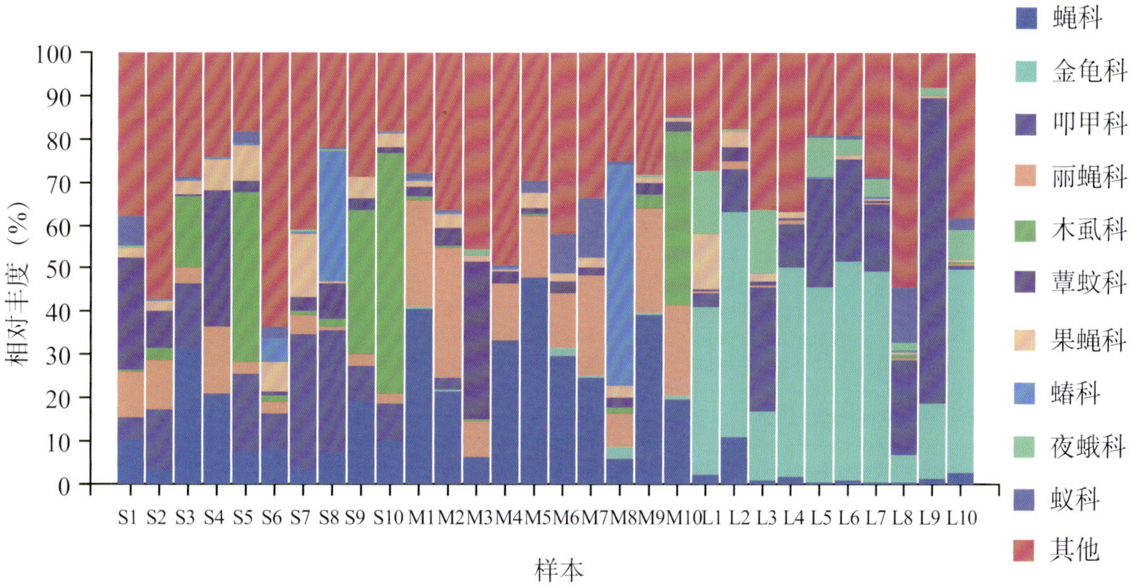

图 11　各样本在科水平上的相对丰度

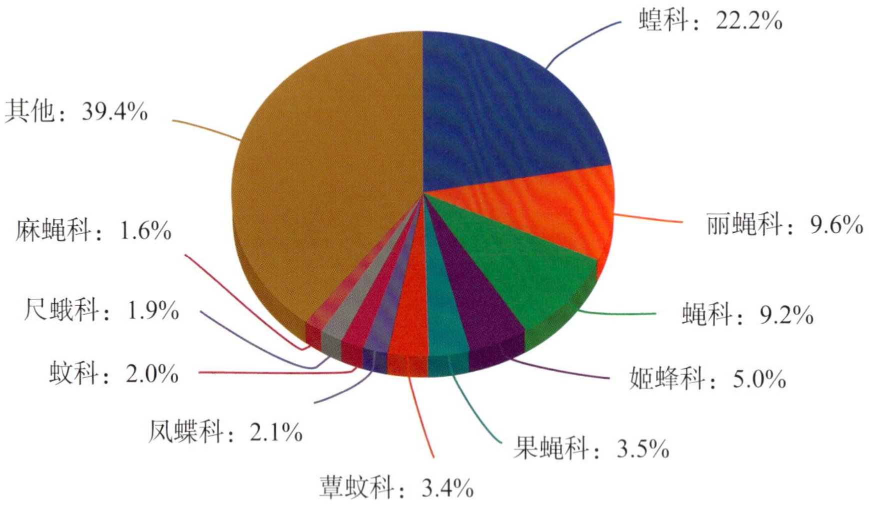

图 12　山西庞泉沟国家级自然保护区昆虫纲中排名前十的科所占的比例

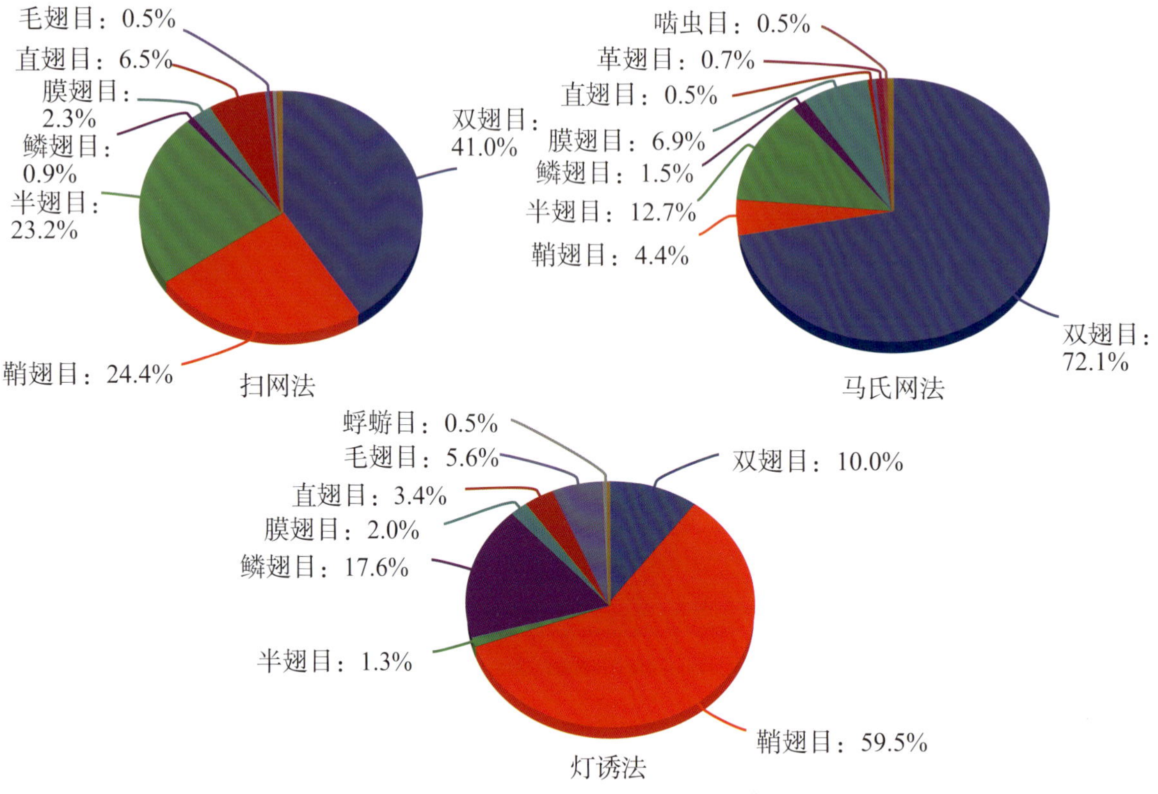

图 13　3 种采集方法在目水平的昆虫群落结构组成

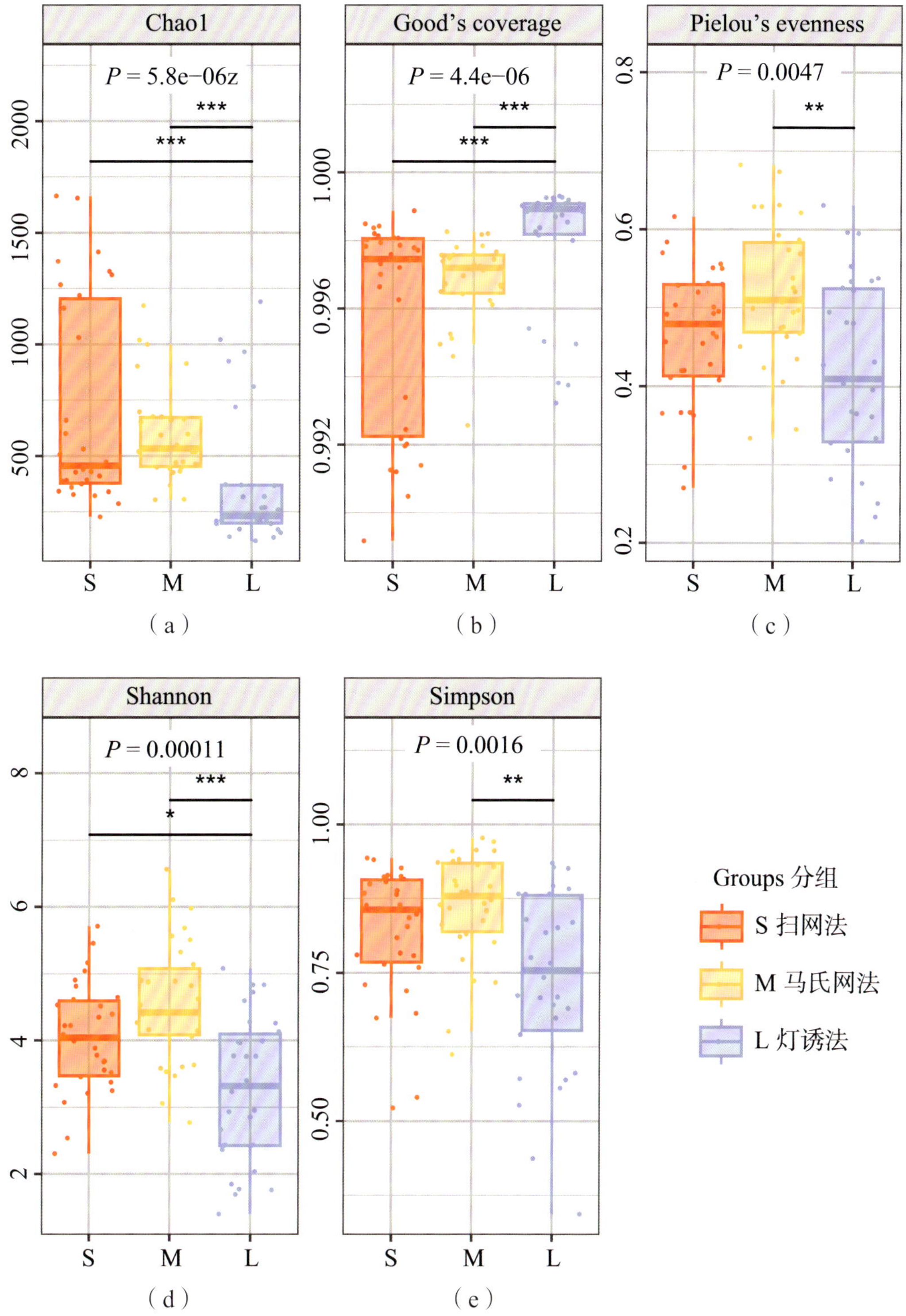

图 14　3 种采样方法的群落 Alpha 多样性比较

注：箱形图显示了每个数据中的两个四分位数、中位数以及最大和最小观测值。多样性指数下的数字是 Kruskal-Wallis 检验的 P 值。短线表示三组中两两比较后的 Dunn’s test，* 表示差异的程度：* 表示 $P < 0.05$，** 表示 $P < 0.01$，*** 表示 $P < 0.001$。

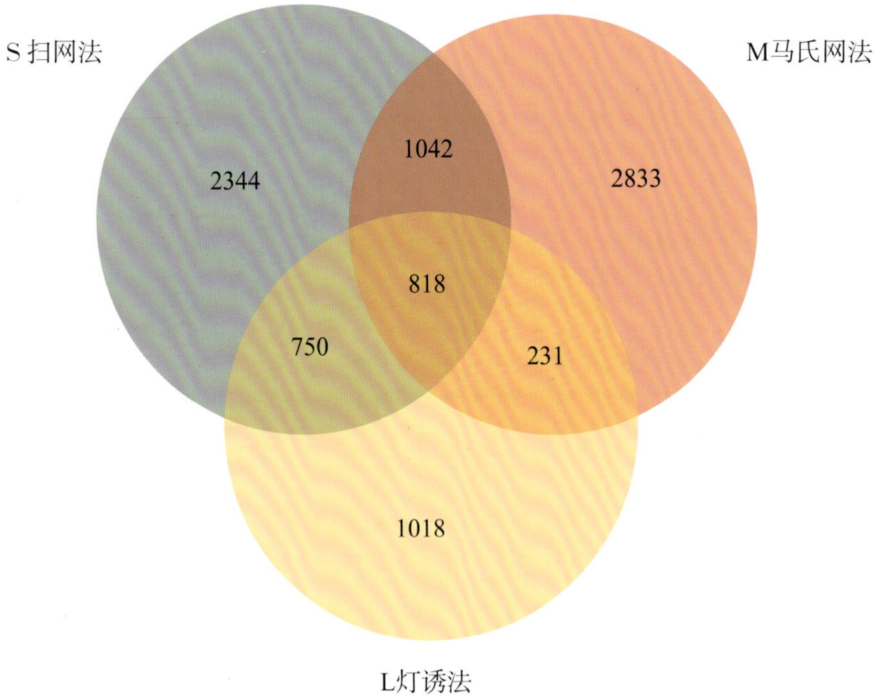

图 15　3 种采样方法的 Venn 图分析